无机材料与粉体工程专业实验

舒　霞　罗派峰　鲁颖炜　编著

合肥工業大學出版社

内容提要

本教材精心选取了无机非金属材料工程、粉体科学与工程专业40多个典型实验项目案例，涵盖粉体材料粒度测试与分析综合实验、超细粉末制备与加工综合实验、无机与粉体材料物性测试与分析、无机非金属材料工艺学综合实验、材料工程基础实验以及专业综合实验六大板块。具体实验项目包括五种粉末粒度测试与分析方法、气流粉碎、球磨、无机材料微结构观察与分析、粉体材料综合物性测试与分析、材料的比表面积和孔径分布测试与分析、材料平均线膨胀系数测定、激光闪射法测定材料导热系数、陶瓷浆料制备及相对黏度测定、粉末冶金原理课程实验、钙钛矿薄膜制备与表征、钙钛矿电池组装及测试、钛酸钡粉体压坯烧结及陶瓷介电性能等。

本教材中配有大量的图片、表格和曲线，能够直观地呈现实验中的现象、数据采集以及分析过程。通过对实验案例的详细阐述与分析，本教材旨在为学生提供清晰的实验指导，同时为教师提供教学设计的范例。此外，本教材还精心编撰了延伸阅读内容，配套有信息化教学资源二维码，并在附录中列出了相关国家标准索引，内容丰富且图文并茂。

本教材不仅适用于无机非金属材料工程、粉体科学与工程专业本科生，也可供高等院校材料科学与工程其他专业的本科生参考学习。同时，对于从事材料学专业实验教学的实验教师，从事材料科研和生产的研究生、工程技术人员也有一定的参考价值。

图书在版编目(CIP)数据

无机材料与粉体工程专业实验/舒霞，罗派峰，鲁颖炜编著．--合肥：合肥工业大学出版社，2025.3. -- ISBN 978-7-5650-7033-4

Ⅰ．TB321-33；TB44-33

中国国家版本馆 CIP 数据核字第 2025SJ7018 号

无机材料与粉体工程专业实验

舒　霞　罗派峰　鲁颖炜　编著　　　　责任编辑　张泽瑞

出　版	合肥工业大学出版社	版　次	2025年3月第1版
地　址	合肥市屯溪路193号	印　次	2025年3月第1次印刷
邮　编	230009	开　本	787毫米×1092毫米　1/16
电　话	理工图书出版中心：0551-62903204	印　张	18.5　　彩　插　0.75印张
	营销与储运管理中心：0551-62903198	字　数	456千字
网　址	press.hfut.edu.cn	印　刷	安徽联众印刷有限公司
E-mail	hfutpress@163.com	发　行	全国新华书店

ISBN 978-7-5650-7033-4　　　　定价：48.00元

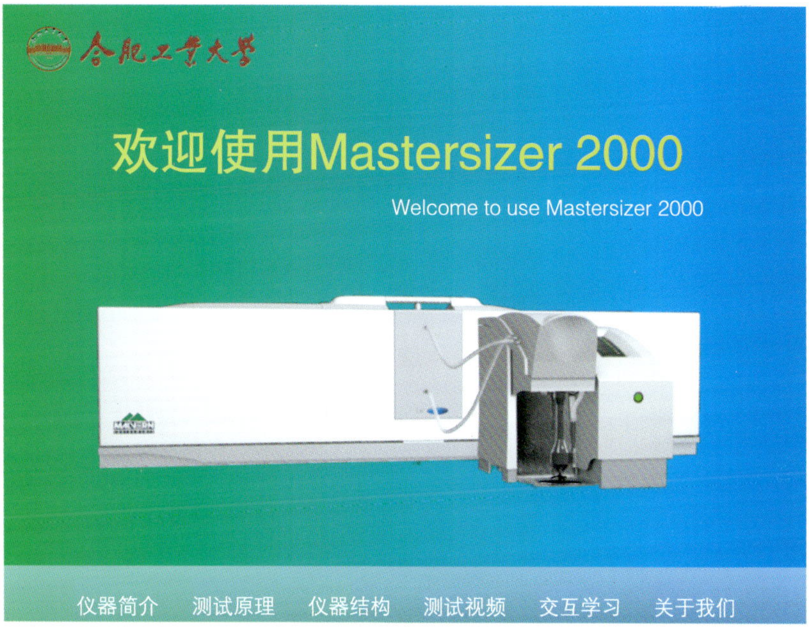
合肥工业大学
欢迎使用Mastersizer 2000
Welcome to use Mastersizer 2000
仪器简介
测试原理
仪器结构
测试视频
交互学习
关于我们

合肥工业大学
Mastersizer 2000简介
MS2000激光粒度分析仪为从英国马尔文公司进口的仪器设备，我校于2003年购置，总价值32万元。
激光衍射法是在完全的米氏散射理论的基础上开展粉体材料的特性研究，可测量粉末样品的粒度和粒度分布，测量物质范围0.02 ~ 2000 μm，附件可对样品进行超声分散，也适用于乳化液、悬浮液的测量。
激光粒度分析仪在测试时实现了仪器操作的完全智能化，由软件控制系统处理测量粒度分布数据，软件能定义并运行测量，通过点击鼠标在30秒之内完成从光路校正、背景扣除、数据采集到数据处理、报告生成等全部操作，可以显示结果并打印，具有方便、迅速、重现性好的特点。
返回

图 1-21　仪器介绍模块

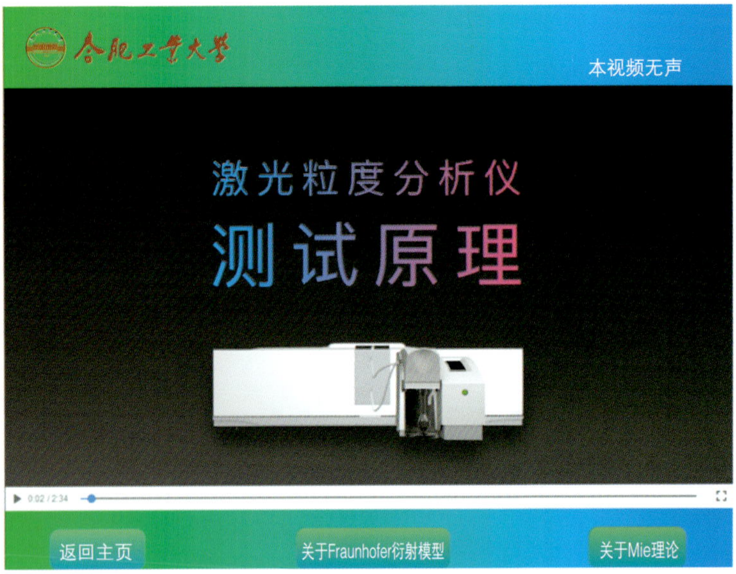
合肥工业大学
本视频无声
激光粒度分析仪
测试原理
0:02 / 2:34
返回主页
关于Fraunhofer衍射模型
关于Mie理论

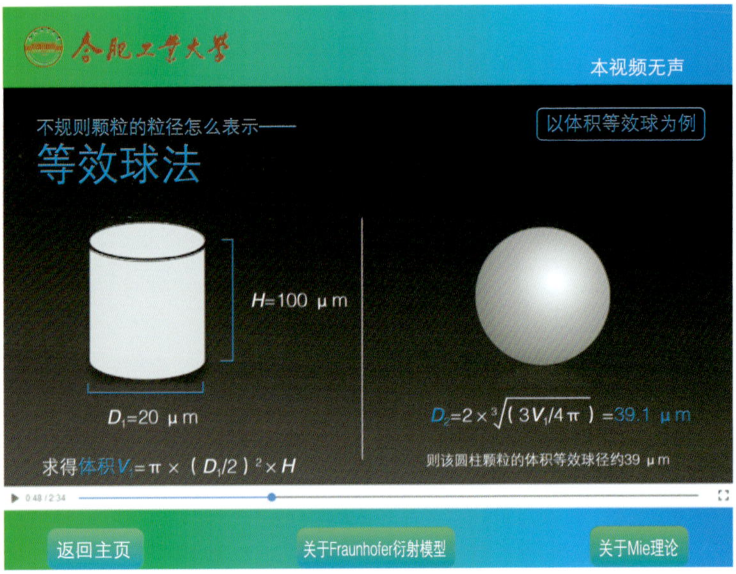
合肥工业大学
本视频无声
不规则颗粒的粒径怎么表示——
等效球法
以体积等效球为例
H=100 μm
D₁=20 μm
求得体积V₁=π×（D₁/2）²×H
D₂=2×³√(3V₁/4π)=39.1 μm
则该圆柱颗粒的体积等效球径约39 μm
0:48 / 2:34
返回主页
关于Fraunhofer衍射模型
关于Mie理论

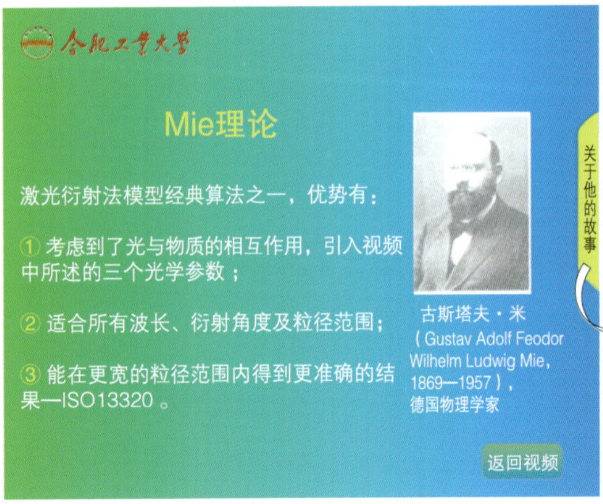
合肥工业大学
Mie理论
激光衍射法模型经典算法之一，优势有：
① 考虑到了光与物质的相互作用，引入视频中所述的三个光学参数；
② 适合所有波长、衍射角度及粒径范围；
③ 能在更宽的粒径范围内得到更准确的结果—ISO13320。
古斯塔夫·米（Gustav Adolf Feodor Wilhelm Ludwig Mie，1869—1957），德国物理学家
关于他的故事
返回视频

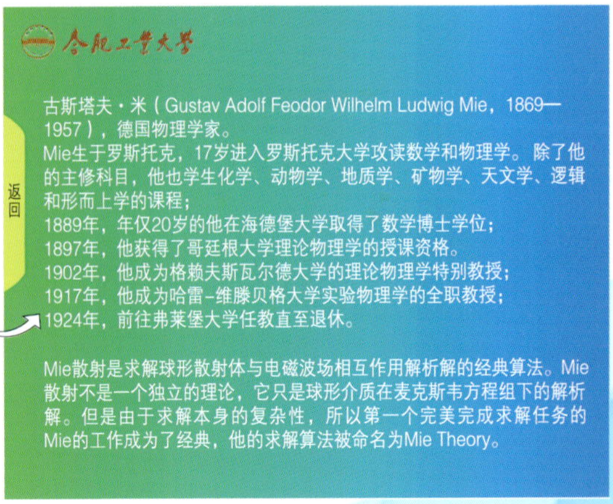
合肥工业大学
返回
古斯塔夫·米（Gustav Adolf Feodor Wilhelm Ludwig Mie，1869—1957），德国物理学家。
Mie生于罗斯托克，17岁进入罗斯托克大学攻读数学和物理学。除了他的主修科目，他也学生化学、动物学、地质学、矿物学、天文学、逻辑和形而上学的课程；
1889年，年仅20岁的他在海德堡大学取得了数学博士学位；
1897年，他获得了哥廷根大学理论物理学的授课资格。
1902年，他成为格赖夫斯瓦尔德大学的理论物理学特别教授；
1917年，他成为哈雷-维滕贝格大学实验物理学的全职教授；
1924年，前往弗莱堡大学任教直至退休。
Mie散射是求解球形散射体与电磁波场相互作用解析解的经典算法。Mie散射不是一个独立的理论，它只是球形介质在麦克斯韦方程组下的解析解。但是由于求解本身的复杂性，所以第一个完美完成求解任务的Mie的工作成为了经典，他的求解算法被命名为Mie Theory。

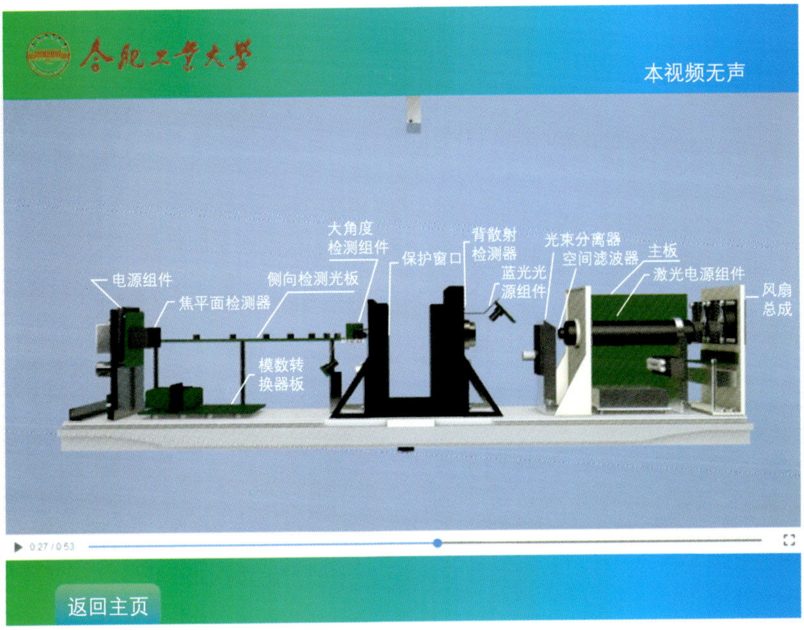

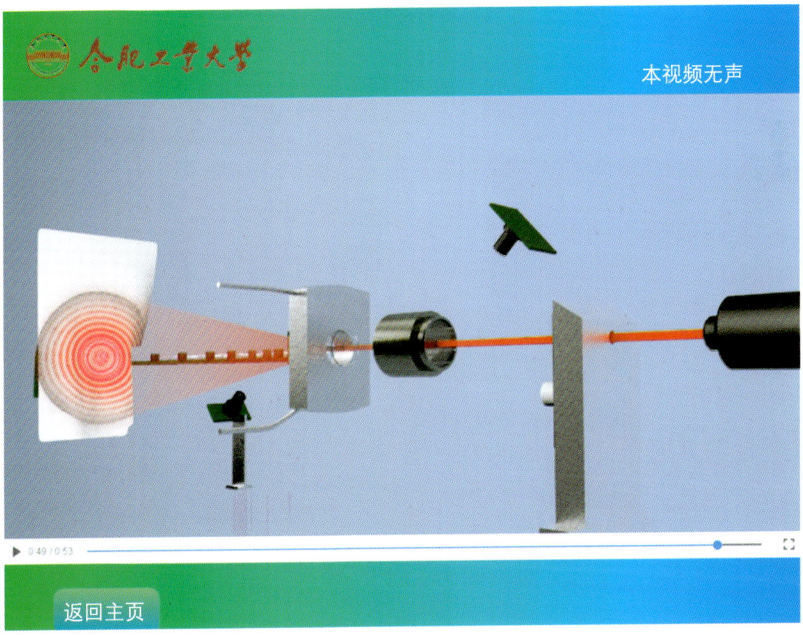

图 1-22　测试原理和仪器结构模块内容节选

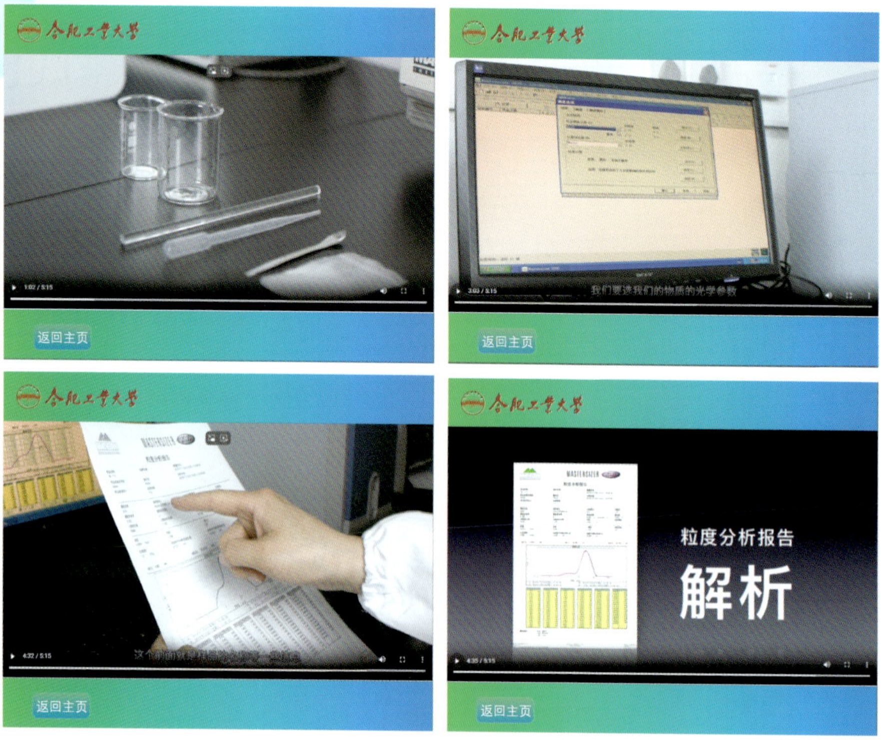

图 1-23　测试视频模块内容节选

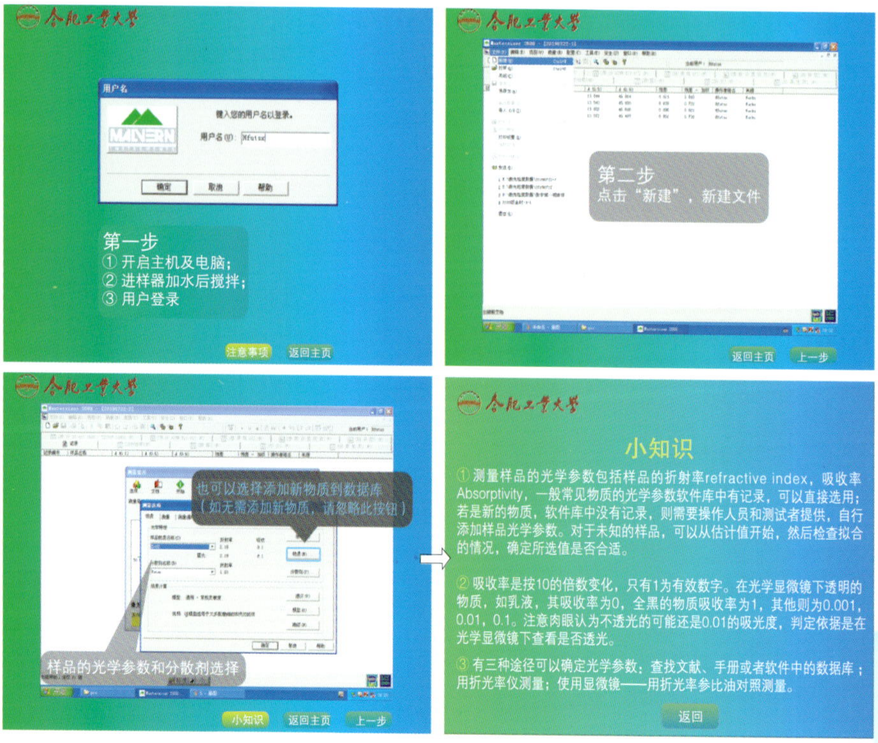

图 1-24　交互学习模块内容节选

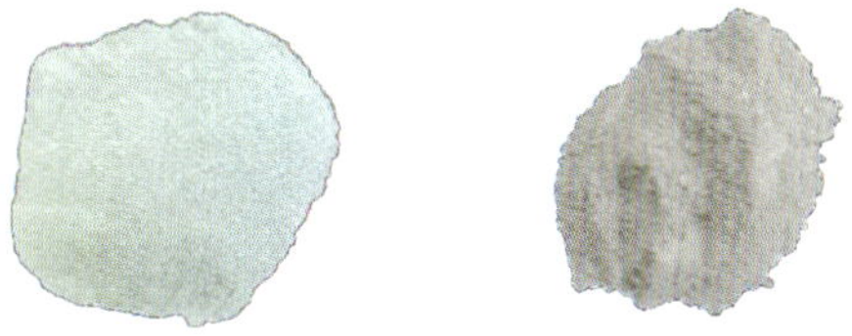

（a）粉碎前　　　　（b）粉碎后

图 2－6　100 目 SiC 粉末气流粉碎前后

起偏器位置0°/180°　　30°　　60°

90°　　120°　　150°

图 3－4　石灰岩样品在偏振光下观察实例

起偏器位置0°/180°　　30°　　60°

90°　　120°　　150°

图 3－5　石英砂岩样品在偏振光下观察实例

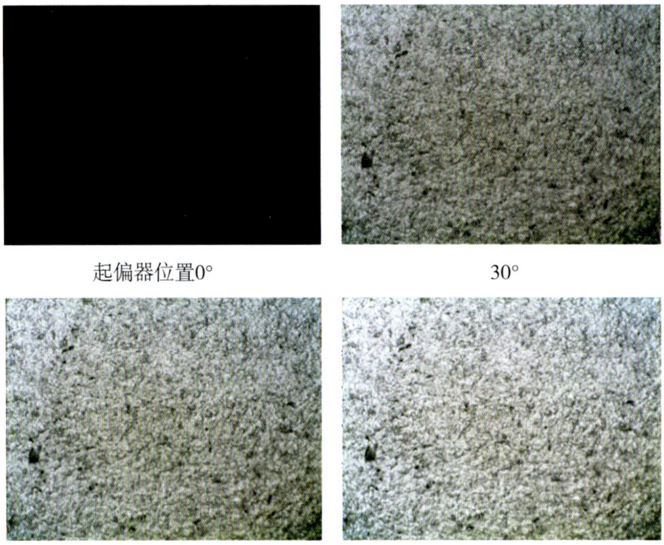

起偏器位置0°　　30°

60°　　90°

图 3－6　磨毛玻璃在偏振光下观察实例

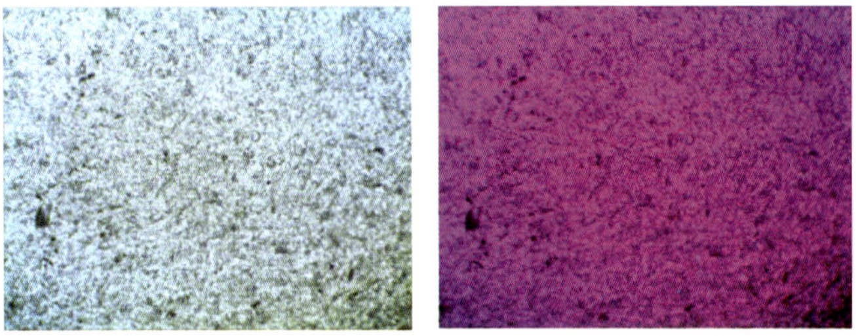

（a）插入云母试板（1/4$\lambda_{黄光}$，补偿147 nm的光程，产生一级灰白干涉）

（b）插入石膏试板（$\lambda_{黄光}$，补偿560 nm的光程，产生一级紫红干涉）

图 3－7　磨毛玻璃在偏振光下插入试板后观察实例(起偏器位置 0°时)

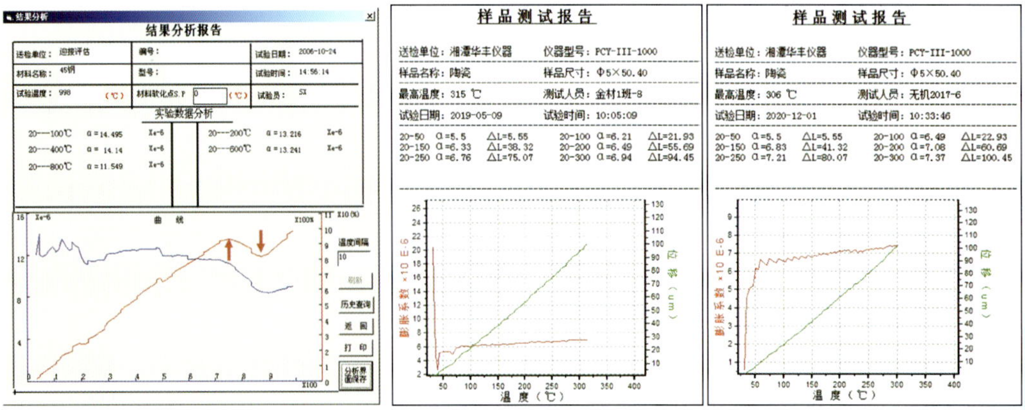

（a）　　（b）　　（c）

图 3－55　测试结果示例

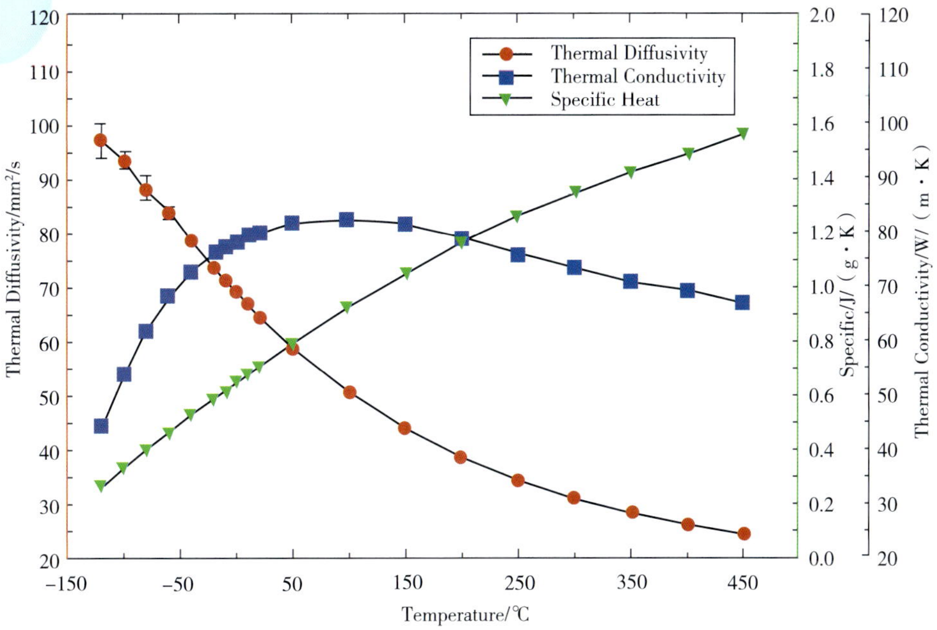

图 3－61　某一多晶石墨样品的 LFA 测试图谱（引自德国耐驰仪器公司培训资料）

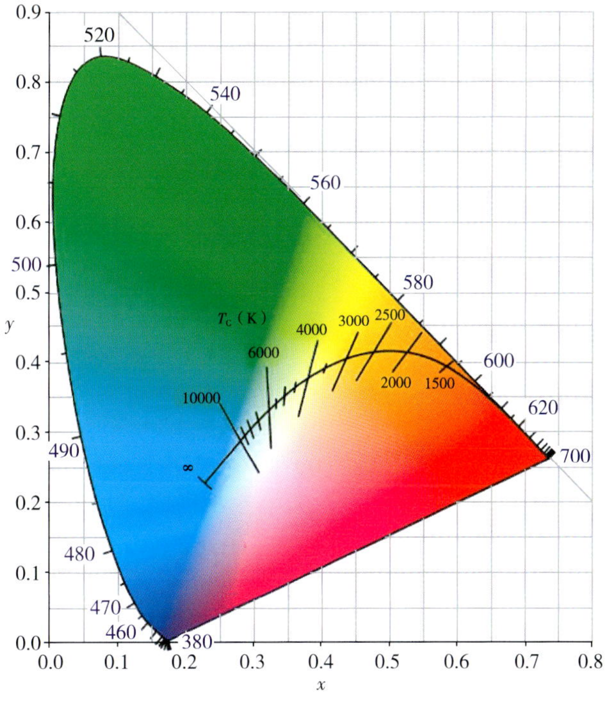

图 3－98　CIE 1931 *XYZ* 系统色度图和不同温度下黑体颜色的色品坐标，波长单位 mm

前　言

实验教学是高等院校人才培养的重要环节之一。实验教材是实验课程的核心教学材料，是教育信息化背景下重要的教学工具。合肥工业大学无机非金属材料工程专业和粉体科学与工程专业经过多年发展，已形成了明显的专业特色和学科优势。随着材料学科的蓬勃发展，理论课程的知识架构持续更新迭代，我校教师紧跟学科前沿动态，在教学实践中不断推陈出新，精心开发并构建了一系列综合性、创新性与实践性兼备的实验教学项目，并配套设计了实验教学新模式。近年来，在安徽省质量工程教学研究项目、合肥工业大学自制实验设备项目、信息化教学改革示范项目以及教学改革培育基金的大力支持下，教学团队秉持"以学生为主体、教师为主导"的教育理念，精心设计制作了一批信息化实验教学资源，开展了线上、线下混合式实验教学探索，并借助于"雨课堂""学堂在线"等现代化教学平台开展了实验教学新模式的探索和实践，提升了新质生产力在教育实践中的应用。在此背景下，编写一本立足本专业、面向学科前沿、更具针对性与实效性的新型实验教材显得尤为迫切与必要。教学团队基于丰富的实验教学积累，在原有实验讲义的基础上，对实验项目进行了系统性梳理和内容更新，尤其是将最新的教研成果、先进的实验设备以及新开发的实验项目充实完善于教材中，以更好地服务于实验教学环节，促进专业建设水平和人才培养质量的提升。

本书由合肥工业大学材料科学与工程学院教师集体编写完成，具体分工如下：

舒霞高级工程师：第 1 章，第 2 章，第 3 章 3.1～3.5、3.7，第 4 章 4.1～4.4，第 5 章 5.3，第 6 章 6.2，附录；同时对全书进行统稿，并编写了延伸阅读内容。

罗派峰教授：第 6 章 6.3、6.4。

鲁颖炜教授：第 6 章 6.5、6.6。

陈鹏起副教授：第 6 章 6.1。

胡青卓高级实验师：第 3 章 3.8。

黄露露实验师：第 3 章 3.6，第 5 章 5.4。

钟浪祥实验师：第 3 章 3.9，第 4 章 4.5、4.6，第 5 章 5.1、5.2；同时参与了全书校对工作。

在教材编写过程中，吴玉程教授、程继贵教授、蒋阳教授、汤文明教授、昝祥教授、王岩教授、郑玉春高级实验师、陈雷教授、童国庆教授、付健副教授、王永红副教授、洪涛副教授等给予了大力支持与帮助。安徽建筑大学朱绍峰教授、安徽理工大学王庆平教授、合肥理工学院李宏林教授、合肥大学谷曼教授提出了诸多宝贵建议。同时，本教材参阅了武汉理工大学伍红标教授主编的教材以及相关领域的论文、标准等文献。此外，众多仪器设备厂家也给予了大力支持，提供了专业的培训和丰富的参考资料。在此，向所有为本教材的编写与出版付出心血的专家、学者、厂家和出版社编辑，致以最诚挚的感谢！

由于编者水平与能力所限，书中难免存在不足甚至错误，对文献资料的引用也难免挂一漏万，恳请各位专家、同行和广大读者不吝赐教，提出宝贵的意见和建议，以期持续改进和不断完善。

编著者

2025 年 5 月

目　录

第1章 粉体材料粒度测试与分析综合实验

粉体是由许许多多小颗粒及颗粒之间的空隙组成的集合体。根据其尺度的大小，区分为颗粒（particle）、微米颗粒（micronparticle）、亚微米颗粒（sub - micronparticle）、超微颗粒（ultramicronparticle）、纳米颗粒（nano - particle）等。

粉体的粒度是粉体中颗粒的大小以及粉体集合体的粒度分布，即用特定的仪器和方法测定出粉体样品中不同粒径颗粒占颗粒总量的百分数。

颗粒的大小看似简单，球形颗粒、立方体颗粒可以用一个数字和单位来表征，长方体颗粒可以用长宽高表征，但是如果深究起来，却发现颗粒大小的表征并不简单。本章依据不同的原理，结合实验室条件，将几种不同的方法综合起来，设计粉体粒度测试与分析综合实验，具体包括显微镜法、筛分析法、沉降法、费氏法、激光衍射法等，使学生理解实验原理，掌握实验操作，并能够判断和选用一种或几种方法，测试和分析某种未知粒度的粉体材料的粒度及粒度分布。

1.1 显微镜法

显微镜法是粉末粒度测试方法中最直接和最直观的方法。所谓眼见为实，即通过普通的光学显微镜扩大人眼观测的范围，测定微粒的粒径。该法适用于细粉末至不能用筛分法测定的粉体，在日光源下可分辨 0.5～100 μm 的粒径；如粒径过小，接近于光波的波长，则难于分辨。为便于测量需要在显微镜上装测微计。由于微粒的形状不一，经常采用定方向径，即在测量中均按一个固定的方向量取微粒一端到另一端的长度作为粒径，这种方法是以微粒形状在任何方向都以概率出现为依据，故称统计径。为使测定的数据与实际情况相符，一般需测 500 个以上甚至 1000 个微粒的粒径，肉眼测量的工作量较大，且测定的数据做统计学的处理才具有意义。随着现代科技的发展，显微镜生产制造商已经开发了数据采集软件，除了可以采集颗粒图像外，还可以通过图形处理进行粒度分析。本实验的目的为：

1. 学习生物显微镜构造、成像原理和操作使用；
2. 使用显微镜观测粉末颗粒的形态，理解粉末形态与粉末特性的关系；
3. 掌握显微镜分析粉末粒度和粒度分布的方法。

一、设备与材料

生物显微镜、电脑、图像采集器；各种粉体材料样品（碳化硅、石英砂、还原铁粉、标准雾化铜粉等）；无水酒精滴瓶、滴管、载玻片、取样勺和抽纸若干。

二、生物显微镜的构造与成像

以蔡司 Primo Star 生物显微镜为例，如图 1－1(a)所示，显微镜主要构成包括带有调光功能的灯室、聚光镜组件、视场光阑、孔径光阑、载物台、物镜、目镜和数码采集成像体系等。

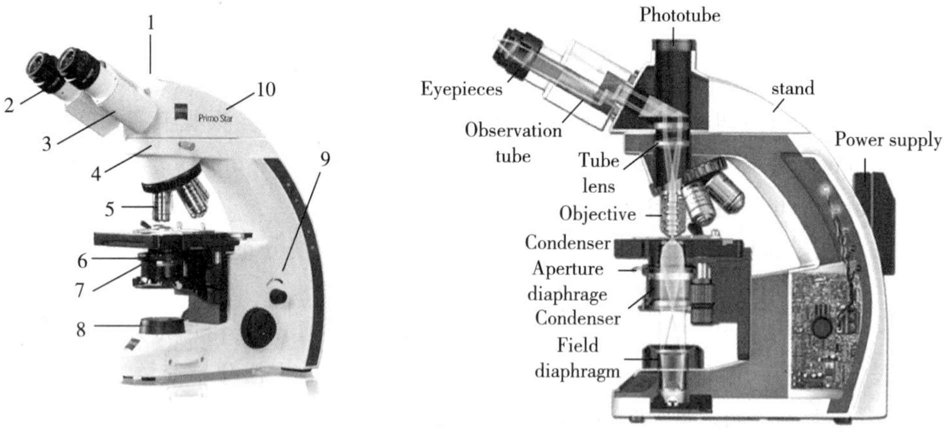

(a) Primo Star生物显微镜外观　　(b) Primo Star生物显微镜光路示意图

图 1－1

1—相机接口；2—目镜；3—目镜筒；4—镜筒透镜；5—物镜；
6—孔径光阑；7—聚光镜；8—视场光阑；9—电源组件；10—主机体

生物显微镜的原理是利用光学放大技术，通过透镜对样本进行放大观察。光源发出光线照在凸透镜上，透镜把光线聚焦成一束射线，经过样品后，样品会对光线进行吸收、散射、透射等作用，所得到的光线会再次经过凸透镜，使其被聚焦在一个点上。这些光线通过增倍器和放大镜被进一步放大，并由目镜聚焦到眼睛中的视网膜上，形成一个虚拟的放大图像，从而实现对样品的放大观察。在生物细胞的观察中，为了更好地观察细胞或组织的内部结构，有时候需要对样品进行染色或使用荧光标记来增强其可见度。

Primo Star 生物显微镜观察方法为明场，观察筒为西登托普夫型、双目、可 360°旋转，倾斜角度为 30°，瞳间距 48～75 mm 可调。透镜是组成显微镜光学系统的最基本的光学元件，物镜、目镜及聚光镜等部件均由单个和多个透镜组成。物镜转盘为 4 孔位，向后倾斜式，配备有 4×、10×、40×和 100×四种放大倍数。

物镜是显微镜的光学核心部件，如图 1－2，以 10×物镜为例，其标识含义为：第一行"Primo"代表品牌型号。第二行"Plan ACHROMAT"表示平场消色差物镜。第三行数字中的"10"表示物镜的放大倍数，"0.25"为物镜的数值孔径(NA)，即镜口率，它与显微镜的分辨率有关，数值越大分辨率越高，表示它的性能越好；数值孔径×1000，即对于数值孔径为 0.25 的物镜，其最高(有效)放大倍数是 250 倍，超出这一范围，显微镜不能进一步分辨细节。第三行"∞"表示无限远光校正镜管，"－"表示可配套使用厚度为 0 或 0.17 mm 的盖玻片。物镜上还有一圈代表放大倍数级别的色环，10 倍的为黄色。总放大倍率为物镜放大倍率乘以目镜放大倍率。

载物台为右手调节，尺寸 140 mm×135 mm，移动行程为 75 mm×30 mm。调焦精度：

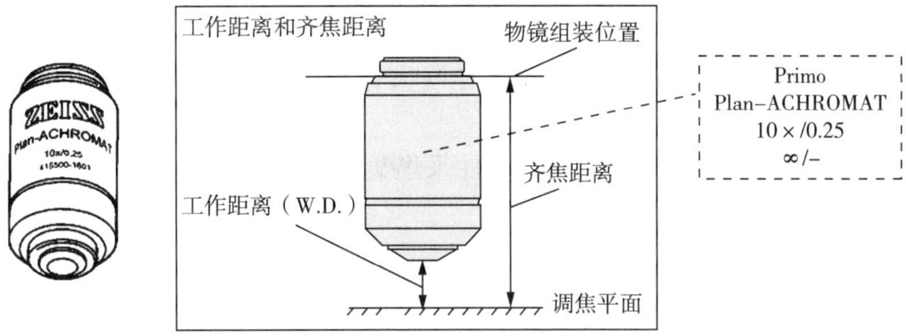

图 1-2　物镜与物镜标识

微调为 0.3 mm/圈，粗调为 4 mm/圈，总行程为 15 mm。

三、实验内容与步骤

1. 生物显微镜构造和操作注意事项

（1）物镜倍数越高，镜筒越长，镜头透光直径越小，造成通光量变小。

（2）光路是透光型的，实验采用载玻片和其上分散的粉体颗粒作为样品，在操作时要先将载物台上升，样品与镜头接近，但特别注意物镜镜头不能接触到样品，否则将污染甚至损坏镜头；然后再慢慢回调，即降低载物台，样品与镜头相离。

（3）基于第（1）点，在观察物相时，首先采用小倍数物镜（观察粉末颗粒时，10 倍一般就可看到物相），此时载物台即使上升到最高，样品也不会碰到镜头；可以先粗调再微调，调整清楚后，直接扭换高放大倍数物镜，此时只可用微调旋钮，并配合调亮照明、调大光圈，直至观察到清楚的物相为止。

（4）聚光镜组件出厂时中心与物镜光轴共轴已校正，实验时不要拧动三个定位螺钉；聚光镜组件在光路中也可上下移动，一般高倍时上升，低倍时下降，以能观察到清楚的物相（合适的对比度、光亮度）为准。

（5）由于粉体材料和载玻片的附着力较小，在取放载玻片时先将载玻片放在载物台边缘，然后打开样品夹，待载玻片平推入中心后，轻轻松开样品夹夹住，后面在操作时，通过调整样品台的方位旋钮来调整视场。

（6）目镜的调节：目镜为转轴式双筒目镜，可通过调整瞳距、视度，达到左右目镜中的图像合二为一，双眼可同时轻松地看到清楚的物相。

2. 制备样品，操作生物显微镜，熟悉生物显微镜用法

（1）样品的制备方法：取一片干净载玻片，用取样勺取少量（小绿豆体积大小的）粉末样品置于载玻片中央，然后滴一滴无水酒精在样品上，微微两边倾斜载玻片（对于有些易滚动的颗粒样品，可以先滴酒精再撒上样品），将样品分散铺开，待酒精自然挥发后，即可在显微镜下观察，如图 1-3。

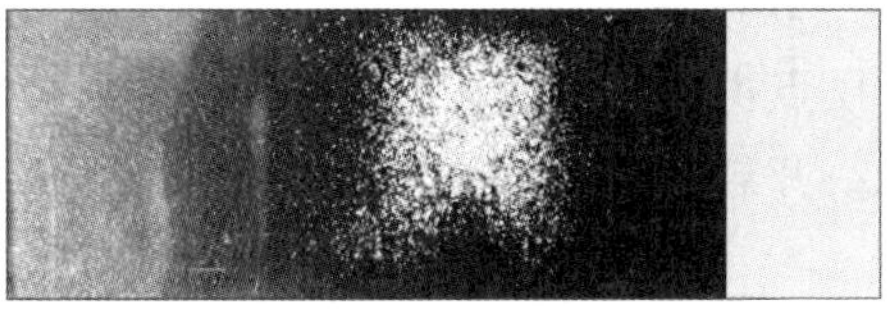

图 1-3　显微镜观察粉体试样

（2）熟悉显微镜的用法，以能否正确调

出标尺物相为考察内容，教师抽查2～3位同学。

3. 用生物显微镜观察粉末样品形态

选择一种或几种粉体材料，制备样品，并调出物相，观察粉末形态，并继续进行粒度分析。

4. 用生物显微镜测量粉末粒径，并用软件采集数据

(1)传统法——目测记录法

理想的试样片中视场的颗粒应均匀分散分布，无堆积，便于观测计数，如图1-4(a)。采用垂直投影法，即所测颗粒在视场内同一个方向移动，顺序地、无选择地逐个进行测量；当颗粒形状不规则时测量这一方向上的最大垂直投影尺寸，如图1-4(b)所示。但考虑到实际操作的困难，实验中可采用落在标尺上的格数作为记录数据，如图1-4(c)。测试中通过载物台的标尺定位，载玻片在载物台上作前后左右运动，目镜测微尺处于水平位置，这样保证观察到的是不同视场、不同颗粒，不会对某一视场中的颗粒重复计数。

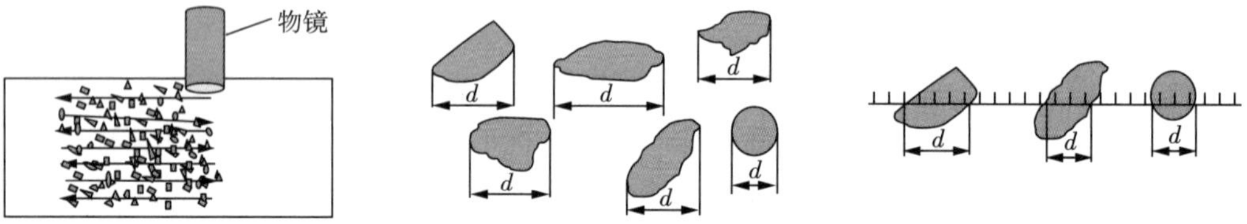

(a) 样品示意图　(b) 垂直投影法　(c) 读落在标尺上的格数

图1-4　显微镜观测粒度示意图

数据采用表1-1记录，画“正”字进行统计，属于同一区间的颗粒数相加得 N_1、N_2、…、N_i，总颗粒数为 $\sum N_i$，最后画出粒径分布图。为使颗粒计数结果具有一定的统计意义，对规则形状(如球形或近球形)颗粒一般计数300个以上，对非球形颗粒则600个以上。

表1-1　显微镜法目测粒度原始记录表

格数	0～3	4～7	……	$(i-3)\sim i$	总计
颗粒数目	正	正 正			
小计	N_1	N_2		N_i	$N=\sum N_i$

(2)软件辅助法

① 点击USB 2.0-Camera，勾选“载入图片”，载入。

② 开启视频，微调焦距和灯光至获得清晰的颗粒分布图像，注意选择颗粒均匀分散的视场。

③ 点击“截图”，拍一帧粉体物相，可在综合窗口中看到采集的图片。

④ 在综合窗口中双击要分析的图片，开始粒度测量与分析。首先选择放大倍数，点击

“标尺”，放置于图片的右下角合适位置。其中，标尺标定步骤如下(以 100×为例)。

第一步：首先在 100 倍放大倍数下调出标尺的清晰图像，并截图保存，如图 1－5。

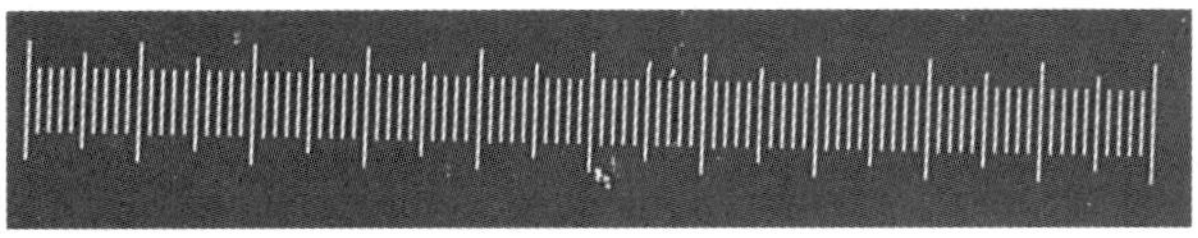

图 1－5　显微镜下标尺图像(100×)

第二步：双击标尺截图图片，点击“定标”，在图像中沿着标尺拉取测量线段，点击鼠标左键确定。

第三步：点击空格，在对话框中输入标尺名称，如“100×”，输入测量线段的物理长度，并选择正确的单位，然后确定即可，如图 1－6，在标尺选择栏目将看到“100×”选项。

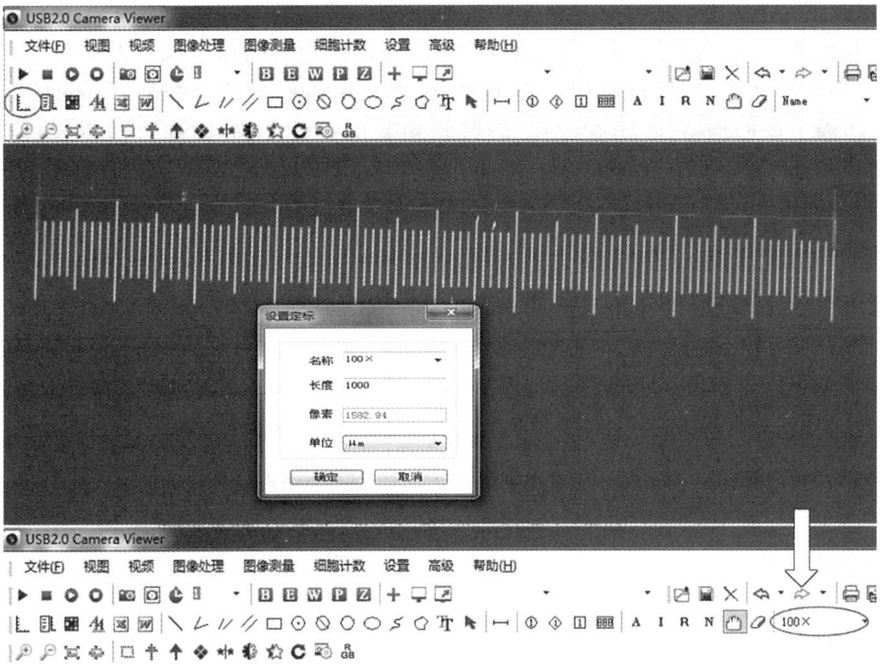

图 1－6　定标软件操作界面

⑤ 手动测量：选择至少三种以上测量方式，如直线、矩形、同心圆等，对颗粒粒径进行手动测量，然后另存为图片，命名为“＊＊图片”。

⑥ 自动测量：点击“细胞计数”，可看到有“自动计数”“手动计数”和“单点生长计数”三种方式，可以选择其中一种方式尝试分析，观察效果。

⑦ 以“单点生长计数”为例，首先尽量选择单个分散的颗粒，对于选中的颗粒，如果因灰度原因不能作为一个颗粒，可以采用“细胞画笔”将颗粒灰度浅的连成封闭区间，然后点击“填充空洞”；对于明显连在一起的多个颗粒，可以采用“直线分割”切开；其他相应的操作都可以尝试。

⑧ 计数选择结束后，点击“生成数据”，选择要导出的项目；再点击“导出数据”，获得一

个自动生成的“＊＊文档”(包括图片和数据)。

⑨ 将“＊＊图片”和“＊＊文档”组合、设计并保存为粒度分析报告,参考二维码实例所示。

⑩ 进一步地,可通过 Excel、Origin 等软件处理、分析数据。

5. 正确关闭显微镜,清理实验台面

显微镜法粒度分析报告实例

四、注意事项

1. 用生物显微镜观察样品时,载有粉末样品的载玻片应该水平放置于载物台的右下角,然后缓慢水平推入,并用样品夹夹住,注意不要将粉末样品洒落而污染、磨损镜头。

2. Primo Star 生物显微镜具有优秀的物镜齐焦性,即高低倍之间的转换中保证基本不离焦,能很轻松地找到焦平面,避免更换物镜时因找不到焦平面而压碎标本。所以一般先用低倍物镜调清楚物相,再转至高倍物镜配合微调,获得清晰的图像。如果开始就采用高倍物镜观察,应先侧面低头,用粗调旋钮将物镜向下,观察物镜尽量贴近样品,但不能压到样品;然后再一边向上旋调物镜,一边观察样品;等物相调出来后,用微调旋钮调至清楚。若直接用目镜观察图像,直接向上调整载物台,则容易调过观察有效距离而压到试样,从而损坏镜头和样品。

3. 打开电源之前,检查调光旋钮在最小位置,然后打开,慢慢调大到需要的亮度;关闭显微镜时也应该先将调光旋钮调至最暗位置,然后关闭电源。因卤素灯发热,长时间不看时应关闭光源。

五、实验报告要求

1. 描述观察到的粉末的形态,并结合粉末综合物性做简要分析。
2. 采用软件制作显微镜法粒度分析报告。
3. 回答思考题。

思考题

1. 显微镜测微尺和标尺的关系以及标定方法?
2. 落在标尺上的格数作为记录数据与垂直投影最大尺寸数据相比较,整体偏差如何?
3. 简述显微镜法分析粉体颗粒的粒度和粒度分布的优点及局限性。

1.2 筛分析法

筛分析法(sieve analysis)是测定粉状或粒状物料粒度最简单、最古老的方法之一,也是实验研究和生产实践中应用最多的粒度分析方法。该方法是将已知质量的物料连续通过筛孔逐层减小的、有特定筛孔尺寸的一套筛子,从而把物料分成不同的粒度级别。筛分析的目的是求出各粒度等级物料的质量分数，确定它们的粒度组成和分布，从而获得某粒级物料的产率、筛下累积百分数(或称通过量百分数)、累积筛余百分数等。

用标准筛对物料进行粒度分析时，根据具体情况，可采用干筛，也可以采用干筛和湿筛联合的方式进行。当物料含水、含泥较少，对分析结果的要求又不很严格时，可以直接进行干筛；当物料黏结严重，对分析结果的要求又比较严格时，则须采用干筛和湿筛联合的方式进行筛分。我国的国家标准《水泥细度检验方法　筛析法》(GB/T 1345—2005)规定，检验水泥细度有负压筛法、水筛法和干筛法。负压筛法使用负压筛析仪，负压可调范围 4000～6000 Pa，筛 2 min；水筛法使用水压为 0.05±0.02 MPa 的喷头连续冲洗 3 min；干筛法为手工筛析法，拍打速度为每分钟约 120 次。三种方法测定结果如有争议，以负压筛法为准。有趣的是，水筛在考古工作中也有应用，有些考古工作者将土样直接放入筛子内，然后将筛子放入水中把土滤净，从而提取植物遗存(不是测定粒度)，这种方法也被称作水筛法。本实验的目的为：

1. 掌握筛分析法测定粉体材料粒度的方法；

2. 了解筛分析法测定粉末粒度的应用范围和相关知识。

图 1-7　标准筛振筛机

一、设备与材料

不同孔径的标准筛若干，振筛机(如图 1-7)；铁粉、石英粉或其他粉末样品；电子天平(精度 0.01 g)、称量纸、毛刷、取样勺、不锈钢盘子等。

以 KER-200 顶击式标准筛振筛机为例，其主要技术参数见表 1-2 所列：

表 1-2　KER-200 振筛机技术参数

项　目	单位	数　值
筛子外形尺寸	mm	ϕ200×50
装筛最大层数	层	8
最佳筛分粒度范围	mm	0.045～2.5
筛子摇动次数	min^{-1}	221
筛子往复运动行程	mm	12.5
顶击次数	min^{-1}	147
投料重量	g	200

二、实验内容与步骤

1. 分两组，分别筛分铁粉和石英粉，称量粉体。

2. 选用、组合5～6个不同大小筛孔的标准筛，以及一个筛盖和筛底，清理筛面并放置筛子，检查筛子放置顺序，记录孔径目数和数值。

3. 将称好质量的待测粉末放到最上层的筛面上，盖上筛盖，以防止筛分过程中试样的飞扬和损失。

4. 开振筛机前先拧开螺塞，检查润滑油是否至螺孔面，油少则适量添加；检查振筛机空机运转是否正常。

5. 安装套筛时先将扭紧螺栓左旋以松开筛盖，固定顶杆，并将顶杆往上提，再将整套筛子置于筛托盘上，将扭紧螺栓左旋松开顶杆，往下压住筛盖（注意卡爪就位），右旋使之固紧。

6. 将定时器调整为15 min，启动振筛机，此时观察筛子有无松脱现象，若有应及时停机纠正。

7. 筛分时间到后先关闭电源，再取下筛子（包括盖和底）。

8. 从上到下依次取下各个筛子，称量筛上物时，将筛面上的粉末倾斜到一边，再将附着在筛网和筛框底部的粉末，用软毛刷扫到相邻的下一个筛子中，然后将筛子倒扣在较大的称量纸上，轻轻敲打筛框，保证筛上粉体都取到。

9. 将筛面上的粉末仔细地全部收集在称量纸上后称重，记录下各个筛面上的筛余量（未通过的物料量）和最后一个筛下（即筛底）粉末质量，称量精确到0.01 g，记录和处理数据。筛分测定的所有筛子和筛底上的粉末量总和应不小于试样称量质量的98%，否则须重新测定。

10. 实验完毕，整理实验用品，清理实验桌面。

三、注意事项

1. 当所筛粉体的松装密度>1.5 g/cm^3时，称量100 g；当松装密度≤1.5 g/cm^3时，称量50 g。比如铁粉的松装密度为2.56 g/cm^3，石英粉的松装密度为1.28 g/cm^3，分别称量100 g和50 g。

2. 实验过程中，由于振筛机一直在上下振动和平面摆动，所以要注意观察设备是否正常，固定顶杆是否松动，若有异常应及时纠正。

3. 到筛分时间后，取下筛子前一定要先关闭电源。

4. 实际筛分过程可以进行到筛分终点，也可以进行到供需双方商定的时间。难筛的粉末，筛分时间可适当延长。筛分进行到每分钟通过最大组分筛面上的筛分量小于样品量的0.1%时，取为筛分终点。

5. 筛子可用无水酒精擦拭，当发现筛孔堵塞严重时，应及时用超声波清洗。为了防止筛子锈蚀，清洗后立即烘干或吹干。

6. 振筛机每隔6个月更换一次机油，使用时注意避免振筛机上三根导杆变形。

四、实验报告要求

1. 参照表1-3记录并计算实验数据。

2. 根据实验数据绘制筛上累积分布曲线（*R*曲线）、筛下累积分布曲线（*D*曲线）和频率分布曲线。

表 1-3　筛分析法测试粉末粒度数据记录表

试样名称：________　　试样质量：________ g　　筛分时间：________ min

测试日期：________　　测 试 人：________

标准筛		筛上物质量/g	分级质量百分率/%	筛上累积百分率/%	筛下累积百分率/%
目数	筛孔尺寸/mm				
筛析总质量/g					

3. 计算实验误差 $=\frac{\text{试样质量}-\text{筛析总质量}}{\text{试样质量}}\times 100\%$，简述如何减小误差。

五、延伸阅读

1. 筛分析法主要用于粒径范围较广的颗粒的测量，通常适用于从几十微米到几毫米范围内粒度分布测定。

2. 筛分析法设备简单，操作方便，常用于粉体材料的初步分级，但受颗粒形状影响大，400 目以上的粉末容易堵塞，而且筛网孔的选择搭配需要反复试验确定，也与样品的批次有关。采用干法筛分时，即粉末是干燥的，实验前可将粉末在真空或惰性气体气氛下干燥处理。

3. 根据筛分数据绘制粒度累积分布曲线和频率分布曲线，可得到累积产率 50% 时的平均粒度，并可根据曲线估算所测粉体均匀度：

$$\text{均匀度}=\frac{60\%\text{粉体通过的粒径}}{10\%\text{粉体通过的粒径}}$$

4. 关于标准筛

标准筛是对物质颗粒进行粒度分级、粒度检测的工具，由筛孔尺寸已标准化的一组筛子组成，由指定机构检验、鉴定，有严格的网孔尺寸规定，这是它区别于一般筛子的主要标志。

标准筛有网筛和板筛两种，通常由黄铜、磷青铜或不锈钢制成。网筛的网目由金属丝按正方形编织而成，按筛孔的开度或金属丝的直径分为若干种规格。筛框多为圆筒形，同一直径的筛子可组合使用。相关术语如下：

筛序：标准套筛按筛孔尺寸从大到小的依次排列。

筛比：筛序中相邻两筛筛孔尺寸之比。

网目：标准筛筛孔尺寸大小的一种表示法，一般指单位长度(1 in 或 1 cm)的筛孔数。

孔：习惯上指标准筛 1 cm^2 面积的筛孔数。

筛号：标准筛各种筛孔尺寸表示法的总称。可以用“目”“孔”和毫米、微米表示。

只要知道筛比和基筛这两个参数，就可以算出该系列标准套筛的各个筛子的筛孔尺寸。根据筛比和基筛筛孔尺寸的不同，分成各种标准筛制。不同国家的标准筛系列不一样，另外还有国际标准筛，见表 1-4 所列。

表 1-4　不同标准筛系列信息

各种标准筛制	筛比	附加筛比	基筛筛孔
美国泰勒标准筛 (Taylar standard sieves)	$\sqrt{2}=1.414$	$\sqrt[4]{2}=1.189$	200 目(0.074 mm)
俄罗斯标准筛 (USSR standard sieves)	$\sqrt[20]{10}=1.122$	$\sqrt[40]{10}=1.059$	0.040 mm
国际标准筛 (International Standard Sieves)	$\sqrt[10]{10}=1.259$	$(\sqrt[40]{10})^6=1.41$ $/(\sqrt[40]{10})^{12}=1.995$	0.075 mm

我国尚未颁布国家标准套筛，常用的标准套筛是泰勒(Tyler)制和上海标准筛，上海标准筛类似于泰勒筛。Tyler 标准筛以 200 目为基准，其他筛子的筛孔尺寸以$\sqrt[4]{2}$为等比系数增减。目(mesh)是每英寸(1 in=25.4 mm)长度内筛网编织丝的根数，也就是每英寸长度上的筛孔数，例如 200 目的 Tyler 筛，每英寸共有 200 根编织丝，丝的直径为 0.053 mm(53 μm)，因此，筛孔的尺寸(孔宽)为 0.074 mm(74 μm)，$200\times(0.053+0.074)=25.4$(mm)。与 200 目相邻的 170 目和 230 目筛子的筛孔尺寸分别为 $74\times\sqrt[4]{2}\approx88$ μm 和 $74/\sqrt[4]{2}\approx63$ μm，以此类推。目数越大，说明物料粒度越细，目数越小，说明物料粒度越粗。

图 1-8 所示为筛子实物图。

(a) 筛底和筛盖　(b) 较细的筛子　(c) 粗筛子　(d) 一套筛子

图 1-8　筛子

作为一名工科专业大学生，孔目数与孔径的关系是基本的专业知识，通常可以记住 100 目或 200 目对应的孔径大小数值，然后根据公式关系推算出其他目数与孔径的对应值。见表 1-5 所列，一般来说，目数×孔径≈15000。比如，400 目的筛网的孔径为 38 μm 左右；500 目的筛网的孔径是 30 μm 左右，等等。

表 1-5　Tyler 标准筛目数与孔径对照表(部分)

目数	孔径(mm)	线径(mm)
60	0.246	0.178
65	0.208	0.183
80	0.175	0.142
100	0.147	0.107
115	0.124	0.097
150	0.104	0.066
170	0.088	0.061
200	0.074	0.053
250	0.061	0.041
270	0.053	0.041
325	0.043	0.036
400	0.038	0.025

5. 新型筛分设备

筛分在各种行业中应用广泛,筛子的分类包括标准分样筛、化工专用筛、土壤专用筛、石子专用筛、砂子专用筛、水泥专用筛、沥青专用筛、煤样专用筛、冶金矿石检验筛、药典筛等等。为了提高筛分效率,我国企业研制出了许多新型筛分设备。

图 1-9(a)所示为超声波检验筛,由超声波振动电源、检验筛主机、高频连接线、连接器以及时间继电器组成。超声波振动电源内置微电脑芯片,产生的高频电振荡由振荡器转换成高频正弦形式的振荡波,振荡器再将振荡波均匀传输至筛面。筛网上的物料在做低频三次元振动的同时,叠加上超声波振动,这样既可防止网孔堵塞,又可提高筛分产量和质量。

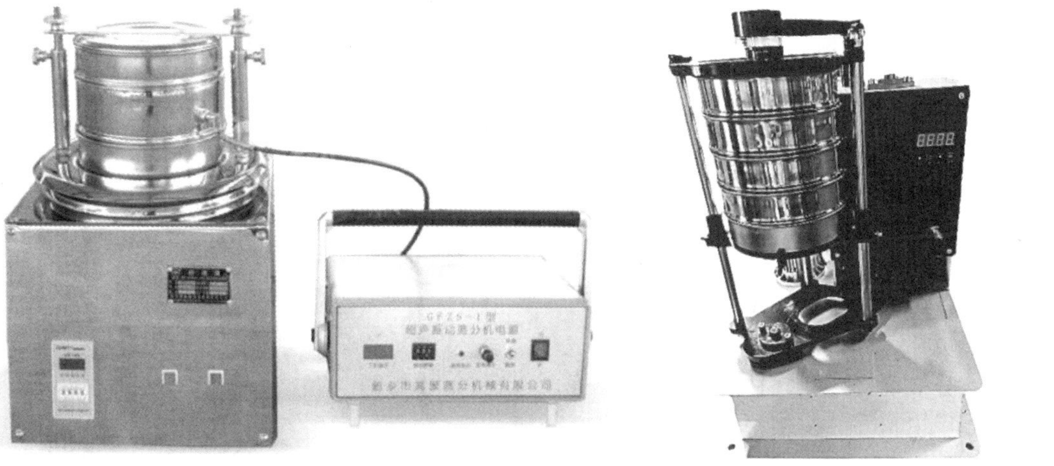

(a) 超声波检验筛　　(b) 拍击筛

图 1-9　新型筛分设备

检验工序中筛分精度准、筛分效率高、整机噪声小。

图 1-9(b)所示为拍击筛，由电机带动齿轮通过同步带传动到主轴上，经齿轮变速后主轴按要求的转速转动，主轴带动偏心轮使滑板做往复运动，带动安装在滑板托盘中的试验筛左右摇动，同时主轴带动顶杆齿轮转动，变速后顶杆齿轮通过凸轮顶击顶杆，顶杆带动拍锤上下拍击试验筛上盖，使得试验筛中的物料作往复和上下两种运动，小于试验筛筛面网孔的物料颗粒筛分至下层试验筛，如此层层筛选，达到不同粒度的分离。拍击筛具有筛分效率高、不易堵塞筛网、下料快和筛分彻底的优点。

当前，新型筛分设备已经广泛用于超硬材料磨料(如金刚石、立方氮化硼等)，以及地矿、冶金、药材和化工建材等行业的科研单位、实验室、检验室中，实现了对固体、粉体、浆液料等物料的科学检验、筛分、分级、粒度分析、杂物含量分析等。

思考题

1. 影响筛分析法的因素有哪些?
2. 粉体的均匀度是表示粒度分布的参数之一，试求所测粉体的均匀度?
3. 筛分析法测试粉末粒度实验操作过程中注意事项有哪些?

1.3 沉降法

沉降法是通过测量颗粒在液体中的沉降速度来表征粉末粒度和粒度分布的一种方法，以斯托克斯(Stokes)定律和朗伯-比尔(Lambert-Beer)定律为基础，以重力沉降和离心沉降为手段，由计算机控制整个测试过程，是粉体研究、生产、应用领域的理想的粒度和粒度分布检测方法。沉降法适用的物料范围广，包括钼、铜、锌、钨、镍、锆、锡等金属和合金粉末，碳酸钙、滑石粉、高岭土、石墨、锆英砂、硅灰石、赤铁矿、炭黑、硅藻土、石墨、重晶石、氧化铝、氧化锆、氧化钙、氧化铬、碳化硅、金刚石、刚玉、河流泥沙等各种非金属粉末。本实验的目的为：

1. 学习和理解离心沉降式粒度测量粉末粒度的原理；
2. 掌握 BT-1500 型离心沉降式粒度分析仪测量粉末粒度的方法。

一、设备与材料

1. BT-1500 型离心沉降式粒度分析仪；
2. 超声波分散器；
3. 烧杯、量筒、洗瓶、纸巾等；
4. 分散剂、蒸馏水、甘油、无水乙醇等。

其中，BT-1500 型离心沉降式粒度分析仪如图 1-10，是一种采用光透法的沉降式粒度分布测定装置。分析时取样较多，代表性好，能分析较宽的粒度范围(0.1～150 μm)，并

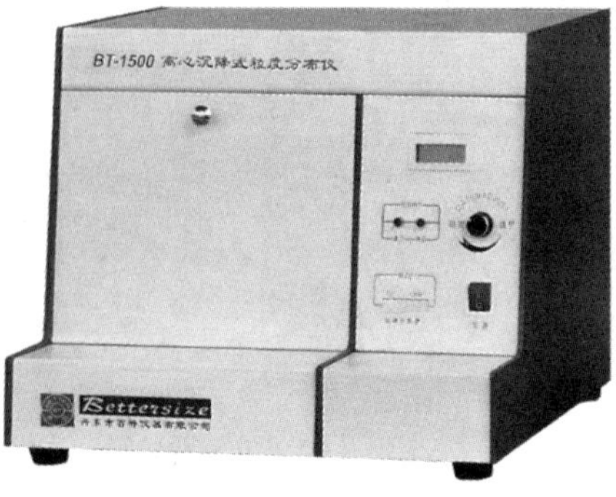

图 1-10 BT-1500 型离心沉降式粒度分析仪

采用计算机程序控制整个测试过程。

二、基本原理

在测试前应先将待测样品置于某种液体中制成一定浓度的悬浮液，经过适当的分散处理后取适量悬浮液到样品池中测试。在测试过程中，颗粒在重力（或离心力）的作用下沉降。根据 Stokes 定律，颗粒的沉降速度与其粒径的平方成正比，即粒径大的沉降速度快，粒径小的沉降速度慢。因此在测试过程中悬浮液的浓度逐渐发生变化，透过悬浮液的光逐渐增强，如图 1-11 所示。

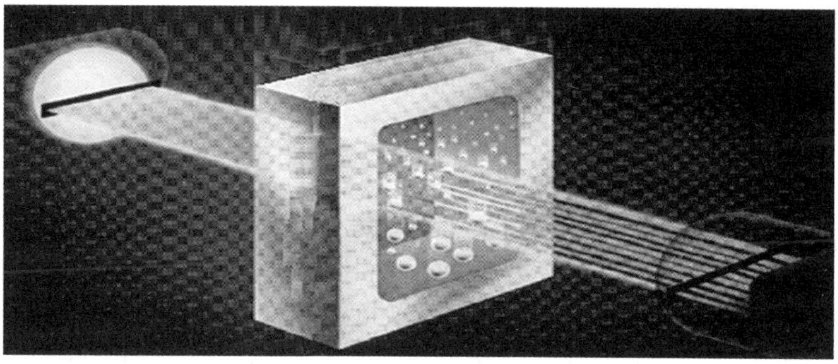

图 1-11　颗粒沉降及消光状态示意图

1. 重力沉降原理

在悬浮液中，悬浮在介质中的颗粒同时受到重力、浮力以及黏滞阻力的作用，由 Stokes 定律得到粒径与沉降速度的关系为：

$$V=\frac{(\rho_s-\rho_f)g}{18\eta}D^2 \tag{1-1}$$

其中，V——颗粒的沉降速度，m/s；

D——颗粒粒径，m；

ρ_s——样品密度，kg/m^3；

ρ_f——介质密度，kg/m^3；

g——重力加速度，m/s^2；

η——介质的动力黏度，Pa·s。

2. 离心沉降原理

为了加快细颗粒的沉降速度，缩短测试时间，提高测试精度，引入离心沉降的手段来加快细颗粒的沉降速度。离心状态下，粒径与沉降速度的关系为：

$$V_c=\frac{(\rho_s-\rho_f)\omega^2 r}{18\eta}D^2 \tag{1-2}$$

其中，V_c——颗粒在离心状态下的沉降速度，m/s；

ω——离心机转速，rad/s；

r——颗粒到轴心的距离，m。

3. 光透法原理

在实际测量中，由于悬浮液中的颗粒数量较多、大小不同，因此直接测量每一个颗粒的沉降速度几乎是不可能的，通常采用光透法，即通过测量透过悬浮液的光强随时间的变化来测量颗粒的粒度。一束光强为 I_0 的平行光，透过悬浮液后，其光强将因颗粒的遮挡、吸收等作用而衰减为 I_i，采用朗伯-比尔定律描述光强与粒径的关系为：

$$\lg(I_i)=\lg(I_0)-k\int_0^{\infty}n(D)D^2\,\mathrm{d}D \tag{1-3}$$

其中，k—— 仪器常数；

$n(D)$—— 光路中颗粒的粒度分布函数；

D—— 颗粒的直径；

I_0—— 透过纯净介质的光强；

I_i—— 透过悬浮液的光强。

4. 离心力场中稀释效应的修正

在离心力场中，颗粒的运动轨迹是沿圆盘半径方向呈发散运动的。从图 1-12 中可以看到，随着离心沉降的进行，X_1 面上粒径为 D_1 的颗粒在沿旋转半径方向离心力的作用下，仅有 x_1x_2 之间的阴影部分能通过测量区域面，从而被有效检测，其余部分在到达 r 面之前已沿侧壁滑向底部，越过测量区，而且越靠近 S 面，这部分颗粒的比例越大。由于阴影段 x_1x_2 之间粒径为 D_1 的颗粒在到达 r 面时将扩散到整个 r 面上，所以 r 面上的颗粒 D_1 的浓度变稀了，称为径向稀释效应，即在离心沉降过程中检测点处的浓度要比重力沉降时低，致使测定结果出现偏差。BT-1500型离心沉降式粒度分析仪对此进行了补偿，从而保证测定结果的准确性。

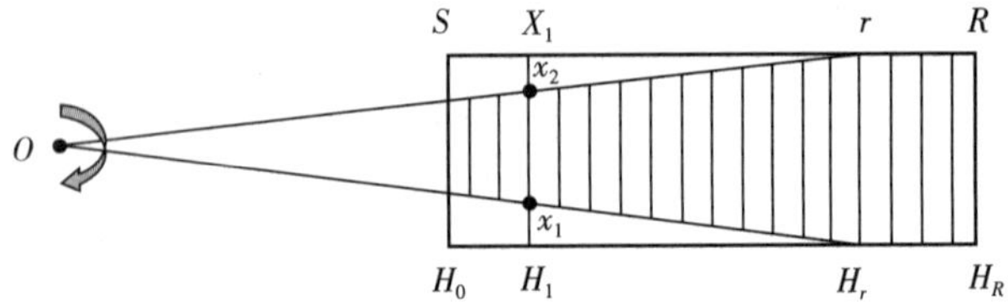

图 1-12　离心沉降径向稀释效应示意图

O—轴心；S—液面；X_1—颗粒 D_1 的瞬时位置；r—测量区位置；R—器底；

H_0、H_1、H_r、H_R—分别表示各位置与轴心 O 的距离

三、实验步骤

1. 设备准备

(1)检查粒度仪与计算机等是否正确连接。

(2)选取两个样品池，并将其彻底清洗干净。

(3)向超声波分散器槽中加水至槽深 1/3 左右。

2. 试样准备

(1)取样。取样要具有充分的代表性，一般分三个步骤：大量粉体(10^n 千克)→实验室样品(10^n 克)→测试样品(悬浮液)。

(2)配制悬浮液

① 选择合适的沉降介质：可选作沉降介质的液体很多，最常用的有蒸馏水、蒸馏水＋甘油、乙

醇、乙醇+甘油等。一般情况下，最大颗粒不大于 45 μm 且比重小于 3 的样品，可直接选择蒸馏水、乙醇等液体做沉降介质；样品粒度较粗或密度较大的，可在蒸馏水或乙醇中加适量的甘油。

② 选择合适的分散剂：常用的分散剂有焦磷酸钠、六偏磷酸钠等，一般根据不同的样品选用相应的分散剂，分散剂的用量为沉降介质重量的 0.2%～0.3%。将分散剂按比例先加到沉降介质中，待分散剂充分溶解后即可使用。

③ 配制悬浮液：将加有分散剂的沉降介质（约 50～80 mL）倒入烧杯中，加入实验样品充分搅拌。配制悬浮液时要控制好样品的浓度，通常是样品越细，所用的量越少；样品越粗，所用的量越多。悬浮液的浓度最终要满足仪器进行浓度测试时的范围要求。

④ 分散：将装有配好的悬浮液的容器放到超声分散器进行超声波分散处理，分散时间 3～10 分钟之间。表 1-6 列出了不同种类和不同粒度的样品的分散参考时间。

⑤ 检查分散效果：可取适量悬浮液到样品池中，对着亮处目测观察其中的颗粒分散和沉降状态；或者将分散过的悬浮液充分搅拌均匀后取少量滴在显微镜载物片上，观察有无颗粒黏结现象；也可以将悬浮液搅拌均匀后，取适量到样品池中，在仪器上测试浓度；经过一段分散时间后再测试浓度，如此反复直到相邻两次的浓度数据基本一致时，说明前一次的分散效果良好。

表 1-6　不同样品的超声分散参考时间(min)

粒度 D_{50}(μm)	滑石　高岭土　石墨	碳酸钙　锆英砂等	铝粉等金属粉	其　他
>20			1～2	1～2
20～10	3～5	2～3	2～3	2～3
10～5	5～8	2～3	2～3	2～3
5～2	8～12	3～5	3～5	3～8
2～1	12～15	5～7	5～7	8～12
<1	15～20	7～10		12～15

⑥ 悬浮液取样：将分散好的悬浮液用搅拌器充分搅拌约 30 秒以上，然后用专用注射器从悬浮液中部边移动边连续抽取约 10 mL 注入样品池中，也可以多次抽取。

3. 测试

双击“粒度测试 BT-1500”图标，进入 BT-1500 型离心沉降式粒度分布测试系统。单击“测试—开始测试”项，即进入“参数设定”界面。

(1)参数设定

包括样品编号、样品密度、测试下限、自动测试上限；介质名称、温度、密度和黏度；沉降距离；同时输入测试人员，测试时间由系统生成。

其中沉降距离 h(cm)是指样品池中悬浮液液面到检测点之间的距离。检测点是位于距样品池底面 1 cm 的高度上。设液面与底面的距离为 H，则沉降距离 $h=H-1$(cm)。通常样品池中应留有一颗黄豆大小的气泡，此时的沉降距离为 4 cm，如图 1-13。

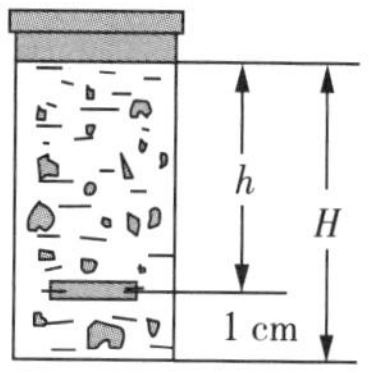

图 1-13　沉降距离

(2)选择测试方式

① 纯重力方式:适合重金属粉(如 Cu、Fe、Mo、W 等)或较粗的非金属粉,测定时间应小于半小时。

② 组合沉降方式:最常用,适合所有分布范围较宽的样品。一般地,当“1500 方式”的测试时间大于 40 秒时,可以选择“重力+1500”组合方式;当“1500 方式”的测试时间小于 40 秒时,可选择“重力+750”组合方式。

③ 纯离心沉降方式:适合较细粉体。当最大颗粒小于 10 μm 时,可选用纯离心沉降方式。一般地;当“1500 方式”沉降时间大于 40 秒时,可以选择“1500 方式”;当“1500 方式”的测试时间小于 40 秒时,则选择“750 方式”。

④ 对于同一个规格的样品:应固定一种测试方式,不要随意改变。

⑤ 离心时间为 0 或总时间大于 2 小时:当“750 方式”“1500 方式”对应的时间为 0 时,只能选择纯重力方式;当某种测试方式的时间大于 2 小时,就不能选择该测试方式。当选中一个合适的测试方式后,单击“下一步”,进入“确定基准值”窗口。

(3)确定基准值

将装有纯净介质的样品池盖好,用纸巾将外表面擦干、擦净,然后插入离心盘上的沉降盒中,并将该沉降盒拨到圆盘的直径方向上(听到咔嗒一声),随即将盛有纯净介质的样品池转到垂直方向的下方,使圆盘上沉降盒左边的小圆孔进入圆形光斑中间(这时仪器面板上的“重力”指示灯和屏幕上的指示灯亮),调整“基准调节器”旋钮,使屏幕中表示“基准值”的蓝条上端在两条红线之间(右边的数值在 8700~9300 之间)。此时单击“下一步”按钮,基准值就确定了,系统开始进入测试浓度值窗口。

(4)测定浓度值

将装有待测悬浮液的样品槽盖好,用纸巾将外表面擦干、擦净,然后用拇指和食指捏住侧面(毛面),上下颠倒,同时不断翻转,用样品池中的小气泡上下滚动来搅拌。在悬浮液中的颗粒呈均匀悬浮状态后,将该样品池插到圆盘上并转到垂直方向的下方,使样品盒左侧的小圆孔对到圆形光斑上(这时仪器面板上的“重力”指示灯和屏幕上的指示灯亮),观察屏幕上表示“浓度值”的红色彩条的高度。如果彩条上端在两条红线之间(右边的数值应在 1000~3000 之间),最好在 1500 左右,单击“下一步”,系统开始进行测试;如果红色彩条低于下面的红线,说明悬浮液浓度太大,要加介质稀释;如果红色彩条超过上面的红线,说明浓度值太稀,须加样品并重新进行分散处理,才能进行测试。

(5)测试过程

按“下一步”后,弹出“测试过程”窗口。在测试过程中,颗粒的沉降状态以测试曲线的形式显示在屏幕中。随着测试时间的推移,样品槽中的悬浮液浓度逐渐降低,光透率逐渐增强,曲线也随之逐渐上升,直到测试结束。

(6)测试结束,结果输出

在测试曲线坐标中,横轴为时间轴,纵轴为光强轴。系统把测试曲线坐标平面分为三个区,分别为初始区、过渡区、结束区。

初始区:为测试开始时的曲线所在的区域。当样品的浓度值在 1000~3000 之间时,测试曲线必定在此区域内。

过渡区：是初始区和结束区之间的区域，测试曲线在这段区域内通常呈快速上升趋势。如果测试结束时曲线高度尚在该区域中，说明设定的“测试下限”过大，需要重新设定合适的“测试下限”，然后重新进行测试。

结束区：结束区为灰色区域及其以上的部分，为测试结束时曲线高度应该达到的区域。如果测试曲线结束时的高度在结束区域，说明绝大部分颗粒已经通过检测点沉降到样品池的底部，该测试条件是合适的。

测试结束后，系统将根据测试曲线的上升状态自动判断最大颗粒通过检测点的时间，并将该时刻对应的横坐标确定为最大粒径位置。最大粒径位置是指测试曲线上以开始时刻为起点的水平线段第一个折点附近对应的横坐标。通过最大粒径位置可以计算出该样品的最大粒径值。

(7)粒级分级

为了适应不同样品的测试需要，简化分级操作，设备系统提供了固定间隔、任意间隔、等差间隔和等比间隔四种粒级设定模式。在“粒级设定”窗口，单击选定的粒级间隔按钮，会弹出相应的粒级输入对话框，再进一步确定粒级序列值。

① 固定间隔：在固定间隔对话框中，系统设置了 10 种固定的粒级序列，每种有 10 个粒级。可根据实际测试的最大粒径值选择最接近的粒级序列，然后单击“确定”即显示测试结果。如果其中没有合适的粒级序列，单击“返回”，重新选择其他的分级模式。

② 任意间隔：在任意间隔对话框的表格中，可按由大到小的顺序直接设定各个粒级的粒径值。这时粒级间隔的大小可以根据需要任意设定，没有限制。操作时粒径值要按由大到小的顺序输入，所输入的粒径值不受“最大粒径”和“最小粒径”的限制。当粒径值大于“最大粒径”时，它们所对应的累计百分数均为 100%；当粒径值小于“最小粒径”时，“最小粒径”所对应的累计百分数将被以合理的方式分割为所设粒径对应的累计百分数。该方式最多可设 50 个粒级。粒径值要从第一行开始连续排列，中间不能有空行。粒径值输入完成后单击“确定”，显示测试结果。

③ 等差间隔：等差间隔是指相邻两粒级间隔的差值均相等的一种分级方式。当输入公差后，系统自动计算粒级值。公差值的大小不能大于最大粒径与最小测试粒径的差值，且不能小于最大粒径与最小测试粒径差的九十九分之一。设定合适的公差后，单击“确定”即显示测试结果。

④ 等比间隔：等比间隔是指相邻两粒级间隔的比值均相等的一种分级方式。当输入粒级公比后，系统自动计算各粒级值。一般地，公比应大于 1 小于 2，常用的是 1.414。公比不能大于最大粒径值，也不得小于 1。设定合适的公比后，单击“确定”即显示测试结果。

(8)显示测试结果

设定好粒级后，系统计算并显示测试结果。单击“关闭”按钮，返回到程序主窗口，可以打印、保存、重新显示本次的测试结果等等。单击“显示图形”按钮显示测试结果分布图。

四、注意事项

1. 沉降法不适合直接测试下列粉体：样品比重小于 1 的粉体；不同比重的样品混合而成的混合粉体；带有磁性的粉体；超出设备测试范围的粉体。

2. 样品槽的清洗方法：(1)将普通洗涤剂滴一两滴在刷子上，把样品槽及盖子内外各面彻底洗刷一遍，特别要注意槽底四角的清洗；(2)用清水冲洗样品槽及样品槽盖，以免洗涤剂残存在槽和盖的表面上；(3)除非样品槽上的附着物难于清除，一般不用超声波清洗机清洗，必须使用时应控制超声清洗的时间与强度，以免损坏样品池。

3. 取样品有两点基本要求：(1)尽量从粉体包装之前的料流中多点取样；(2)在容器中取样，应使用取样器，选择多点并在每点的不同深度取样。

4. 用作沉降介质的液体要求：(1)不与样品发生物理反应或化学反应；(2)对样品的表面具有良好的润湿作用；(3)纯净无杂质；(4)使颗粒具有适当的沉降状态。

5. 分散剂是指加入沉降介质中的少量的能使沉降介质表面张力显著降低，从而使颗粒表面得到良好润湿作用的物质。分散剂的作用有两点：可以加快“团粒”的分解，使颗粒处于单个颗粒状态；可阻止单个颗粒重新团聚成“团粒”。

6. 由于多数有机溶剂本身具有分散剂作用，有一些有机溶剂不能溶解另一些用作分散剂的物质，所以用有机系列介质(如乙醇)时，一般不用加分散剂。

7. 配制甘油溶液时，应先将水(或乙醇)倒入量具中，量取好体积，再往里慢慢倒甘油。配制好的甘油溶液，应充分搅拌使其混合均匀，待气泡全部溢出(一般在充分搅拌后放置 24 小时或超声振动并搅拌 15 分钟)后才能使用。

8. 测试下限是根据样品的粗细程度和具体的测试要求而设定的，样品较粗时测试下限应大些，样品较细时测试下限应小些。以水(或乙醇)为介质的情况下测试下限为 1 μm 或 2 μm。通常情况下测试下限为所测样品 D_{50}值的 1/3～1/5。可根据测试结束时测试曲线的高度判断所设定的测试下限是否合适。如果该曲线结束时的高度已接近或达到整个高度的上端，则说明测试下限合适；如果该曲线结束时的高度小于整个高度的一半，则是测试下限太大；如果该曲线在测试结束前较长一段时间就达到结束区以上且测试曲线呈近似水平的状态，说明测试下限太小。测试同一个规格的样品时，每次的测试下限应保持一致。

9. 测试上限是指所测试的样品可能的最大粒径值，单位是 μm。如果能够估计到所测试的样品的最大粒径值，就输入一个比所估计的数值稍大一点的整数，一般为 2、5 或 10 的倍数；如果不能够估计到所测试的样品的最大粒径值，就输入 200，由系统自动测试最大粒径。

10. 改变悬浮液浓度只能用加介质或加样品的方法来实现，不能用调整“基准调节器”的方法实现。

五、实验报告要求

根据测试软件自动生成的结果和曲线做粒度分析，完成实验报告。

思考题

1. 简述实验操作中的注意事项。
2. 根据样品粒度分布检测结果分析影响测试的因素。

1.4　费氏法

流体通过粉末床所受的阻力与构成粉末床的粒度有关，利用这种关系间接地确定粉末粒度的方法称为透过法。费氏法(Fisher sub - sieve sizer)就是采用空气透过法，测量在给定压力下，单位时间内流过具有给定的横截面积和高度的粉末床的空气的体积，依据科泽尼-卡尔曼(Kozeny - Carman)公式，再根据粉末床的透过性与孔隙度推算出粉末的比表面和粉末的平均粒度。费氏粒度仪是根据该原理设计的测量仪器，广泛应用于冶金粉末工艺和产品质量控制、硬质合金生产过程中工艺控制等，具有重要的生产指导意义。

费氏法是一种相对的测量方法，不能精确地测定出粉末的真实粒度，仅用来控制工艺过程和产品的质量。该方法只能精确地测量空气通过粉末堆积体时的透过率，其值的大小取决于它的孔结构。粉末堆积体的孔隙度、颗粒形状、粒度、粒度组成、粒度分布和压制方法等均影响孔的结构。因此，该方法仅适用于化学成分相同和粒度组成相似的粉末；对于化学成分相同而粒度组成不同的粉末，则会产生较大的测量误差。有时化学成分相同而粒度组成不同的两种粉末会得到相同的费氏值，这是因为它们有相同的透过率。透过法测定粒度由于取样较多，有代表性，结果的重现性较好。对较规则的粉末，同显微镜测定的结果相符合。

本实验的目的为：

1. 了解透过法测定粉末平均粒度的基本原理；
2. 学习费氏粒度仪的构造和设计原理；
3. 通过实验掌握费氏平均粒度仪的使用方法，分析样品的粒度。

一、设备与材料

粉体行业早期主要使用美国 Fisher Scientific Co.，公司 95 型费氏粒度仪，以该仪器公司名称的第一个单词来命名，即 Fisher Sub - sieve Sizer，译为“费歇尔亚筛级粉末粒度测定仪”。虽然与筛子没有关系，但是该仪器测定的范围通常小于 50 μm，是普通机械筛分不能筛分的范围，所以称为“亚筛”。但 Fisher 公司已停产费氏粒度测量设备多年，目前国内外粉末企业主要使用我国生产的费氏粒度仪和配件(例如稳压管、U 形管、针阀、空气泵等)。

图 1 - 14　费氏粒度仪

图 1 - 14 为费氏粒度仪设备外观图，由空气泵、稳压管、样品管、压力计、针形阀和粒度数板等部件组成；图 1 - 15 为费氏仪结构简图。

1. 主要部件

(1)空气泵 1 和进气端放气调压阀 2。

(2)稳压管 3 和干燥剂管 4。

(3)出气端微调针阀 13、14。用一挡时，锁死换挡阀 15，可微调到使仪器常数 $c_1 = 3.8\ cm^{3/2}$；用二挡时，可微调到使仪器常数 $c_2 = 7.6\ cm^{3/2}$。

(4)压力计 11 要求玻璃内径沿长度非常均匀，前臂内径 r_a 和后臂内径 r_b 之比：

$$r_a / r_b = 1 \pm 0.005$$

(5)粒度读数板 12 的板上线条应清晰，线条宽小于 0.015 cm，试样高度线和等粒度线应分别符合公式(1-7)(1-8)(见下文)，从仪器读数板上可直接读出粒度值。

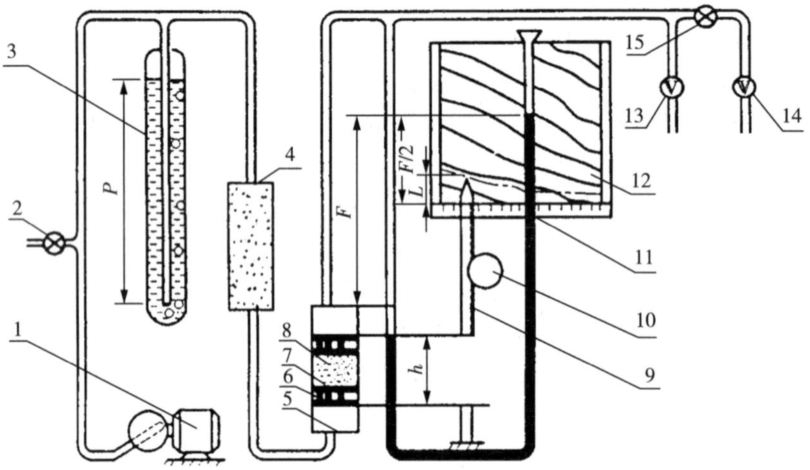

图 1-15　费氏仪结构简图

1—空气泵；2—调压阀；3—稳压管；4—干燥剂管；5—试样管；6—多孔塞；7—滤纸垫；8—试样；9—齿条；10—手轮；11—U 形管压力计；12—粒度读数板；13、14—针形阀；15—换挡阀

(6)红宝石标准管一个，用于校准仪器。管上层刻有管号、孔隙度值、一挡(高值)粒度值、二挡(低值)粒度值，其数值须用毛细管精确标定。

(7)试样管两个以上，内径为(1.27±0.005)cm。

2. 主要附件

穿孔黄铜塞两对以上，装卸黄铜塞的长丝针一支，粉末漏斗一个，ϕ15 mm 快速滤纸一盒，试样管橡皮支撑座一个。

3. 待测粉体材料

如 W 粉、Mo 粉等。

二、测试原理

费氏法属空气透过法。由于粉末试样层的气体透过能力与粉末的比表面积有关，可据此求出比表面积，并由比表面积换算的体积表面积平均直径来表示粒度。根据费氏法，粉末粒度有下列表达式：

$$d_{vs} = \frac{60000}{14}\sqrt{\frac{\eta C L^2 \rho M^2 F}{(AL\rho - M)^3 (P - F)}} = c\sqrt{\frac{L^2 \rho M^2 F}{(AL\rho - M)^3 (P - F)}} \tag{1-4}$$

其中，d_{vs}——粉末粒度，μm；

η——空气黏度，$g \cdot cm^{-1} \cdot s^{-1}$；

C——针阀的通导率，$cm^3 \cdot s^{-1} \cdot cm\ H_2O^{-1}$；

c——仪器常数$\left(c \text{ 定义为} \frac{60000}{14}\sqrt{\eta C}\right)$，$cm^{3/2}$；

L——粉末试样层高度，cm；

ρ——粉末试样的真密度，$g \cdot cm^{-3}$；

M——粉末试样的质量，g；

A——粉末试样层的横断面积，cm^2；

P——空气进入粉末试样前的压力，cm H_2O；（1 cm $H_2O \approx 98.07$ Pa）

F——空气进入粉末试样后的压力，cm H_2O。

取粉末试样的质量与其真密度的值相等，即 $M=\rho$，有

$$L=\frac{1}{A(1-\varepsilon)} \tag{1-5}$$

其中，ε——粉末试样层的孔隙度。

代入(1－4)式，得

$$d_{vs}=\frac{cL}{(AL-1)^{3/2}}\sqrt{\frac{F}{P-F}} \tag{1-6}$$

取 $A=1.267\ cm^2$，(1－5)式成为

$$L=\frac{0.7893}{1-\varepsilon} \tag{1-7}$$

取 $P=50$ cm H_2O，$c=c_1=3.8\ cm^{3/2}$（即为校准好一挡后的结果），联立(1－6)、(1－7)得：

$$\frac{F}{2}=\frac{1}{\frac{0.3598(1-\varepsilon)}{d_{vs}^2 \cdot \varepsilon^3}+0.04} \tag{1-8}$$

取 $c=c_2=7.6\ cm^{3/2}$（即为校准好二挡后的结果），由(1－8)式算出的 d_{vs} 应乘以 2 才是粒度值。

根据(1－7)(1－8)式使计算图表化，绘制出粒度读数板。以孔隙度为横坐标（其范围为 0.4 至 0.8，分度间隔为 0.005），以试样高度线为纵坐标，按(1－7)式作出一条试样高度线，供压制试样之用。另以 $F/2$ 为纵坐标，按(1－8)式作出一组等粒度曲线。对于与试样高度相应的试样孔隙度，根据压力计前臂的水位高度 $F/2$，在读数板上读数（当用一挡时，为直接读数；当用二档时，读数应乘以 2）。

三、实验步骤

1. 待测样品准备

待测试样粒度应比较均匀，具有代表性。取样量应为试样真密度的两倍以上。试样要

求干燥、无氧化、无团块。费氏法不适用下列三种情况：(1)粉末的形状等轴性很差；(2)粉末在缓慢压力下会变形或破碎；(3)粉末在施压时会聚结。

2. 仪器校准

(1)部件检查

① 粒度指示针横梁应与读数板基线平行，下落时应与孔隙度指示针重合。齿条上下移动时应与读数板基线垂直。

② 试样管和多孔塞不得有磨损。

③ 红宝石标准管、压力计和微调针阀均应保持清洁、准确。

④ 夹持试样管的上、下橡皮垫应保证不漏气。

⑤ 压试样的黄铜支撑杆的位置要求适当，即齿条底平面与底座黄铜支撑螺杆上平面的相隔距离，应保持等于两个多孔塞和两片快速滤纸的总厚度，此时齿条上的粒度指示针正好指在读数板基线上。

⑥ 干燥剂应保持有效(若使用变色硅胶时应保持蓝色)。

⑦ 稳压管的液面应在水位刻度线上，冒泡速度为每秒 2～3 个气泡，以保持进气端的压力 $P=(50\pm0.4)$cm H_2O。

(2)校准步骤

① 调节压力计零位：齿条下移，使粒度指示针与读数板基线对齐，取下试样管，然后转动压力计水位调节旋钮，使水位弯月面与粒度指示针横梁上沿对齐。

② 接通电源，运转 20 min，装上空试样管，转动空气调节阀，使稳压管中的竖管冒泡，控制冒泡速度每秒钟冒 2～3 个气泡。压力计水位逐渐上升，在 1～2 min 内达到的水位高度应为 25 cm H_2O。

③ 一挡的校准。

a. 检查换挡阀，使在一挡位置。取下空试样管，将红宝石标准管装在齿条右侧的橡皮垫间，右旋手轮，压紧红宝石标准管使其不漏气。此时压力计水位逐渐上升。

b. 移动读数板，使孔隙度指针所指示的孔隙度值与红宝石标准管上所指示的值一致。此后不得再触动读数板。

c. 转动手轮，使齿条上移直至粒度指示针的横梁上沿与压力计水位弯月面对齐，读出粒度值，其值应与红宝石标准管上所示的一挡值相符，相差不得大于 3%。否则按下列步骤进行校准：调一挡(高值)针阀(压力计水位随即得到调节)，使在读数板上指示的粒度与红宝石标准管给定的一挡值相符，相差不超过 3%，一挡的校准即完毕。此后不得触动一挡针阀。

④ 二挡(低值)针阀的调整。松开换挡阀在二挡位置，此时压力计水位徐徐下落，待水位稳定后，落下齿条，使粒度指示针的横梁上沿对齐压力计水位的弯月面，粒度指示针指示的粒度值应与红宝石标准管给定的二挡粒度值相符，相差不得超过 3%。否则调整二档针阀，使读数与二挡值相符。

⑤ 红宝石标准管应定期校准，应用无水乙醇清洗吹干净脏污。

3. 试样测定

(1)粉末试样的粒度，若为 0.5～20 μm，使用一挡范围；若为 20～50 μm，则使用二挡范围。

(2)按粉末的真密度称出试样，精确到 0.01 g。将试样倒入装有多孔塞和滤纸的干净的试样管中。

(3)移动读数板，使孔隙度指示针指在预定压制的孔隙度的位置。将装有试样的试样管移到仪器的齿条下进行压实，直至粒度指示针与试样高度线重合。记录孔隙度指示针所指示的孔隙度，此后不得触动读数板。

(4)将试样管竖直移到仪器右手轮下的橡皮垫间(注意此时试样管不得触动、平放或倒置)，旋动手轮，压紧试样管，使试样管两端不漏气。

(5)此时压力计水位上升，待稳定后，转动齿条，使粒度指示针的横梁上沿与压力计水位弯月面对齐，读出粒度值。用一挡范围时，读数即为粉末的粒度；用二挡范围时，读数乘以 2。

(6)称两份试样：①一份试样须依序压实 5 次，分别测 5 次粒度。随粉末试样压制性能不同，所取的孔隙度间隔不同，可取 0.005 至 0.05 不同的孔隙度间隔，最后一个孔隙度应到粉末压不动为止。对相邻的两个最接近的粒度，取其平均值作为最佳孔隙度。在对应孔隙度的粒度曲线上，出现两个平台时，取承受压力最大处的平台中值求结果及最佳孔隙度。不出现平台时，取承受压力最大的两个数据求出结果及最佳孔隙度。②另一份试样，按所确定的最佳孔隙度，测定粒度，两次测定的粒度相差值不得大于 6%，取其平均值作为测定结果。若大于 6%，应先检查仪器和操作，再重复核准和测定。

(7)若试样压不动时，孔隙度大于 0.8 或小于 0.4，可将粉末增、减至其密度的(1±0.3)倍，计算公式如下：

$$V_s=\frac{M}{\rho} \tag{1-9}$$

$$\varepsilon=1-V_s(1-\varepsilon') \tag{1-10}$$

$$d_{vs}=d'_{vs}\cdot V_s\left(\frac{\varepsilon'}{\varepsilon}\right)^{3/2} \tag{1-11}$$

其中，V_s——粉末试样固体体积，cm^3；

ε'——粉末试样重增、减至其密度的(1±0.3)倍试验时，在读数板上直接读出的孔隙度；

d'_{vs}——粉末试样重增、减至其密度的(1±0.3)倍试验时，在读数板上直接读出的粒度值，μm。

四、注意事项

1. 测量时至少要选用两份试样，一份用于找出最佳孔隙率，一份用于测量。

2. 一般情况下，粒度值出现于平台时所对应的孔隙率的平均值为最佳孔隙率。但有些粉末没有粒度值在平台出现，此时选用两个最接近的粒度值所对应的孔隙率的平均值为最佳孔隙率。

3. 仪器设备校正是结果准确性和稳定性保证的必要条件，一方面不同品牌仪器存在一定的系统差异，另一方面随着使用时间延长，费氏粒度仪因对气体阻力发生变化，导致设备空气压力变化，进而影响检测系统变化。为消除不同厂家、不同仪器之间系统差异，以及设备老化带来的系统差异，提高评价检测结果的准确性，我国厦门金鹭特种合金有限公司研究并公开了专利——

CN114018768A《一种费氏粒度仪多点校正方法》，株洲硬质合金集团有限公司研究并公开了专利——CN111650096A《费氏粒度标准样品及其制备方法和应用》，可供进一步探讨和学习。

五、实验报告要求

1. 简述仪器工作原理。
2. 参照表 1－7 记录原始数据，分析测试结果。

表 1－7 费氏法粒度测试结果记录

样品编号	样品材料	样品质量/g	不同孔隙度 ε 下测量的粒度 d_{vs}/ μm						最佳 ε 下的 d_{vs}/ μm
			ε						
			d_{vs}						
			ε						
			d_{vs}						
			ε						
			d_{vs}						

3. 费氏法测量的粒度值与最佳孔隙度的选择密切相关，报告中指出最佳孔隙度以及对应的粒度值。

思考题

1. 简述费氏法粒度测试原理。
2. 实验中有哪些需要特别注意的事项？

1.5 激光衍射法

颗粒粒度的描述其实不是一个简单的问题，颗粒的形状各种各样，有针状、棒状、柱状、扁平盘状、不规则多面体状等，除了球体、立方体，很难用一个数字来描述一个复杂形状物体的空间大小。激光衍射法是测量所有未知粒径的颗粒在一定角度范围所衍射光的强度，采用等效球原理和衍射模型，通过数学反演的处理，最后算出颗粒粒度和粒度分布结果的方法。

本实验的目的为：

1. 学习信息化教学资源，了解激光衍射粒度仪的结构，掌握激光衍射法粒度测试原理；
2. 学习激光粒度仪测试粉末粒度的操作流程和参数设定方法；
3. 测试样品粒度并正确解析激光粒度测试数据与报告。

一、设备与材料

激光衍射法所需的设备与材料，主要包括：Mastersizer 2000 激光粒度分析仪（以下简称

MS2000)(如图 1－16)、电脑、超声波清洗机、粉体材料样品、滴管、小烧杯、取样勺、去离子水和抽纸等。

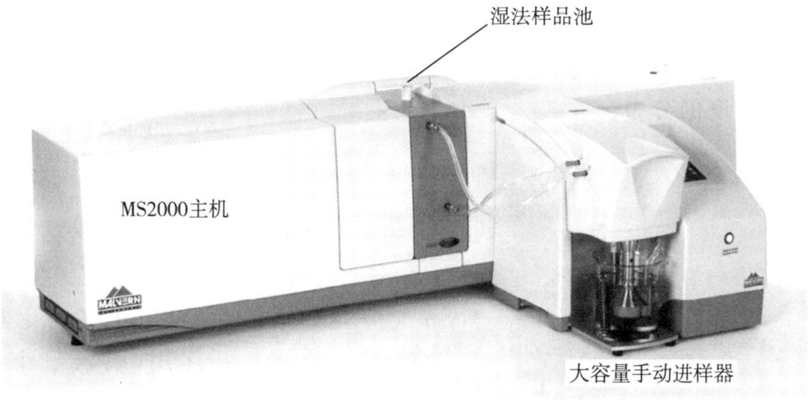

图 1－16　Mastersizer 2000 激光粒度分析仪

其中，Mastersizer 2000 激光粒度分析仪(附件为 Hydro 2000MU，型号为 AWM2000)是在完全的米氏散射理论的基础上开展粉体材料的特性研究，可测量粉末样品的粒度和粒度分布的设备。MS2000 采用 He－Ne 激光器发射激光，波长为 633 nm，该光源具有极高的稳定性、良好的抗震性和低的背景噪声，由于衍射光强与光波的 4 次方的倒数成正比，所以颗粒对 633 nm 波长的衍射光能量是对普通固体激光器(波长大于 700 nm)的 2 倍，极大提高了小颗粒衍射信号的强度，因此 MS2000 具有宽广的测量范围(0.02～2000 μm)。该设备附件可对样品进行超声分散，也适用于乳化液、悬浮液的测量。另外，激光粒度分析仪在测试时实现了仪器操作的完全智能化，由软件控制系统处理测量粒度分布数据，软件能定义并运行测量，通过点击鼠标在 30 秒之内完成从光路校正、背景扣除、数据采集到数据处理、报告生成等全部操作，还可以显示结果并打印，具有方便、迅速、重现性好的特点。

二、实验原理

1. 等效球原理与 Mie 理论

Mastersizer 2000 激光粒度分析仪根据米氏(Mie)理论，测量颗粒在光路中的衍射角度和强度，最后得到的结果给出的是一维的数据以及数据分布，应用的是等效球原理。

图 1－17　古斯塔夫・米(1869—1957)

古斯塔夫・米(Gustav Adolf Feodor Wilhelm Ludwig Mie，1869—1957)，德国物理学家，如图 1－17。Mie 散射是求解球形散射体与电磁波场相互作用解析解的经典算法，被证明能在更宽的粒径范围内得到更准确的结果。Mie 散射不是一个独立的理论，它只是球形介质在麦克斯韦方程组下的解析解。但是由于求解本身的复杂性，所以第一个完美完成求解任务的 Mie 的方法成了经典，因此该求解算法被命名为 Mie Theory。

Mie 理论假设测量的颗粒是球形的，先测量颗粒的一些特性，得出它的体积或质量，然后转化为球体的体积或质量，再计算出与颗粒体积或质量相等的球体的直径 $2r$，这就是等效球原理。设 ρ 为颗粒质量密度，则由等效球原理得颗粒质量 $=4/3\pi r^3\rho$。例如，一个尺寸为 50 mm×25 mm×10 mm 的长方体火柴盒，采用等效球原理后，可以算出与它同体积同密度的球体的直径约为 28.8 mm。而利用激光粒度分析仪测试，结果显示，火柴盒的大小等效直径为 28.8 mm 的球体。所以在激光粒度的分析报告中看到的结果就是 D_{10}、D_{50}、D_{90} 等以及粒度的分布。

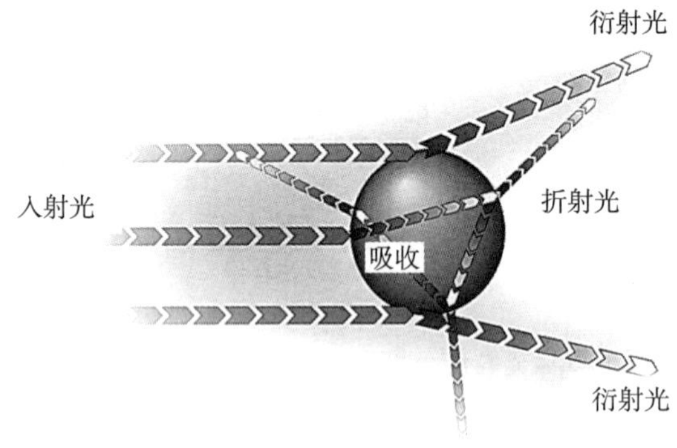

图 1-18　光与颗粒的相互作用

2. 激光衍射仪光路设计与反演法

光在传播过程中，遇到障碍物或小孔时，光将偏离直线传播的路径而绕到障碍物后面传播的现象，叫光的衍射。如图 1-18，Mie 理论考虑到了光与物质的相互作用，引入三个光学参数：(1)样品颗粒的折射率；(2)样品颗粒对光的吸收率；(3)分散介质的折射率。

激光衍射法又称小角度激光光散射法，MS2000 激光粒度分析仪的光路如图 1-19，由 He-Ne 激光器发射出的一束激光，通过滤镜后成为单一的平行光束，照射到颗粒样品后发生衍射现象。衍射光的角度与颗粒的直径成反比关系，衍射光经傅立叶或反傅立叶透镜后成像在排列有多个检测器的焦平面上。衍射光的能量分布与颗粒直径的分布直接相关，样品室里不同大小的粒子经激光衍射后的衍射光落在不同的位置，位置信息反映出颗粒大小；相同大小的粒子衍射的光落在相同的位置，叠加的光强度映颗粒所占的百分比是多少。通过接收和测量衍射光的能量分布，就可以得出颗粒的粒度分布特征。

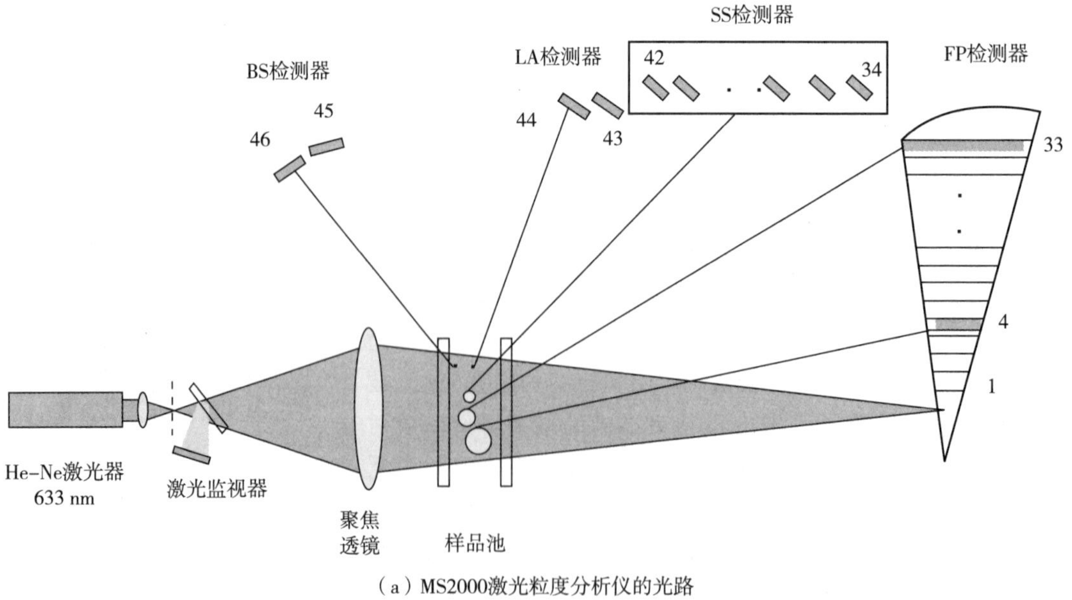

(a) MS2000激光粒度分析仪的光路

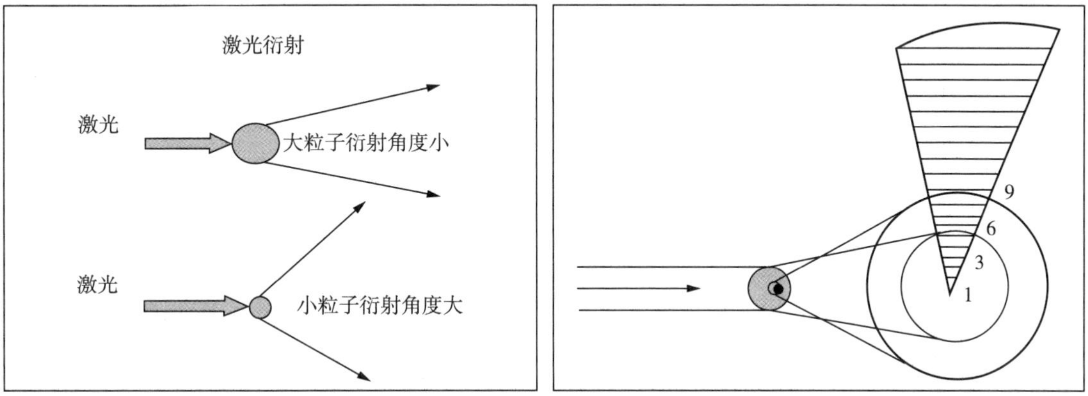

（b）不同粒径粒子的衍射角度　　（c）相同粒径粒子的衍射强度叠加

图 1-19　MS2000 激光粒度分析仪的光路图

衍射光强度 $I(\theta)$ 与颗粒粒径关系如下式：

$$I(\theta)=\frac{1}{\theta}\int_{0}^{\infty} R^{2} n(R) J_{1}^{2}(\theta R K)\,\mathrm{d}R \tag{1-12}$$

其中，θ—— 衍射角度；

R—— 颗粒半径；

$I(\theta)$—— 以 θ 角衍射的光强度；

$n(R)$—— 颗粒的粒径分布函数；

K——$K=2\pi/\lambda$，λ 是激光的波长；

J_1—— 第一型的贝叶斯函数。

如图 1-20，激光衍射法是测量所有未知粒径的颗粒在一定角度范围衍射光的强度，再使用衍射模型，通过数学反演的处理，根据所测得的 $I(\theta)$ 反求颗粒粒径分布 $n(R)$。

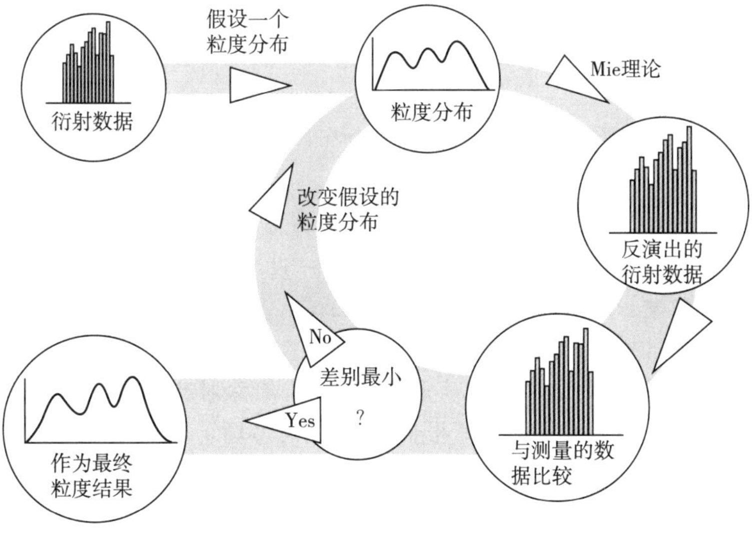

图 1-20　反演法推出粒度分布

三、实验内容与步骤

1. 学习“激光粒度测试实验教学视频和交互式测试动画”(见合肥工业大学出版社官网 http://press. hfut. edu. cn//)。

2. 现场听取老师讲解实验过程和注意事项。

3. 粉体粒度测试操作。

(1)样品准备:用取样勺取 3~5 g 粉体,一般粗颗粒取样品量多,细颗粒取样品量少,加入 50 mL 玻璃烧杯中,先用少量去离子水湿润后,再加烧杯体积 1/2 的去离子水,放到超声波清洗机中超声分散约 20 min。

(2)打开 MS2000 主机和进样器开关,将进样烧杯装入约 900 mL 去离子水。根据需要选择泵速以及是否用超声波,先清洗管路系统。

(3)打开电脑,并双击 Mastersizer 2000 图标,启动软件,新建文件并保存,选择 Measure - Manual,按 start,软件将会自动进行对光、电子背景和光学背景测量。

(4)点击 Measuring backgroud。颗粒区的测量数据,由于受到背景噪声、光镜灰尘和所谓“清洁”分散剂中的污物的影响,会有一定的偏差;而“测量背景”装置能纯化测量,通过测量电子背景,再将背景数据从样品测量中减去以取得精确数据。

(5)按下 Document 按钮会出现一个对话框,可以填写并记录测量项目,如样品名称、来源类型等,注解预分散技术参数、泵速、超声设置信息等内容,有助于以后的重复测量。

(6)选择测量参数:按下 Options 按钮,Measure Options 对话框将出现,选择 Material 栏,此显示栏由测试者指定测量样品的光学参数、分散介质、数据分析模型。选择 Measurement 显示栏,确定样品和背景测量的时间。可以设定测量循环,如每隔 10 秒测 1 次,共测 3 次,显示平均值。选择“确定”1,完成测量参数设定。

(7)左下方的状态框将显示测量正在进行的情况和下一步该怎么做,“遮光度栏”直观地显示加了多少样品。按提示要求加入样品,直到遮光度处于范围之内,Laser obscuration 进度条显示进入绿色区域。

(8)样品添加到合适的量时,按下 Start 按钮(或 Measuring Sample),开始测量,测量结果会自动存入记录区。

(9)点击“分析结果”,看到测试数据和粒度分布图,可以看单个测量结果,也可以看多个测量叠加结果图。

(10)测试完成后,关闭搅拌棒和超声,待水柱停留后将进样器上置,以停止仪器取样,将试样池中的剩余样品倒至水池,换自来水清洗仪器(此过程为两次或更多,以背景较低为准),再换去离子水清洗一次,开始下一个样品的测试。

(11)打印输出测试报告,分析数据。

4. 继续学习激光粒度测试信息化实验教学资源,加深对实验的认识和理解,完成实验报告。除按照实验报告的一般要求撰写报告外,选做思考题。

四、信息化教学资源

本实验采用交互式实验教学模式,编者基于多年的教学实践,针对大型进口设备——

Mastersizer 2000 激光粒度分析仪，设计制作了一套完整的信息化实验教学资源。

教学资源主要包括视频和交互式动画，共分为“仪器简介、测试原理、仪器结构、测试视频、交互学习、关于我们”六个模块。实验教学资源为嵌入式网页，用浏览器（推荐搜狗）点击打开，看到“欢迎使用 Mastersizer 2000”的界面。

如图 1－21，点击“仪器简介”，可以看到关于 Mastersizer 2000 的简介，获得对设备初步的了解。

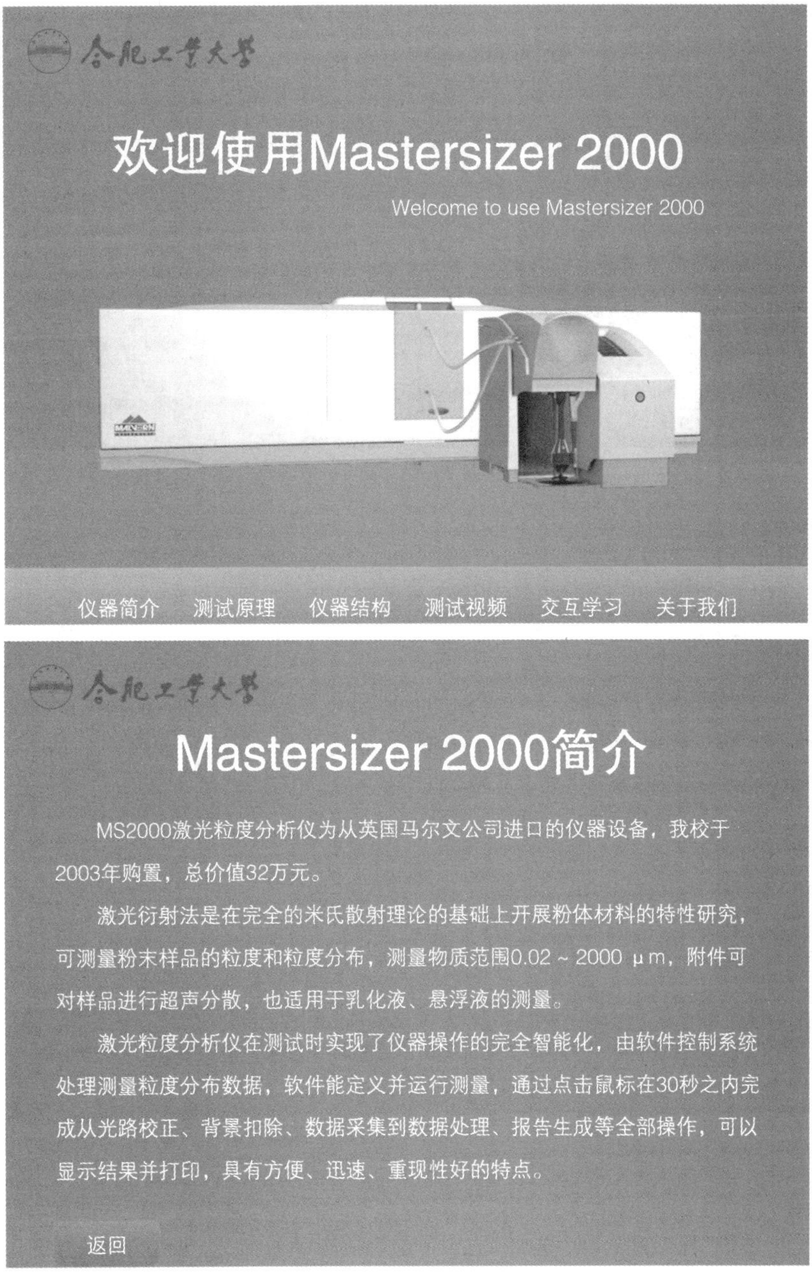

图 1－21　仪器介绍模块

如图 1－22，采用动画 PPT 形式呈现测试原理，点击“测试原理”，可以自动播放测试原理的完整版，可随时按下暂停键，自主调节播放速度。观看整个视频大约需要 2 分钟。点击“仪器结构”，可以直观地看到仪器的内部结构和衍射光路动画，观看整个视频大约需要 1 分钟。可随时按下暂停键，自主调节播放速度。

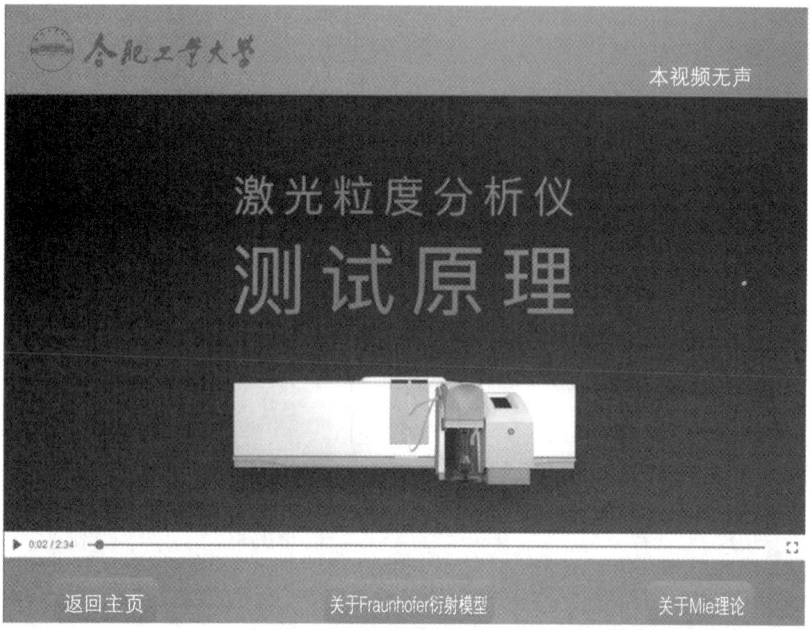

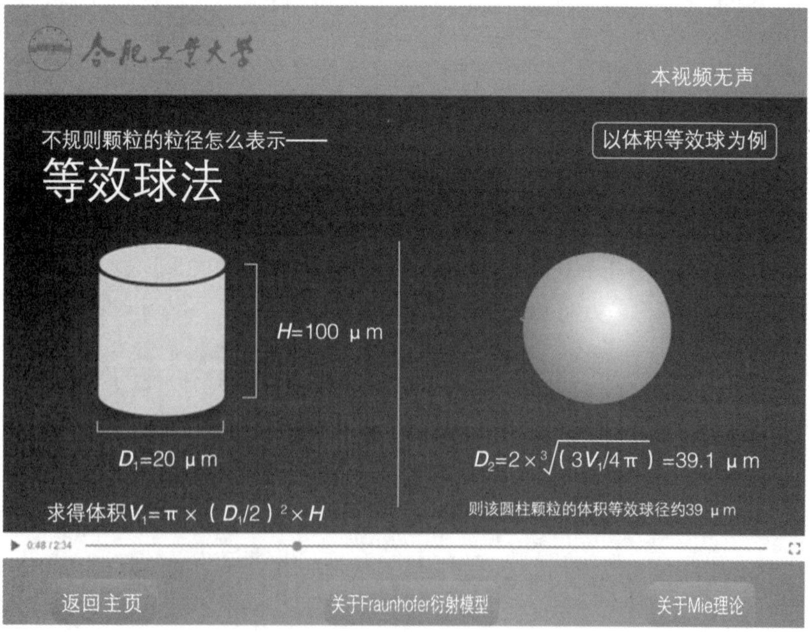

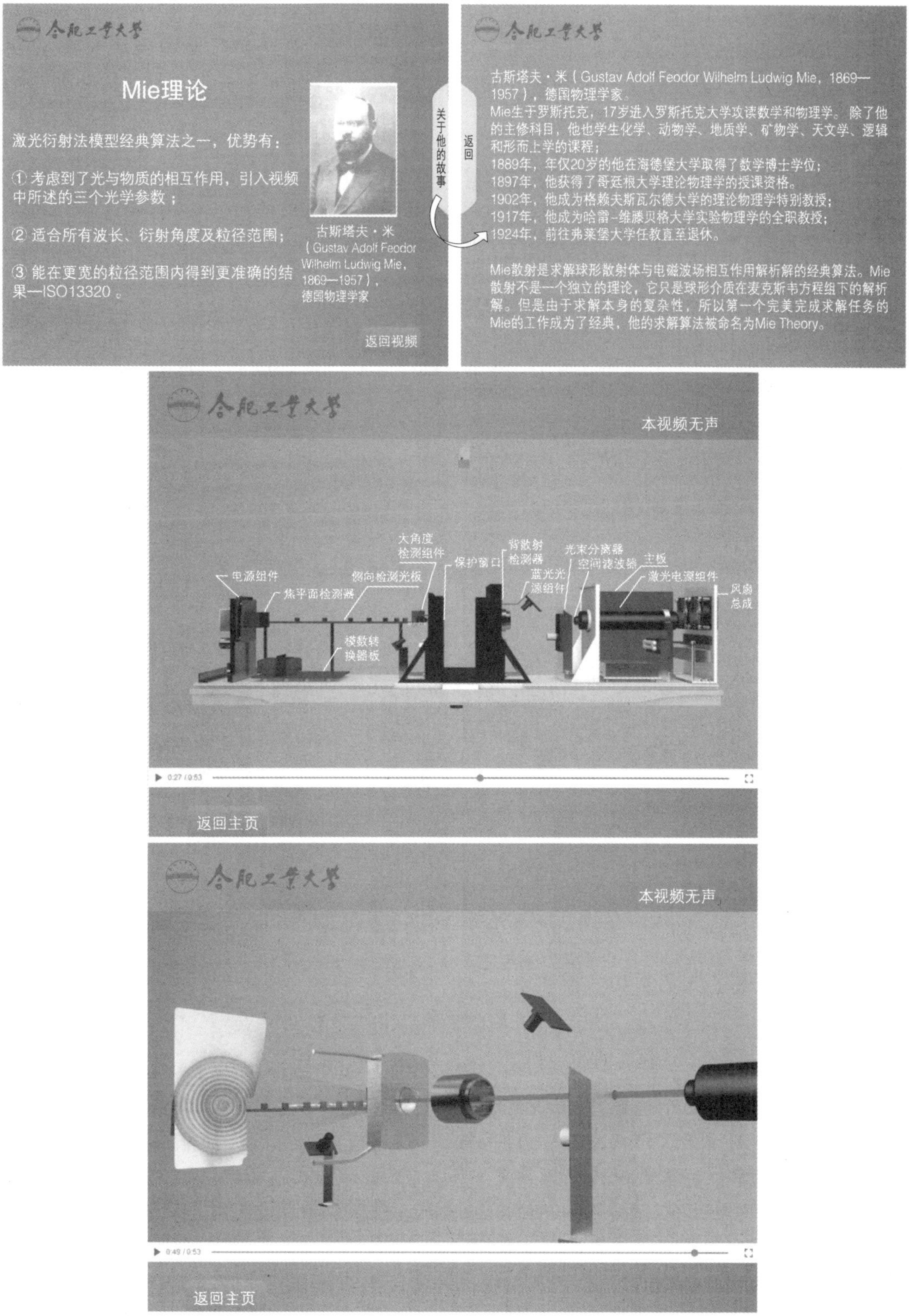

图 1－22　测试原理和仪器结构模块内容节选

如图 1－23，点击“测试视频”，可以观看整个测试过程，视频中包括开机、开电脑、测量前的仪器准备、样品的预处理、添加样品、准备测量、参数设置、样品测量、测量完毕、打印结果和结果分析等场景，并配有字幕和解说。观看整个视频大约需要 5 分钟。可在需要暂停的地方，按下暂停键，自主调节播放速度。

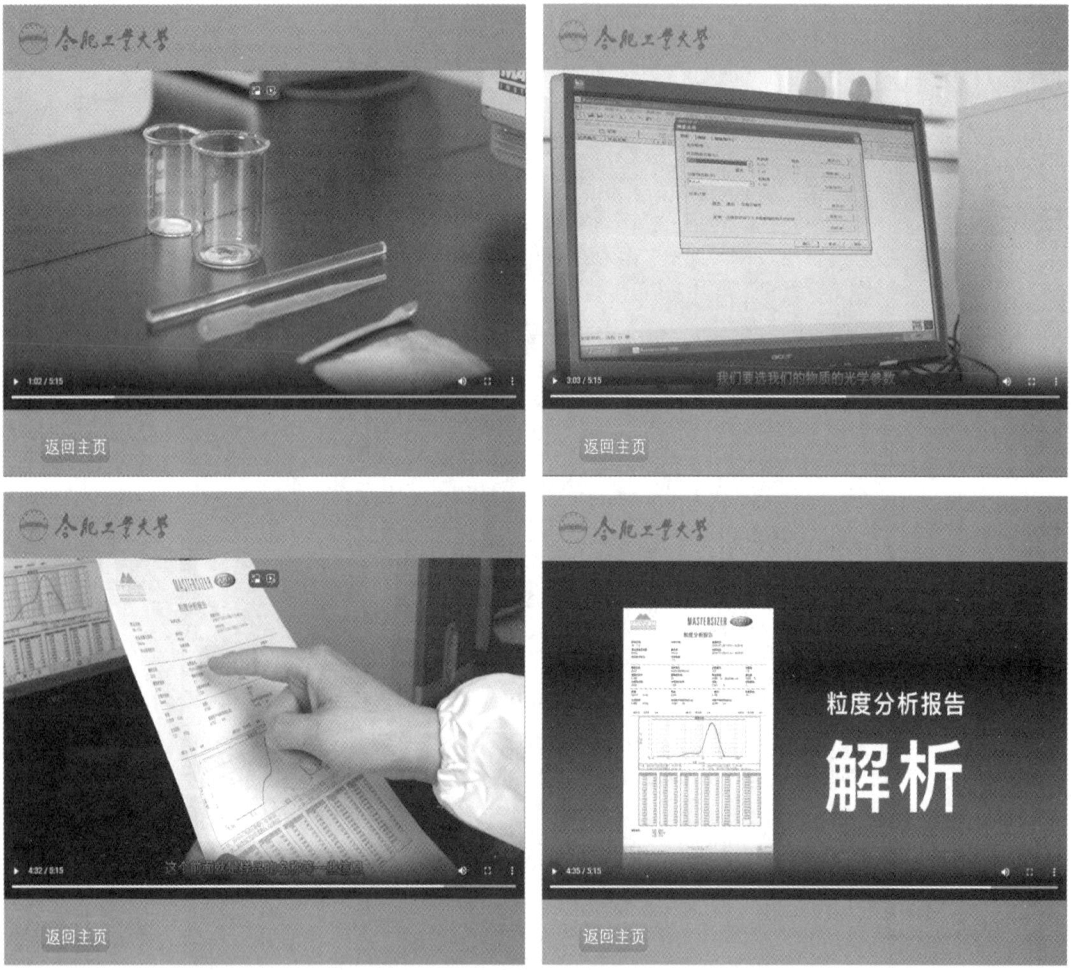

图 1－23　测试视频模块内容节选

如图 1－24，点击“交互学习”，可以看到测试软件界面和注释，在交互动画的引领下可以完成激光粒度虚拟测试全过程，完成线上虚拟实验。交互学习动画设计了“注意事项”“小知识”“观看报告解析动画”“科学家的故事”等按钮，以问题为导向，学生可自主深入地学习要注意的重点步骤和关键参数的内涵与意义。

点击“关于我们”，可以看到“激光粒度测试实验教学视频和交互式测试动画”软件的相关信息和开发者联系方式。

本实验采用实验操作前的预习、观看视频和实际上机操作三个环节循环进行。实验操作完成后可再点击“交互学习”模块，反复学习巩固。

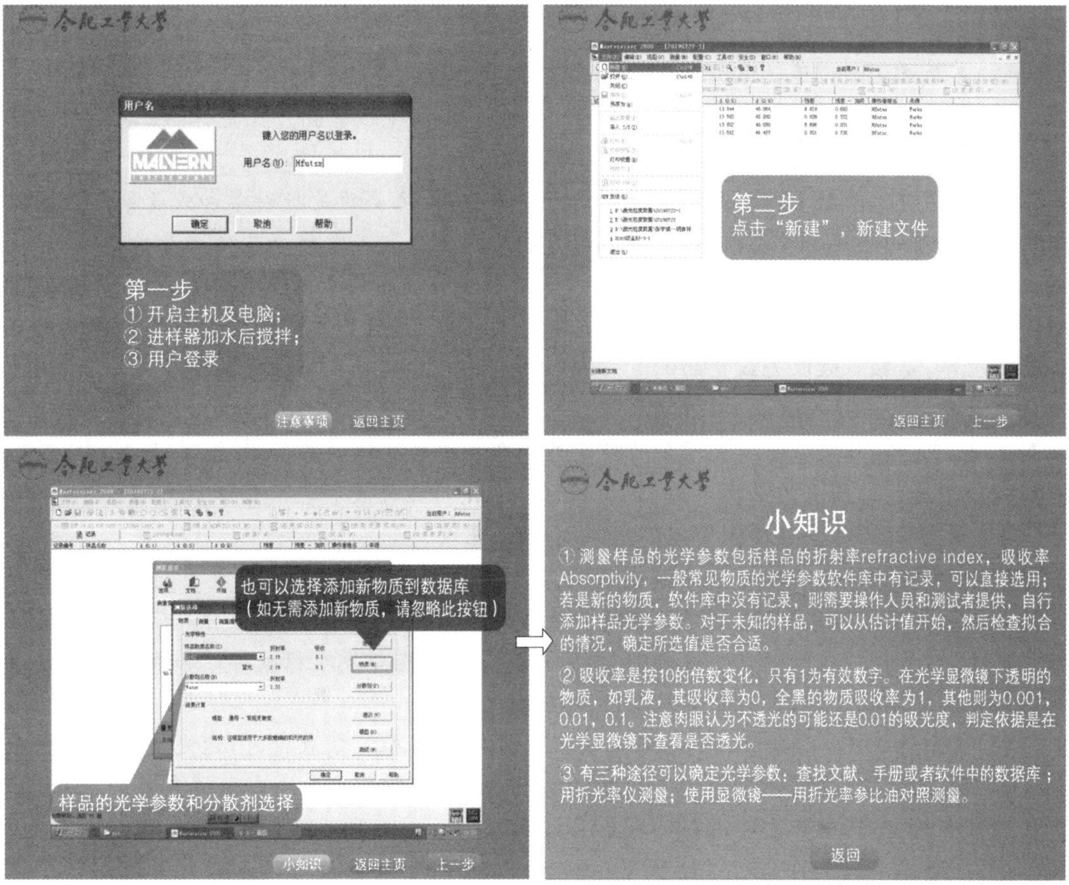

图 1-24　交互学习模块内容节选

五、注意事项

1. 测试前样品的准备非常重要。因为激光粒度测量中遇到的大部分问题是由样品准备不充分引起的，如样品分散不好、结块、溶解、浮在表面或没有得到典型样品，所以测量的结果都会出现错误。

2. MS2000 湿法测量粉末粒度，采用去离子水作为分散剂时，不能测试那些和水反应的材料，如铁粉、铁基粉末等，易造成样品池清洗不干净，生成锈蚀而损坏样品池。这类粉末可采用干法测试。

六、延伸阅读

1. 测试过程的一些知识点

(1)分散剂。分散剂可以是任何透明的光学性质均衡的液体，这种液体不会与样品发生反应而改变样品的粒度。对于湿法分析，去离子水是最安全、成本最低、效率最高的分散剂，所以最常用。一旦遇到在水中难以分散的情形，则考虑选择另外一种分散剂。初次分析样品时，应预先检查分散情况，将选择好的分散剂加入装有少许样品的烧杯中，定性地观察结果。

(2)表面活化剂。适量添加活化剂可改变作用于样品并使它浮在表面或结团的电荷效应，帮助样品均匀分散。但是如果加入太多，搅拌或抽取样品时会产生泡沫，在系统中泡沫可能被看作颗粒，使测量出现偏差。

(3)光学特性。测量前需要输入样品的光学参数，最主要的是折射率和吸收率。粉末状或磨碎的物质的折射率是复数，包括实数部分和虚数部分。实数部分是指大量物质(或成块物质)的实际折射率(例如，水是1.33)，物质的折射率可以在论文或手册中查阅，或者借助于查看拟合和残差，并选择使它们成极小的折射率的过程，来确定最适当的折射率。虚数部分称为吸收率，是颗粒吸收光线量的测量。颗粒的形状对其吸收率有很大影响。例如，片状玻璃的吸收率很小或没有吸收率，但粉状玻璃的吸收率可达0.1，因为粗糙的内表面会吸收和反射光线。通常，在显微镜下观察到的处于悬浮介质中的透明的背景物质，其吸收率输入为0.1，完全不透明的物质的吸收率为1.0。大于1 μm的乳化液和乳液的吸收率设为0，而小于1 μm的为0.001，多数情况下，这些值将会满足需要。

(4)可用超声波来帮助分散。在悬浮介质中混合样品时，可用肉眼观察是否需要超声波。如果烧杯底部有大量颗粒结块，将烧杯放入超声波槽里两分钟，效果会非常明显。值得注意的是，对易碎颗粒用超声波时要小心，因为超声波可能会使颗粒破碎。如果对使用超声波前后的效果有疑义，则可用显微镜进行预观测。

(5)关于遮光度。当用Add sample设置软件将样品加入分散槽时，遮光度稳定后才能测量，这表明样品已达到充分分散。特精细物质加入时，要靠超声波来取得良好的分散，添加比预计少的样品，超声波作用会使遮光度上升。

(6)应警惕系统中的气泡。对于Mastersizer 2000，气泡会被看作是颗粒并被测量。为特殊样品调节泵或搅拌器速度时，应控制速度不能过快而使系统产生气泡；如在样品中加入表面活化剂，搅拌器或泵的速度过快也会导致泡沫进入系统。在分析测量时，这些气泡清晰地被看作是独立的第二峰值，典型的气泡粒度在100 μm范围内。

(7)重现性。一般的，对于任意粒度分布的中位径值(D_{50})的变化系数应小于3%，D_{10}和D_{90}的变化系数应不超过5%。

2. 激光图像联合的粒度粒形分析仪简介

激光技术与动态图像技术的结合，催生了新一代激光图像联合的粒度粒形分析仪，此类仪器能够通过一次测试同时获得颗粒的粒度和粒形信息，显著提高了颗粒检测的效率和准确性。以Bettersize 3000Plus粒度粒形分析仪为例(如图1－25)，其采用532 nm短波长绿光作为激光光源，对小颗粒测试的灵敏度显著提升。该仪器配备的斜入射双镜头技术(如图1－26)，实现了全角度测试，从而大幅拓展了测试范围，可实现对0.01～3500 μm的颗粒的粒度和粒度分布测试分析。同时，动态图像技术搭配高速CCD相机，图像识别速率可达120帧/秒，确保了颗粒图像的高质量和代表性。因此，该仪器不仅可以获取粒度大小及分布信息，还能同步获取圆形度、长径比分布等粒形信息。此外，Bettersize 3000Plus拥有全自动测试技术，能够实现进水、分散、测试、报告生成以及清洗全流程的自动化操作，降低了人工操作的复杂性和误差，提高了工作效率。

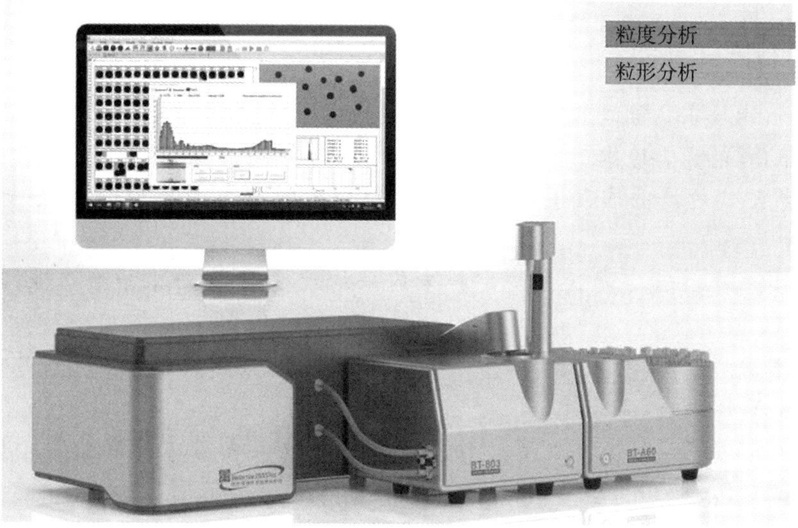

图 1-25 Bettersize 3000Plus 激光图像联合的粒度粒形分析仪

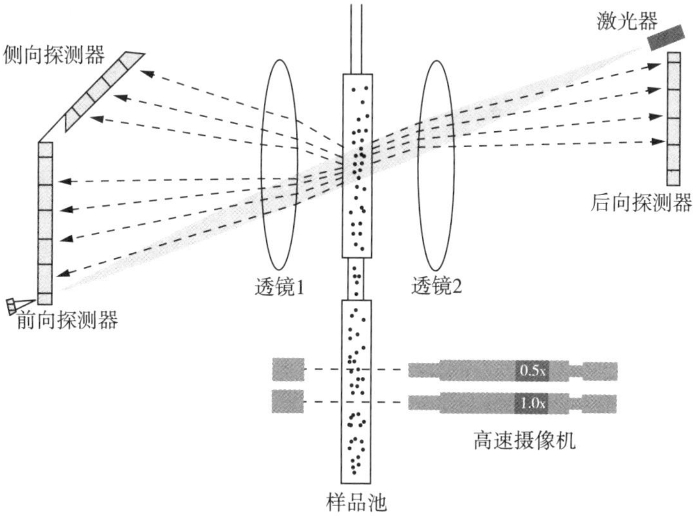

图 1-26 双镜头斜入射系统原理图

思考题

1. 简述 MS2000 激光粒度分析仪的测试原理。

2. 影响激光粒度分析测试的因素有哪些？如何判断测试结果的准确性？

3. 本章学习了五种粉末粒度测试方法，现需要检测一种未知粉末样品的粒度和粒度分布，如何选择测试方法？

参考文献

[1] 蒋阳，陶珍东. 粉体工程[M]. 2版. 武汉：武汉理工大学出版社，2023.

[2] 蒋阳，程继贵. 粉体工程[M]. 合肥：合肥工业大学出版社，2005.

[3] 董青云. 粒度分布测量中离心沉降径向稀释效应的补偿[J]. 分析仪器，1995(2)：4.

[4] 李忠全，李红云. 费氏法测定粉末的平均粒度[J]. 粉末冶金工业，1999，9(6)：42-46.

[5] 龙本夫，王玥，林小璇，等. 一种费氏粒度仪多点校正方法：中国，公开号CN114018768A[P]. 2022.02.08

[6] 张卫东，文丹，何继坤. 费氏粒度标准样品及其制备方法和应用：中国，公开号CN111650096A[P]. 2020.09.11

[7] 杨正红. 如何判断和选择激光粒度分析仪[J]. 现代科学仪器，2000(1)：58-59.

[8] Jones R M. ISO 13320，用激光衍射进行粒度分析：标准操作程序和米氏理论[EB/OL]. [2010-01-15]. http://www.malvern.com.cn.

[9] 舒霞，吴玉程，陶庆秀，等. Mastersizer 2000 分析报告解析[J]. 实验技术与管理，2011，28(2)：37-41.

[10] 舒霞，吕珺，王岩，等. 交互式激光粒度分析实验教学模式开发[J]. 中国教育技术装备，2020(20)：122-126.

第2章　超细粉末制备与加工综合实验

粉末通常按照粒度分为六个等级：最粗粉、粗粉、中粉、细粉、最细粉、超细粉。一般地，颗粒尺寸小于10 μm的粉末定义为超细粉末(ultrafine powder)。超细粉体通常又分为微米级、亚微米级及纳米级粉体。国际科技界通常将粒径大于1 μm的超细粉体称为微米级粉体；粒径处于0.1～1 μm(即100～1000 nm)的粉体称为亚微米级粉体；粒径处于0.001～0.1 μm(即1～100 nm)的粉体称为纳米级粉体材料。20世纪60年代，在研究金属超细粉末时，日本物理学家久保(Kubo)及其合作者发现纳米级金属粒子(小于100 nm)具有特殊的电中性，进而对体系的比热容、磁性、核磁共振和超导性都产生巨大影响，这个发现被命名为“久保效应”。接着，科学家们发现由于表面效应和体积效应共同的作用，超细粉末具有许多奇特的性能，从而开始了对超细粉末的开发和应用研究。

近年来随着我国在先进电子材料、材料基因工程、纳米材料与器件、先进结构与复合材料、新型功能与智能材料等方向的战略性布局，超细粉体作为这些新型材料的关键性基础原料，在国民经济生活和科学研究中起着越来越重要的作用，与之相对应的超细粉体加工技术也得到了空前的发展。

超细粉末的制取方法主要可以归纳为两大类，分别是机械粉碎法和物理化学合成法。机械粉碎法是通过对原材料进行机械加工，将其大体积的熔体雾化或颗粒微细化，从而得到超细粉末。在此过程中，原材料的化学成分基本保持不变，因此这种方法特别适用于脆性物料的加工，例如气流粉碎法、球磨法。而物理化学合成法则通过原子或分子的形核和长大过程来形成颗粒，常见的方法有蒸发冷凝法、溶胶—凝胶法等。本章通过介绍几种超细粉末的制备与加工实验项目，帮助学生深入学习超细粉末的制备方法及其应用，为相关领域的研究和实践奠定基础。

2.1　气流粉碎

气流粉碎是超细粉体加工的一种重要技术手段，利用物料的自磨作用，用压缩空气产生的高速气流或热蒸汽对物料进行冲击，使物料相互间发生强烈的碰撞和摩擦作用，以达到粉碎的目的。自1882年戈麦斯利用气流动能进行物料粉碎至今，气流粉碎技术已经历了长达一百多年的发展。基于理想假设条件下定性或定量研究的经典基础理论公式适应性受限，掌握难度高，已严重阻碍了气流粉碎设备的更新和应用的拓展，随着计算机数值模拟领域的快速崛起，基于前人的基础理论研究成果，借助计算机数值模拟技术进行二次优化已成为气流粉碎基础理论研究领域新的重点。本实验的目的为：

1. 了解AO型台式气流粉碎机及配套设备的结构、性能、工作原理；
2. 掌握粉末气流粉碎加工过程；
3. 通过查阅气流粉碎技术的研究进展，提高对工程应用中的粉体加工技术的认知。

一、设备与材料

微型气流粉碎机、中型气流粉碎机，螺杆式空气压缩机（KB-20A）、储气罐、冷冻干燥机，收料布袋、烧杯、取样勺、刷子、待加工粉末、称量纸、口罩、手套等。

二、设备介绍

气流粉碎系统由AO型台式微型气流粉碎机、螺杆式空压机、储气罐、冷冻干燥机和输气管路组成。

1. 设备组成

（1）微型气流粉碎机

如图2-1，AO型台式微型气流粉碎机是放在工作台面上即可工作的超小型机。适于试验室中作超小量、高价值粉体粉碎用。主要技术参数为：处理量0.5～300 g/hr，用气量0.4 m^3/min，粉末细度可达2～5 μm。特点是回收率高，使用、清理方便，可频繁更换粉碎品种。用于粉碎高硬度、脆性物料，如锆英砂、氧化锆、二氧化硅、氧化铝、碳化硅、碳酸钙、炭黑、荧光粉、珍珠粉以及塑料和橡胶用各种填充剂等。

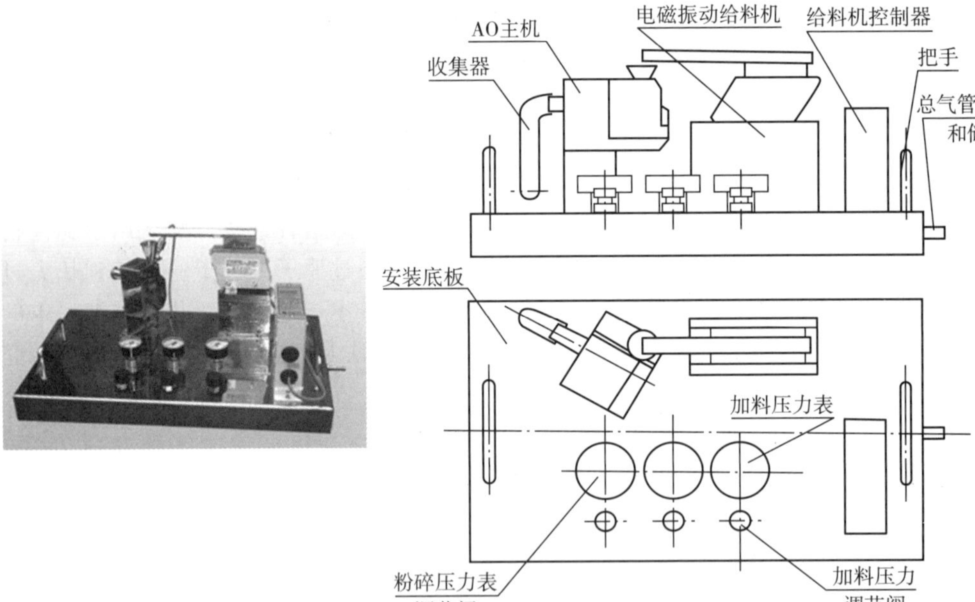

图2-1 AO型气流粉碎机及其功能部件示意图

其中AO主机是气流粉碎部分，由不锈钢内衬陶瓷芯材料形成粉碎腔体；电磁振动给料机及控制器向AO主机加料；压力表及压力调节阀来控制和调节压力；收集器为布袋，收集成品，排出气体；还包括安装底板及管路。以上各部分组装于底板上，组成粉碎机总成。

（2）螺杆式空气压缩机

向AO主机提供滤去水分及污物的清洁的压力气源的配套设备是空压机和冷干机。

其中螺杆式空气压缩机最早由德国人H·克里加尔（H. Krigar）于1878年提出，并申请了专利，直到 1934 年瑞典皇家理工学院阿尔夫·里斯霍尔姆(A. Lysholm)改进型线，提出转子精密制造方法后才奠定了该项技术，开始在工业上应用，并取得迅速的发展。1956 年和 1963 年世界上第一台无油螺杆压缩机和第一台有油螺杆压缩机分别问世。我国无锡压缩机厂和上海第三压缩机厂 20 世纪 60 年代开始研制，于 80 年代形成批量生产。实验中采用的上海凯霸压缩机有限公司生产的 KB－20A 型螺杆压缩机属于微油式、双轴容积式回转型压缩机。

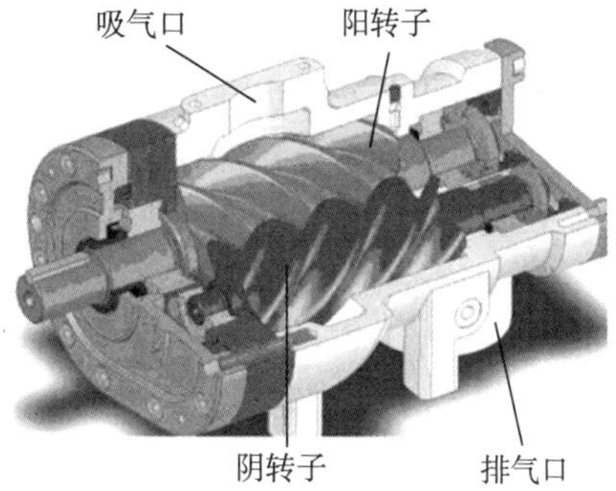

图 2－2　双螺杆压缩机结构示意图

螺杆式空气压缩机分为单螺杆压缩机和双螺杆压缩机，双螺杆压缩机的基本结构如图 2－2所示。吸气口开口于机壳上端，排气口开于下端，一对高精密阴阳转子水平装于机壳内部，阳(主)转子有 4～5 个形齿，阴(副)转子有 6 个形齿；主转子直径大，副转子直径小，齿形成螺旋状，互相平行、精密啮合。

如图 2－3，螺杆机压缩机的压缩运转过程通常分为 3 步：

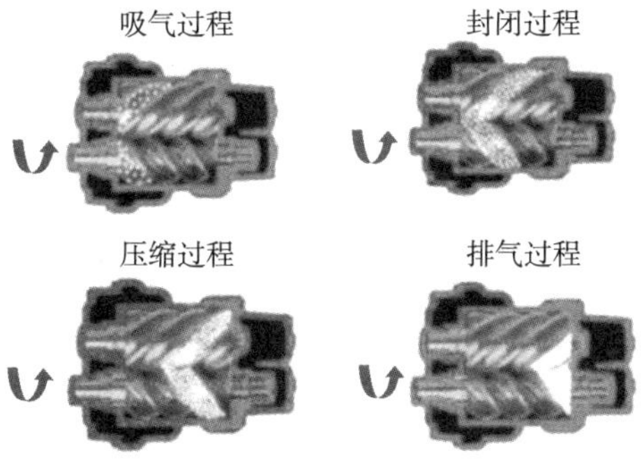

图 2－3　双螺杆压缩机压缩运转过程示意图

第一步：吸气、封闭与输送　通过调节阀螺杆式开启、关闭调节进气侧吸气口，当转子转动时，主副转子的齿沟空间在转至进气端壁开口时，其空间最大，与自由空气相通，外界空气即被吸入，沿轴向流入主副转子的齿沟内。当空气充满了整个齿沟时，转子之进气侧端面转离进气口，在齿沟间的空气即被封闭，以上为吸气过程。两转子继续转动，齿峰与齿沟在吸气端吻合，吻合面逐渐向排气端移动，此即输送过程。

第二步：压缩及喷油　在输送过程中，啮合面逐渐向排气端移动，啮合面与排气口间的齿沟空间渐渐减小，齿沟内的气体逐渐被压缩，压力提高；同时冷却润滑油因压力差的作用而喷入压缩室内与空气混合，带走因压缩而产生的热量；同时形成油膜，防止转子之间以及转子与机壳之间产生间隙；并具有减少噪声的作用。

第三步：排气　当转子的啮合端面转到与机壳排气口相通时，被压缩的气体开始排气，直至齿峰与齿沟的啮合而移至排气端面，此时两转子的啮合面与机壳排气口之齿沟空间为零，完成排气过程；同时转子之啮合面与机壳进气口之间的齿沟长度又达到最长，又开始吸气过程。

螺杆式空气压缩机与活塞压缩机相同，都属于容积式压缩机。但相对后者，其具有如下优点：①可预设容调阀的压力，实现系统容调，当到达设定值时主机将停止工作，噪声随之减小，在设定的范围内实现气流输出，适用于多种工况。②零部件少，运转可靠，寿命长，大修间隔期可达 4 万～8 万小时。③自动化程度高，操作维护方便，可实现无人值守运转。④动力平衡好，机器可平稳地高速工作，可实现无基础运转。

(3)储气罐

空压机制备的高压气体存储在立式储气罐中待用。储气罐又名压缩空气储气罐，是专门用于储存压缩空气的压力容器，主要用于存气缓冲，同时起稳定系统压力的作用，避免空压机频繁加卸载和除掉大部分的液态水。如图 2-4，储气罐一般由罐体、封头、法兰、接管、密封元件和支座等零件和部件组成。此外，还配有安全阀、压力表、排污阀等。

储气罐型号表示方法：C-1/1.3，其中 C 为储气罐首字母，"1"表示公称容积为 1 m^3，"1.3"表示工作压力为 1.3 MPa。

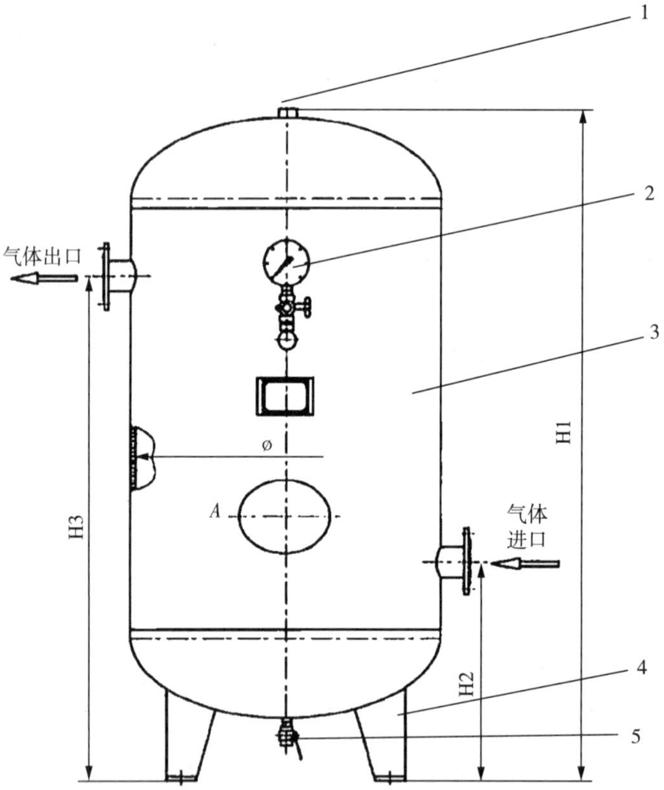

图 2-4　立式储气罐结构简图

1—安全阀；2—压力表；3—罐体；4—支座；5—排污阀；

H1—储气罐总高；H2—进气口高度；H3—出气口高度

储气罐属于特种设备，产品标准为 GB 150.1～GB 150.4—2011《压力容器》，其设计、制造、运输、安装、操作必须严格按国家标准和相关工艺标准执行。压力容器产品的质量控制主要是安全要求，而非性能，因此有严格的市场准入制度以及全过程质量控制要求。比如应按规定进行射线或超声波无损探伤检验，尤其是对接焊缝、纵焊缝、环焊缝等部位需 100%探伤检验。一般情况下，常压储气罐(即工业用气体储罐)的使用年限为 10 年，在这 10 年期间，储气罐应按照规定的要求进行定期检验、维护和保养，以确保其正常工作和安全运行。

(4)冷冻式干燥机

在一般工业用压缩空气系统中,压缩空气可通过加压、冷却、吸附等方法来达到去除水蒸气的目的,冷冻式干燥机作用就是降低压缩空气中的含水量。

冷冻式干燥机简称冷干机,其制冷系统属于压缩式制冷,由制冷压缩机、冷凝器、蒸发器、膨胀阀等四个基本部件组成,它们之间用管道依次连接,形成一个密封的系统,制冷剂在系统中不断地循环流动,发生状态变化并与压缩空气和冷却介质进行热量交换。基于冷冻除湿的原理,由空压机出来的压缩空气,首先在换热器中与干燥过的低温压缩空气进行热交换,降低温度,然后进入蒸发器被进一步降温至 2 ℃左右("露点温度"),此时压缩空气中的大部分水已成液态被排出;含水量极少的压缩空气进入吸附塔内,进一步干燥除水,最后低温的干燥压缩空气进入换热器,冷却高温湿空气,同时本身温度也升高,防止压缩空气输送管路外壁结露,经升温后的压缩空气中小部分用作吸附剂的再生,提高再生效率,降低能耗。相比于吸附干燥机,冷干机更节省能源,运转噪声低。

2. 粉碎原理

粉碎腔内部结构如图 2-5 所示,粉料由电磁振动给料机加入进料仓,受进料喷嘴压缩空气作用喷入粉碎腔,经和粉碎喷嘴喷出的高速气流形成超声速物流,引起物流内互相碰撞、剪切且和粉碎腔腔壁碰撞、摩擦达到粉碎成微粉的目的。在物流高速运动及粉碎过程中,不同细度的颗粒在旋转气流中会产生不同的离心力,合格细度的粉体颗粒由于向心气流作用力大于其离心力而被排气气流带至出料管,通过布袋收集成品,而颗粒较大的,因受离心力大于向心气流的作用力而被抛向周边,随物流高速运动而继续粉碎。

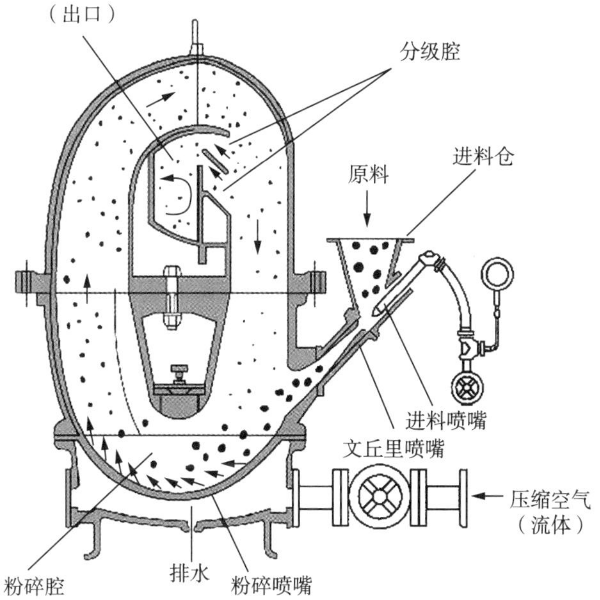

图 2-5　粉碎腔体内部构造图

三、实验步骤

1. 检查空压机、冷干机管路是否有漏气、破损,检查气体阀门是否关闭。

2. 检查气流粉碎机总成各部分和底板的连接是否有松动并将松动部分紧固好。

3. 开启螺杆式空压机，观察储气罐气压上升状态，当储气罐气压达到 0.8 MPa 时，空压机自动进入暂停状态；此时缓慢打开储气罐供气阀，观察是否漏气；然后依次开启冷干机供气阀，再次检查输入气流粉碎机的气管是否漏气。

4. 绑扎收集布袋，戴好口罩，先不开振动给料机，进行不加料的气路系统调节检查，三个调压阀门及压力表应工作正常，管路系统无泄漏，收集布袋排气应正常。

5. 关闭进气阀门，开振动给料机作不加料试验，试运行正常后关振动给料机，然后可进行试生产。

6. 调加料喷嘴压力 0.2～0.4 MPa，粉碎喷嘴压力为 0.4～0.6 MPa 左右。

7. 开电磁振动给料机，并开始时缓慢加料。

8. 微调加料压力及粉碎压力（对不同物料，加料压力及粉碎压力有一定差异），加料压力的调节以不发生反喷为原则；粉碎压力越高，成品细度越细。

9. 试调加料快慢，加料越快，成品越粗；反之，成品越细。根据以上原则调试成品细度，直到满意为止。图 2-6 为实验现象举例。

10. 生产结束后按先停加料、后停粉碎压力和加料压力调节阀的顺序关机。

11. 解开收集布袋，将样品收集到称量纸上，进行粉碎前后粒度对比分析。

12. 关闭空压机、冷冻干燥机、储气罐阀门，利用余气清理气流粉碎机，然后罩上防尘罩。最后关闭实验室总电源。

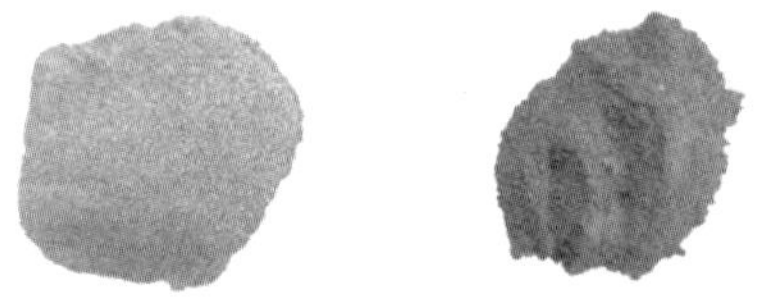

（a）粉碎前　　（b）粉碎后

图 2-6　100 目 SiC 粉末气流粉碎前后

四、注意事项

1. 实验中涉及高压气体，粉碎前一定要检查确认所有管路接口无漏气、脱落现象。

2. 实验过程中噪声较大，为了确保安全，注意根据声音判断有无异常情况。

3. 实验过程中有粉尘溢出，需要佩戴防尘口罩，做好安全防护工作。

4. 要定期将储气罐底部排污阀打开，排尽积水，防止罐体内部锈蚀。

五、实验报告要求

1. 采用学过的粒度分析方法分析和表征粉碎前后粉末粒度的变化。

2. 简述实验过程，完成实验报告。

六、延伸阅读

粉体材料是以固体颗粒和颗粒之间的空隙所构成的几何体状态存在的，除了金属粉、无机非金属粉、陶瓷粉，食品、医药、火药、颜料、水泥等都属于粉体材料。与粉体材料相关的工艺技术包括超细粉碎、精密分级、包覆改性、成形烧结等等，已应用于电子信息、新能源材料、生物工程、矿山、医药食品、资源再生等等行业，粉体制备技术已成为根植于传统产业的重要的现代基础技术之一。

自 1934 年美国 Fluid Energy 公司研制了世界上第一台气流粉碎机(气流磨)以来,其结构形式得到了不断的更新和发展,目前可根据气流磨结构或者工作方式的不同将其划分为水平圆盘式(扁平式)气流磨、循环管式气流磨、对喷式气流磨、靶式气流磨和流化床式气流磨等。除了 AO 型立式气流粉碎机外,针对不同的应用需要,国内企业也研发了其他型号的气流粉碎机。举例如下:

1. 扁平式气流粉碎机

扁平式气流粉碎机是针对精细陶瓷为代表的坚硬易产生磨损的原料研发的,其工作原理为:将空气进行压缩处理,利用加料喷射器的高速射流(气流速度达每秒几百米至上千米)负压差促使物料被吸入到混合室中;物料再由高速射流结合与粉碎室半径方向成特定角度的喷嘴被喷进粉碎室内,物料已经过文丘里喷嘴被加速至超声速;在高速旋流的带动下,物料颗粒之间、物料和粉碎室内壁之间发生剧烈的撞击、摩擦而粉碎,被粉碎的细粒子在向心气流作用下进入旋风分离器被收集,粗粒子由于离心力作用被甩向粉碎腔壁继续作循环粉碎,从而实现颗粒自动分级。

美国 Fluid Energy 公司于 1934 年研制的 Micro - Jet Mill 是最早的扁平式气流磨,我国上海细创粉体装备有限公司、南京理工大学江苏省超细粉体工程技术研究中心、东贵精密机械(无锡)有限公司等也研制成功了 TAJ - 100～TAJ - 750 等系列扁平式气流粉碎机,其中东贵公司研制的扁平式气流粉碎机腔室构造如图 2 - 7,内衬材料可选择适合各种粉碎原料的对应材料,包括 Al_2O_3、ZrO_2、SiC、Si_3N_4 等。内腔构造简单、易分解清洁,但硬度较高的被粉碎物料也会造成磨腔内壁受损,可能导致产品一定程度的污染。

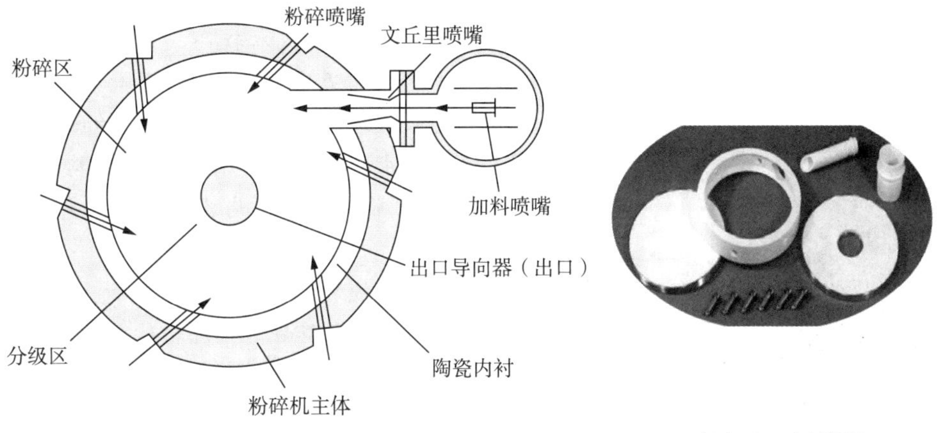

(a) 构造图　　(b) Al_2O_3内衬部件

图 2 - 7　扁平式气流粉碎机粉碎腔构造图

2. 涡轮粉碎机

如图 2 - 8,涡轮粉碎机是利用齿盘间的高速相对运动,使物料在冲击、摩擦和物料彼此之间冲击等综合作用下获得粉碎。

典型的结构是在机器内部由 4 组刀盘共 56 把刀片组成粉碎转子,转子支承在左右端盖的轴承座上作高速旋转,使固体物料颗粒在内腔的齿形衬板与刀片之间受到挤压、撕裂、碰撞、剪切等多种作用,从而达到粉碎目的。同时转子两端的大、小叶轮的高速旋转,在进口和出口间通过腔体形式涡流效应，使被粉碎颗粒顺畅地从进口(间隙大)到出口(间隙小)，实现粉碎并细化。为防止腔内温度过高，提高粉碎效率，防止颗粒黏腔、黏刀、堵齿和结团，由在腔体表面的4组宽腔体水夹套强迫水冷，控制腔内温度。

涡轮粉碎机主要适用于化工、制药、食品行业低、中硬度物料的粉碎加工，特别适用于油性、黏性、热敏性、纤维性等低硬度等物料，如PVC、PE等各种塑料、胶木、树脂、无机矿物、药品、涂料、谷物等，粉碎后粒度在30～200目之间可调。粉碎后与筛分机连用实现分级，收取合格产品。

图2-8 涡轮式气流粉碎机

3. 流化床式气流粉碎机

流化床式气流粉碎是一种新型气流磨，东贵精密机械有限公司研制的设备外观如图2-9所示。设备工作时，物料被压缩空气通过3～7个逆向喷嘴喷入粉碎区，被粉碎的物料在压差作用下形成流态化。粉碎区中被加速的物料在各喷嘴交汇点处互相碰撞、摩擦从而粉碎，粉碎后的细物料由上升气流带至超细分级器分级，符合产品要求的细物料再由旋风分离器收集，粗物料在重力作用下则沉降返回粉碎区后继续粉碎。

图2-9 流化床式气流粉碎机

与其他粉碎机相比，流化床式气流磨具有粒度分布窄、粉碎效率高、能耗低、产品污染小、配件磨损小等优点，但设备造价成本较高。由于物料需处理为流态化才能被气流束碰撞粉碎，因此流化床式气流磨通常要求被粉碎的物料具有足够的细度，对密度大的材料要求更为明显。常用于合成树脂、酚醛树脂、医药、化妆品、高级陶瓷、磁粉等物料的生产。

4. 中型超微气流粉碎机

中试生产采用的中型超微气流粉碎机流程如图2-10所示，原料由送料斗投入，通过加料喷嘴吐出的高速流体(压缩空气、蒸汽热空气等)经文丘里喷嘴加速到超声速，导入粉碎机内部。在粉碎机内部，粉末在高速气流作用下相互碰撞、相互摩擦后粉碎。被粉碎的细粉失去离心力，被导入分级区，通过出口导向器被排出；没有被粉碎的粗颗粒在粉碎区内继续循环粉碎。

随着现代技术水平的不断发展，对于超细粉体的加工技术也有了更高的要求，未来超细气流粉碎设备的发展趋势重点侧重于以下几个方面：(1)提高单机产量，降低单位产品能耗；(2)提升产品细度，加强设备粉碎极限，并大力加强与之相关的工业化经济分级设备和相关的配套技术手段；(3)产品细度与粒度分布的在线调控是超细粉碎生产线能够达到智能化控制最为关键的一项前提要求。总而言之，随着技术的不断发展与进步，气流粉碎设备的结构、类型、粉碎能力和效率都将有大幅度的改进和增强。

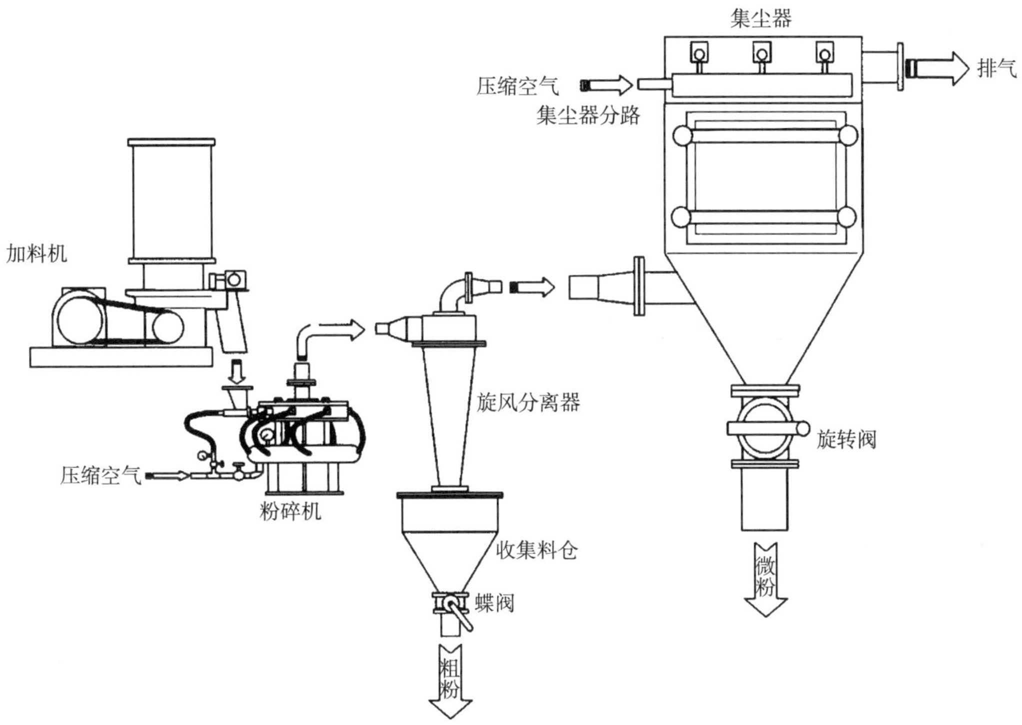

图 2-10　超微气流粉碎机流程图

思考题

1. 粉末加工过程中如何治理粉尘污染？
2. 粉尘爆炸五要素是什么？如何防范？
3. 查阅资料，简述文丘里效应和文丘喷嘴的特点和工作原理。
4. 查阅资料，了解现代气流粉碎设备和发展趋势。

2.2　球　磨

粉碎过程是固体物料在外力作用下克服内聚力，使颗粒尺寸减小、比表面积增大的过程。粉碎过程是一个极为复杂的过程。一般情况下，一块单个固体受打击粉碎后，将产生较少的大粒子和较多的小粒子，若继续加大打击能量，大粒子将变成较多数量的小粒子，从而使小粒子数量大大增加，直到粒度不再变小。这是因为大块固体内部有脆弱面，受力后先沿脆弱面发生碎裂。当粒度小时，脆弱面减小，最后小粒子趋近于构成晶体的单元块。小粒子受力不再碎裂，仅表面受切削变为一定粒径的微粒。可见大粒子与粉碎过程有关，而小粒子的粒径由物料性质决定。球磨是物料被破碎之后，再进行粉碎的步骤，各种球磨机是这一步骤的关键设备。

本实验的目的为：

1. 了解球磨过程和球磨原理；

2. 学习球磨机结构、性能和工作原理；

3. 掌握高效率球磨的操作方法和影响球磨效率的主要因素。

一、设备与材料

搅拌球磨机、行星式球磨机；球磨罐、标准筛、电子天平、称量纸、毛刷、取样勺、镊子。研磨体：硬质合金球或氧化锆球或玛瑙球；石英砂或其他待加工粉体；无水酒精等。

二、设备与原理

1. 行星式球磨机

如图 2－11、图 2－12 所示，QM 系列行星式球磨机是在一只大盘上装有四只球磨罐，当大盘旋转时（公转）带动球磨罐绕自己的转轴旋转（自转），从而形成行星运动。公转与自转的传动比为 1∶2（公转一周，自转两周）。罐内磨球和磨料在公转与自转两个离心力的作用下相互碰撞、粉碎、研磨、混合试验样品。QM－3SP2 齿轮传动行星轮系采用自润滑增强性工程塑料制造，既确保了机械强度，又降低了噪声。为了防止球磨产生过热而影响材料的性能和品质，可按“运行—停机—再运行”的间隔循环模式自动控制各状态的时间。

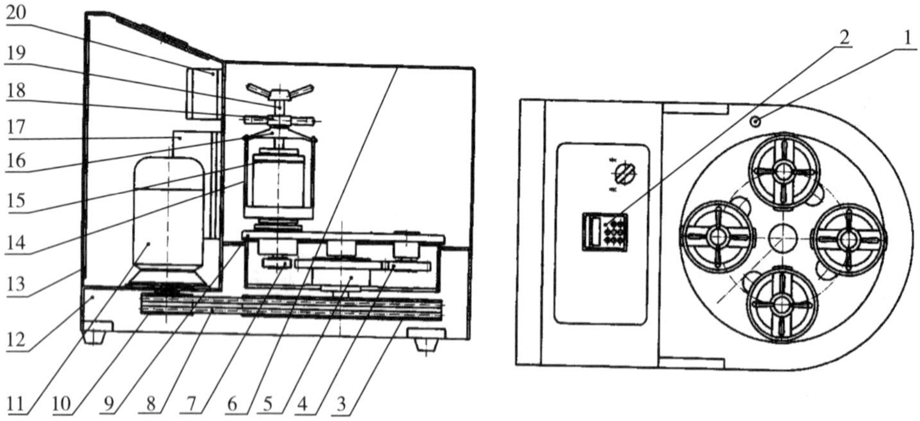

图 2－11　QM－3SP2 行星式球磨机结构简图

1—安全开关；2—控制盒；3—大带轮；4—过渡齿轮；5—固定齿轮；6—保护罩；7—行星齿轮；8—三角皮带；9—大盘；10—小带轮；11—电机；12—机座；13—后盖板；14—拉马桶；15—球磨罐；16—横梁；17—变频器；18—锁紧螺杆；19—压紧螺杆；20—排风扇

单个球磨罐容积有 50、100、250、400、500 mL 等多种规格；球磨罐材质可为不锈钢、玛瑙、尼龙、聚氨酯、聚四氟乙烯、硬质合金、陶瓷等；球磨罐类型包括普通罐、不锈钢真空罐、不锈钢真空套(配合玛瑙、尼龙、陶瓷等材质的球磨罐抽真空用)；真空球磨罐容积不超过 250 mL。球磨罐最大装料量为罐容积的四分之三(包括磨球)。

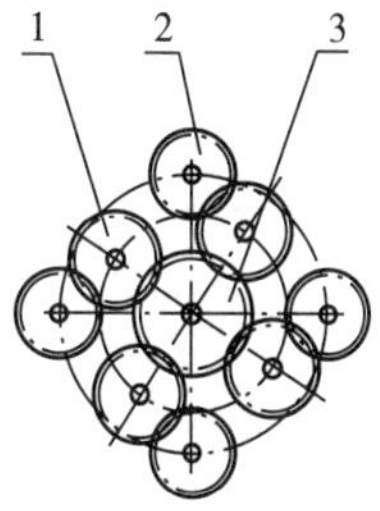

图 2-12　齿轮行星轮系

1—过渡齿轮；2—行星齿轮；3—固定齿轮

共有五种运行模式：①单向运行，不定时停机；②单向运行，定时停机；③正、反向交替运行，定时停机；④单向间隔运行，定时停机；⑤正、反向交替间隔运行，定时停机。额定转速：公转(大盘)290 转/分±10%，自转(球磨罐)：580 转/分±10%。

QM 系列行星式球磨机能用干、湿两种方法加工不同粒度的材料各异的固体颗粒、悬浮液和糊膏。如果用真空球磨罐则可以在真空或惰性气体中研磨、混合样品，研磨材料的粒度能够达到纳米级水平(～30 nm 左右)，广泛适用于地质、冶金、土壤、建材、化工、轻工、医药、电子、陶瓷、电池、环保等领域。

2. 搅拌式球磨机

SJ-19 型搅拌球磨机的磨筒是用水冷却的固定筒，内装研磨体，电动机通过皮带轮带动主轴旋转、搅拌轴和棒的运动，促使搅拌筒内球与球相互撞击、剪切，因而对物料有较强烈的研磨作用。为防止高速旋转过程中筒壁发热，设计了循环水夹层，可连续生产。同时，球的旋转运动在转子中心轴的周围产生旋涡作用，对物料产生强烈的环流，可使粉末研磨得更均匀。

搅拌桶净容积：5 L，标准处理量：3 L；球磨介质质量：4～8 kg(ϕ15～ϕ16.5 mm 球)；搅轴转速：120～70 r/min 可实现变频调速；电机功率：1.1 kW。

其中湿磨是将物料加水粉磨成浆料的一种生产方法，可获得一定颗粒度、各组元均匀分布的混合浆料，湿磨过程对混合料起到混合、破碎、增氧、活化四个作用，而且湿磨具有产品细度均匀、能量消耗低、粉尘污染小、噪声较小等优点，广泛用于化工、陶瓷、水泥等工业部门。

搅拌式球磨机主要用于冶金、医药、化工、橡胶、塑料、陶瓷、纸张、涂料、化妆品、电子等行业的原材料超细粉碎研磨，可将所需固体物料粉碎到 1 μm 以下，并可将多种原料组成的物料在短时间内有效均匀地混合和粉碎。

三、操作步骤

1. 行星式球磨机

(1)装磨球和磨料

先装磨球，为了提高球磨效率，罐内装入大小不同的磨球，大球主要作用是砸碎粗磨料，小球则用于磨细及研磨，使被磨料磨到要求的细度。根据磨料性质及要求细度，参考表 2-1 推荐的配球数经验数据，并通过实验确定最优的球磨工艺。

再装待测磨料，球磨前磨料粒度一般要求松脆磨料不大于 10 mm，其他磨料一般小于 3 mm，装料不超过罐容积的四分之三(包括磨球)。例如采用建筑用石英砂粒作为待测磨料，按照一定的球料比加入球磨罐中，盖上垫圈和盖子。

表 2-1　各种规格球磨罐的配球数

罐容积(mL)		50	100	250	500	1000	2000	3000
球粒数	ϕ6 mm	25	50	120	200	400	800	1200
	ϕ10 mm	10	20	50	100	200	400	600
	ϕ20 mm			2	5	10	20	30

(2)装球磨罐

装料完毕即可将球磨罐装入球磨机拉马套内，可同时装四个球磨罐，亦可以对称安装两个，不允许只装一个或三个。安装后先拧紧 V 型螺栓，然后拧紧锁紧螺母，以防球磨时磨罐松动。注意：拧螺栓、螺母时不允许用锤敲击。球磨罐安装完毕，罩上保护罩，安全开关被接通球磨机才能正常运行。

(3)设定运行程序，参数的含义和设定方法参见表 2-2，建议 Cd10 设为"1"。注意：一般情况下，Cd01、Cd05、Cd06、Cd07、Cd08、Cd09、Cd13 按出厂设置，不要轻易改动。

表 2-2　变频器功能码表

功能码	功　能　说　明	设定范围	出厂值
Cd01	电动机极数	02～14	04
Cd02	运行方式 说明："0"单向运行，"1"交替运行	0～1	0
Cd03	运行定时控制 说明："0"不定时(连续)，"1"定时	0～1	0
Cd04	交替运行时间设定 说明：以分钟为单位	1～500	1
Cd05	上限频率 说明：以 Hz 为单位	0.01～50	45
Cd06	下限频率 说明：以 Hz 为单位	0～50	1
Cd07	加速时间 说明：以秒为单位，从启动 0.5 Hz 到 50 Hz 的时间	0.1～3600	10
Cd08	减速时间 说明：以秒为单位，从 50 Hz 到停止 0.5 Hz 的时间	0.1～3600	15
Cd09	被拖动系数传动比设定	0.10～200.00	0.43
Cd10	显示方式，"0"上电显示频率，"1"上电显示转速	0～1	0
Cd11	运行方式，说明："0"正转"1"反转	0～1	0
Cd12	定时运行时间，说明：以分钟为单位	1～1000	1
Cd13	电流显示校正，说明：以 A 为单位	0.1～10	9

（续表）

功能码	功 能 说 明	设定范围	出厂值
Cd14	交替运行间隔停机时间 说明：以分钟为单位，正反转交替间隔时间	0～1000	0
Cd15	运行间隔停机时间 说明：以分钟为单位，单向运行时循环启动时间	0～1000	0
Cd16	运行重启动次数	0～100	0

(4)按下"运行"，先慢速运行几圈，然后停止；打开保护罩，检查一下球磨罐有无松动、脱落等异常情况，紧固后再拉下保护罩，逐步加大运行速度到所需值。

(5)球磨完毕，先关闭电源；待球磨罐体降温后再松开锁紧螺母、V 型螺栓，卸下球磨罐，把试样和磨球同时倒入筛子内，使磨球和磨料分离。

(6)通过改变球料比、球径比等参数进行实验，并结合筛分法或其他方法检测球磨效果。图 2-11 所示为球磨实例(转速为 400 rpm，球磨时间为 40 min，球料质量比为 1：1)。

(7)记录球磨速率、时间、粒度分布数据，分析实验过程。

图 2-13 石英砂粒经两种不同球径比的磨球球磨后效果对比

2. 搅拌式球磨机

(1)搅拌球磨机应安装在牢固的水泥地基上，并将机器底部垫平整，尤其是受力面的四个角应放置四块橡皮，保证机器运转时不发生振动。在机器附近应备有排水管道，便于机器清洗时排污用。

(2)接通冷却水软管，桶下部进水口接自来水，上部出水口通排水管道。

(3)插上电源按下“运行”按钮，如需加快主轴转速则按“↑”按钮；反之按“↓”按钮。空车开机试车，各部件应运转平稳，无异常响声。检查各部件，尤其是传动件的固定螺丝是否松动。

(4)用清洁剂将桶内彻底清洗干净，准备实验。

(5)按表2-3推荐或按照实际试验获得的优化参数配比，将球放入搅拌桶内。

表2-3 推荐的磨球用量与转速

磨球	球的加入量(kg)	转速(转/分)
ϕ5 mm 氧化锆球	8～10	260～360
ϕ5 mm 氧化铝球	5～6	350～400

(6)把要粉碎的物料根据工艺配方，放进搅拌桶内(注：应先放净水，再放粉料，以防止阻塞出料阀门)。

(7)根据工艺要求，调节搅拌轴转速，变频器液晶屏显示转速参数。检测物料时先将转速调为零待搅拌轴停转后，再将下部阀门打开，便可放料取样。

(8)每次搅拌结束，都要将桶内清洁干净。

(9)改变料球比、球径比进行粉磨实验，粉碎石英砂时可加入一定量水，进行湿磨，观察效果；用筛析法或其他方法测粒度分布情况。

(10)记录实验现象、工艺参数，分析实验过程。

四、注意事项

1. 行星式球磨过程中要注意辨别声音，观察保护罩，如果保护罩松动或脱落，安全开关断开，球磨机立刻停转，必须断电排查；故障排除后方可重新罩上保护罩，再启动。

2. 再次球磨前先检查一遍拉马套有无松动，如松动，必须拧紧螺栓，以防意外。

3. 球磨时由于磨球之间、磨球与磨罐之间互相撞击，长时间球磨后罐内的温度和压力都很高，球磨完毕，必须冷却后再拆卸球磨罐，以免磨粉被高压喷出。

4. 某些金属粉末球磨后颗粒极细，而且罐内几近真空状态，如猛然打开罐盖倒出磨料，会激烈氧化而燃烧。所以活泼金属粉末球磨后，必须充分冷却后缓缓打开保护罩，再倒出磨料。在真空手套箱内出料效果更好。

5. 如要观察搅拌式球磨机物料情况，必须先停止搅拌，再开料筒盖。

五、实验报告要求

1. 简述实验参数和实验过程。

2. 采用学过的粉末粒度检测方法分析球磨前后粉末粒度变化。

六、延伸阅读

1969年前后美国国际镍公司本杰明(Benjamin)等人成功研制出的一种新的制粉技术——机械合金化(Mechanical Alloying，简称MA)，这种工艺最初被称为“球磨混合”。随着科技高速发展，纳米材料的广泛应用，机械合金化赋予 QM 系列行星式球磨机新的使命。

机械合金化就是将欲合金化的金属或非金属元素的粉末按一定配比混合，在高能球磨机中通过粉末颗粒与磨球之间长时间激烈地冲击、碰撞，承受冲击、剪切、摩擦和压缩多种力的作用，经历反复的挤压、冷焊合及粉碎过程，成为弥散分布的超细粒子，导致粉末颗粒中原子扩散，并在固态下形成新的合金相的晶核，从而获得新的合金化粉末，在固态下实现合金化。

机械合金化是一个复杂的过程，球磨设备、球磨速度和时间、球磨介质、球料比、气体介质等等都是机械合金化的影响因素，而且各因素并不是相互独立的，优化设计这些工艺参数才能获得理想的物相和微观结构。高能球磨机械合金化具有如下优点：避开普通冶金方法的高温熔化、凝固过程，在室温下就可实现合金化，具有精细结构，且产量较高，已成为生产常规手段难以制备的合金及新材料的好方法，实现了很多高熔点合金和金属间化合物，如纳米晶硬质合金、非晶合金粉末、弥散强化镍基、铁基、铜基、铝基高温合金等，Al_2O_3/Al 复合粉末等等。另外基于机械合金化结合放电等离子体烧结技术制备出的块体热电材料具有更优的力学性能，该方法制备的碲化物、硫化物和硒化物基热电材料已取得了重要的研究进展。

思考题

1. 影响球磨后粉末粒度分布的因素有哪些？
2. 球磨实验中有哪些需要注意的安全问题？
3. 结合理论课程和文献资料，谈谈新型球磨技术的研究、应用进展。
4. 查阅文献资料，了解高能球磨与机械合金化相关知识。

2.3　喷雾干燥实验

喷雾干燥法属于热风式直接干燥设备，通过喷枪在干燥室中将原料液雾化，雾滴被喷洒在温度为 120～300 ℃的热气流中，溶剂迅速汽化，雾滴在与热气流相遇时，由于速度差而产生冲击力，这种冲击力会使物料迅速干燥，得到干燥产品。该法能直接使溶液、乳浊液、悬浊液、熔融液或膏糊液等干燥成粉状或颗粒状制品，可省去蒸发、粉碎等工序，适用于实验室将液态物料直接制备成微粉，并保证物料活性。

喷雾干燥法可以制得微米甚至纳米级别的固体分散体粉末，干燥速度快，料液经雾化后表面积大大增加，在热风气流中，瞬间就可蒸发 95%～98%的水分，完成干燥时间仅需数秒钟，对于含湿量 40%～60%（特殊物料可达 90%）的液态物料能一次干燥成粉末产品；并可通过调整喷雾干燥器的工艺参数制成粉状、颗粒状、团粒状甚至空心球状的产品。喷雾干燥产品具有良好的均匀度、流动性、溶解性，纯度高。

另外，结合喷雾干燥和冷冻干燥的优点的喷雾冷冻干燥（SFD）技术已经开始应用于产品价值较高的热敏性物料，在食品、生物医药、材料等领域有广泛的应用前景。但是喷雾冷冻干燥设备目前还主要停留在实验室阶段，近几年越来越多的专家学者投入中试型和大型喷雾冷冻干燥理论和设备的研究工作中。本实验的目的为：

1. 了解喷雾干燥设备的构造和工作原理；
2. 掌握喷雾干燥法加工物料的操作过程；
3. 分析喷雾干燥获得的产品的特性。

一、设备与材料

YC－015 小型喷雾干燥机、加热台、电子天平，待干燥液态物料，烧杯、取样勺、称量纸等。

二、实验原理与设备

1. 实验原理

喷雾干燥按微粒化方法分为三种：

(1)压力喷雾干燥法

原理：空气经过滤和加热后进入干燥器顶部的空气分配器，使得热空气呈螺旋状均匀地进入干燥室。经塔体底部的雾化器(高压喷枪，70～200 大气压的压力)，将料液雾化成雾状液珠，与热空气并流接触，进行热交换，在极短的时间内可干燥为成品。成品连续地由干燥塔底部和旋风分离器中输出，废气由风机排空。

特点：可以制造粗粒子，大产量、高黏度的料液也能够雾化为细雾滴。流态化均匀，由于振动力的作用，避免物料堆积和死空隙的形成，可以获得均匀干燥的制品。对物料表面损伤小，可用于易碎物料的干燥，物料颗粒不规则时也不影响工作效果。物体受热均匀，热交换充分，干燥强度高，比普通干燥机节能 30%～50%。采用全封闭式的结构，作业环境清洁。但由于喷嘴孔很小，易堵塞，故料液必须严格过滤，另一方面，喷嘴孔易磨损，须用耐磨材料制造。

(2)离心喷雾干燥法

原理：利用水平方向作高速旋转的分散盘通过离心力将料液以高速甩出，形成雾滴后在高温热气流中干燥。

离心式喷雾干燥设备存在两种雾化机理：当向高速旋转的分散盘上注入液体时，液体受离心力和重力作用，在两种力的作用下得到加速分裂雾化，同时在液体和周围空气的接触面处，由于存在摩擦力也促使形成雾滴。为此，前者称为离心雾化，以离心力起主要作用。后者称为速度雾化，离心力只起给液体加速作用。

旋转分散盘表面上液滴的形成取决于许多条件，如料液的黏度、表面张力、分散盘上液体的惯性以及液体释放时与空气界面的相互摩擦作用等。在工业生产中雾化器的转速往往较高，此时的惯性和摩擦作用是形成液滴的主要因素。离心式雾化料液基本可以归纳为三种情况：直接分裂成液滴、丝状割裂成液滴和膜状分裂成液滴。

特点：离心式喷雾干燥不需要严格的过滤设备，料液中如无纤维状液体基本不堵塞料液通道；与压力式喷雾干燥相比可以适应更高黏度的料液；较容易通过调节雾化器的转速控制产品粒度，粒度分布也较窄；但是分散盘的加工精度要求较高，要有良好的动平衡性能，如果平衡状态不佳，主轴及轴承容易被损坏；产品的堆积密度比压力式喷雾干燥低一些。

(3)气流式喷雾干燥法

原理：湿物料用泵经输送机或从高位槽流到喷雾嘴被喷成雾状，与加热后的自然空气同时进入干燥器，二者充分混合，由于热质交换面积大，从而在很短的时间内达到蒸发干燥的目的，使物料中的固体物质干燥成粉末。干燥后的成品大部分从旋风分离器排出，另外小部分飞粉由旋风除尘器或布袋除尘器得到回收利用。

气流式喷雾干燥机主要有四种形式：一种是负压操作，物料不经过风机；第二种是正压操作，物料经过风机带有粉碎作用；第三种是尾气循环型；第四种是强化型气流干燥器，是集闪蒸干燥与气流干燥为一体的新型喷雾干燥。

特点：可以得到5 μm以下的细颗粒；除用于溶液、乳浊液外，也有用于含有大量固体粒子的淤浆；结构简单，操作可靠。但是动力消耗过大，管路也容易堵塞。

2. 压力式气流喷雾干燥机

如图2-14，典型的小型喷雾干燥机适用于实验室对乳浊液或悬浮液物料直接干燥转化为微小粉末，并保证物料活性。

(1)设备主要技术参数

进风温度控制：室温～300 ℃连续可调；出风温度控制：室温～140 ℃；蒸发水量：2000 mL/h；最大进料量：2000 mL/h；最大风量5.5 m^3/min；最大风压686 Pa；压缩空气工作压力：0.2～0.5 MPa；

空气压缩机：0.6 kW；最大产气量4.2 m^3/h；喷嘴口径：标配0.75 mm。

图2-14　YC-015小型喷雾干燥机

1—通针；2—干燥室；3—旋风分离器；4—集料瓶；5—参数设置屏；6—蠕动泵；7—集料管；8—待干燥物料

(2)设备特点

① 机身为全不锈钢型，采用彩色大触摸屏操作，全自动控制和手动控制相结合，十段程序控温，自带记忆功能。采用实时调控PID恒温控制技术，使全温区控温准确，控温精度±1 ℃。

② 具备关机保护功能。关机时只需按停止键，机器除风机外立即停止运行，保证设备不会因为误操作(强行关风机)而导致加热部分烧坏。

③ 喷雾、烘干及收集配件采用透明优质高硼硅耐热玻璃材料制造，使得喷雾干燥过程在无污染及稳定的环境下进行，且整个喷雾干燥进程可直接观察，实验者能及时发现并解决问题、掌控实验进程；所有玻璃元件可拆卸清洗。

④ 进料量大小通过进料蠕动泵调节，干燥后的成品干粉颗粒度较均匀。

⑤ 针对黏性物料，配有喷嘴清洁器(通针)，在实验过程中，会自动清除喷嘴口物料，使喷嘴畅通，通针的频率可调。

⑥ 配有塔壁吹扫装置(即旋风分离器),物料回收率高。

⑦ 内置无油空压机,噪声较低。

三、实验步骤

1. 准备液体浆料,使其充分溶解反应(注意随温度变化溶解度变化比较大的溶质析出可能造成进料口堵塞)。

2. 将各部件安装好

(1)干燥室的安装　用双手将干燥室托住,置于黑色法兰下,接口处需加垫圈,锁紧把手。

(2)旋风分离器的安装　将旋风分离器紧缩螺母、密封圈及不锈钢垫片套入旋风分离器的出风管上,然后一起插入设备出风管中,调节干燥室出风口与旋风分离器进风口的位置,使两个口平直对齐,用卡箍将两个口连接起来,最后调整旋风分离器紧缩螺母。

(3)用螺纹连接器将集料瓶和旋风分离器连接起来。

(4)用螺纹连接器将集料管和干燥室连接起来。

(5)将喷雾腔安装到设备上,连接 4 mm 气管(通针用)和 6 mm 蓝色气管(喷雾用)。

(6)安装硅胶管至蠕动泵上(开机后点开蠕动泵,将硅胶管绕进去),一端插入喷雾腔进料口。

3. 接通电源,按下设备绿色启动按钮,进入主界面选择语言模式、点击设定参数,设定好之后点击返回操作界面。

4. 点击“进口温度”(根据材料设置合适的进口干燥温度),依次点击“风机”和“加热器”进行升温。

5. 待出风温度达到设定值时,开空压机和通针并设置进料速度再启动蠕动泵。蠕动泵自动启动,可根据出风温度的设定值,调节蠕动泵的转速,从而调整蠕动泵的进料量,使喷雾效果达到最佳。

6. 先进水,观察物料雾化及温度变化情况。等待进口温度实际值和出口温度实际值稳定之后,将连接进料口的软管放入料浆溶液中,点击“压缩机”“蠕动泵”“撞针”,开始喷雾干燥。

7. 当物料喷完后,将进料口软管插入清水中,对喷雾干燥设备进行清洗,大概 15 分钟之后停止喷清水,再关闭加热器、压缩机、蠕动泵、撞针,待温度降至 40 ℃以下关闭风机。

8. 取下集料瓶,将物料转移到其他容器中。

9. 待干燥室、旋风分离器完全冷却后拆除取下清洗、烘干,以备下次实验。

10. 收集物料进行分析检测。

四、注意事项

1. 玻璃器皿为易碎品,清洗和安装时注意小心轻放,确认所有部件都已安装就位后再上电操作。

2. 先打开风机再打开加热按钮。

3. 等出风口温度达到一定值时才可得到干燥的物料。

4. 物料颗粒不可过大，否则会阻塞喷口。
5. 物料流量要结合实际操作调整，过大效率降低，过小则蠕动泵无法启动。

五、实验报告要求

1. 记录实验过程，分析喷雾干燥的产量和效率。
2. 分析获得的产品特性。

思考题

1. 喷雾干燥法的特点和优势？
2. 待测物料的液固配比如何确定？
3. 除了干燥无机粉体，喷雾干燥法还应用于哪些领域？

2.4　溶胶-凝胶法制备 TiO_2 纳米粉末

作为一种新型材料，粒径小于 100 nm 的二氧化钛纳米粉末材料因具有显著的体积效应、表面效应、光学特性及颜色效应，在光、电及催化等领域展现出独特性能，其应用前景广阔。1846 年，法国化学家雅克-约瑟夫·埃贝尔蒙(J - J Ébelmen，1814—1852)发现正硅酸酯在空气中水解时会形成凝胶，这一发现开创了溶胶-凝胶(Sol - Gel)化学的先河。由于溶胶-凝胶法在制备高分散性多组分材料(如多组分陶瓷、有机-无机杂化材料)方面具有的独特优势，故受到研究人员的广泛重视，尤其是过渡金属醇盐的溶胶-凝胶化学。本实验的目的为：

1. 了解溶胶-凝胶法制备纳米材料的基本原理；
2. 掌握溶胶-凝胶法制备 TiO_2 纳米粉的方法和过程；
3. 掌握纳米粉末的常用分析检测方法；
4. 了解材料学研究方法，加深对材料制备、表征和分析的认识与理解。

一、设备与材料

恒温磁力搅拌器、电阻炉、烘箱、水浴锅；钛酸四丁酯、浓硝酸、去离子水、无水乙醇；烧杯、量筒、移液管、洗耳球、针管；研钵、瓷坩埚、培养皿、取样勺、刷子；X 射线衍射仪，扫描电镜等。

二、溶胶-凝胶法基本原理

溶胶-凝胶法制备纳米粉末材料是以有机盐或无机盐为原料，在有机介质中进行水解、缩聚反应，使溶液经溶胶-凝胶化过程得到凝胶，凝胶经加热或冷冻干燥，最后煅烧得到超微粉的方法。可用于溶胶-凝胶法的原料很多，如金属醇盐、醋酸盐、乙酰丙酮盐、硝酸盐、氯化物等。其中，金属醇盐具有易蒸馏、可通过重结晶技术纯化、可溶于普通有机溶剂、易水解等特性，常被作为前驱体用于溶胶-凝胶法制备氧化物纳米材料。该方法可在较低温度下制备纯度高、粒径分布均匀、化学活性高的单组分或多组分混合物，并可制备传统方法不能或难以制备的粉体，特别是用于制备非晶态材料。

溶胶-凝胶法工艺流程如图 2－15。

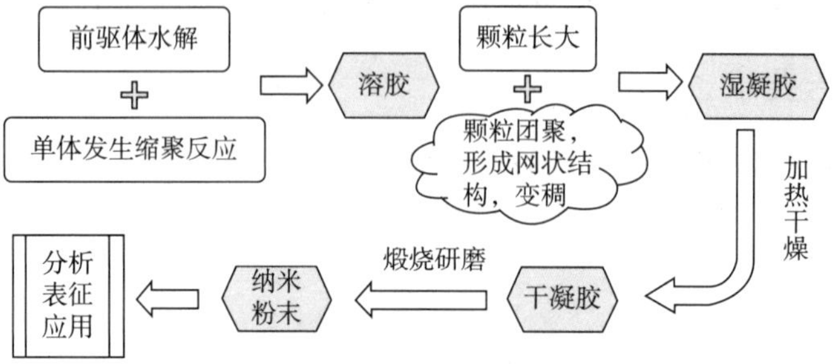

图 2－15　溶胶-凝胶法制备纳米粉体的流程

1. 水解和缩聚反应——溶胶化过程

将低黏度的先驱体均匀混合，该先驱体一般是金属醇盐或金属盐（有机或无机），它们发生水解与聚合反应，可以提供最终所需要的金属离子。在某些情况下，先驱体的一个组分可能就是一种氧化物凝胶。例如在有机途径中，金属醇盐的水解和缩聚反应分别为：

$$\text{水解反应：}M(OR)_n + xH_2O = M(OR)_{n-x}(OH)_x + xROH$$

$$\text{缩聚反应：}2\ M(OR)_{n-x}(OH)_x = [M(OR)_{n-x}(OH)_{x-1}]_2O + H_2O$$

其中，M 为金属离子，R 为有机基团。

在溶胶到凝胶的转变过程中，水解和缩聚并非两个孤立的过程，醇盐一旦水解，失水缩聚和失醇缩聚也几乎同时进行，并生成 M—O—M 键，形成溶胶体系。

$$\text{失水缩聚：}—M—OH + HO—M— = —M—O—M— + H_2O$$

$$\text{失醇缩聚：}—M—OR + HO—M— = —M—O—M— + ROH$$

由于室温下醇盐不能与水互溶，所以需要醇或其他有机溶剂作共溶剂，并在醇盐的有机溶剂中加水和催化剂（如酸或碱等）。金属醇盐的水解反应与催化剂、醇盐种类、水与醇盐的摩尔比、共溶剂的种类及用量以及水解温度等因素有关，研究并掌握这些因素对水解作用的影响是控制水解过程的关键。

2. 凝胶的形成

水解缩聚的结果形成溶胶初始粒子，然后这些初始粒子逐渐长大，连接成链，最后形成三维网络结构，便得到凝胶。凝胶的形成标志着体系实现了溶胶-凝胶转变。

3. 凝胶的干燥

缩聚后的凝胶被称为湿凝胶，干燥过程就是除去湿凝胶中物理吸附的水和有机溶剂以及化学吸附的氢氧基或烷氧基等残余物。干燥过程是制备高质量干凝胶的关键步骤。在用 Sol－Gel 工艺制备超细粉末过程中，一般采用真空干燥，这样可以降低干燥温度，得到多孔分散的且透气性良好的粉末，称为干溶胶。

4. 煅烧过程

煅烧过程是将干凝胶在设定温度下进行恒温处理。由于干燥后的凝胶中仍然含有相当多的孔隙和少量的杂质，因此需要进一步的热处理来除去，以便得到致密的产物。

三、实验步骤

1. 试验前准备工作

(1)试验前检查设备,保证处于良好的工作状态,仔细阅读设备说明和了解试验要求,按照正确的方法操作。

(2)根据试验要求计算出所需试剂的量,这对选择合适的量程及反应器皿很重要。

(3)准备所需的充足的器皿,试验前清洗、干燥,放置烘箱中备用;试验后及时清洗归位以备以后使用。

(4)称量试剂时选择合适的玻璃器皿。

2. 制备 TiO_2 纳米粉末

(1)新配制 A 溶液:用量筒量取 17.4 mL 无水乙醇放入小烧杯中,再用量筒量取 8.7 mL钛酸四丁酯缓慢加入无水乙醇中,磁力搅拌均匀。

(2)新配制 B 溶液:用量筒量取 43 mL 蒸馏水放入小烧杯中,加入干净磁子,放到磁力搅拌器上;再用移液管量取 0.87 mL 硝酸缓慢加入,磁力搅拌均匀。

(3)将溶液 B 一直置于磁力搅拌器上搅拌着,用针管吸取 A 溶液,流成细线缓慢滴入溶液 B 中,持续剧烈搅拌;A 加完后调节磁力搅拌速度,继续搅拌,直至形成透明的 TiO_2溶胶。这一过程需要足够的细心和耐心,室温较低时可以将 B 烧杯放入水浴中(温度约 30～40 ℃)。

(4)将搅拌均匀的溶胶倒入洁净的培养皿中,放入烘箱中静置 72 h 以上,完成溶胶-凝胶转变。

(5)将培养皿置于 60～70 ℃的烘箱中,打开风机烘干 8 小时以上,获得粒状的松散的 TiO_2干凝胶。

(6)将烘干的 TiO_2凝胶研磨成粉末,放入小坩埚中在箱式炉中煅烧,分别在 350 ℃、450 ℃、550 ℃、650 ℃各保温 1 小时后随炉冷却。

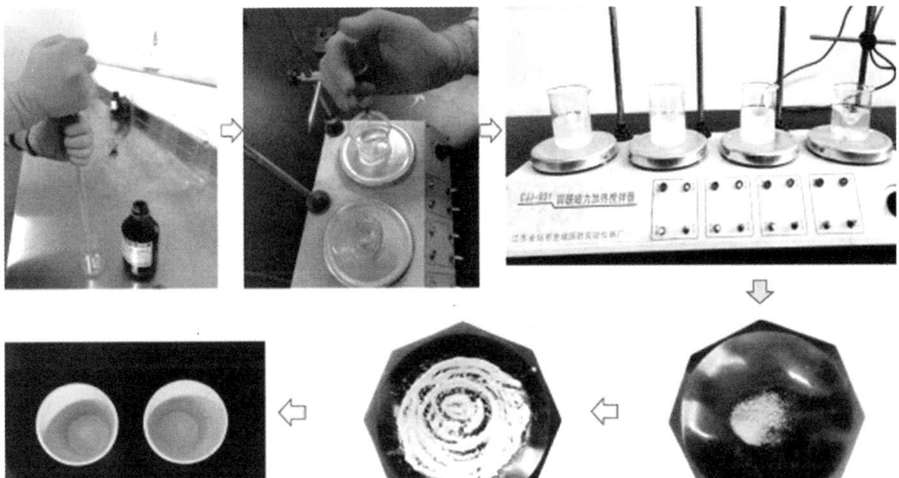

图 2-16　实验流程中实例图片

3. TiO_2纳米粉末表征

(1)XRD 分析

将研磨后的粉末试样和不同温度煅烧后的粉末分别进行 X 射线衍射测试,得到一组 X 射线衍射曲线,分析物相并用谢乐公式计算出不同温度煅烧后的样品的晶粒尺寸。

(2)SEM 分析

取少量研磨后的试样放入小试剂瓶中,滴入无水酒精,超声波分散约 30 分钟后制样,进行 SEM 分析测试,观察经过不同温度煅烧后的样品形貌与尺寸。

四、注意事项

1. 钛酸丁酯在空气中易水解,试验时随用随取,取完后用脱脂棉擦净瓶口,拧紧瓶盖。

2. 磁力搅拌器使用前将转速调到最低速,以免开始时引起液体飞溅。

3. 在干燥以及煅烧过程中注意保持试样清洁,不被污染。

4. 钛酸丁酯的水解受温度影响十分明显,如冬季在室温下长时间搅拌也难形成透明溶胶,采用水浴有助于反应。

5. 实验完毕及时仔细地用无水乙醇清洗玻璃器皿后冲洗干净再烘干,否则水解产物在烘干时容易与玻璃壁形成永久性污染。

五、实验报告要求

1. 记录实验过程,分析实验现象,回答思考题。

2. 根据 XRD 测试结果,分析样品经不同温度煅烧后晶体结构的变化。

六、延伸阅读

1. 最白的物质

钛的氧化物——二氧化钛,是雪白的粉末,是最好的白色颜料,俗称钛白。以前,人们开采钛矿,主要目的便是为了获得二氧化钛。

钛白熔点很高,被用来制造耐火玻璃、釉料、珐琅、陶土、耐高温的实验器皿等。它的黏附力强,不易起化学变化,特别可贵的是钛白低毒,在化妆品行业的应用相对安全。

二氧化钛是当前广泛应用的最白材料之一,是调制白油漆的最好颜料,世界上用作颜料的二氧化钛,一年多到几十万吨。二氧化钛可以加在纸里,使纸张明显变白并且不透明。此外,为了使塑料的颜色变浅,使人造丝光泽柔和,有时也添加二氧化钛。在橡胶工业上,二氧化钛被用作为白色橡胶的填料。

2. 应用领域

二氧化钛有三种晶型,分别为锐钛矿型、板钛矿型和金红石型,每种晶型具有独特的结构和性质,二氧化钛在各个领域的应用与其晶体结构密切相关。

(1)催化领域　纳米 TiO_2具有很高的化学活性,良好的耐热性和耐化学腐蚀性,可用作性能优良的催化剂、催化剂载体和吸收剂。如研究表明:纳米 TiO_2在催化脱 H_2S 时显示出相当高的催化活性;TiO_2可用于光催化降解汽车尾气,将其作为涂层材料比直接将其掺入混凝土中有更好的降解效果,而且不会对混凝土路面的耐久性和耐磨性产生影响。

(2)电子工业　纳米 TiO_2 可用于制作纳米敏感材料及纳米陶瓷功能材料。如纳米 TiO_2 可制成灵敏度很高的气敏元件。

(3)环保方面　当前全球面临着严重的环境污染,纳米 TiO_2 作为一种光催化剂,在水和空气净化以及其他诸多环境领域发挥着重要作用。如采用人工光和纳米二氧化钛催化剂,可将工业废液和污染地下水中的多氯联苯类化合物分解。当污染水通过二氧化钛涂层网络时,只要受到低剂量紫外光的照射,便会发生反应,生成活性极强的氢氧自由基,迅速将有机毒物分解为二氧化碳和水。利用纳米 TiO_2 材料作为光催化剂还可催化降解纺织印染业和照相业排出的染料污染物。此外,有研究表明,单一锐钛矿型 TiO_2 抗菌涂层在紫外光和高压汞灯照射下涂层的杀菌率高达 99%以上;纳米 TiO_2 对于破坏微观的细菌和气味是有用的,还可以使癌细胞失活,对臭味进行控制,对于氮的固化和清除油的污染都是十分有效的。

(4)化妆品　纳米 TiO_2 具有优异的紫外线屏蔽性,再加上它的透明性(不会在皮肤上残留白色,能厚涂抹)和无毒等特点,已成为粉底、粉饼、防晒霜、眼影、牙膏、爽身粉、痱子粉以及白色香皂等的理想原料。

(5)医药卫生和食品加工领域　研究表明纳米级微粒或有机小分子将更有利于人体吸收,能提高药物的效能,据此,有资料报道已开发出具有抗菌和净化性能的 TiO_2 薄膜陶瓷。另一方面,虽然食品级钛白粉是口香糖、面包、糖果包衣、果冻、无甜味剂型饮料和浓缩型饮料等多种食品中一种常见添加剂,甚至在香烟和雪茄过滤嘴、宠物食品等也有应用,但是 2017 年美国宾汉顿大学和美国纽约州立大学的研究人员报道,在糖果和口香糖中使用的食品添加剂二氧化钛,有可能会改变消化细胞的结构和功能,所以对于食品级二氧化钛还是谨慎为妙。

(6)其他　纳米 TiO_2 在塑料、涂料等工业有广泛应用,可用作塑料填料、高级油漆、涂料的原料。

3. 纳米粒子的团聚问题

在纳米超微颗粒的制备过程中,粒子的团聚是需要解决的一大难题。目前,对用湿化学法制备氧化物超微粉体过程中团聚体形成的机理及其团聚状态的控制已有许多报道,就纳米 TiO_2 制备而言,其沉淀、干燥、煅烧等过程都有可能产生团聚,因此,要实现对粉末团聚状态的控制,就必须对粉末制备的全过程进行控制,从而获得分散性好、性能优良的纳米 TiO_2 粉体。

思考题

1. 观察实验现象,通过对比,分析为什么每个小组搅拌中的溶胶透明度有差异,原因是什么?

2. 可以将丁达尔效应用于区分溶胶和溶液吗,为什么?

3. 将分析测试方法中的知识运用到本实验中,采用 Jade 软件分析 XRD 衍射结果?

4. 如何用谢乐公式计算晶粒尺寸?

5. 解决纳米粉体材料的团聚问题有哪些可行的途径?

参考文献

[1] 蒋阳，陶珍东．粉体工程[M]．2 版．武汉：武汉理工大学出版社，2023.

[2] 曹建华．双螺杆空气压缩机工作原理与故障处理[J]．德州学院学报，2012，28(S1)：251 - 252.

[3] 李铁．双螺杆压缩机的运行原理及问题处理[J]．齐鲁石油化工，2014，42(3)：253 - 257.

[4] 魏恺乐，李中伟，王宏宇，等．螺杆式制冷压缩机工作原理及故障分析[J]．农家参谋，2020，(11)：174 - 174.

[5] 刘鑫杰，关永祥，李志昌，等．GB 150 是压力容器合格设计的最低要求[J]．中氮肥，2017，(1)：64 - 66.

[6] 张军，刘建国，王宾．粉体加工中气流粉碎技术的研究进展[J]．现代矿业，2020，36(11)：96 - 102＋108.

[7] 俞成蛟，代颖军，刘爱琴．超细气流粉碎设备的现状及发展趋势[J]．海峡科技与产业，2017(6)：110 - 111.

[8] 罗文，蔡艳华，郝海涛，张申伟，张琪．超微气流粉碎技术的应用研究[J]．重庆文理学院学报，2013，32(3)：34 - 38.

[9] 高文元，屈有元，周靖，等．球磨时间、研磨体级配及料球水之比对球磨效率的影响[J]．吉林建材，2000(2)：22 - 24.

[10] 李凡，吴炳尧．机械合金化——新型的固态合金化方法[J]．机械工程材料，1999(4)：22 - 25＋54.

[11] 石建磊，裴俊，张波萍，等．机械合金化结合放电等离子烧结技术制备热电材料的研究进展[J]．粉末冶金技术，2021，39(1)：4 - 14.

[12] 杨杰，彭润玲，郭俊德，等．喷雾冷冻干燥技术与设备发展现状[J]．真空，2022，59(2)：72 - 80.

[13] 王如意，刘怡．喷雾干燥分散体的研究进展[J]．中国新药杂志，2018，27(12)：1357 - 1363.

[14] 郑婧，张贵君．喷雾干燥技术在制药工艺中应用的研究进展[C]//中国商品学会．第四届中国中药商品学术大会暨中药鉴定学科教学改革与教材建设研讨会论文集．北京中医药大学；2015：318 - 321.

[15] 罗菊，丁星兆，程黎放，等．用溶胶-凝胶法制备的纳米 TiO_2 粉末的结构[J]．材料科学进展，1993(1)：52 - 56.

[16] 封娜，郑治祥，徐光青，等．TiO_2/SiO_2 复合粉体的制备及催化性能的研究[J]．合肥工业大学学报(自然科学版)，2006(6)：651 - 654.

[17] 黄鹏飞，杨扬，王栎浩，等．TiO_2 光催化降解汽车尾气技术研究综述[J]．交通节能与环保，2022，18(5)：15 - 18.

[18] 钱钊，杜旭，尹莉，等．TiO_2 抗菌涂层制备方法的研究进展[J]．机械工程材料，2023，47(6)：8 - 13＋35.

第3章　无机与粉体材料物性测试与分析

结构-性能关系是材料科学与工程的核心，也是材料科学研究的基础。从原子、离子排列到晶格构建，从纳米尺度到宏观性能，每一层次都蕴含着深刻的科学规律。无机非金属材料以其独特且丰富的微结构，给材料的研究和性能调控带来了丰富的内涵，也带动了无机非金属材料制备和表征科学的发展。例如，陶瓷的高硬度和耐磨性、玻璃的透明性、黏土的可塑性等。而粉体材料，作为无机非金属材料的重要组成部分，其粒度分布、比表面积、颗粒形状等微观结构特征，更是直接影响着材料的加工性能、烧结行为和最终的使用性能。

随着科技的发展，无机非金属材料的制备技术不断进步，微观结构更加多样化和可控化，为性能优化与功能拓展提供了更大空间。同时，表征科学飞速发展，高精度分析仪器和测试手段不断涌现，帮助我们深入剖析材料微观结构，揭示其与宏观性能的内在联系。本章将深入探讨无机与粉体材料的物性测试与分析，运用先进的测试技术和分析方法，全面剖析无机与粉体材料。通过本章学习，读者将更好地理解结构与性能的关系，掌握测试与分析的基本原理和方法，为今后的研究和实践奠定基础。

3.1　无机材料微结构观察与分析

材料的显微结构与材料制备中的物理化学变化密切相关，通过显微结构分析，可以将材料的“组成—工艺—结构—性能”等因素有机地联系起来，对调控材料性能、开发新材料具有重要的意义。本实验的目的为：

1. 了解偏光显微镜的基本结构、原理；
2. 学会用偏光显微镜观察、分析无机材料的显微结构；
3. 了解金相样品的制备方法，学习用金相显微镜观察、分析材料的显微组织；
4. 加深对材料结构与性能关系的理解。

一、设备与材料

偏光显微镜、金相显微镜、抛光机、吹风机、试板、砂纸、抛光膏、无水酒精、硝酸酒精溶液等，供观察样品（偏光显微镜样品、金相样品），镜头纸若干。

二、实验原理

显微结构主要研究区别各物相的种类和它们的形态及分布结合状况，进一步了解图像中所包含的物相形成的先后顺序、条件以及物相形成、转变过程中遵循哪些变化规律，识别物相特征，分析其中曾经发生过的物理化学变化等等。同时根据不同类型显微镜下观察到的显微结构特征，对它们的形成原因做出分析和研判。目前常见的显微镜主要包括光学显微镜和电子显微镜。本实验采用光学显微镜，通过光性鉴定或运用特殊显微技术，如明场、暗场、偏光、相衬等，使微小的物相也能清楚地分辨出来。

由于无机材料化学成分不同、内部结构不同，表现的光学性质也不同。鉴定无机材料通常根据材料的形态、解理、颜色、硬度及其他特性等来分析判断。偏光显微镜是利用偏振光来测定透明及半透明等无机材料不同方向的光学性质，并对样品进行鉴定及显微结构研究的重要仪器。如采用偏光显微镜鉴定玻璃结石晶体，主要依据研究对象在不同偏振光下表现出的光学性质差异，如双折射特性、干涉图样等，逐步确定其一项或多项性质特征，然后运用逻辑推理，把不属于这些特征的其他晶体排除掉，从而把研究对象逐步区别出来，最终达到鉴定的目的。如果遇到难以确定的材料则需要结合 X 射线衍射等其他方法一起鉴别。

偏光显微镜与一般显微镜相比最大的特点是可以将自然光转变为偏振光，采用偏振光光源来测定材料不同方向的光学性质。它有两个偏光镜和一个锥光镜，这三件装置与其他光学装置的不同组合构成不同的偏光系统，如单偏光系统、正交偏光系统和锥光系统。

(1)单偏光系统：只使用下偏光镜，不用上偏光镜。用来观察矿物的形态、解理、颜色、突起、糙面等。

(2)正交偏光系统：如图 3-1，自然光可以分解成两个独立的振动方向互相垂直的偏振光，正交偏光系统就是上下偏光镜同时使用，并使上、下偏光镜的振动方向保持互相垂直，可用来观察矿物的消光性质、干涉现象等。

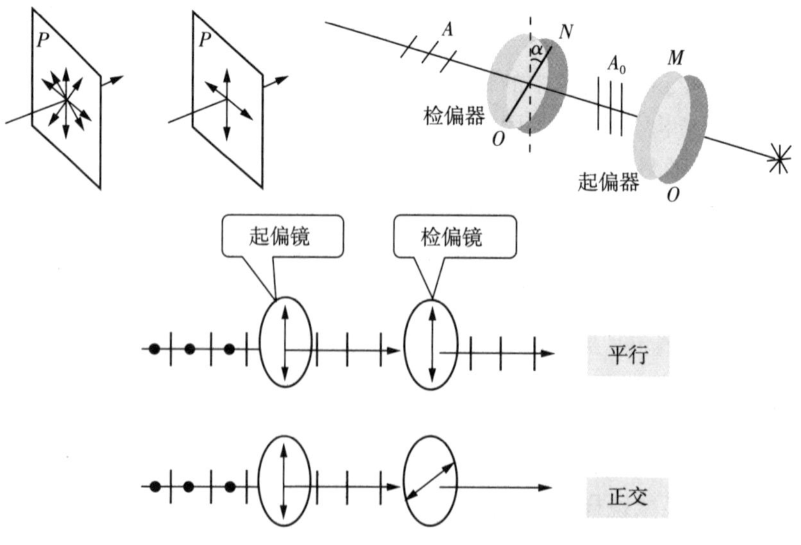

图 3-1　光的分解和正交偏光系统示意图

(3)锥光系统：是在正交偏光镜的基础上，再加上聚光镜和勃氏镜(或去掉目镜)，并换高倍物镜，用以观察矿物的干涉图，测定矿物的轴性和光性符号等。

本实验主要以天然矿物如石灰岩、石英砂岩等为非均质体观察对象，以磨砂玻璃作为均质体观察对象，通过观察样品在偏振光下的各种现象，学习和理解偏光显微镜的基本操作方法；同时了解金相显微样品的基本制备方法和一些典型的金相显微图像，学习材料组织结构与性能的关系。

三、实验内容

1. 偏光显微镜构造、操作方法和观察应用

(1)仪器构造

偏光显微镜的型号较多，但其基本构造是相似的。如图 3-2 所示，XPT-7 型偏光显微镜的主要部件包括三大部分：机械系统组件、光学系统组件和附件。

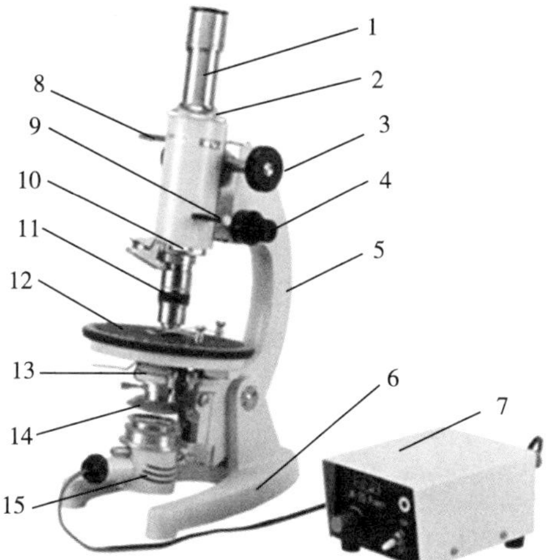

图 3-2　偏光显微镜构造

1—目镜；2—小孔光阑；3—粗调旋钮；4—微调旋钮；5—镜臂；6—镜座；7—电源；8—勃氏镜；9—上偏光镜(检偏镜)；10—试板孔；11—物镜；12—载物台；13—聚光镜和拉索透镜(带可变光栏)；14—下偏光镜(起偏镜，带锁光圈)；15—光源灯室

① 机械系统组件

a. 镜座：为马蹄形的基座，用以支持显微镜的全部重量。

b. 镜臂：呈弯背形，下端与镜座相连，上端与镜筒连接。

c. 载物台：可以水平旋转、标有 0～360°刻度的圆形平台，上面有两个夹片，用于固定样品。

d. 镜筒：为长的圆筒，连接在镜臂上，可以上升或下降，用以调节焦距。

② 光学系统组件

a. 光源：是 6 V、12 W 的钨卤素灯，可以无级调节电压，获得需要的亮度。

b. 下偏光镜：用人造偏振片制成，将自然光变为偏振光。

c. 锁光圈：在下偏光镜之上，可以自由开合，用以控制光的透过量。

d. 聚光镜:有一组透镜组成,带有可变光栏,拉索透镜可移出光路。

e. 物镜:由若干组透镜组成,主要起放大作用,每台显微镜配数个倍率不同的物镜。

f. 上偏光镜:由人造偏振片制成,装在物镜的镜筒里,可以移入也可以移出光路。

g. 勃氏镜:位于目镜与上偏光镜之间,由一个小凹透镜构成,主要配合目镜起放大作用。

h. 目镜:位于镜筒的最上端,配数个倍率不同的目镜。

③ 附件

有各种补色器,如石英楔、石膏试板、云母试板等,如图 3-3;还有微尺,校正螺杆等。

图 3-3 试板和试板插孔位置

(2)样品准备

将无机矿物试样磨制成透光的薄片才能进行观察。首选用切片机从有代表性的样品上切下一小块薄片,用加拿大树胶或紫外光学胶水把薄片黏在载玻片上,需要将载玻片和岩石薄片贴紧压实,并经光固化机进行固化;然后将载玻片倒角后,将载玻片光面用石蜡固定到专用定量磨抛夹具上,在精密磨抛机上进行研磨减薄,磨到矿物薄片厚度约 30 μm 时,清洗掉石蜡,干燥备用。

(3)样品观察实例

① 石灰岩矿物——非均质体

石灰岩在地壳中分布相当广泛,分为海相沉积岩和陆相沉积岩,前者居多。石灰岩的矿物成分主要是方解石(碳酸盐岩),还有一些白云石、黏土、粉砂等杂质,由生物化学作用生成的灰岩常含有丰富的有机物残骸。石灰岩结构复杂,有碎屑结构和晶粒结构两种。碎屑结构多由颗粒、泥晶基质和亮晶胶结物构成;晶粒结构是由化学及生物化学作用沉淀而成的晶体颗粒。石灰岩有灰、灰黑、黄、褐红等色,硬度一般不大,易于开采加工,是烧制石灰和水泥的主要原料,也是炼铁和炼钢的熔剂,在冶金、建材、化工、轻工、建筑、农业等部门具有的重要的工业价值。

如图 3-4,起偏器经过 360°旋转,起偏器与检偏器成任意夹角,都能看到物象,图像有两次周期变化。在偏振光下,由于非均质体对光的各向异性,产生色偏振,图形呈现出多色性和吸收性(颜色深浅不同)。

② 石英岩矿物——非均质体

石英砂岩由石英颗粒经黏土、碳酸盐、铁质、硅质胶结物胶结而成,最突出特征是石英碎屑占 90%以上;按其中的长石、岩屑含量,可分为石英砂岩、长石质石英砂岩、岩屑质石英砂岩、长石碎屑质石英砂岩。石英砂岩中石英大都为单晶石英,呈白色,砂质纯净,质坚而脆,

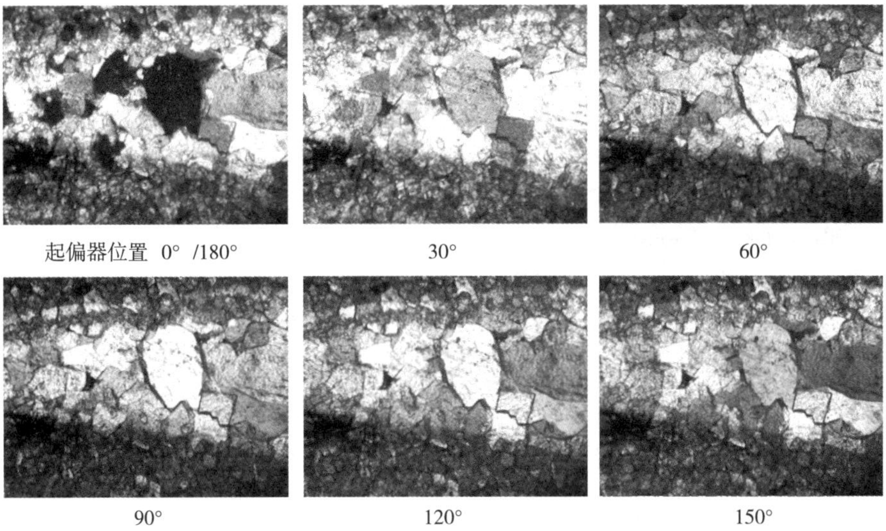

图 3－4　石灰岩样品在偏振光下观察实例

垂直节理发育，风化后可呈灰白、褐黄、黄白色，著名的张家界景区就是世界上最典型的石英砂岩峰林峡谷地貌。石英砂岩含硅丰富、中等莫氏硬度、熔点高，高温下熔化形成的玻璃态物质具有透明度高的特点，被广泛地用于玻璃、陶瓷、冶金、铸造工业等领域。

图 3－5　石英砂岩样品在偏振光下观察实例

如图 3－5，起偏器经过 360°旋转，起偏器与检偏器成任意夹角，都能看到物象，图像有两次周期变化。在偏振光下，由于非均质体对光的各向异性，产生色偏振，图形呈现出多色性和吸收性。

在观察石英砂岩和石灰岩时可以将检偏镜移出或移入光路，或将试板插入，或快速旋转载物台，通过目镜进一步观察物相颜色丰富的变化、消光、干涉等现象。

③ 非晶态玻璃——均质体

普通玻璃的化学组成是 Na_2SiO_3、$CaSiO_3$、SiO_2 或 $Na_2O \cdot CaO \cdot 6SiO_2$ 等，主要成分是硅酸盐复盐，其分子排列是无规则的，在理想状态下，玻璃的物理、化学性质（如折射率、硬度、弹性模量、热膨胀系数、导热率、电导率等）在各个方向都是相同的，属于各向同性的均质体。磨砂玻璃又叫毛玻璃，是用普通平板玻璃经机械喷砂、手工研磨或化学溶蚀等将表面处理成粗糙不平整的半透明玻璃。

实验中以毛玻璃为观察对象，如图 3-6，起偏器的位置在 0°时，起偏器与检偏器正交，看不见图像，呈现出全暗的图像。从 0°到 90°转动过程中，起偏器与检偏器成一定夹角，图像由暗变明；90°时，起偏器与检偏器平行，图像最明。经过 360°旋转，图像有四次明暗变化。

另一方面，当起偏器的位置在 0°时，起偏器与检偏器正交，看不见毛玻璃样品图像，视场为黑色；但是插入云母试板后，产生了灰白干涉，如图 3-7(a)所示；插入石膏试板后，产生了紫红干涉，如图 3-7(b)所示。

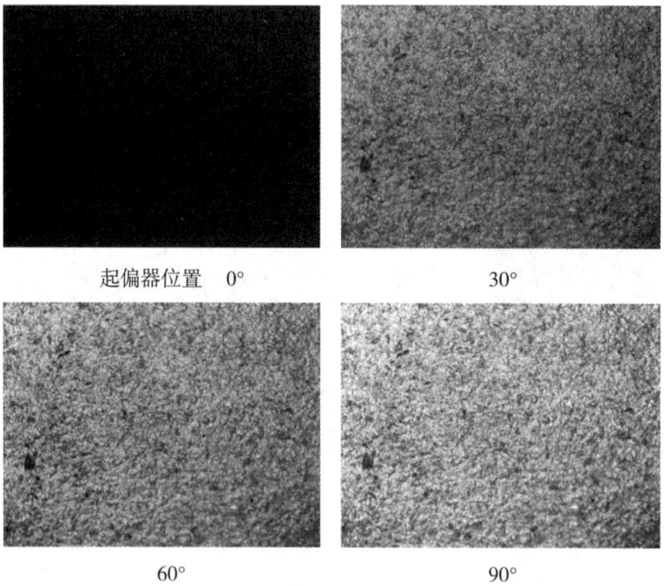

图 3-6　磨毛玻璃在偏振光下观察实例

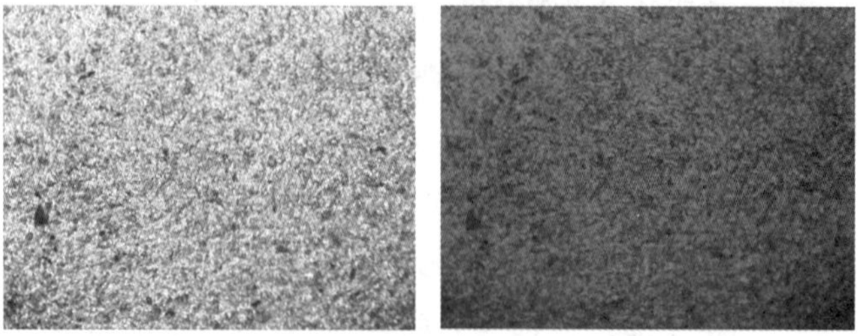

（a）插入云母试板（$1/4\lambda_{黄光}$，补偿 147 nm的光程，产生一级灰白干涉）　（b）插入石膏试板（$\lambda_{黄光}$，补偿 560 nm的光程，产生一级紫红干涉）

图 3-7　磨毛玻璃在偏振光下插入试板后观察实例(起偏器位置 0°时)

2. 金相样品制备和金相显微镜的观察应用

(1)金相显微镜

用于研究金属显微组织的光学显微镜称为金相显微镜,它是利用反射光将不透明物体进行放大观察。光学金相显微镜的构造一般包括放大系统、光路系统和机械系统三部分,典型的金相显微镜如图3-8所示。

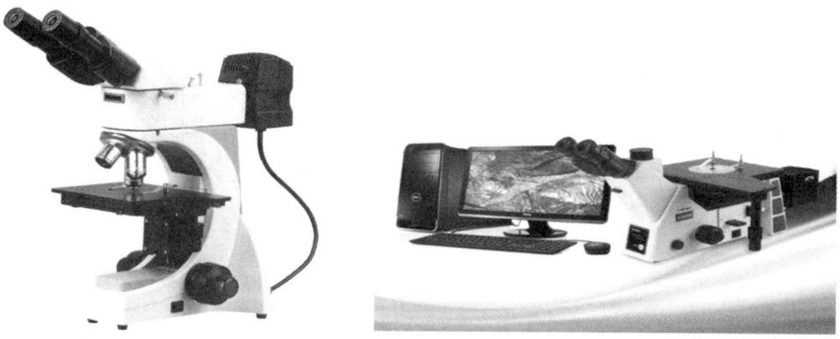

图3-8　正置式金相显微镜和倒置式金相显微镜

(2)样品准备

金相显微试样的制备过程主要包括如下工序:取样、镶嵌、磨制、抛光、腐蚀等。

① 取样:取有代表性的部位,试样不宜过大,一般直径和高各为10～15 mm为宜。样品太小可将试样镶嵌或用夹具夹住进行磨制。

② 磨制:试样取好后用砂轮磨平,再用一套粗细不同的砂纸逐次磨光,以获得一个更为平整而光亮的平面,为下一步抛光做准备。常用的金相砂纸有240目、320目、400目、500目、600目、800目、1000目等几种,一般选五种即可。磨光时通常是将砂纸放在一块平板玻璃上,一手按住砂纸,一手拿住试样并用一定的压力,使试片表面和砂纸均匀接触后用力向前推磨。

③ 抛光:使磨痕全部消失而获得光亮如镜的磨面。在抛光机上进行,盘上面铺有抛光绒布,不断地滴上抛光液(Al_2O_3、Cr_2O_3、MgO等极细的磨料加水形成的悬浮液)或抹上金刚石抛光膏。当抛到试样光亮如镜时用流水洗涤干净后用酒精冲去残留水滴,再吹干以防出现锈斑。

④ 腐蚀:目的是显示金属的组织,不同的金属试样采用不同的腐蚀剂。钢和铁常用的腐蚀剂是4%的硝酸酒精溶液或4%的苦味酸酒精溶液。腐蚀到发光的表面失去光泽而呈银灰色后立即将试样移于清水中冲洗,然后再滴上酒精冲掉试样表面的水分,并立即吹干,放在金相显微镜下进行观察。

(3)常用金属试样取样和制样设备

在教学中一般要求学生手动磨制样品,并抛光、腐蚀,反复多次,掌握制样方法和工艺。国内外已有很多企业专业从事金相制备设备、耗材的研发和技术服务工作,不仅提高了制样效率,而且提高了制样质量,可以获得更好的观察检测效果。

其中,切割是材料分析的第一步,完美的金相切割除了必须符合几何尺寸和材料特性,还应避免组织损伤和变形。现代全自动金相切割机采用先进的智能控制技术和智能切割模式，配备各种精密夹具，高质量的氧化铝、碳化硅和金刚石切割片以及专用切削液，不仅能获得优良的切削面还可以获得高水平的可重复性，而且便于操作。如图 3－9 为特鲁利（苏州）材料科技有限公司研制的各种切割设备，包括半自动和全自动精密切割机。

（a）Bate 300金相切割机　（b）CT250 手动切割机　（c）CT2300精密切割机

图 3－9　切割设备

镶嵌是金相制样常用方法，分为冷镶嵌和热镶嵌，用于各种小、薄或特殊样品的制备。热镶嵌采用不同的热成形材料，如环氧树脂、电木粉、亚克力粉等，有黑色、红色、绿色、透明等各种热镶嵌材料。现代热镶机采用大屏幕、自动水冷、多种模式、一键参数设置，还有过热异常保护，制样效率更高。为了避免样品受高温和高压影响常选用冷镶嵌，压力冷镶嵌可确保在固化过程中不含有气泡并快速固化，获得高品质的试样。真空冷镶嵌适用于多孔材料、裂纹失效件、电子元件等试样。冷镶嵌材料包括亚克力树脂、环氧树脂、光固化胶、各种镶嵌配件（样板夹、硅胶切片模等）。图 3－10 所示为各种镶嵌设备，包括热镶嵌机、压力冷镶嵌机、真空冷镶嵌机、光固化机等。

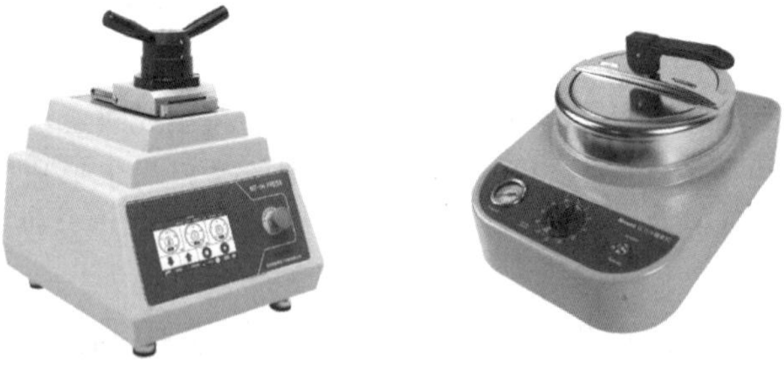

（a）热镶嵌机　（b）压力冷镶嵌机

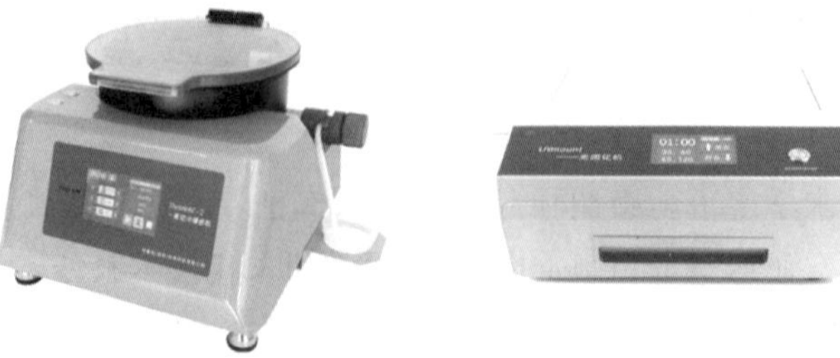

（c）真空冷镶嵌机　（d）光固化机

图 3－10　镶嵌设备

切割或镶嵌好的样品表面再经研磨处理，常采用金相砂纸或金刚石研磨盘。先经过粗磨—中磨—精磨过程，获得平整的表面，然后再进行抛光处理，获得镜面。图 3-11 所示为研磨抛光设备，配备各种抛光液、抛光膏，自动磨抛机可实现多样品同时抛光，获得重复性好、高质量镜面效果，制样效率大大提高。

（a）双盘双控手动磨抛机　　（b）全自动磨抛机　　（c）精密研磨机

图 3-11　抛光设备

(4)观察应用

对于非金属材料专业的学生，实验侧重点在偏光显微镜观察非金属材料样品部分，金相显微组织观察作为扩展内容，通过回顾铁碳相图(图 3-12)，了解典型铁碳合金的金相组织形貌和形貌特征，如图 3-13 所示。图 3-14 是几种金属材料金相组织实例。

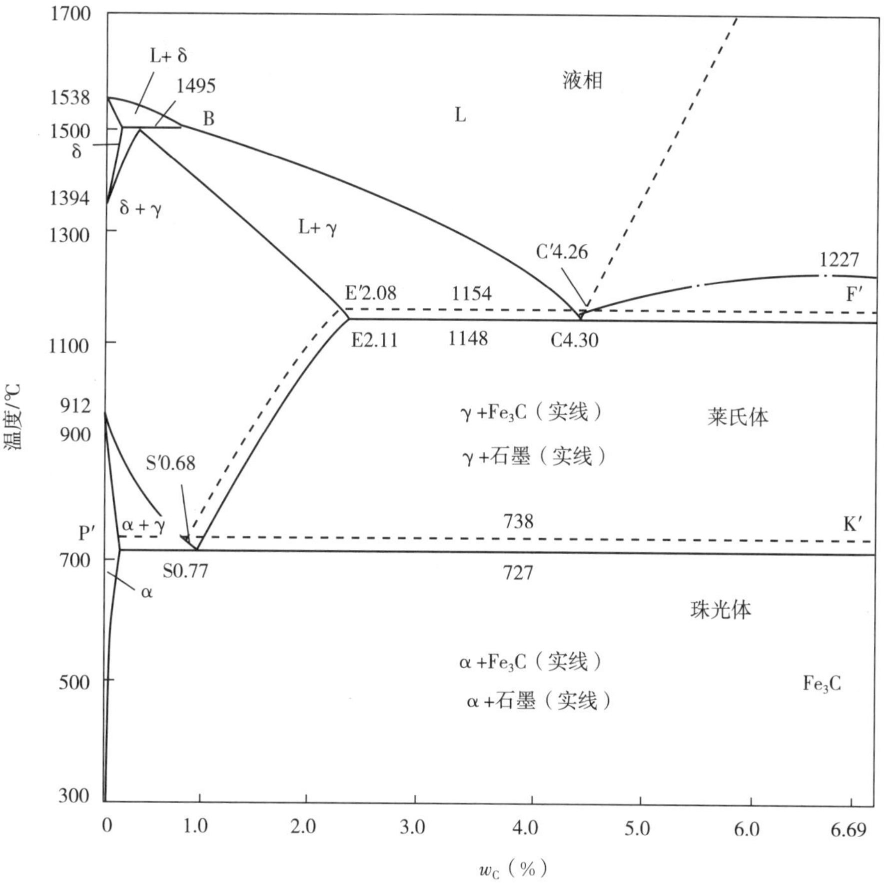

图 3-12　典型的铁碳相图

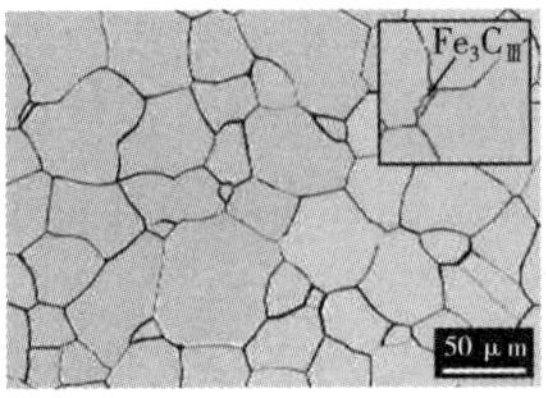

（a）工业纯铁

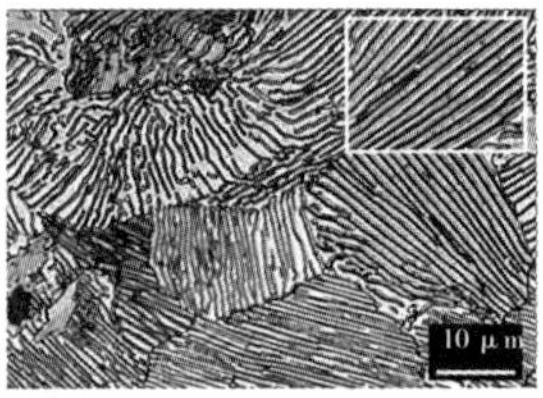

（b）共析钢

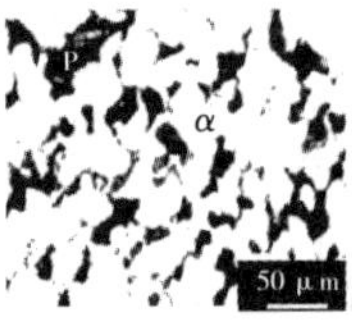

（c）20钢

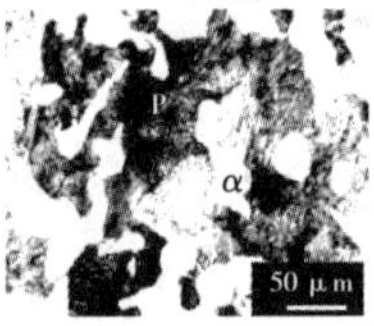

（d）45钢

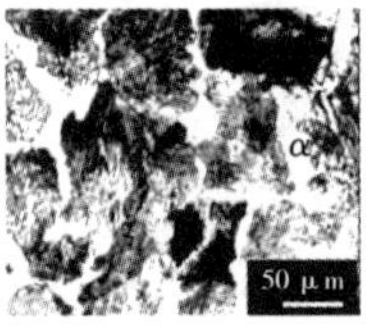

（e）60钢

（f）过共析钢

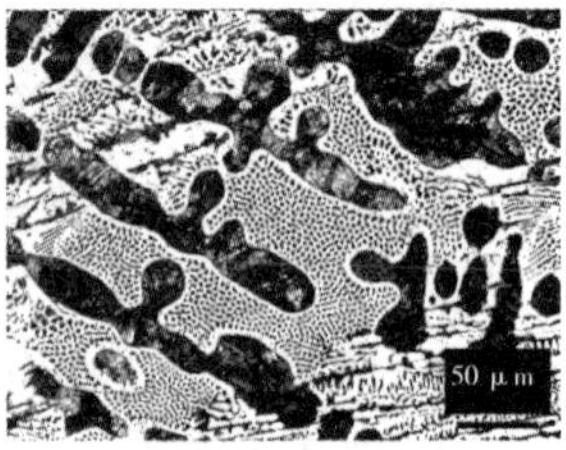

（g）亚共晶白口铁

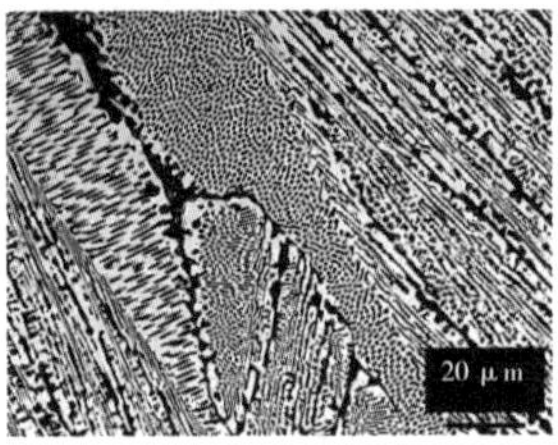

（h）共晶白口铁

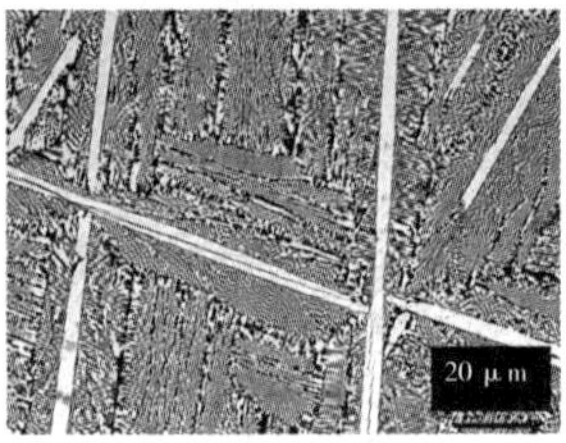

（g）过共晶白口铁

图 3－13　典型铁碳合金的金相组织形貌

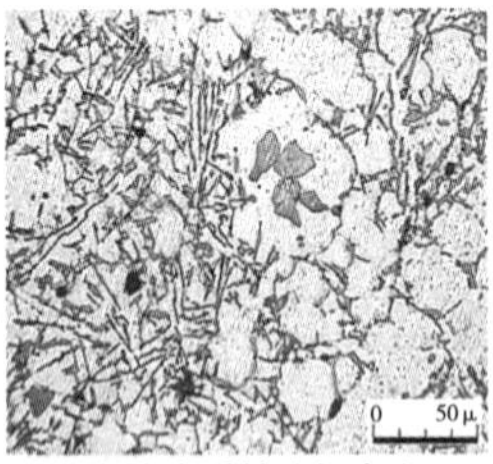

（a）未变质铸造铝合金α
固溶体+针状（块状）硅

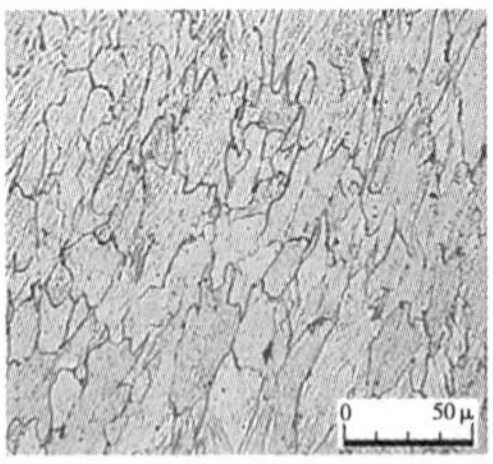

（b）经受一定的塑性变形全铁素体的
低碳钢形变组织，存在明显取向性

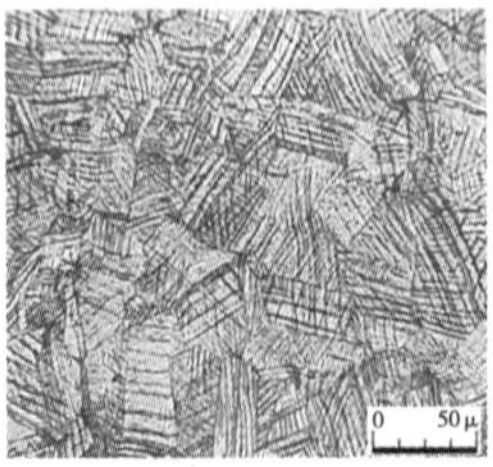

（c）退火加工态铜合金组织α
固溶体，存在变形孪晶、滑移线

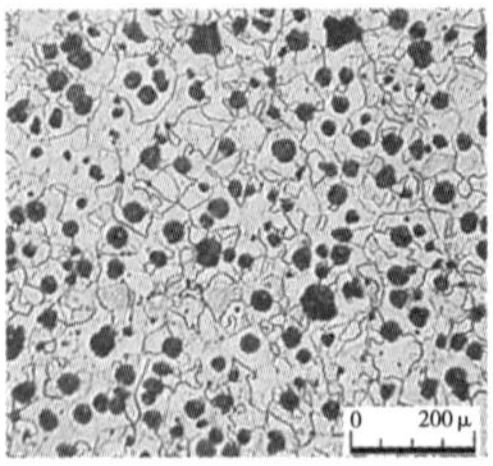

（d）铁素体+球状石墨

图 3－14　几种材料金相组织实例

粉末冶金工艺制备的样品的制备流程为：手动压机制备粉末压片—烧结（氢气气氛下烧结，烧结温度为 900 ℃，保温 1 小时）—镶嵌—砂纸打磨（200 目 - 400 目 - 600 目 - 800 目砂纸）—抛光—腐蚀（4%硝酸酒精溶液）—清洗表面—干燥—观察。

粉末冶金方法制备的样品如图 3 - 15 所示，样品的含碳量分别为 0、0.3%、0.6%、0.85%、1.2%，一共 2 套样品。实验中学生可采用 3 人一组，每组观察一套样品；每个样品选取典型清晰区域拍摄金相图片至少 3 幅以上，保存在相应文件夹中；在编写实验报告时针对每种样品选取最佳照片，并将不同含碳量的样品照片放在一起分析比较。图 3 - 16 为观察的金相照片实例。

图 3 - 15　粉末冶金铁基烧结试样

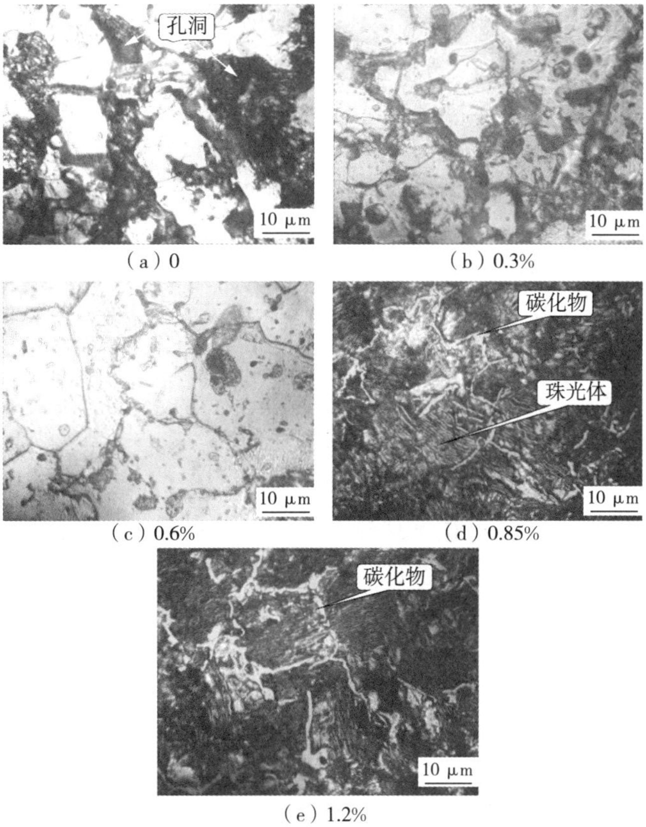

图 3 - 16　一组金相照片实例（不同含碳量）

四、注意事项

1. 打开显微镜电源之前,先检查调光旋钮是否在最小位置,然后再打开,慢慢调大到需要的亮度;不用显微镜时也应该将灯光先调至最暗位置,然后关闭电源。

2. 用偏光显微镜观察时,样品夹在载物台上,先侧头,用粗调旋钮将物镜向下,观察物镜尽量贴近样品,但不能压到样品,然后再一边向上旋调物镜,一边观察样品,物相出来后,用微调旋钮调至清晰。

3. 注意检偏镜与起偏镜的配合使用,理解实验原理与现象。

五、实验报告要求

1. 简述偏光显微镜样品和金相样品的制备方法。

2. 实验过程中,分别使用偏光显微镜和金相显微镜软件拍摄或捕获样品图 3 张以上,并分析样品的显微组织和形貌。

六、延伸阅读——材料显微分析与数字智能化赋能

显微分析是材料科学发展的重要支撑手段。材料科学的不断进步和数字技术的应用又推动了显微成像技术的发展。目前,国内外显微镜品牌众多,如永新光学、麦克奥迪、越视高谱、蔡司、奥林巴斯、基恩士等,它们在教学和科研领域应用广泛。近年来,这些品牌纷纷推出了一系列先进的研究级显微镜,并积极致力于相关技术的推广应用。如越视(YUESCOPE)公司的核心产品是定制型显微系统,尤其擅长与第三方设备的联用,在显微光学细分领域积累了大量的实用案例。如电池原位充放电过程中的界面枝晶生长及界面变化,针对空气-玻璃-电解液的复杂介质创建了第三代 YD650 科研级多功能显微镜与 ISC03 原位池联用,完成一组实验只需要 1 mL 电解液,清晰观察并拍摄原位枝晶生长反应现象,如图 3-17。又如蔡司 Zeiss 光学的科研级倒置智能数字显微镜(Axio Observer)可快速测定大量样品和质量较大的样品,只需聚焦一次,这个焦距适用于任意放大倍率,提高样品切换速度;可获得明场、暗场、偏光、反射光代入补偿板的偏光等各种成像效果。奥林巴斯 Olympus DSX1000 数码显微镜,放大倍数从 20× 到 7000×,大景深,长工作距离(最大66 mm);可在任何放大倍率下使用 6 种观察方法,快速地进行宏观至微观的观察,是缺陷分析的优选设备。

但是材料的微观组织检测分析人工依赖程度大,随着材料学科和行业的快速发展,组织分析检测任务量逐年增加,人工智能在材料微观组织分析中的应用日益增长,数字智能化赋能材料检测分析成为必然趋势,材料基因工程、机器视觉和深度学习等材料科学与信息技术的发展,为材料微观组织分析智能化带来了新的机遇。

北京普瑞赛司 AI 智能显微分析方案包括金属材料显微分析、矿物分析、新能源 AI 毛刺分析、半导体 AI 缺陷分析等方案。其中 2024 年 4 月 19 日,由北京普瑞赛司仪器有限公司、中车戚墅堰所和全国铸造标准化委员会联合举办了球墨铸铁、蠕墨铸铁、灰铸铁金相检验标准宣贯及技术研讨会,技术开发人员详细演示了 AI 智能金相分析系统,通过收集带有标签的大量图片准备数据库,构建神经网络对数据进行学习,然后自动对图像的各个部分提取特征,最终基于机器学习算法对钢铁材料相图进行分析。目前已开发的功能主要包括以下几

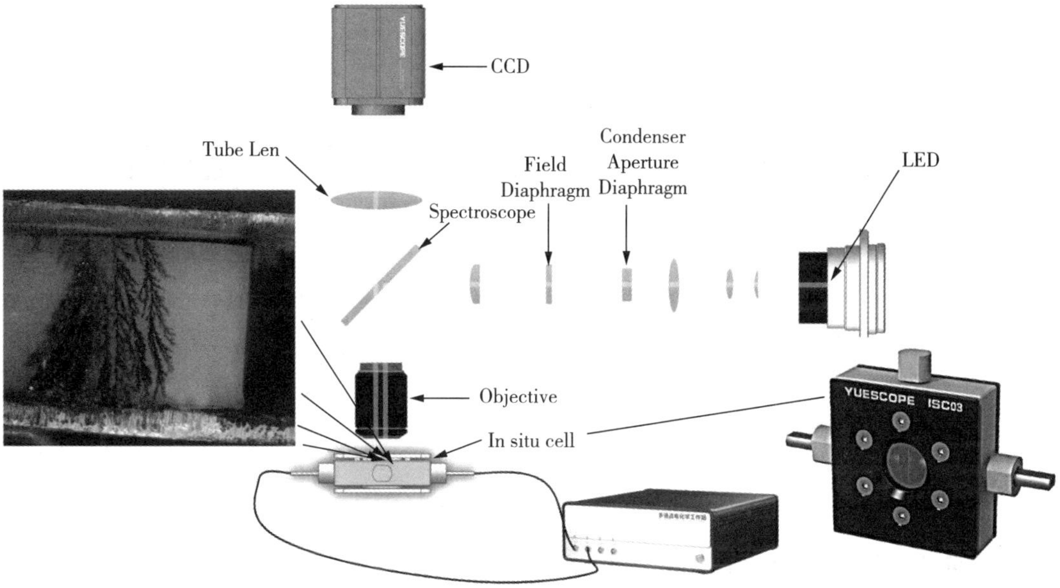

图 3-17　采用越视显微镜和原位池观察电池原位充放电过程

个方面：

(1)定性分析：对金相图的组织、热处理工艺、性能进行定性分析。

(2)定量分析：对复相组织金相图进行区域分割，计算各组织含量。

(3)晶粒度分析：对晶粒边界进行提取、重构，并评定晶粒度级别，如图 3-18；与传统评级方法依靠人工画线、数点、比对等方式进行晶粒度评级不同，深度神经网络自动评级系统可自动布线、自动识别晶界及其截线截点，直接计算出晶粒度级别数，效率快，精度高。

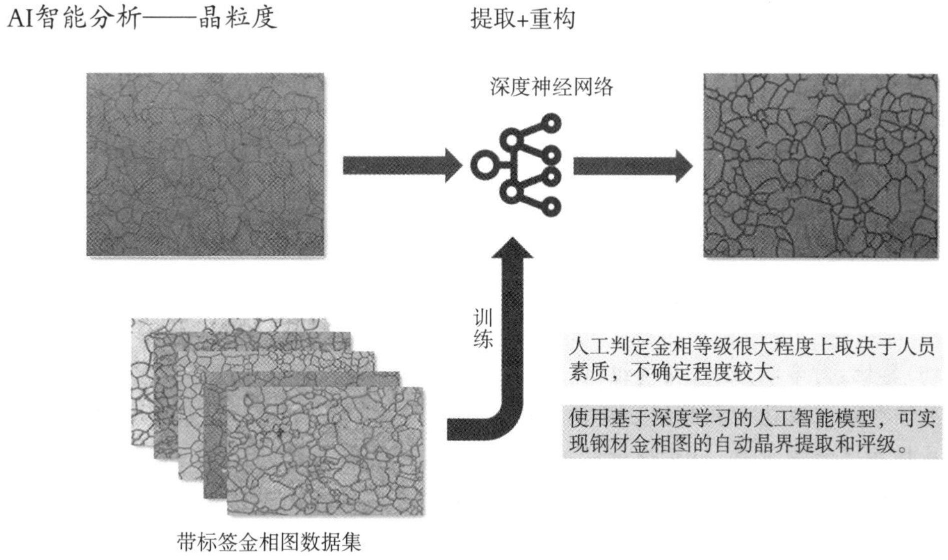

图 3-18　晶粒度 AI 智能分析

(4)非金属夹杂物分析：对非金属夹杂物进行预处理后分类识别、参数计算和评级，并利用数字图像处理快速完成大批量非金属夹杂物的标注，如图 3-19。

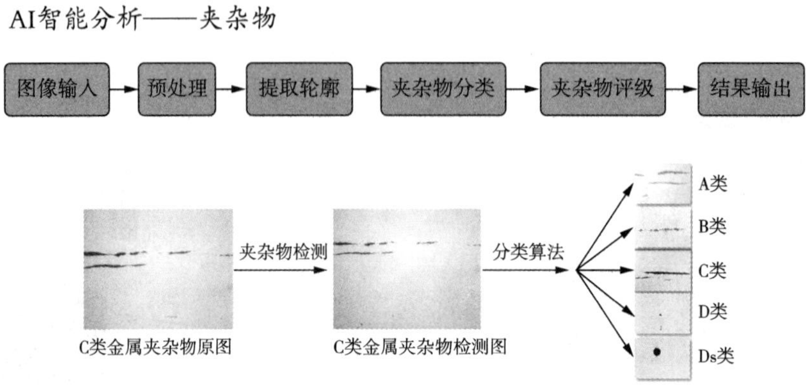

图 3-19 非金属夹杂物 AI 智能分析

(5)铸铁分析：对球铁、蠕铁、灰铁等进行定性及定量的计算分析，如进行球墨铸铁的球化率、球化等级的评定等，如图 3-20。

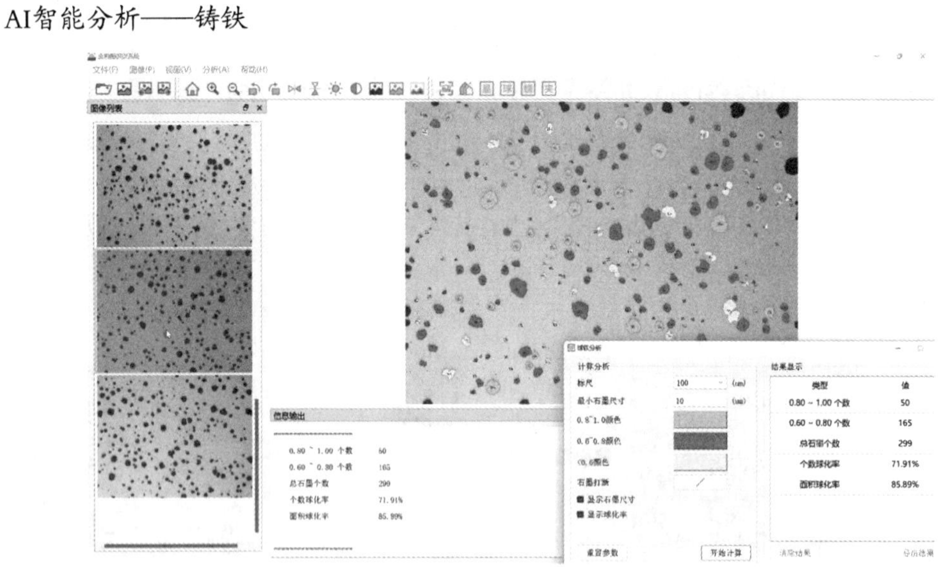

图 3-20 球铁 AI 智能分析

(6)其他：对带状组织、调质组织、球化组织进行分析等。

数字智能化赋能金相组织分析具有精准识别、效率高、操作简单、实现定量等优势，不仅极大地提高了检测效率，而且输出结果唯一，避免了不同人员、机构之间评定结果的不一致问题，目前正在推广应用。伴随着人工智能技术由专家系统知识应用型向全面集成发展，材料微观组织试验测试数据结果全面数字化、微观组织测试结果的智能化分析持续创新发展。展望未来，基于大数据和深度学习的人工智能技术将在本领域广泛应用。

思考题

1. 偏光显微镜与普通金相显微镜相比有哪些区别？偏光显微镜观察方法主要有哪些？

2. 何谓偏振光？怎样获得偏振光？

3. 用于偏光显微镜观察的样品如何制备？画出偏振显微镜的光路分析示意图，标出试板在光路中的位置？

4. 用于金相显微镜观察的样品如何制备？

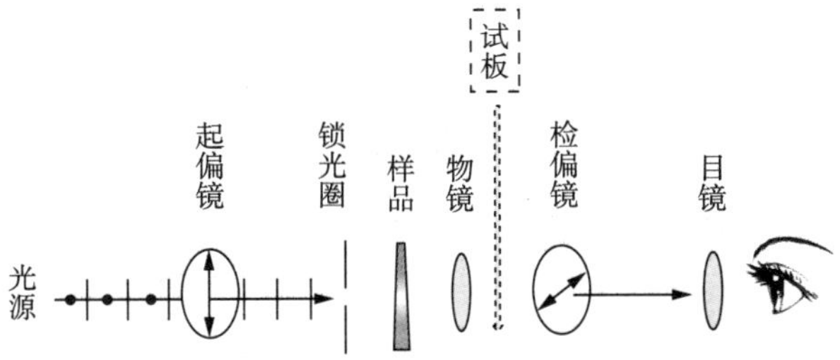

图 3-21　思考题 3 中涉及的知识点辅助图解

3.2　粉体材料综合物性测试与分析

粉体综合物性包括堆积性质、摩擦性质、压缩性与成形性等，涉及的指标有松装密度、流动性、安息角、崩塌角、差角、平板角度、分散度、振实密度和均齐度等，这些指标是料仓、料斗、供料器等粉体物料装置的设计依据，也反映在粉末材料制备工艺性能上，如压制和烧结性能。本实验的目的为：

1. 学会使用粉体综合物性测试仪；

2. 掌握粉体流动性和溢流性的测定步骤和计算原理；

3. 学习根据粉体综合流动特性指数对流动程度的评判方法。

一、设备与材料

BT-1000 型粉末综合物性测试仪，FL4-1 型流动性和松装密度测量装置，电子天平；青铜粉、还原铁粉、石英砂等粉末样品，秒表、称量纸、刷子、取样勺、口罩、吸尘器等。

二、设备与原理

BT-1000 型粉体综合物性测试仪是由丹东百特仪器有限公司和清华大学联合研制的一种用于测试粉体综合物性的教学仪器，如图 3-22。可测试项目包括安息角、崩塌角、平板角、分散度、振实密度等参数，通过上述数据可以得到差角、压缩度、流动性指数、溢流性指数等参数。

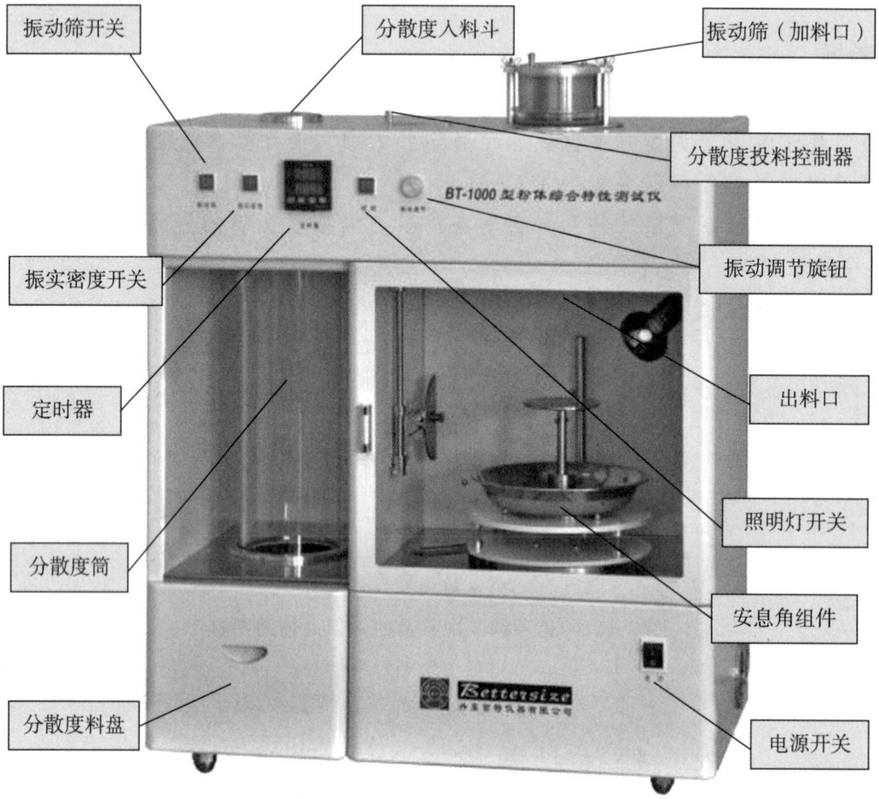

图 3 - 22　BT - 1000 型粉体综合特性测试仪

图 3 - 23 所示 FL4 - 1 型流动性和松装密度测量装置符合国家标准 GB/T 1479.1—2011《金属粉末松装密度的测定　第 1 部分　漏斗法》和 GB/T 1482—2022《金属粉末流动

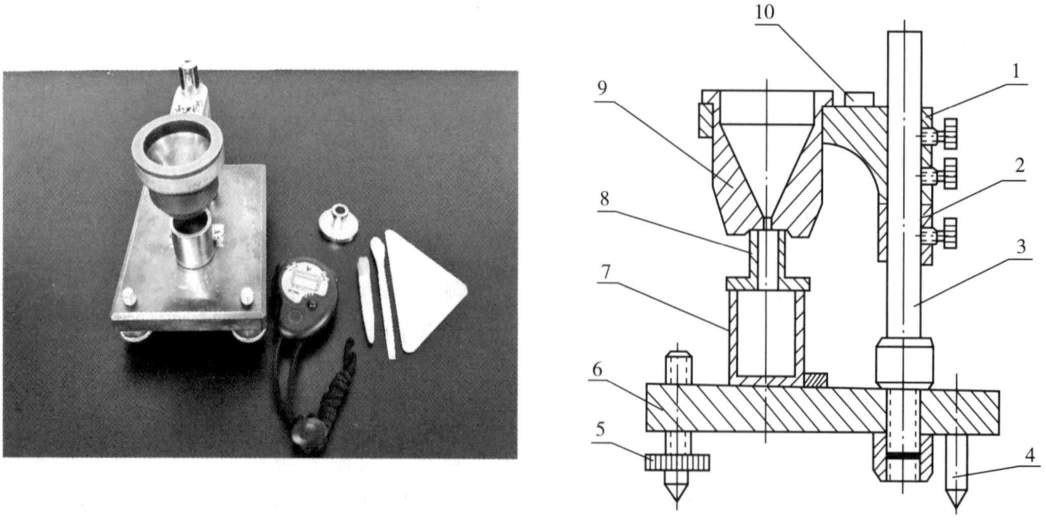

图 3 - 23　FL4 - 1 流动性和松装密度测量装置

1—支架；2—支撑套；3—支架柱；4—定位销；5—调节螺钉；6—底座；7—圆柱杯；8—定位块；9—漏斗；10—水准器

性的测定　标准漏斗法(霍尔流速计法)》,由冶金工业部钢铁研究总院制备,默认的漏斗直径为 2.5 mm,同时配备了直径为 5 mm 的漏斗。

各测试项目的含义:

(1)安息角:也称休止角或自然坡度角,在静平衡状态下,粉体堆积斜面与底部水平面所夹锐角。它是通过特定方式使粉体自然下落到特定平台上形成的。安息角大小直接反映粉体的流动性,安息角越小,粉体的流动性越好。

(2)崩塌角:测量安息角时,给堆积的粉体以一定的外力冲击,这时堆积粉体表面就可能产生崩塌现象,崩塌后粉体堆积斜面与底部水平面所夹锐角称为崩塌角。

(3)差角:安息角与崩塌角之差称为差角。差角越大,粉体的流动性越强。

(4)平板角:将埋在自然堆积粉体中的平板向上垂直提起,粉体在平板上的自由表面(斜面)和水平面之间的夹角与受到一定冲击后的夹角的平均值称为平板角。平板角越小,粉体的流动性越强。一般地,平板角大于安息角,平板角也称为抹刀角。

(5)振实密度:是指一定重量(或体积)的粉体装填在特定容器后,对容器进行一定强度的振动,从而破坏粉体颗粒间的空隙,使颗粒处于紧密状态,这时的粉体密度叫振实密度。

(6)松装密度:是指粉体在特定容器中处于自然充满状态后的密度。

(7)流动性:50 g 粉体从漏斗中自然流出的时间。

(8)压缩度:也称压缩率,是指粉体的振实密度与松装密度之差与振实密度之比。压缩度越小,粉体的流动性越好。

(9)分散度:是粉体在空气中的飘散程度。分散度与粉体的分散性、漂浮性和飞溅性有关。如果分散度超过 50%,说明该样品具有很强的飞溅倾向。

(10)均齐度:是粒度分布的 d_{60} 和 d_{10} 的比值。

(11)流动性计算

利用安息角、压缩率、平板角、均齐度实验值查表得出相应指数,按下式计算流动性指数:

$$流动性指数=安息角指数+压缩率指数+平板角指数+均齐度指数$$

(12)溢流性计算

利用流动性指数、崩塌角、差角、分散度实验值查表得出相应指数,按下式计算溢流性指数:

$$溢流性指数=流动性指数+崩塌角指数+差角指数+分散度指数$$

三、实验步骤

1. 测定安息角、崩塌角、差角

(1)放置安息角器具:将减振器放到仪器中央的定位孔中,再放上接料盘和安息角试样台。

(2)加料:关上仪器前门,准备好试样,将定时器调到三分钟左右,开振动筛盖,打开仪器的电源开关和振动筛开关,用小勺在加料口徐徐加料,物料通过筛网、出料口洒落到试样台上,形成锥体,如图 3-24 所示。

图 3-24 安息角、崩塌角测试步骤

(3)安息角的测定：当试样落满试样台上并呈对称的圆锥体后，停止加料，关闭振动筛电源，将测角器置于试样托盘左侧并靠近料堆，与圆锥形料堆的斜面平齐，测定安息角。一般地，测量安息角时从三个不同位置测定，然后取平均值，该平均值为这个样品的安息角(θ_r)。

(4)崩塌角的测定：测完安息角后，用两手指轻轻提起试样台中轴上的崩塌角振子，高度为距离顶部大约 10 mm 左右，然后张开手指使振子自由落下，使试样台上的堆积试样受到振动，圆锥体的边缘崩塌落下。如此振动三次，然后再用测角器从三个不同位置测定，其平均值即为崩塌角(θ_f)。

(5)差角的计算：差角(θ_d)为安息角与崩塌角之差，$\theta_d=\theta_r-\theta_f$。

2. 测定平板角

(1)如图 3-25 所示，将升降台上放好托盘，平板伸入托盘中，将待测样品徐徐散落在托盘中，直到埋没平板为止。

(2)加完料以后，轻轻扭动升降台旋钮使升降台的高度缓缓降低，平板与试样盘完全分离，这时用测角器测定留在平板上粉体所形成的角度 θ_{s1}。

(3)振子下落一次，冲击平板，再用测角器测定留在平板上粉体所形成的角度 θ_{s2}。

(4)计算平板角：$\theta_s=(\theta_{s1}+\theta_{s2})/2$。

3. 测定分散度

(1)称取接料盘(ϕ100 mm)的质量 m_0。

(2)如图 3-26，将分散度卸料控制器拉到右端并卡住，关闭料斗。

(3)用天平称取试样 10 g,通过漏斗将试样均匀加到仪器顶部的分散度料斗中。

(4)将接料盘置于分散度测定筒正下方的分散度测定室内的定位圈中,关上抽屉,然后瞬间开启卸料阀,使试样通过分散度筒自由落下。

(5)取出接料盘,称量接料盘和盘中接到的粉末的总质量 m_1,重复试验一次,得到 m_2,取 $m=(m_1+m_2-2m_0)/2$,求分散度 $D_s=(10-m)\times 10\%$。

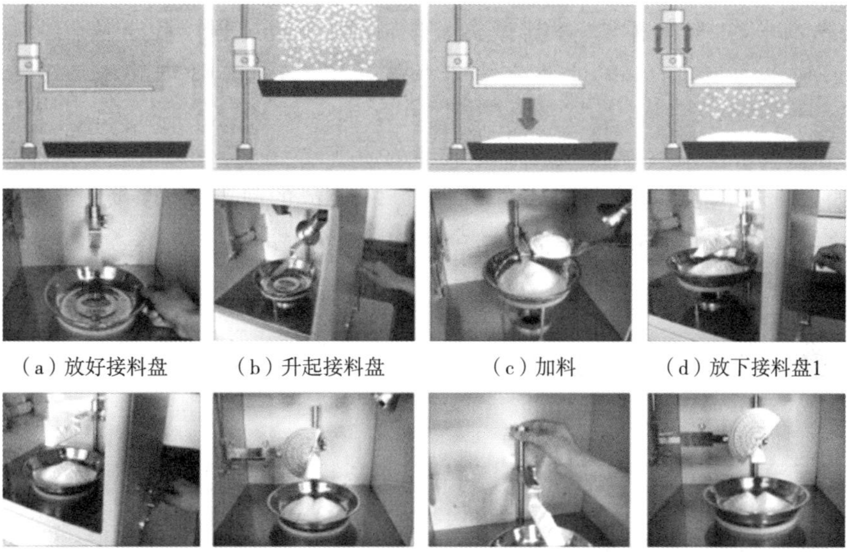

(a) 放好接料盘　(b) 升起接料盘　(c) 加料　(d) 放下接料盘1

(e) 放下接料盘2　(f) 测量平板角1　(g) 振动平板　(h) 测量平板角2

图 3-25　平板角测量步骤

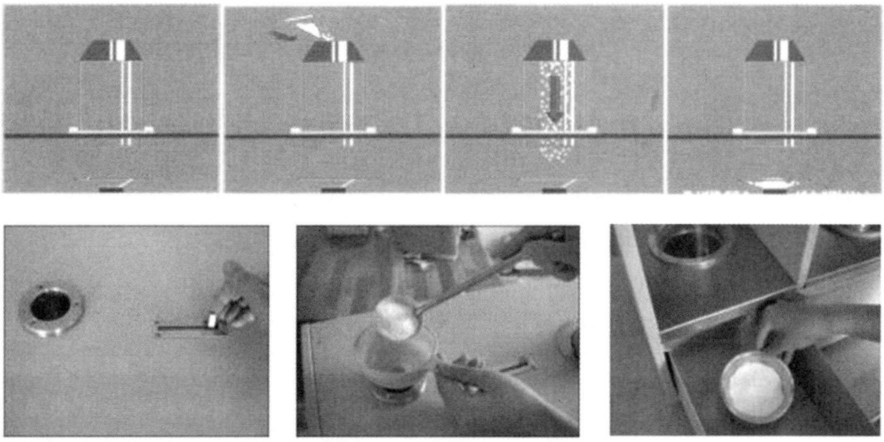

图 3-26　分散度测定步骤

4. 测定松装密度和流动性

(1)将装置调整好水平,取下定位块,准备测量。

(2)精确称量 50 g±0.1 g 粉末。

(3)用干燥的手指堵住漏斗底部小孔,把粉末倒入孔径为 2.5 mm 的漏斗中。

(4)松开手指的同时按下秒表，测定粉末从标准漏斗流完所需的时间，即为待测粉体的流动性数据。

(5)将装置清理干净，用干燥的手指堵住漏斗底部小孔，加入约一杯半的粉末。

(6)松开手指启开漏斗小孔，让粉末自由流过小孔进入杯中，直至完全充满杯子并有粉末溢出时为止。

(7)用非磁性的刮板刮平粉末，在操作过程中要严禁压缩粉末和振动杯子。

(8)粉末刮平后，轻敲杯子，使其振实一些，以免挪动过程中粉末从杯中散出；再将杯子外部的粉末清理干净，保证杯子外部不黏有粉末；称量杯内粉末质量 m，精确到 0.01 g。

(9)计算松装密度：$\rho_a = m/V$，V 为标准杯子的体积，25 cm^3。

(10)如果粉末不能流过该漏斗，换用孔径为 5.0 mm 的漏斗。如果换用孔径为 5.0 mm 的漏斗，粉末仍不能流过时，允许用 1 mm 金属丝从漏斗上部捅一次，使粉末流动；但金属丝不得进入杯子。

5. 测定振实密度

(1)将透明套筒与密度容器连接好，如图 3－27，直接装入粉末，粉末高度在透明套筒1/3左右处。

图 3－27　振实密度测定方法

(2)将定时器调整到 3 分钟，打开振动电机开关，连续振动，待振动自动停止后再重新启动振动电机，在振动过程中观察透明套筒中的粉体表面，如果粉体表面还在下降，就要继续振动下去，直到粉体表面不再下降后停止振动，取出透明套筒，用刮板刮平，并用毛刷将容器外面的粉轻轻扫除干净，用天平称量粉体的总质量 m。

(3)同一个样品，每次的振动时间或振动次数要相同。即记录好第一次测试时的振动时间或振动次数，以后测试时就不必观察粉体表面的下降情况了。

(4)容器体积为 100 cm^3，计算振实密度 $\rho_p = m/100(g/cm^3)$。

6. 计算压缩率

计算公式为：

$$C_p = (\rho_p - \rho_a)/\rho_p \times 100\%。$$

7. 测定与计算均齐度

用粒度测定仪测出 d_{60} 和 d_{10}(参见第一章)，计算均齐度 $= d_{60}/d_{10}$。

8. 查表计算流动性指数和溢流性指数

粉体流动性是粉体性能的重要指标，测定并改善粉体的流动性，对其生产工艺、输送、储存、装填等具有重要意义。现行粉体流动性测试方法主要有卡尔(Carr)指数法和简尼克(Jenike)法等。

其中英国科学家卡尔通过对2800多种粉体试样进行测定，采用模糊数学综合评分的方法对概念进行模糊量化，提出了一套比较全面的表征粉体流动性的方法，即对粉体的安息角、压缩率、平板角、均齐度(对于粗粉体)或凝集度(对于细粉体)等指标进行测定，将测定结果换算成表示其高低程度的指数(以25为满值)，然后采用加权法得出综合指数作为流动性指数FI(Flowability Index)来评估粉体的流动性。

各项指标对应的指数见表3-1和3-2所列。

表3-1　粉体的流动性指数

流动性评价	流动性指数合计	安息角		压缩率		平板角		均齐度	
		度	指数	%	指数	度	指数	测试值	指数
很好	90～100	<25 26～29 30	25 24 22.5	<5 6～9 10	25 23 22.5	<25 26～30 31	25 24 22.5	1 2～4 5	25 23 22.5
良好	80～89	31 32～34 35	22 21 20	11 12～14 15	22 21 20	32 33～37 38	22 21 20	6 7 8	22 21 20
比较好	70～79	36 37～39 40	19.5 18 17.5	16 17～19 20	19.5 18 17.5	39 40～44 45	19.5 18 17.5	9 10～11 12	19 18 17.5
一般	60～69	41 42～44 45	17 16 15	21 22～24 25	17 16 15	46 47～56 60	17 16 15	13 14～16 17	17 16 15
不太好	40～59	46 47～54 55	14.5 12 10	26 27～30 31	14.5 12 10	61 62～74 75	14.5 12 10	18 19～21 22	14.5 12 10
不好	20～39	56 57～64 65	9 7 5	32 33～36 37	9.5 7 5	76 77～89 90	9.5 7 5	23 24～26 27	9.5 7 5
非常差	0～19	66 67～89 90	4.5 2 0	38 39～45 >45	4.5 2 0	91 92～99 >99	4.5 2 0	28 29～35 >35	4.5 2 0

表 3-2　粉体的溢流性指数

溢流性评价	溢流性指数合计	防止溢流措施	流动性指数		崩塌角		差角		分散度	
			合计值	指数	度	指数	度	指数	%	指数
非常强	80～100	必须采取环向密封	＞60	25	10	25	＞30	25	＞50	25
			59～56	24	11～19	24	29～28	24	49～44	24
			55	22.5	20	22.5	27	22.5	43	22.5
			54	22	21	22	26	22	42	22
			53～50	21	22～24	21	25	21	41～36	21
			49	20	25	20	24	20	35	20
相当强	60～79	需要采取环向密封	48	19.5	26	19.5	23	19.5	34	19.5
			47～45	18	27～29	18	22～20	18	33～29	18
			44	17.5	30	17.5	19	17.5	28	17.5
			43	17	31	17	18	17	27	17
			42～40	16	32～39	16	17～16	16	26～21	16
			39	15	40	15	15	15	20	15
有倾向	40～59	有时需要环向密封	38	14.5	1	14.5	14	14.5	19	14.5
			37～34	12	42～49	12	23～11	12	18～11	12
			33	10	50	10	10	10	10	10
也许有	25～39	由给料状态或流动速度决定是否需要密封	32	9.5	51	9.5	9	9.5	9	9.5
			31～29	8	52～56	8	8	8	8	8
			28	6.25	57	6.25	7	6.25	7	6.25
无	0～24	不需要	27	6	58	6	6	6	6	6
			26～23	3	59～64	3	5～1	3	5～1	3
			＞23	0	＞64	0	0	0	0	0

FI≥60 的粉体为流动性较好的粉体，便于输送操作；60＞FI≥40 的粉体容易发生输送管道的堵塞；FI＜40 的粉体流动性不好，不便于输送操作，并且后两者在生产过程中都需要采取助流活化措施。

粉体的溢流性指数（也称喷流性指数）是流动性指数、崩塌角、差角、分散度指数的加权和，用来综合评价粉体的溢流性，主要描述粉体克服重力在空间飞溅特性的强弱。

四、注意事项

1. 测定流动性前需将测试装置水准器中的气泡调到正中间，并在测试过程中保证位置不动。

2. 注意电子天平的量程，如采用量程为 200 g 的电子天平时，在测试密度较大的粉末材料的振实密度时要将所有粉末分几次称重再求和，不能一次性倒入称量盘上而损坏传感器。

3. 实验时戴上口罩，注意粉尘污染。

五、数据记录与处理

将测定数据分别记入表 3-3～表 3-8 中，并计算测定结果。

表 3-3　流动性记录表

项　目	第一次测	第二次测	第三次测	平均值	指数值
流动性/s					

表 3-4　安息角、崩塌角和差角记录表

项　目	第一次测	第二次测	第三次测	平均值	指数值
安息角/°					
崩塌角/°					
差　角/°					

表 3-5　平板角记录表

项　目	第一次测	第二次测	第三次测	平均值
振子滑落前 θ_{s1}/°				
振子滑落后 θ_{s2}/°				
平板角 θ_s/°				
平板角指数值				

表 3-6　松装密度、振实密度、压缩率记录与计算表

项　目	松装密度(ρ_a)	振实密度(ρ_p)
空杯容积/cm^3	25	100
粉末质量/g		
密度/$g\cdot cm^{-3}$		
压缩率 $C_p=(\rho_p-\rho_a)/\rho_p\times100\%$		
压缩率指数值		

表 3-7　均齐度记录与计算表

项　目	第一次测	第二次测	第三次测	平均值
均齐度				
均齐度指数值				

表 3-8 分散度记录与计算表

项 目	第一次测	第二次测
粉末质量/g	10	10
接料盘质量/g		
卸料后(接料盘+粉末)质量/g		
分散度=(10-接料盘上粉末质量)×10%		
分散度均值		
分散度指数		

思考题

1. 确定所测粉体的流动性指数和溢流性指数。
2. 查阅文献,了解卡尔指数法和简尼克法的含义。
3. 简要分析粉末综合物性指数对生产的指导意义。

3.3 材料的比表面积和孔径分布测试与分析(氮吸附法)

1 g 质量的材料所具有的表面积总和,称为比表面积(m^2/g)。比表面积是粉末体的一种综合性质,是由单颗粒性质和粉末体性质共同决定的。比表面积与粉末的许多物理、化学性质,如吸附、溶解速度、烧结活性等直接相关。

粉体比表面积的测定方法有勃氏透气法、低压透气法、吸附法等。理想的非孔性结构的材料只有外表面积,一般用透气法测定。对于多孔性结构的材料,除有外表面积还有内表面积,一般多用气体吸附法测定。依据布鲁诺尔、埃米特和泰勒(Brunauer - Emmett - Teller)三人 1938 年提出的 BET 多分子层吸附理论,氮吸附法是当前测量粉体物料比表面积的常用标准方法。本实验的目的为:

1. 学习 BET 吸附理论及其公式的含义与应用;
2. 掌握比表面积和孔径分析仪的工作原理及测定方法;
3. 正确分析和解析实验结果。

一、设备与材料

Quadrasorb - EVO 比表面和孔径分析仪,脱气站,样品管、芯棒、长颈装料漏斗,高纯氦气(99.999%)、高纯氮气(99.999%),液氮;电子天平(感量 0.0001 g)、称量纸,液氮罐、液氮杯;烘箱、超声波清洗机;待测样品。

如图 3-28,Quadrasorb - EVO 比表面和孔径分析仪,最多可配备 4 组独立的样品分析站，各分析站程序化独立运行，可选择不同的分析和测量条件。主要技术参数为：比表面分析范围：Kr 吸附时，<0.0001 m^2/g 以上；N_2 吸附时，<0.01 m^2/g 以上；孔分析可检测的孔体积下限：小于 0.0001 cc/g；样品孔径适用范围：0.35～500 nm。另需配备独立的 6 个站真空和流动脱气站(FloVac Degasser)，可加温脱气，温度范围为室温至 350 ℃。

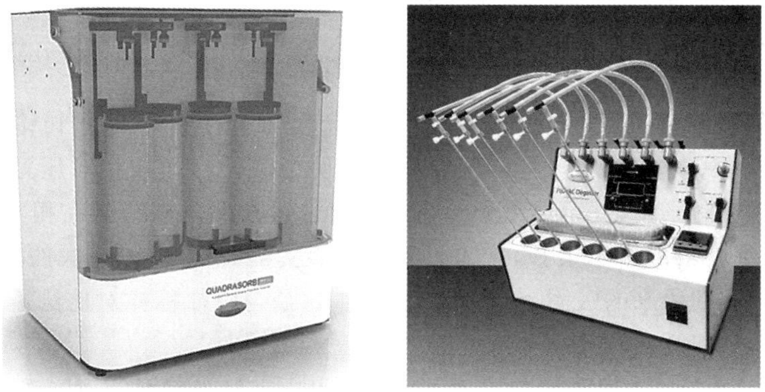

图 3－28　Quadrasorb－EVO 比表面和孔径分析仪和脱气站

二、实验原理

固体与气体接触时，气体分子碰撞固体并可在固体表面停留一定的时间，这种现象称为吸附。吸附过程按作用力的性质可分为物理吸附和化学吸附。化学吸附时吸附剂(固体)与吸附质(气体)之间发生电子转移，而物理吸附时不发生这种电子转移。在物理吸附中，吸附质与吸附剂之间的作用力是范德华力，吸附质分子之间的作用力也是范德华力。

BET 多分子层吸附理论的基本假设是：(1)固体表面是均匀的，发生多层吸附；(2)除第一层的吸附热外其余各层的吸附热等于吸附质的液化热。据此推导的 BET 方程如式(3－1)：

$$\frac{P}{V(P_0-P)}=\frac{1}{V_m\cdot C}+\frac{C-1}{V_m\cdot C}\times\left(\frac{P}{P_0}\right) \tag{3-1}$$

其中，P——氮气分压；

P_0——氮气在液氮温度下的饱和蒸气压；

V——样品表面氮气的实际吸附量；

V_m——氮气单层饱和吸附量；

C——与第一吸附层上的吸附能力相关的常数。

根据 BET 公式作图，得到一条直线 $Y=b+aX$，直线的斜率(Slope)和截距(Intercept)分别为 a 和 b，则

$$a=\frac{(C-1)}{V_mC},b=\frac{1}{V_mC},V_m=\frac{1}{a+b},C=\frac{a}{b}+1$$

从而得到单层吸附量 V_m，进而计算出吸附剂的比表面积：

$$S_{BET}=\frac{V_m \times N_A \times A_M}{M_V} \approx 4.36 V_m \qquad (3-2)$$

其中，S_{BET}——比表面积，量纲为 m^2/g；

N_A——阿伏伽德罗常数；

A_M——氮气的交叉截面面积，对于液氮温度下的 BET 测定，吸附的氮气分子的交叉截面面积为 $0.162 \times 10^{-18}\ m^2$；

M_V——标准状况下，每克分子体积，22.414 L/mol。

对于低温氮吸附法，氮气作为吸附质，BET 方程成立的条件（暂不讨论微孔材料）是要求氮气分压范围为 0.05～0.35 之间，其原因出于两个假设：(1) 在相对压力小于 0.05 时建立不起多层物理吸附平衡，甚至连单分子物理吸附也远未形成；(2) 而在相对压力大于 0.35 时，孔结构使毛细凝聚的影响突显，定量性及线性变差。BET 理论最大的优势是考虑到了由样品吸附能力不同带来的吸附层数之间的差异，这是与以往标样对比法最大的区别；BET 公式是目前应用最广泛的比表面分析方法之一。

Quadrasorb - EVO 物理吸附仪以氮气作为吸附质，在液态氮（－196℃）的条件下精确测量吸附质在吸附前后的压力、体积和温度，实测被测样品在不同氮气分压下多层吸附量，得到吸附等温线（Isotherm Linear）。再采用设备分析软件配备的“Micropore BET Assistant”（以下简称 BET 助手），自动选择测试点，以 P/P_0 为 X 轴，$P/V(P_0-P)$ 为 Y 轴，由 BET 方程作图进行线性拟合，得到直线的斜率和截距，从而求得 V_m 值，计算出被测样品比表面积数值。理论和实践表明，对于介孔材料，当 P/P_0 取点在 0.05～0.35 范围内时，BET 方程与实际吸附过程相吻合，图形线性也很好，因此实际测试过程中选点在此范围内。

三、实验步骤

扫描二维码，学习“材料的比表面积测试与分析（氮吸附法）”教学视频。

材料的比表面积测试与分析（氮吸附法）

1. 脱气

(1) 精确称量样品质量

① 先称量样品质量记为 m_0；

② 将泡沫塑料底座放入分析天平并归零，再将球泡样品管放入底座中，称量其质量记为 M_1；

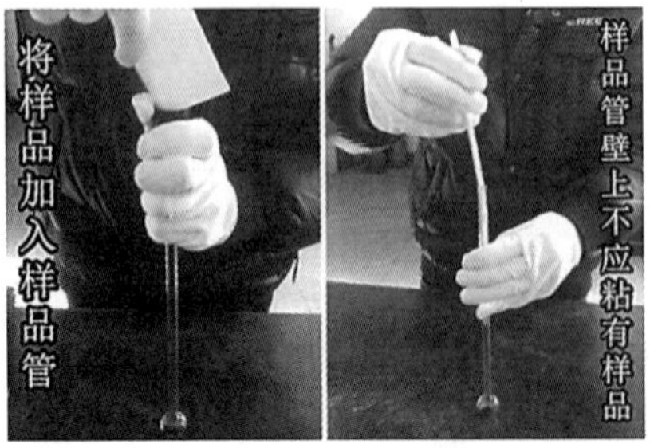

图 3-29 装样品

③ 如图 3-29，将长颈漏斗缓慢放入球泡样品管中，漏斗下端要悬空置于球泡部分，再将样品沿漏斗倒入样品管中，轻轻晃动漏斗及样品管，待样品全部落入球泡底部后抽出长颈漏斗，最后将样品管放入底座中，称量样品及球泡样品管的质量记为 M_2。

(2) 样品的脱气

① 顺时针旋转脱气端口的适配器旋钮，将

旋钮部分取下(内有黑色橡胶圈,要一并取出),将球泡样品管插入到旋钮中,再将黑色的橡胶圈套在样品管上,黑色橡胶圈距离球泡样品管顶部约 1 cm,如图 3－30 所示,最后将旋钮逆时针重新拧回到脱气端口上,将样品管放入加热包内并固定好。

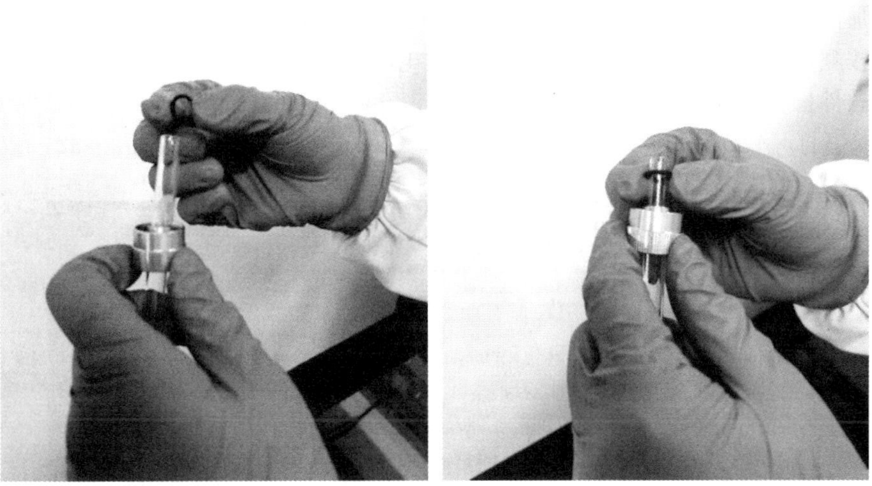

图 3－30　装适配器

② 如图 3－31,确认样品管固定好后,打开脱气装置开关,打开真空泵,打开样品管位置对应的管道阀门开关,先开“慢抽”到 90 以下,此时再次拧紧旋钮,再打开“快抽”,直至出现小数点数字。

③ 设置脱气温度,待升温到指定温度后开始计时。

(3)脱气完成

① 脱气时间到,先将温度设置到室温,开始降温;过程中可以将加热包口稍稍打开一些,加快降温速度。温度指示 100 ℃以下后,可以将样品管从加热包中取出,放到待脱槽中继续降温到室温。

② 打开氮气瓶主阀,调整减压阀压力保持在 0.06～0.08 MPa。

③ 关闭“快抽”和“慢抽”,轻轻掀动“进气”,回填 N_2,看到样品管压力为 760 torr时即可。

④ 关闭对应的管道阀门,取下样品管(拿出时应拿样品管中部),精确称量脱气后质量 M_3,准备测量。样品质量为 $M_3 - M_1$。

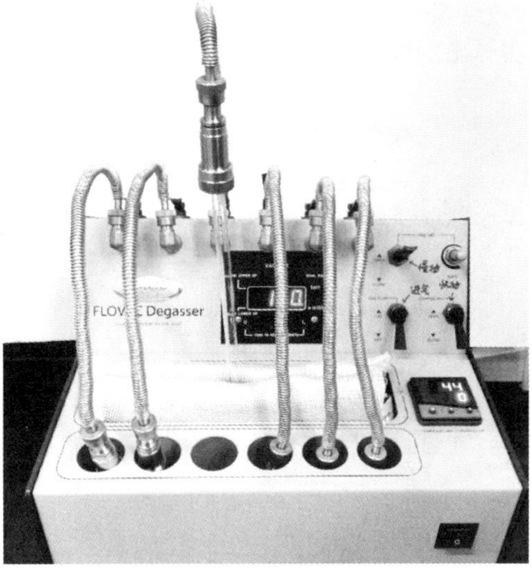

图 3－31　样品管放入加热包并固定

⑤ 关闭脱气站电源，关闭脱气泵。

2. 分析测试

(1)称量完后立即装上填充棒(填充棒必须洁净、干燥，并轻轻水平滑入样品管)。

(2)将样品管(确保已装上填充棒)小心地装到分析站上。

(3)加液氮至杜瓦瓶口约 2 cm 处，小心地放到升降电梯上并固定好。

(4)按顺序开仪器，开分析站泵→开分析站电源→开电脑。

(5)软件操作步骤：

① 双击打开软件，分析条件设置，左键点击 Qs On Com1，选择如图 3－32：

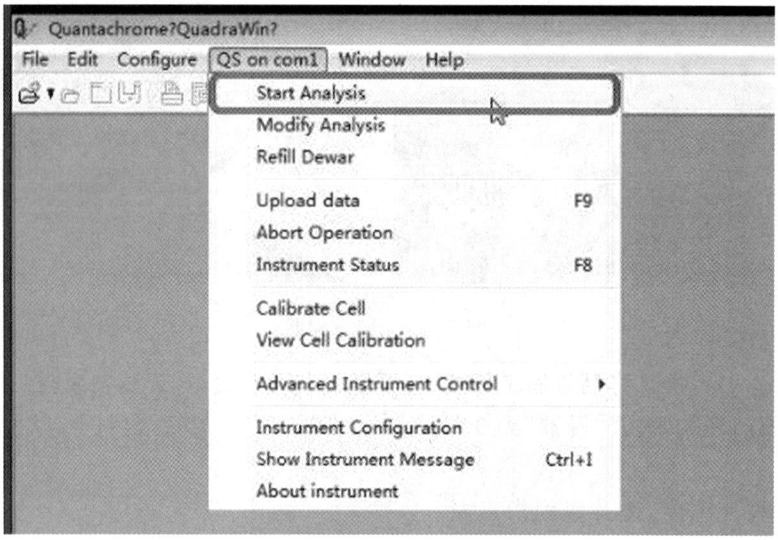

图 3－32 设置分析条件

在弹出的窗口中选择(图 3－33)

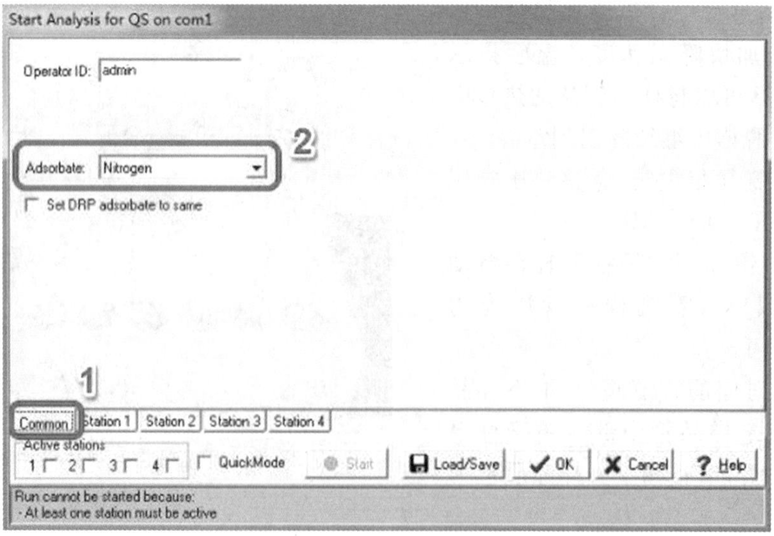

图 3－33 选择吸附质

② 在此以“Station 1”为例，设置测试条件参数：

Analysis

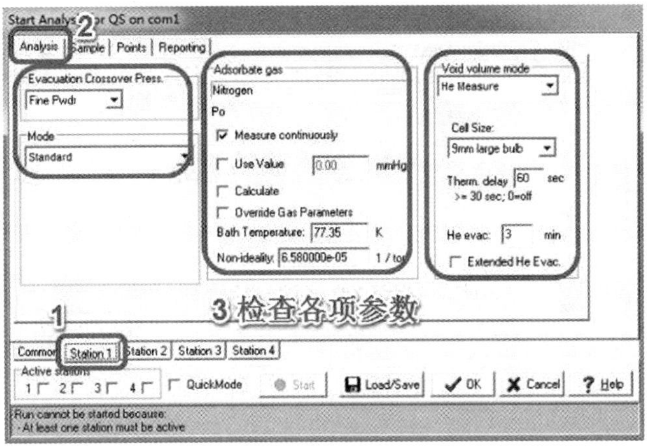

图 3 - 34　设置参数

Sample

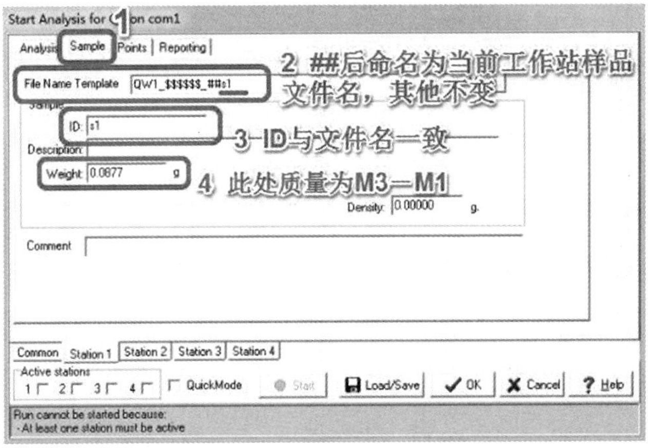

图 3 - 35　输入样品信息

Points 点击 load/save→load points 选择分析模板

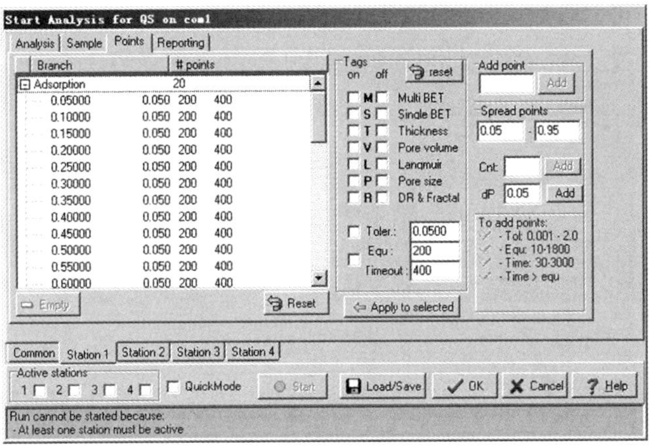

(a)

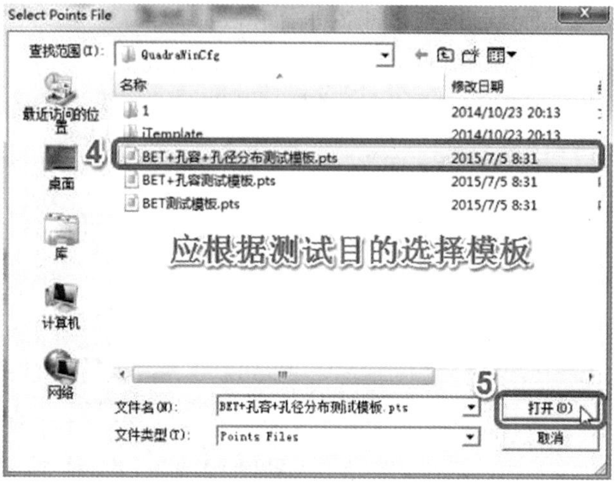

(b)

Reporting

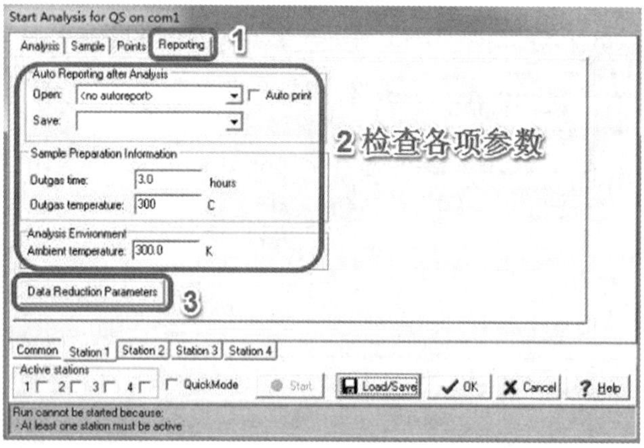

(c)

图 3-36　选择分析模板和检查参数设置

③ "Station 1"设置好后，同理设置好"Station 2"，然后分别如图 3-37(a)、(b)、(c)选择，待电梯升上去即可。

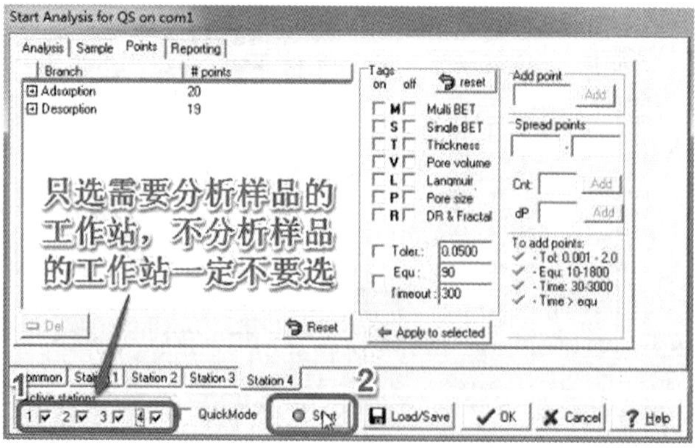

(a)

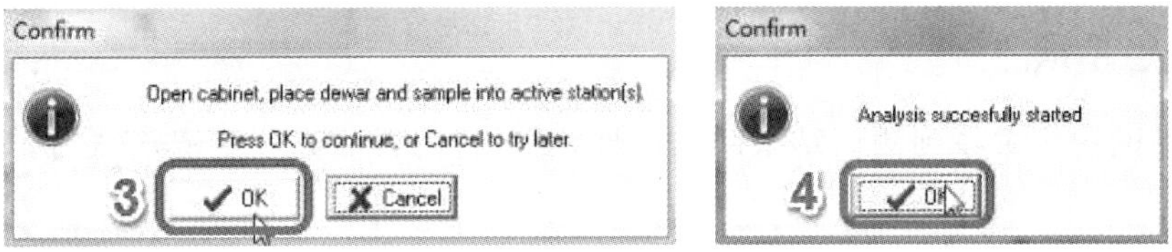

(b)　　　　　　　　　　(c)

图 3-37　开始测试

④ 分析结束，每个工作站结束后都会弹出相应窗口，如工作站 1 结束即弹出如下窗口，如图 3-38，点“确定”。

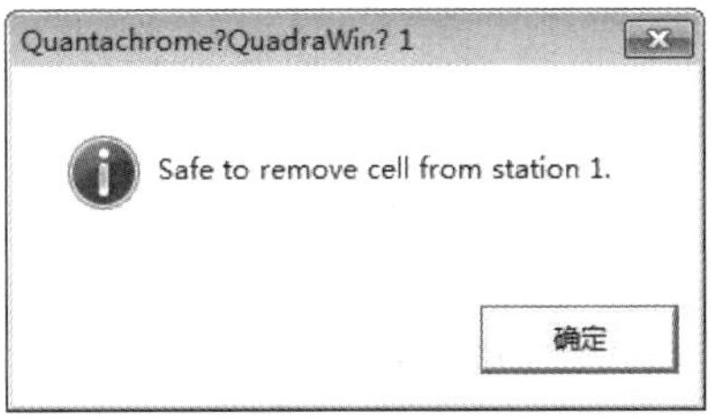

图 3-38　测试结束

3. 测试完成后

(1)如需处理数据，可处理完数据后再按顺序关仪器：

① 若一周内仪器还需使用，则按退出软件→关电脑。

② 若一周内仪器不使用，则按退出软件→关仪器电源→关分析站泵→关气源→关电脑。

(2)将术品管卸下，装上堵头，清洁工作区。

(3)样品管用乙醇清洗干净，并烘干。

(4)为防止灰尘等杂质进入仪器内部，仪器闲置时，如图 3-39 分析口须安装上堵头进行封堵，此时杜瓦瓶放在安全的地方。

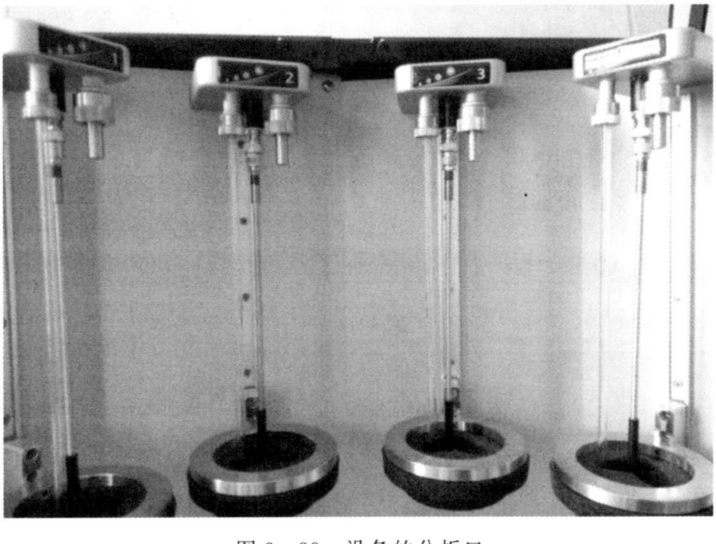

图 3-39　设备的分析口

四、注意事项

1. 样品的脱气关系到测试结果的准确性，要对待测样品充分了解，确定脱气温度和脱气时间。

2. 样品在脱气前须置于真空烘箱中烘干，以去除样品吸附的水分及其他杂质。

3. 样品质量 m_0 的选择应遵循：$m_0\times$ 样品预估比表面值(m^2/g)=2～50 m^2 范围之间。如系数取 10～20，预估比表面为 200 m^2/g 时，则 m_0 取 0.0500～0.1000 g 即可。考虑到称量误差，样品至少要大于 0.0500 g。

4. 以上质量的称量应保留到小数点后 4 位，例：0.0567 g。

5. 球泡样品管及长颈漏斗属玻璃制品，使用时要轻拿轻放，使用后要清洗干净，烘干备用。

6. 适配器旋钮内含的黑色橡胶圈很小，取下旋钮时务必小心，防止其掉落。

7. 尽量夹紧加热包，以保证脱气温度的准确。

8. 在装倒液氮时戴上防护手套、护目镜，防止冻伤；剩余的液氮不可重复利用，用完后清空液氮罐并清空里面的冰。

五、数据分析与实验报告

1. 比表面积分析

首先右键点击图像，“Edit data tags”，在弹出的对话框中选择如图 3-40，连续点击两次“OK”键，然后按方法一或方法二分析得到比表面值。

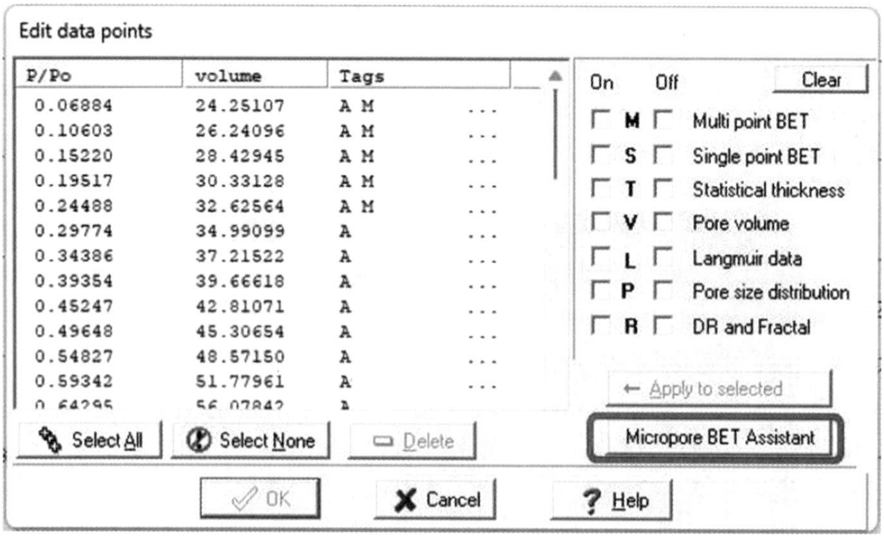

图 3-40　选择 BET 助手

方法一：右键点击图像，选择如图 3-41(a)，显示 BET 直线如图 3-41(b)。

方法二：右键点击图像，选择如图 3-42(a)，显示比面积数值如图 3-42(b)。

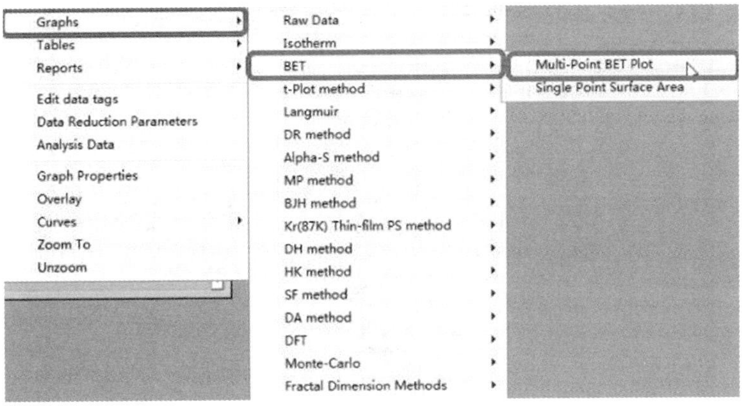

(a)

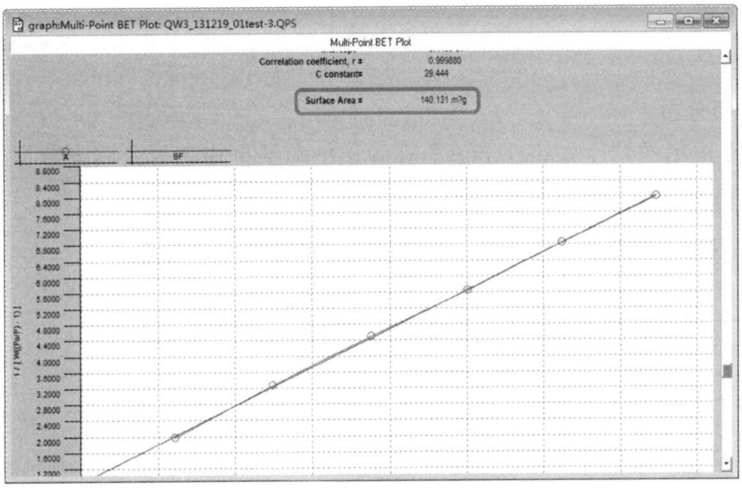

(b)

图 3-41　显示 BET 直线

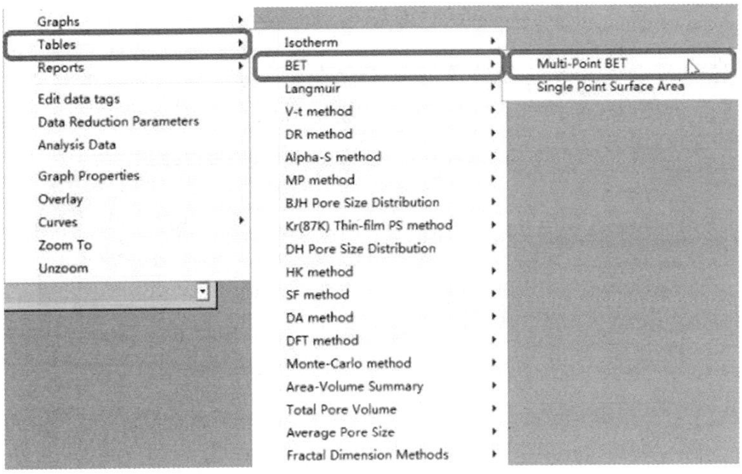

(a)

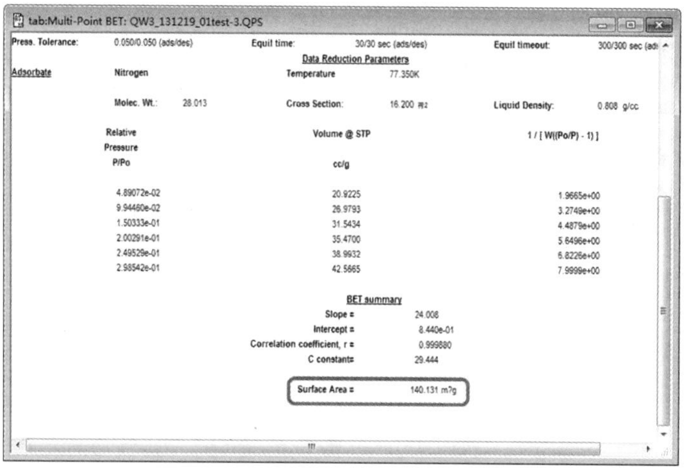

(b)

图 3-42 显示比表积数值

2. 孔径分布分析

首先右键点击图像，“Edit data tags”，在弹出的对话框中选择脱附支数据，勾选 P 标签，如图 3-43，点击“Apply to selected”，点击 OK。

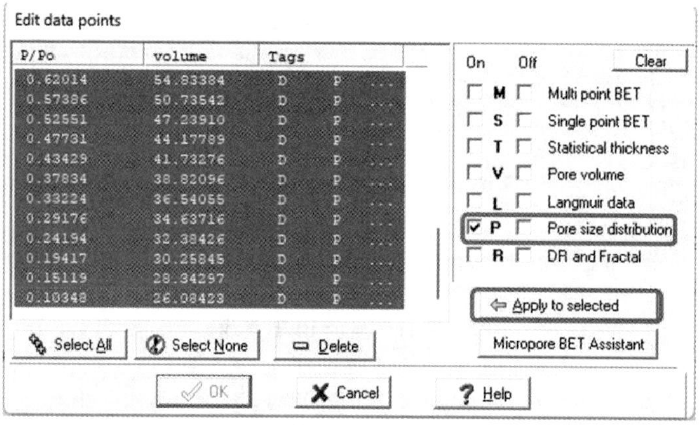

图 3-43 勾选 P 标签

然后再右键点击图像，选择如图 3-44(a)，显示孔径分布结果如图 3-44(b)。

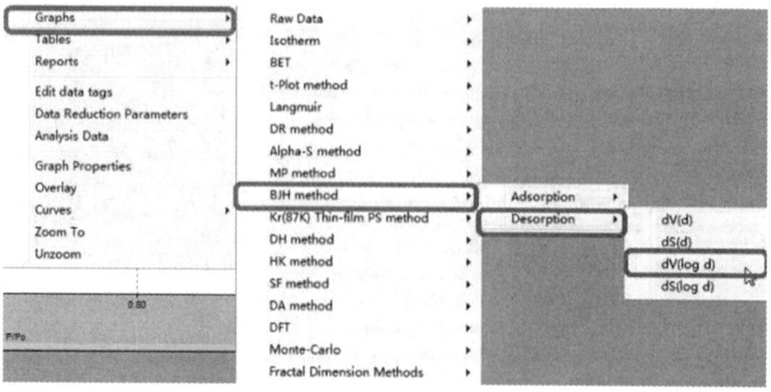

(a)

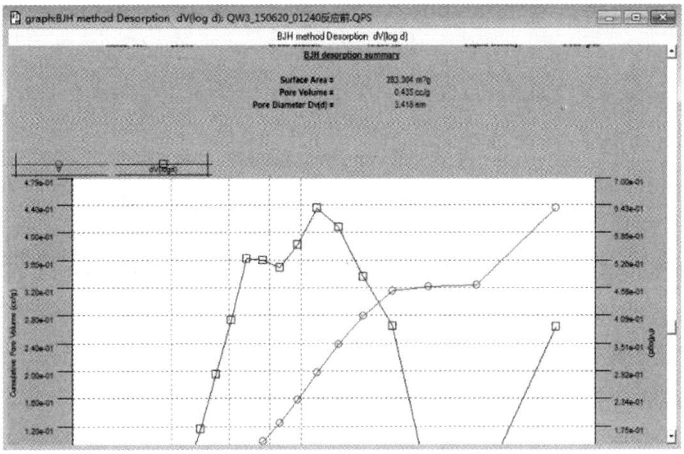

(b)

图 3 - 44　选择 BJH 模型分析孔径分布

3. 报告要求

(1)梳理实验步骤和操作细节,简要描述。

(2)根据实验报告分析数据,验证 BET 方程。

六、延伸阅读——BET 理论的第一创始人 Brunauer

斯蒂芬·布鲁诺尔(Stephen Brunauer,1903—1986)是近代最杰出的表面科学家之一,保罗·休·埃米特(Paul Hugh Emmett)是近代最重要的催化科学家之一,爱德华·泰勒(Edward Teller)则是闻名全球的原子物理学家。BET 是取三位科学家姓的第一字母而成的缩写。

Brunauer 原籍匈牙利,童年和少年是在布达佩斯度过的,父亲是盲人,母亲是缝工,生活十分艰难。1925 年 Brunauer 依靠长期的努力和决心获得了哥伦比亚大学文学学士学位,1929 年获乔治华盛顿大学的理科硕士学位,并在那里结识了 Teller。此前他已在美国农业部工作,并开始了与 Emmett 长期的合作。他们合作的第一篇有关合成氨的铁催化剂的论文发表于 1930 年。1933 年 Brunauer 提交了题为“氮在合成氨铁催化剂上的吸附”的论文,获得了约翰斯霍普金斯大学的博士学位。这一工作提出了测定固体比表面的“B”点法(1937 年),并最终发展成为 BET(1938 年)和 BDDT(Brunauer,Deming 夫妇,Teller,1940 年)理论(一般统称为 BET 理论)。这个理论突破了 Langmuir 单分子层吸附的模式,建立了多分子层吸附的模型;BDDT 的论文还进一步考虑了毛细凝结的可能性。这两篇论文结合起来可以定量或至少半定量地解释各种物理吸附现象,特别是各种类型的吸附等温线;和其他许多成功的理论一样,BET 理论是在分析大量实验数据的基础上,吸取了前人理论中的合理方面,创造性地发展而成的。

1941 年太平洋战争爆发,Brunauer 于 1942 年得到美国海军部的委任,成为世界最大的海军高爆炸药研究和发展部门主管。他和 Albert Einstein 的友谊就是在这个时期开始的。Brunauer 是一位十分谦虚的人,但他对与 Einstein 交往的这一段历史却非常得意。当时 Einstein 很想为反法西斯战争出力,后来就是 Brunauer 吸收他成为美国海军高爆炸药研究和发展部顾问的。Brunauer 家中悬挂着的一个镜框，镜框中是当年 Einstein 给 Brunauer 写的一封信，信中表达了想为反法西斯战争作贡献的愿望，并请求 Brunauer 提供实现这一愿望的机会，此外还希望能到纽约州的 Saranac 湖度假。这两个要求后来都在 Brunauer 的安排下实现了，他们的友谊和合作非常愉快。

1946 年 Brunauer 从美国海军光荣退伍后，仍继续负责海军高爆炸药的研究；后续合作提出了研究硬化水泥微孔结构的新方法，并将气体吸附和水泥及其他多孔材料的研究结合起来，发展了利用气体吸附等温线分析孔结构的方法。1961 年 Brunauer 获得美国化学会一年一度颁发的 Kendall 奖(胶体与界面科学)，在授奖演讲中，他动人地叙述了这个理论的产生经过。尽管对这个理论曾有过许多争议，但它的实际应用，即利用 BET 理论处理气体吸附数据以测定多孔或粉末固体表面积的方法得到了全世界科学界的承认，应用最广的是液氮温度下对氮气的吸附。BET 法的建立使催化得以在定量的基础上研究，从这个角度来看，BET 法是使催化成为一门科学的起点。Brunauer 对表面科学最重要的贡献无疑是 BET 理论及由此导致的固体比表面测定方法，这个工作曾被推荐为诺贝尔奖提名。1973 年退休后他仍保持对表面科学的强烈兴趣，并与妻子、人类学教授 Dalma H. Brunauer 一起从事文学写作。他的名著《气体和蒸气的吸附》迄今仍是表面科学中最好的专著之一。

引自：顾惕人 . Stephen Brunauer——BET 理论和 BET 法测定固体比表面的创始人[J]. 大学化学，1994，9(2)：55－56.

顾惕人 . Irving Langmuir——当代最杰出的表面化学大师[J]. 大学化学，1989，4(6)：52－54.

思考题

1. 简述 BET 理论基础和 BET 公式含义。
2. 如何确定测试样品所需质量和脱气温度？
3. 实验中要注意哪些安全问题？
4. 查阅资料，了解杜瓦瓶(Dewars)的科学知识，比表面测试还可以用哪些气体作为探针？
5. 为什么说物理吸附仪是一种"分析型"设备？

3.4 大孔径材料孔径分布测试与分析(压汞仪法)

多孔材料是一种由相互贯通或封闭的孔洞构成网络结构的材料，其用途与这些孔隙密切相关。相对连续介质材料而言，多孔材料一般具有相对密度低、比强度高、比表面积高、重量轻、隔音、隔热、渗透性好等优点。按照孔径大小的不同，多孔材料又可以分为微孔(孔径小于 2 nm)材料、介孔(孔径 2～50 nm)材料和大孔(孔径大于 50 nm)材料。介孔和微孔材料一般采用基于 BET 理论的氮气物理吸附法测定与分析，大孔材料的孔径分布和孔隙结构分析采用压汞法(Mercury Intrusion Porosimetry，MIP)测试，压汞仪测试孔径范围为

0.003～1100 μm，常用于建筑、催化、陶瓷等大孔材料的测试研究，如压汞法被引入到石油地质研究中，能提供定量的岩石孔隙结构参数，为深入研究储集岩中的油气运移和聚集作资料准备。本实验的目的为：

1. 了解压汞仪的设备结构和测试原理；
2. 掌握压汞仪操作方法；
3. 测定大孔材料的孔径分布。

一、设备介绍

如图 3-45，PoreMaster 系列全自动孔径分析仪（压汞仪）为安东帕公司的产品，有 33、33GT、60、60GT 四种不同的型号，孔径分析范围为 3.6 nm～1100 μm。使用 PoreMaster 压汞仪时，将样品加入样品池后，仪器可在 20 分钟内完成低压测量。其智能加压程序能够确保在测量过程中提供充分平衡的结果，从而准确地分析样品的孔隙结构。应用于陶瓷滤芯、蜂窝催化剂、水泥、大孔树脂等材料的孔径分布、孔体积和孔隙率的测定。

图 3-45　PoreMaster(GT)压汞仪

如图 3-46，YG-97A 型电容式压汞仪为北京精微高博科学技术有限公司的产品，其在传统的压汞法基础上，采用电容式液位测量技术实现汞体积的高精度检测，主要技术参数为：(1)真空度 0.05 Pa；(2)试验压力 60 MPa；(3)工作压力 0.01～50 MPa；(4)静压力头≤20 mmHg；(5)可测孔隙半径范围 63～0.015 μm，孔隙体积范围 0.3～3.5 mL。适用于固体颗粒或块状固体材料孔径分布曲线和孔隙特性的测定。如，在石油地质领域分析岩石孔隙结构，评估储层特性；在材料科学领域，研究陶瓷、催化剂、大孔材料等孔隙特性；在制药与化工领域，检测多孔载体的孔径分布和吸附性能，等等。

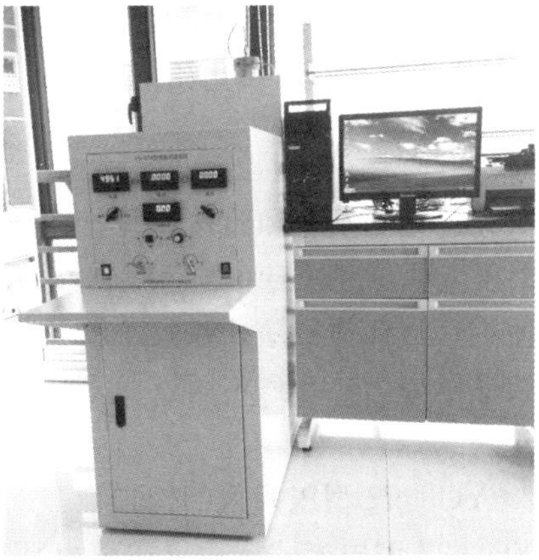

图 3-46　YG-97A 型电容式压汞仪

二、测试原理与设备构造

1. 压汞法基本原理

汞，银白色闪亮的重质液体，俗称水银，在元素周期表中位于第 6 周期、第 IIB 族，原子序数为 80，元素符号 Hg，是常温常压下唯一以液态存在的金属。

压汞仪的理论模型是假设多孔材料是由大小不同的圆柱状毛细管组成，利用汞与待测材料样品不易反应、流动性好、团结性好、非润湿性（接触角大于 90°）的特点，施加外压使汞进入孔内,外压越大,汞能进入的孔半径越小。测量不同外压下进入孔中汞的量即可测得相应孔的大小和孔的体积。依据的原理和公式推导如下:

一种液体的表面张力是每平方厘米液体表面受到的力,设定柱状毛细孔的半径 r 和长度 l,则单位体积汞的表面面积为:

$$A=2\pi rl \tag{3-3}$$

假设柱状毛细孔是刚性的,则孔壁对汞的压力 W_1 为:

$$W_1=-2\pi rl\gamma\cos\theta \tag{3-4}$$

θ 是汞对固体的接触角,对于大多数材料,其值范围为 135°~142°;其中 γ 是汞的表面张力,25 ℃时为 0.4842 N/m。

当施加压力 P(压入水银的压力,N/m^2),汞进入毛细孔中,则外界对汞的压力 W_2 为:

$$W_2=P\pi r^2 l \tag{3-5}$$

因为 $W_1=W_2$,所以得到:

$$P\cdot r=-2\gamma\cos\theta \tag{3-6}$$

这就是著名的瓦什伯恩(Washburn)方程,它表明在 θ 和 γ 不变的前提下,随着压力的逐渐增大,汞将会逐渐进入孔径更小的孔。当 θ 取 140°时,公式(3-6)简化为:

$$P=0.736/r \tag{3-7}$$

由此建立了压力和圆柱体孔直径间的关系,根据施加压力 P,便可求出对应的孔径尺寸 r,如果压力从 P_1 改变到 P_2,分别对应孔径 r_1、r_2,由汞压入量便可求出对应尺寸的孔体积,由此便可算出孔体积随孔径大小变化的曲线,从而得出多孔材料的孔径分布。而压汞仪由于连续操作得出一系列不同压力下压入多孔材料的汞的体积,则可求出其孔径分布和总孔隙体积。

2. YG-97 型压汞仪的构造

YG-97 型电容式压汞仪主要由真空系统、体积计岩心室系统、加压系统、测量控制系统四部分组成,操作台和计算机相连接,含有汞蒸气的真空管道及岩心室系统组装在工作流程柜中,如图 3-47 所示。

真空系统由一台 2XZ-1 双级泵和真空压力表组成,作用是把岩心室、管道及岩心中的空气脱出,造成一定量的负压,真空度为 0.05 Pa。

体积计岩心室系统由岩心室、体积计、汞瓶和各类控制阀门组成,其作用是耐高压和形成真空。岩心室可放置直径 ϕ25 mm、长度 30 mm 的样品。工作流程的连接采用了重力差原理,将岩心室的位置提高到比体积计和汞瓶液面高出 760 mm 左右,利用这一高度差使岩心室的压力低于体积计内汞面和汞瓶汞面约 1 个大气压。

加压系统的压力源是由一台 100 mL 电动柱塞泵提供,为流程提供 0~50 MPa 的压力,由无级调速控制速度的快慢及加、退压。

测量控制系统由真空测量、压力测量、电容测量三部分组成,其中:

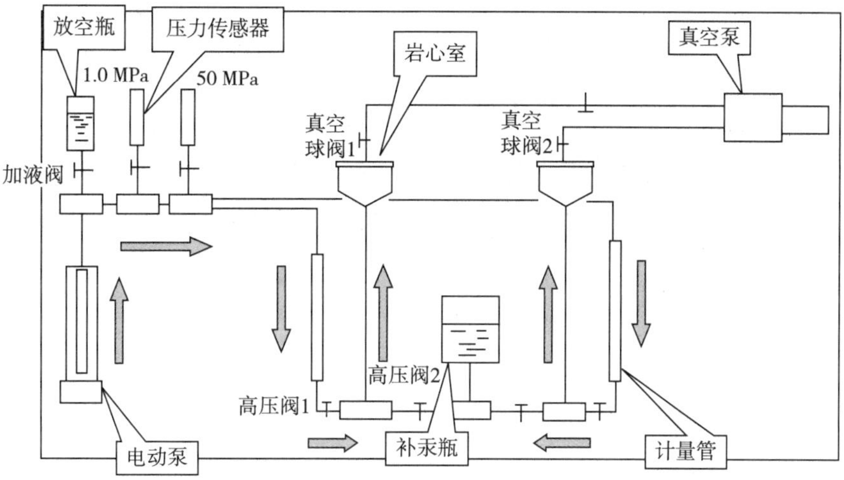

图 3－47　YG－97A 压汞仪工作流程图

(1)真空测量是由真空规利用热偶原理实现对岩心室内真空度的测量。

(2)压力测量通过高精度压力传感器监测施加在汞上的压力,确保压力与汞体积的同步记录,由量程为 1 MPa 和 50 MPa 的两路压力变送器和数字压力表来完成。

(3)电容测量的目的是通过电容量的变化计量压入到多孔样品中的汞量。仪器内置电容式液位传感器,通常由一对平行电极板组成,电极板间充满空气(或其他电介质,如汽油)。当汞液面高度变化时,电极板间的介电常数发生变化(汞的介电常数远高于空气),从而引起电容值的变化。电容变化经变送器转换为电信号,并传输至数字显示器和计算机系统。

3. YG－97 型压汞仪的工作原理

将待测样品放入样品室,抽真空以去除孔隙中的空气。在低压下将汞注入样品室,逐步增加压力,使汞进入孔隙。通过电容式液位传感器和压力传感器实时记录汞体积和压力数据。通过电容式液位传感器实时监测汞液面高度变化,结合已知的容器截面积,计算出注入或排出的汞体积。再将汞体积和压力数据输入计算机系统,依据 Washburn 方程,利用软件计算孔径分布、孔隙率,最终生成孔隙体积-孔径分布曲线、累计孔隙体积曲线等结果,用于分析材料的孔隙特性。

三、实验步骤

1. 了解设备主要部件,如图 3－48。打开面板上总电源开关,预热 10 分钟。

2. 检查汽油杯中的油量(如不够,请添加)。

3. 检查汞瓶中的汞量(如不够,请添加,注意水银上方用于液封的水的剩余量,若挥发过多则应及时添加)。

4. 打开低压阀、加液阀、高压阀 1 和高压阀 2,此时电容值的读数在 4900～5000 之间(注意:所有阀门均为逆开顺关,所有关于“开”的操作默认旋 2 圈)。

5. 打开加压泵至“退”,旋转快慢至“快”,退泵到后位,自动停泵。

6. 旋转快慢旋钮至“慢”,并关闭加压泵开关至“停”。

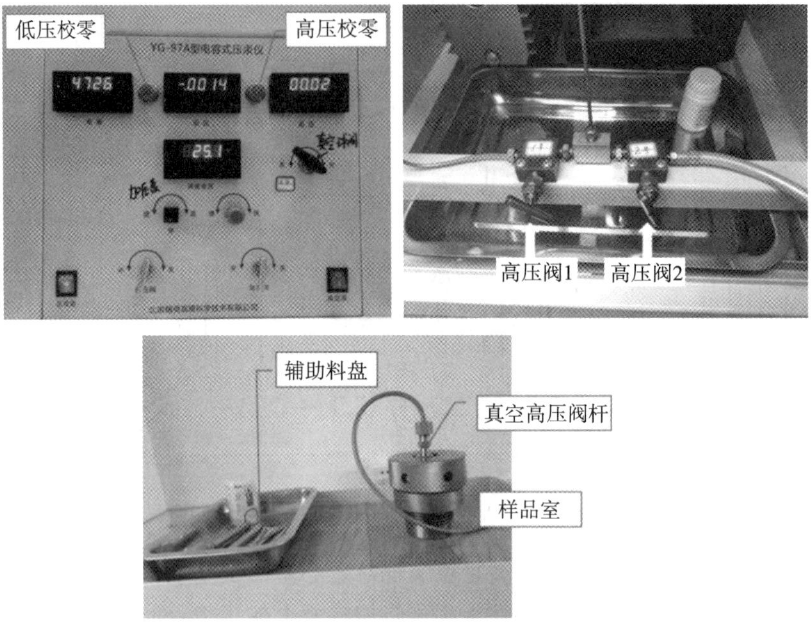

图 3-48　压汞仪主要部件

7. 打开样品室放入被测样品并锁紧样品室(建议样品体积 1～3 mL),注意不要遗漏密封垫圈。

8. 打开样品室真空高压阀杆 2 圈,关闭真空球阀,关闭高压阀 1、高压阀 2。

9. 打开面板上真空泵开关,抽空 10～15 分钟(人工合成制品 5 分钟即可)。

10. 打开高压阀 2,使汞在真空条件下自动进入样品室,并充满样品室,这个过程需要 10～15 分钟(此时汞因为大气压的作用进入样品室,可观察到汞液面缓慢下降)。

11. 关闭样品室上真空高压阀杆,并用扳手顺时针拧紧;关闭高压阀 2,关闭真空泵开关,打开真空球阀通大气。

12. 再打开高压阀 1,关闭加液阀,低压校零、高压调零。

13. 打开计算机,点击 YG-97 快捷键,点击测试数据输入,点击实时采集数据,出现测试界面,点击第一岩心室有样,点击输入基本数据,如图 3-49 所示。

14. 按界面要求输入各种参数,点击确认输入正确,点击采集测试数据,此时操作界面会自动转移至右半部分。

15. 根据界面提示加压,第一个测试点是 0 MPa,此点不采集。

16. 打开面板上的加压泵开关至“进”,并顺时针旋转快慢开关,使调速电压稳定在 25～30 V 之间(此时泵声音较大,到达第一个点相对较慢)。压力上升至 0.01 MPa 时,面板上的加压泵开关至“停”(开关要拧到位),点击采集进汞数据,然后软件会提示新的压力采集点,如此循环,加压至 0.8 MPa 采集后,切记关闭低压阀。

17. 以下的测试根据界面提示运行,一般加压至 32.1 MPa 后,点击结束采集,自动转换到采集退汞数据。

18. 调整退汞压力,面板上的加压泵开关至“退”,并顺时针旋转快慢开关,使调速电压

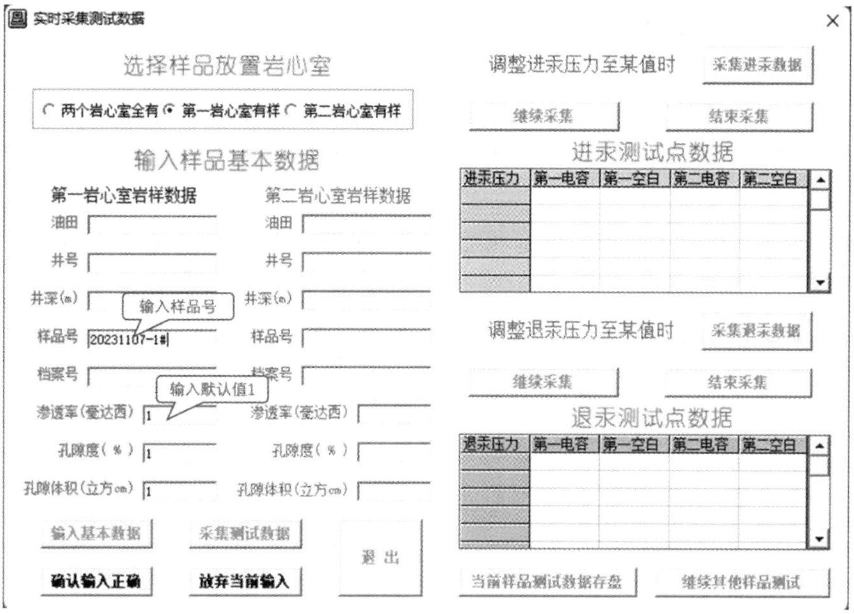

图 3－49　测试界面

稳定在 25～30 V 之间，根据界面提示运行测试某一个压力点，退汞到 1.1 MPa 采集后，切记打开低压阀。

19. 继续根据界面提示运行，退压至 0.01 MPa 时点击结束采集。

20. 测试结束后点击结束采集，点击当前样品测试数据存盘，并输入样品对应的文件名，样品测试完成。

21. 先关闭高压阀 1，打开高压阀 2，再打开样品室上的真空高压阀杆 2 圈，此时样品室中的汞会自动回落到汞瓶中，等待足够长时间，保证汞全部落回，观察汞液面不再上升为止。

22. 打开样品室用镊子取出被测样品，放入带水的杯中，水必须淹没样品，保证汞蒸气不外漏。用酒精棉擦拭样品室，擦拭后的酒精棉也要放入带水的杯中。

23. 打开低压阀、加液阀、高压阀 1 和高压阀 2，使汞面与体积计平衡；平衡电容读数稳定在 4900～5000 左右。转到第 7 步，开始下一个样品测试。

24. 样品测试完成后，关闭操作程序，关计算机，关压汞仪。

四、注意事项

1. 压汞仪涉及复杂的气路和汞路，实验步骤较多，阀门的关闭与开合影响到气路和汞路的正常，不正确的操作会损坏设备。实验前请一定仔细阅读操作步骤，理解每一步的作用和效果。

2. 不定期地检查汽油杯中汽油的量，汞瓶中的汞量是否在合适的高度，确保汞密封在水下，并盖紧瓶口，以降低水的流失速度。

3. 汞常温下即可蒸发，汞蒸气可造成人的慢性中毒，做实验时要戴上口罩和手套。实验室应配置通风系统，操作员附近的空气被抽离并排出，确保人员的安全。

4. 测试过程中，如果发现有步骤异常或不确定，则立刻关闭高压阀 1、加液阀，打开高压阀 2，待汞回落后，再重新开始。

五、数据处理与导出

1. 点开“YG－97 压汞仪测试数据采集及处理系统”-校正毛管压力曲线-读入原始数据(. res 文件)-校正进汞曲线。

2. 如图 3－50，选定下一点，看“饱和度”数据，如果小于 100%（比如 98.762%），则先退出校正。

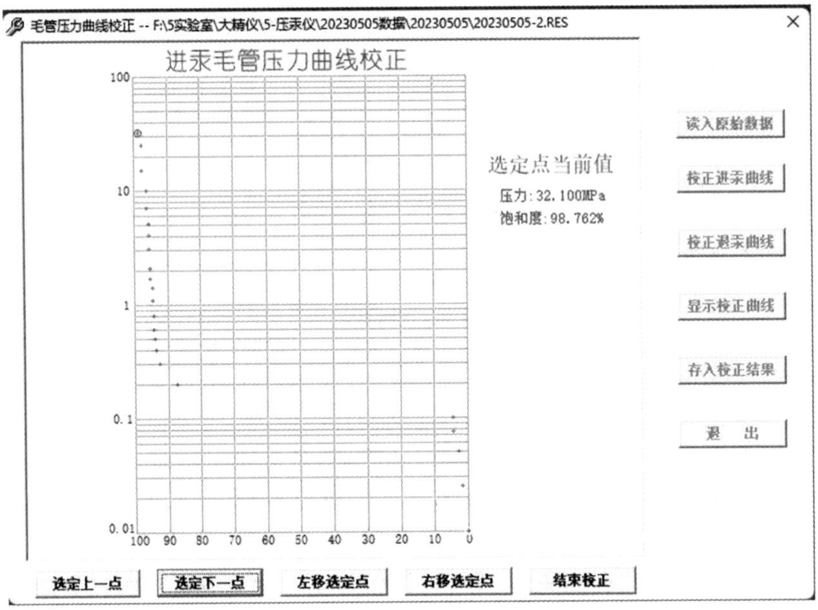

图 3－50 校正界面

3. 进入 D 盘，数据存储文件夹找到所测数据，将记事本文件打开，将第三个“1”改为 0.98762 后保存退出，如图 3－51。

4. 重新打开选定校正毛管压力曲线，读入原始数据，校正进汞曲线，选定下一点，左移或右移做微调，饱和度接近 100%，但不大于 100%，结束校正。

5. 接着校正退汞曲线，显示校正曲线，存入校正结果，退出。

6. 测试结果输出，读入测试文件(. OUT 文件)，打印转存即可。

7. 根据数据和曲线分析所测样品的孔径大小和分布情况。

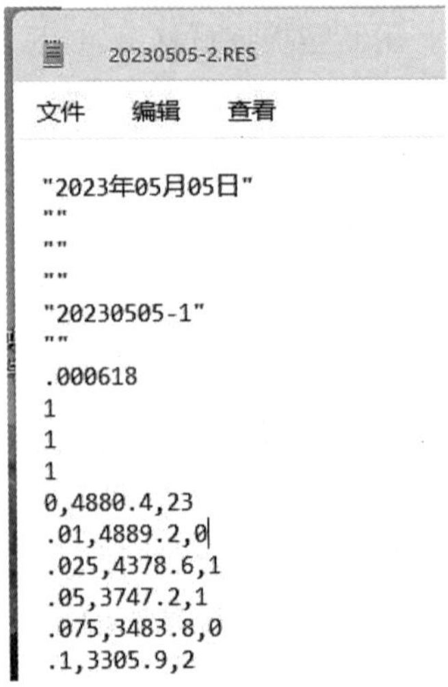
20230505-2.RES
文件 编辑 查看
"2023年05月05日"
""
""
""
"20230505-1"
""
.000618
1
1
1
0,4880.4,23
.01,4889.2,0
.025,4378.6,1
.05,3747.2,1
.075,3483.8,0
.1,3305.9,2

图 3－51 记事本页面

思考题

1. 查阅文献，了解汞的特性，测试过程中要注意哪些事项确保安全？
2. 采用压汞仪测量多孔材料孔径分布对样品的要求是什么？
3. 根据进汞退汞曲线分析样品的孔径分布。

3.5　材料平均线膨胀系数测定

"热胀冷缩"现象无处不在，热膨胀系数是衡量材料热稳定性的一个重要指标，温度变化引起的材料尺寸变化会影响到器件的性能和精度。因此，测定材料的热膨胀系数、精准调控材料的热膨胀行为具有重要意义。测定材料线膨胀系数的方法有石英膨胀计法、光干涉法、电容或电感式电测法等。本实验采用 PCY-Ⅲ型材料膨胀系数测试仪进行测试分析。

本实验的目的为：

1. 了解测定材料热膨胀曲线对生产的指导意义；
2. 掌握热膨胀系数的测试原理和测试方法；
3. 分析热膨胀曲线和材料组织结构的关系，比较不同材料的热稳定特性。

一、设备与材料

热膨胀系数测定仪，真空泵，电脑；各种材料样品，游标卡尺，砂纸或砂轮片等。

二、实验原理

外压强不变的情况下，大多数物质在温度升高时体积增大，温度降低时体积缩小。热膨胀是物质宏观尺度对于温度变化的一种响应行为。因为物体温度升高时，分子运动的平均动能增大，分子间的距离也增大，物体的体积随之而扩大；温度降低，物体冷却时分子的平均动能变小，使分子间距离缩短，于是物体的体积就要缩小。又由于固体、液体和气体分子运动的平均动能大小不同，因而从宏观现象来看，在相同条件下，气体膨胀最大，液体膨胀次之，固体膨胀最小。其中固体材料的热膨胀机理可用非简谐振动来解释，即用在相邻原子之间存在非简谐力时，原子间的作用力曲线和势能曲线来解释。材料的热膨胀与温度、热容、结合能以及熔点等物理性能有关。影响材料膨胀性能的主要因素有成分、组织、相变、各向异性等等。也有少数物质在一定的温度范围内，温度升高时，其体积反而减小。

1. 热膨胀系数的定义

材料受热膨胀是体膨胀，但是从测试技术来说，测体膨胀系数较为复杂。因此，在讨论材料的热膨胀系数时，常常采用线膨胀系数。

线膨胀系数是指温度升高 1 ℃时单位长度上所增加的长度，单位为 $cm \cdot cm^{-1} \cdot ℃^{-1}$，简单表示是$℃^{-1}$，采用的测试计算公式为：

$$\alpha=\frac{\Delta L-k_t}{L(T-T_0)} \qquad (3-8)$$

其中，α——平均线膨胀系数，$℃^{-1}$；

L——试样原长度，mm，计算时需要换算为 μm 单位；

T_0——初始温度，℃；

ΔL——在温度为 T 时的位移传感器变化值，μm；

k_t——t℃时测试系统补偿值，μm。

2. 热膨胀仪的组成与工作原理

热膨胀系数测定仪的基本组成包括加载传感器装置、加热炉、小车、基座、控制系统(智能仪表+电脑)五部分组成，如图 3-52 所示。电炉升温后炉膛内的试样发生膨胀，由电感位移计精确测量顶在试样端部的测试杆所产生的膨胀量，并由软件自动采集，通过自动补偿后记入表格中，显示为位移，同时记下相应的温度，并按原理公式计算，列出“线膨胀百分率”和“线膨胀系数”测试结果，如图 3-53。

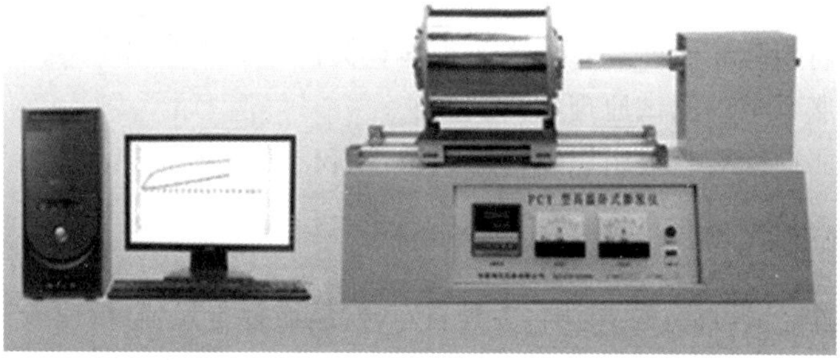

图 3-52 典型的热膨胀测定仪组成

当前温度	当前位移	线膨胀系数	线膨胀百分率	补偿值
…	…	…	…	…
100	60.2	14.93	0.119	-25.2
101	60.23	14.75	0.119	-25.23
102	62.26	15.06	0.123	-26.26
103	62.28	14.88	0.123	-26.28
104	63.31	14.95	0.125	-26.31
105	65.34	15.25	0.129	-27.34
106	65.37	15.08	0.129	-27.37
…	…	…	…	…

图 3-53 热膨胀系数测试结果截图示例

3. 样品要求

样品可以为圆柱状或长方体状，长度要求(50±0.10)mm；截面尺寸为 ϕ3～5 mm 圆形或(4～6)mm×(4～6)mm 之间的矩形。通过车削、钼丝切割、专用模具制备加工获得，两端平行并磨平。

三、实验步骤

1. 选择感兴趣的材料样品，用游标卡尺精确测量试样原长，记为 L。

2. 推开炉膛，露出试样架，向后推动顶杆将样品放入，样品应与试样架保持平行，同时也应与位移顶杆端面良好接触，如图 3-54 所示。传感器的量程为 5000 μm，试样过长消耗量程太多，不能保证样品有足够的膨胀空间，不合适；样品太短，样品、位移传感器导杆与位移传感器的铁芯接触不紧密，也不合适。所以此时开启仪器电源，观察位移显示仪表，看其数值是否在 2000 左右，若是偏大或偏小，则需调整位移调节旋钮。如果仪器不具备此功能，则必须在制样时注意保证样品的长度在规定的范围内。

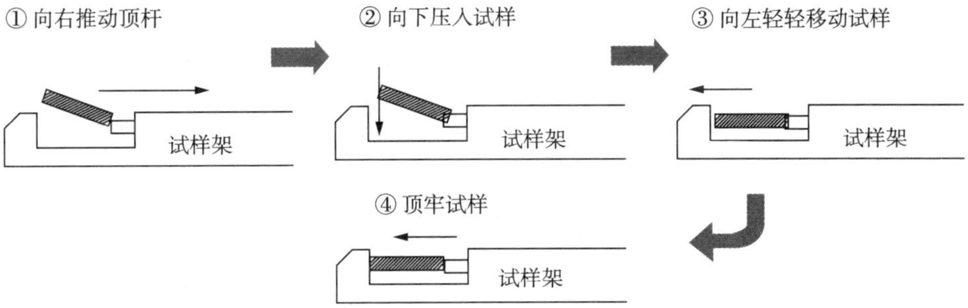

图 3-54　试样装夹示意图

3. 套上密封管，拧紧后打开真空泵，再次拧紧密封管；推动加热炉到规定位置。

4. 设定温度和升温速率：设定测试所需达到的最高温度，考虑到设备的控温精度和结构特点，一般需高于测试温度 10～20 ℃。升温速率不宜过快，通常采用 1～5 ℃/min，保证样品受热均匀，稳定地膨胀，以获得准确的实验结果。

5. 打开电脑，双击测试程序，点击“热膨胀测试”，观察位移数据是否已自动采集，如没有显示，则检查电脑与设备通信是否已连接。输入试样原长，点击“试验开始”；打开设备“启动”，开始加热。

6. 观察温度仪表、位移仪表以及程序显示的记录曲线，思考老师提出的问题，开展交流讨论。

7. 系统自动采集数据，等待实验结束后，按照程序提示的步骤保存膨胀系数测定数据和图片。

8. 关闭加热按钮，待加热炉降到室温后，关闭真空泵、关闭设备电源、电脑，取出试样。

四、注意事项

1. 对于含有添加剂的样品（如采用成形剂等压制的材料样品）应先预烧结，以防止在升温测试时有挥发物污染样品室和传感器组件，而导致设备损坏。

2. 在设定温度时要根据设备结构特点（比如有无密封管），预留出实际炉温与预设温度之间的温差。

3. 由于热膨胀测定设备型号不同，具体到每台设备，各有不同特点，如表 3-9；注意结合《热工设备》《加热设备及车间设计》课程深入了解这些专业知识，比较设备在设计时考虑的因素，探寻其中包含的材料学问题。

4. 膨胀系数实际上并不是一个恒定的值，而是随温度变化的，膨胀系数是具有在一定温度范围内平均值的概念，因此严格意义上应称为“平均线膨胀系数”，在实际应用时要注意它适用的温度范围。表 3－10 所列为高纯刚玉在不同的温度范围内的线膨胀系数值。

表 3－9 热膨胀系数测试仪的比较

设备编号	型号名称	最高温度/℃	特点	适用范围
1＃	PCY－Ⅲ型热膨胀系数测试仪	1000	有石英密封管，可抽真空，可实现气氛保护，电脑采集数据	大多数样品，包括金属、非金属、复合材料样品等
2＃	PCY－Ⅲ型热膨胀系数测试仪	1000	无密封管，电脑采集数据	非金属材料，无需考虑氧化的样品
3＃	PCY－Ⅲ型热膨胀系数测试仪	1400	有陶瓷密封管，可抽真空，可实现气氛保护，电脑采集数据	大多数样品，包括金属、非金属、复合材料样品等
4＃	PCY－G 型高精度热膨胀系数仪	1000	无密封管，石英样品台和石英导杆	非金属材料，无需考虑氧化的样品

表 3－10 纯刚玉标样线膨胀系数

温度范围(℃)	线膨胀系数($\times10^{-6}$℃$^{-1}$)	温度范围(℃)	线膨胀系数($\times10^{-6}$℃$^{-1}$)
～20	9.120	20～900	6.546
20～100	9.180	20～1000	6.508
20～200	7.280	20～1100	7.280
20～300	7.920	20～1200	7.352
20～400	7.880	20～1300	7.537
20～500	7.042	20～1400	7.607
20～600	6.742	20～1500	7.828
20～700	6.720	20～1600	8.253
20～800	6.640	20～1700	8.325

五、实验报告要求

1. 针对自动采集的实验数据表，分组完成实验结果的验算。

2. 如图 3－55(a)，通过对平均线膨胀系数测定曲线的观察，结合所学专业知识分析材料成分、组织结构与性能的关系，进一步加深对专业基础知识的理解。

(1)蓝色曲线和红色曲线分别对应哪项测试内容？

(2)红色曲线在 700 ℃和 830 ℃左右出现两个拐点，请结合材料组织结构转变解释这种现象。

(3)结合设备构造特点分析图 3－55(b)、(c)所示测试数据，解释在室温～50 ℃范围内的情况？

3. 结合实验过程，回答思考题。

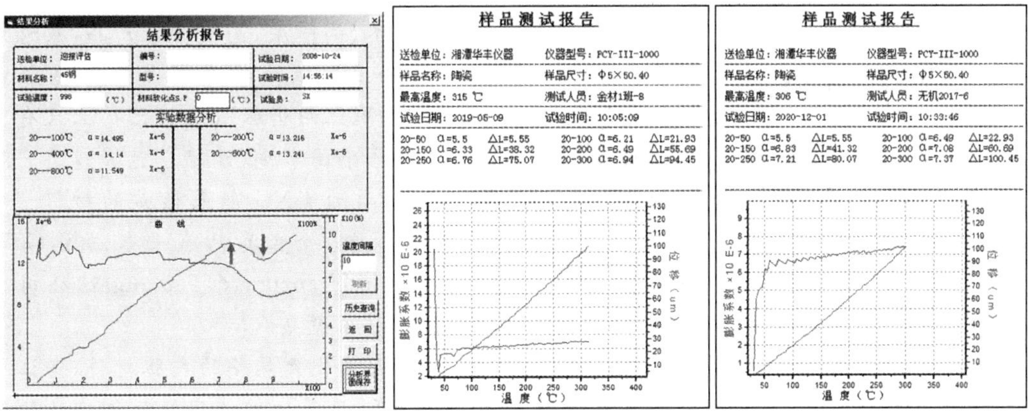

(a)　　　　(b)　　　　(c)

图 3－55　测试结果示例

六、延伸阅读——低(零)膨胀系数和负膨胀系数材料

实验数据显示黑色金属(45 钢、低碳钢、铸铁等)、有色金属(Al 合金、Cu 合金)和非金属材料(陶瓷、石墨)在 20～300 ℃温度范围内的平均线膨胀系数分别为$(11\sim14)\times10^{-6}$℃$^{-1}$、$(19\sim23)\times10^{-6}$℃$^{-1}$、$(5\sim6)\times10^{-6}$℃$^{-1}$，都属于正膨胀系数材料。有的材料膨胀系数很小，甚至接近于零，称为零膨胀系数材料，如石英玻璃的膨胀系数只有约0.55×10^{-6}℃$^{-1}$。这种低(零)膨胀材料具有优异的热稳定性和尺寸精确性，应用领域正在迅速扩大。

1896 年，法国物理学家查尔斯·埃杜德·纪尧姆(Charles Edouard Guillaume，1861—1938，诞生于瑞士，祖父是钟表制造商)在寻找铂铱合金标准尺替代材料的过程中发现了一种铁镍合金具有较低的热膨胀系数($<1.5\times10^{-6}$℃$^{-1}$)，为普通钢的十分之一，而且外观尺寸受外界环境温度变化影响较小，故将其命名为因瓦合金(Invar)，意思是体积不变。在科富德矿业公司即后来的殷菲合金公司的资助下，纪尧姆的研究持续了近 1/4 个世纪，殷菲公司为他的研究提供了超过 600 种成分不同的合金，他又发现了一种艾林瓦合金，其在相当大的温区内杨氏模量不变，纪尧姆把两种合金应用于摆轮和游丝中，以提升钟表的精确性，体现了一个瑞士人对于钟表的执着。因为发现了“因瓦”与“艾林瓦”(Elinvar)2 种铁镍合金以及其对于精确测量的贡献，1920 年纪尧姆获得了诺贝尔物理学奖，这是第 1 项也是目前为止唯一一项获诺贝尔奖的冶金学研究。

因瓦合金中文名字叫殷瓦钢，其牌号为 4J36，成分组成为 63.8%的 Fe、36%的 Ni 和

0.2%的C,呈面心立方结构,被称为低膨胀材料;Invar合金是制造薄膜型储罐LNG(液化天然气)船的关键材料,也不断应用于集成电路框架、精密仪表、航天光学系统和电缆等高科技产品上。

图 3-56 海上液化天然气运输船

其中,图3-56所示的LNG(Liquefied Natural Gas)船全称是液化天然气船,是在-163 ℃专门运输液化天然气的船舶,是国际公认的高技术、高难度、高附加值产品,被喻为"海上超级冷冻车",是世界造船业"皇冠上的明珠",目前世界上只有少数几个国家13家船厂能够建造。此前,作为LNG船最核心的材料——殷瓦钢,全世界只有一家法国GTT(Gaz Transport& Technigaz)公司可以生产。不过,我国用4年时间成功打破了这一"卡脖子"技术壁垒。

在制造LNG船的时候,像纸一样薄的殷瓦钢作为储存液化天然气的内胆材料,保证液化天然气不泄漏。由于殷瓦钢的研发难度巨大,自1965年,从第一艘使用殷瓦钢建造的大型LNG船完工投入使用开始之后五十多年时间里,法国GTT公司牢牢掌握着LNG船用殷瓦钢的核心技术,拥有多项专利,是这个领域的唯一权威;当时全世界的殷瓦钢价格、产量都被其垄断。在钢铁行业,钢材一般都是按吨买卖,但殷瓦钢却要按公斤卖,每公斤竟然高达十几欧元。一艘15万吨的LNG船,殷瓦钢的使用量大约需要450吨,总价就超过了5,000万元;除此以外,中国每建造一条LNG船,就要给GTT公司交几百万美元的专利使用费;使用过程中遇到任何问题,都要看法国人的脸色。因此很多国家都誓要打破这种一家独大的局面。

2013年,工信部正式启动《液化天然气船用殷瓦合金和绝缘箱胶合板关键技术应用研究》科研项目,组成国内顶尖攻关团队正式对LNG船用殷瓦钢发起强力攻关。其中,宝山钢铁股份有限公司承担了殷瓦合金的研制工作,沪东中华造船集团承担了殷瓦钢焊接及材料研究的关键任务,中国船级社参与生产、试验和工艺论证过程。经过艰苦攻关、倾力合作和严格审核,2017年8月,宝钢特钢有限公司同时获得了CCS认可证书和GTT公司认证证书(如图3-57),正式宣告宝钢特钢成了国内首家、世界第二家获得薄膜型LNG船用殷瓦合金认可的制造商。

图 3-57 宝钢特钢获得船用殷瓦合金认证

但光制造殷瓦钢还是不能完全打破垄断的局面,还必须拥有高超的焊接技术。液货舱的内壁是由一片片殷瓦钢焊接连起来的，最薄的地方只有 0.7 毫米，虽然自动焊接机器人会完成总工量的 90%，但剩下的 10%的拐角和狭小不规则的角落才是重中之重，需要手动焊接。殷瓦钢被空手触碰一下在 24 小时内就会锈穿，若接触到水和油，8 小时内便会生锈至整张钢板报废。如果在焊接过程中真的只遗漏了一个针尖那么大的缝隙没有焊接起来，都会造成天然气的泄漏和爆炸，损失和伤亡不可估量，这对焊接工人的生理、心理都是极大的考验。在业内，最具有代表性的焊接技术就是 LNG 船的液货舱焊接，一位殷瓦焊接工人的培训费用就要几十万元，还要通过国外专业机构的严格考核后才能上岗。2017 年我国又通过了无比严格的 LNG 实船模拟验证。

在殷瓦钢国产化之后，我国成功建造交付了“泛亚”“泛美”“泛欧”“泛非”四艘液化天然气运输船，标志着我国在 LNG 船建造方面已经居于世界前列。LNG 船用的核心材料国产化提升了中国造船业在国际市场的核心竞争力，并保障了中国天然气进口的战略安全，具有深远的意义。

另外，还有一类特殊的材料——负热膨胀材料，采用相变或复合方式获得的负膨胀效应合金材料具有轻质、耐蚀、宽温区、低膨胀至负膨胀可调节等特点，在新一代信息技术和智能机器人、生物医学、精密仪器等领域具有巨大的应用价值，得到了越来越多的关注。如吉林大学张轶霖基于密度泛函理论的第一性原理计算，从结构角度出发对几种典型材料体系热膨胀机制进行了探索，揭示了材料中孪晶晶界缺陷对共价键和离子键型材料的热膨胀影响机制，提出了有效描述符来评估层状材料的面内热膨胀行为及驱动机制。武汉理工大学廖慧琪等研究了热/环境障涂层体系的设计及其制备，将负膨胀陶瓷材料 ZrW_2O_8 和 $Y_2W_3O_{12}$ 分别与正膨胀陶瓷材料 YSZ(8 wt. %Y_2O_3稳定的 ZrO_2) 和 LMA(La Mg $Al_{11}O_{19}$) 以不同配比进行复合得到的 YSZ/ZrW_2O_8 和 LMA/$Y_2W_3O_{12}$ 体系陶瓷块材，不仅有效改善材料的热导率，更重要的是可以调控复合陶瓷的热膨胀系数。

新材料产业是战略性、基础性产业，是未来高新技术产业发展的基石和先导。2023 年 8 月，我国工信部及国资委联合印发了《前沿材料产业化重点发展指导目录（第一批）》的通知，包括超材料、超导材料、单/双壁碳纳米管/二维半导体材料、负膨胀合金材料、高熵合金、钙钛矿材料、高性能气凝胶隔热材料、金属有机氢化物、金属基单原子合金催化材料、量子点材料、石墨烯、先进光学晶体材料、先进 3D 打印材料、液态金属等 15 种前沿材料第一批入选。以新一代信息技术、航空航天、物联网、新能源汽车和轨道交通等为代表的战略性新兴产业对前沿材料产业提出了进一步需求，前沿材料发展的迫切性前所未有。《指导目录》的出台将引领、推动和促进前沿材料的研究与工程应用，具有重要的战略意义。

思考题

1.“材料平均线膨胀系数测试”的“平均”如何理解？膨胀系数是一个恒定的值吗？

2. 如何理解补偿值 k_t？如何确定补偿值 k_t？什么情况下需要测定补偿值？

3. 样品的公称长度为什么要求是 50 mm？

4. 线膨胀系数和体膨胀系数的关系？试推导。

3.6 激光闪射法测定材料导热系数

两个相互接触的物体或同一物体的各部分之间由于温差而引起的热量传递现象称为热传导，热导率(Coefficient of thermal conductivity)，又称“导热系数”，是物质导热能力的量度，其定义为单位温度梯度、单位时间内通过单位导热面积所传递的热量，符号为 λ 或 κ，单位为 W/(m・K)。测定材料导热系数，可以完成相应设计中的热学衡算，对选择保温材料、传热设备以及设备选型有意义重大。

通常，物质的导热系数可以通过理论和实验两种方式来获得。其中，理论估算是近代物理和物理化学中一个活跃的课题。它从物质微观结构出发，以量子力学和统计力学为基础，通过研究物质的导热机理，建立导热的物理模型，再经过复杂的数学分析和计算，可以获得热导率。但由于理论适用性的限制，且新材料层出不穷，人们迄今仍尚未找到足够精确且适用范围广泛的理论方程，因此对于热导率实验测试方法和技术的探索，仍然是获得物质热导率数据的主要来源。其中发展最快、最具代表性且得到国际热物理学界普遍认可的方法是——激光闪射法。

本实验的目的为：

1. 理解激光闪射法测试材料导热系数的原理和方法；
2. 掌握大型精密仪器设备激光热导仪的结构、操作规范和安全注意事项；
3. 了解材料导热性能对工程应用的意义。

一、设备与材料

LFA467 激光热导仪，各种材料样品；专用试样支架，液氮、高纯氮气、游标卡尺、螺旋测微器、石墨喷罐等。

二、设备构造与实验原理

激光闪射法广泛应用于材料领域，包括石墨、金属、陶瓷、聚合物、复合材料等，LFA467 激光热导仪的测量温度范围宽(−100～500 ℃)。

1. 设备构造

现代的激光热导仪结构较为复杂，除了基本的加热炉体、样品支架、激光源(或氙灯光源)与红外检测器外，还有电子控制部分、辅助设备和软件。图 3－58 所示为 Netzsch LFA467 仪器外观和内部的结构示意图，仪器主要技术参数为：

温度范围：−100～500℃；热扩散系数范围：0.01～1000 mm^2/s，导热系数测量范围可达 0.1～2000 W/(m・K)；有锢锑(InSb)、碲镉汞(MCT)两种红外检测器；脉冲宽度为 10～1200 μs；数据采集速率最大 2 MHz；样品形状可为圆形、方形，样品直径范围 6～25.4 mm，样品厚度范围<0.1～6 mm，一次可测最大样品数为 16；样品形态可为固体、液体、粉末、薄膜、纤维等。测试气氛可为氧化、惰性、负压。

(a)

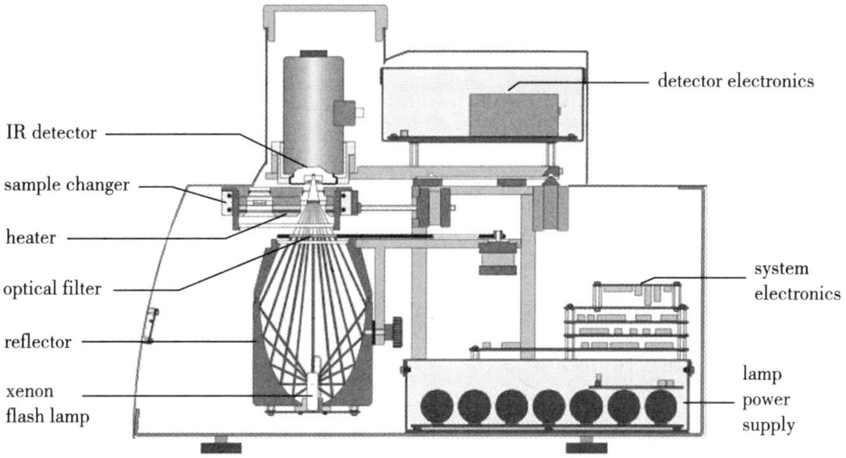

(b)

图 3 - 58　Netzsch LFA467 设备外观和内部结构示意图

LFA467 加热区(heater)中内置四个样品位的自动样品切换器(sample changer)。氙灯光源(xenon flash lamp)位于加热区下方，其发射光经反射镜(reflector)反射汇聚后，经过光学滤波器(optical filter)过滤，照射在样品下表面。红外检测器(IR detector)检测样品上表面的温度升高过程，并将信号传送到计算机中作图。右侧则是一些电子模块(detector electronics，system electronics)，以及氙灯电源(lamp power supply)。

2. 测试原理

激光闪射法是一种用于测试材料导热性能的方法，属于导热测试“瞬态法”。测量基本原理如图 3 - 59 所示。在一定的设定温度 T(恒温条件)下，由激光源(或闪光氙灯)在瞬间发射一束光脉冲，照射在样品下表面，使其表层吸收光能后温度瞬时升高，并作为热端(下表面)将能量以一维热传导方式向冷端(上表面)传导。使用红外检测器连续测量上表面中心部位的相应温升过程，得到温度(检测器信号)升高对时间的关系曲线，如图 3-60。

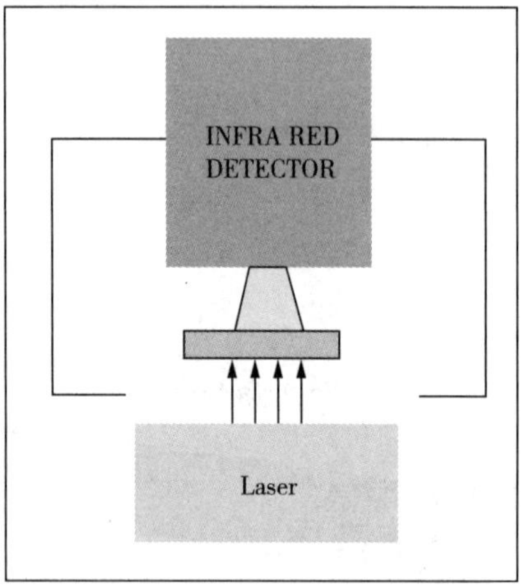

图 3-59　激光热导测试原理图

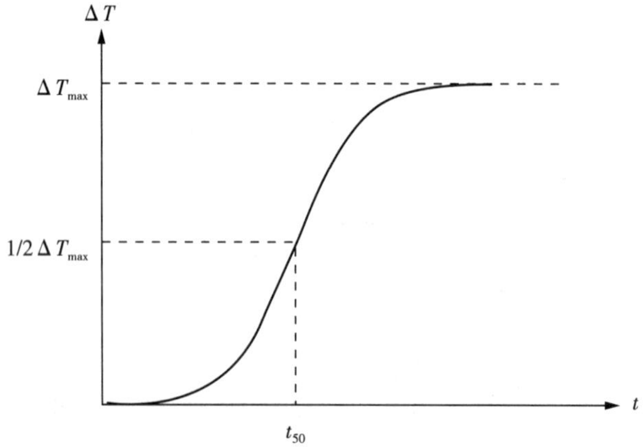

图 3-60　上表面温度升高对时间的曲线

若光脉冲宽度接近于无限小或相对于样品半升温时间近似可忽略，热量在样品内部的传导过程为理想的由下表面至上表面的一维传热、不存在横向热流，且在样品吸收照射光能量后温度均匀上升、没有任何热损耗(表现在样品上表面温度升高至图中的顶点后始终保持恒定的水平线而无下降)的理想情况下，则通过方程(3-9)计算热扩散系数：

$$\alpha = 0.1388 \times d^2 / t_{50} \tag{3-9}$$

其中，α——热扩散系数，m^2/s；

d——样品的厚度，m；

t_{50}——半升温时间，又称 $t_{1/2}$，如图 3-60 所示为在接收光脉冲照射后样品上表面温度(检测器信号)升高到最大值的一半所需的时间，单位为 s。

然后由公式(3-10)计算复合材料的热导率：

$$\lambda = \alpha \times \rho \times C_p \tag{3-10}$$

复合材料的比热容用混合法则(3－11)计算：

$$C_p = \sum M_i \times C_{pi} \tag{3-11}$$

其中，ρ—— 表观密度(又称体积密度，即质量 / 表观体积)，kg/m^3，一般在常温下测试，其随温度的变化可使用材料的热膨胀系数表进行修正，在测量温度不太高、密度变化不太大的情况下也可近似认为不变。

C_p—— 比热，J/(kg·K)。可使用文献值或差示扫描量热法(DSC)测量，在样品形状规则而表面光滑的情况下也可在 LFA 仪器中与热扩散系数同时测量得到(比较法)。

M_i—— 复合材料中第 i 组分的质量比例。

C_{pi}—— 复合材料中第 i 组分的比热容，J/(kg·K)。

图 3－61 所示样品为多晶石墨，测试温度范围－100～450 ℃。红色圆点曲线显示的是热扩散系数随温度上升而下降的过程，绿色三角形曲线为比热随温度上升而上升，蓝色正方块曲线则为导热系数随温度的变化过程。

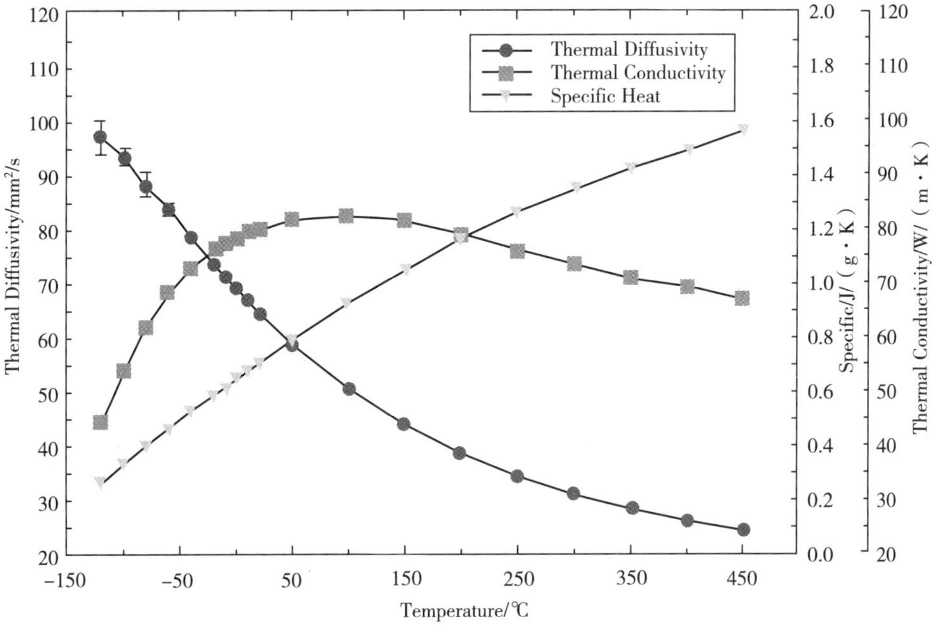

图 3－61　某一多晶石墨样品的 LFA 测试图谱(引自德国耐驰仪器公司培训资料)

3. 样品要求

激光闪射导热测试方法所要求的样品尺寸小，能够覆盖＜0.1～2000W/(m·K)(从较低导热系数的聚合物到超高导热的金刚石)的宽广的导热系数测量范围；不仅能测量普通固体样品还可测量诸如液体、粉末、纤维、薄膜、熔融金属、膏状材料、基质上的涂层、多层复合材料、各向异性材料等特殊样品的热扩散系数并进而计算导热系数。

在常规的片状样品检测方面，Netzsch LFA 提供较多可选的尺寸规格，如 ϕ12.7 mm、ϕ25.4 mm、ϕ10 mm、ϕ8 mm、ϕ6 mm、方 10 mm×10 mm、方 8 mm×8 mm、方 6 mm×6 mm 等，均有相应尺寸的样品支架可选。

三、操作步骤

1. 样品制备

根据样品的导热性能与仪器配套样品支架的尺寸，制备一定厚度与尺寸形状的样品。对样品厚度的建议值如下：

高导热材料，热扩散系数>50 mm^2/s（如金属单质、石墨、部分高导热陶瓷等），厚度 2～5 mm。

中等导热材料，热扩散系数在 5～50 mm^2/s 之间（如陶瓷、合金等），厚度 1～3 mm。

低导热系数，热扩散系数<5 mm^2/s（如塑料、橡胶、玻璃、陶瓷等），厚度 0.5～2 mm。

样品厚度方向上的两个平面尽量平行且光滑，使用千分尺准确测量厚度。

样品横截面的大小形状须按照仪器配套样品支架的尺寸规格而定。例如配套支架的样品位为 ϕ12.7 mm 的圆，则样品一般制成 ϕ12.2～12.7 mm 左右的圆片，在尺寸精度方面允许有一定的误差，但以能稳定地放入支架的凹槽、不致漏光为准。

2. 样品表面处理

将制好的样品表面擦洗干净吹干，使用配套的石墨喷罐进行表面涂覆，涂覆时建议将喷罐持于距样品 20～30 mm 高处，揿动喷口，在样品的每一个面上喷涂 2～3 次（每喷一次须等其干燥后再喷下一次），以使石墨干燥后在样品表面形成均匀致密的一层薄膜。为确保人身安全和减少环境污染，应在配备抽风系统的喷涂区域操作。

3. 仪器操作

（1）打开 LFA467 主机、循环水与计算机电源，打开 LFA467 测试软件。

（2）为红外检测器充填液氮（红外检测器需在负温下工作）。

（3）同时按住 open＋safety 键使检测器单元移至后终止位置（当到达后终止位置时 open 按钮的绿色指示灯由闪烁状态变为常亮状态）。

（4）用提取器将上窗口取出，将其放置在顶盖（防滑板）上以防摔坏或其他损伤。

（5）将样品放入合适规格的样品支架内的相应位置，注意放置平整，如图 3-62。

（6）用镊子将样品支架（带样品）放入样品支架座，将上窗口盖回。

（7）同时按住 close＋safety 键，使探测器单元移至前终止位置（当到达前终止位置时 close 绿色 LED 灯常亮）

（8）打开软件，新建测量

包括打开软件—新建/打开数据库—测量设定（包括仪器设定、常规、炉体、样品、测量模板、输入样品名称、厚度、材料、温度程序等）。

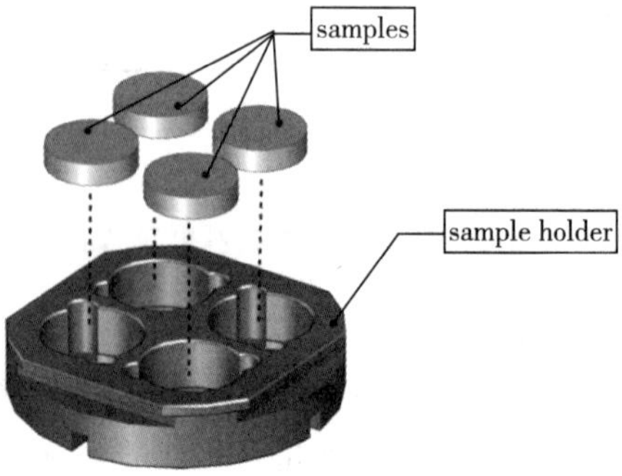

图 3-62 样品放入样品支架

（9）开始测量

① 试测

开始依照当前参数进行试测，根据试测的结果曲线，对测量参数进行调整，包括电压、脉冲宽度、主增益、持续时间（后两者也可设置由软件自动调节）。调整的目标则在于信号高度合理（通常控制在 1～10 V，或更佳的是 2～6 V 范围内）、采样时间合理（脉冲照射后的采样时间为 t_{50} 的 10～12 倍左右），同时对于传热较快的样品，脉冲与传热信号不致有明显重叠。典型的图谱如图 3－63 所示：

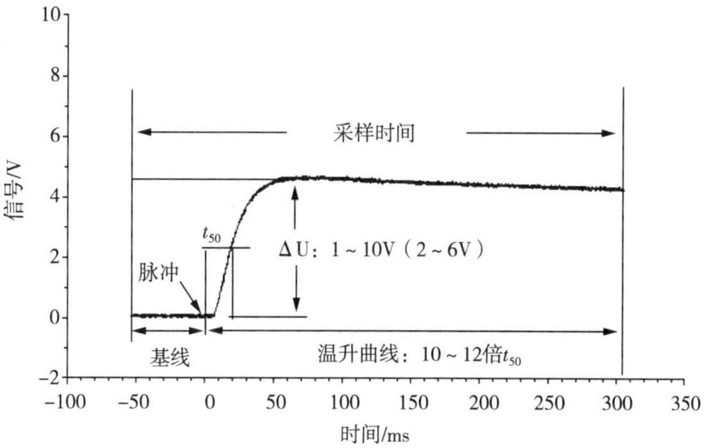

图 3－63　典型的测试结果例图

② 在设置与调整完所有的样品参数后，即可开始正式测试。

③ 测量完成后，数据将自动保存于 mdb 数据库文件中。点击“工具”菜单下的“运行分析程序”，可将数据在 LFA Proteus 分析软件中打开并进行分析。

（10）按 open＋safety 键打开炉体，取出样品，按 close＋safety 键关闭炉体。

4. 信息化资源学习

扫描二维码，观看“激光闪射法测量材料的导热系数”实验教学视频，继续学习。

激光闪射法测量材料的导热系数

四、注意事项

1. 操作液氮时需戴好安全眼镜、手套等，做好防护。探测器冷却后稳定约需 5 分钟。

2. 对于高导热而又较薄的样品，石墨不可涂覆太厚，否则可能导致测得的热扩散系数误差偏大。

3. 样品支架空白处需要放上遮光片。

五、实验数据与处理

1. 根据测得的热扩散系数计算材料的热导率。

2. 根据测试图谱的采样时间、脉冲、基线等信息，分析测试参数条件是否合理。

六、延伸阅读——智能手机的散热

导热系数是反映材料导热性能的物理量，不仅是评价材料的热学特性依据，而且是材料应用的设计依据。这里我们来看看手机制造商是如何应对手机的发热，又涉及哪些材料导热问题？

智能手机已成为人们现代工作生活的必需品，若手机“发烧”，核心会自动降频从而影响性能，长时间的发热也影响电池的寿命。手机散热的好坏直接决定着性能的稳定。如图 3-64 所示(https://www.moqiehome.com/news/3665.html)，智能手机的热源主要来自四个部分：处理器、图像传感器、基带射频模块与电池。手机是一个相对封闭的空间，内部空间狭小，不能像电脑那样采用主动散热，譬如大面积的风扇、热管和水冷，手机散热以被动散热为主，即导热的方式，促使内部的热量尽快散出去。

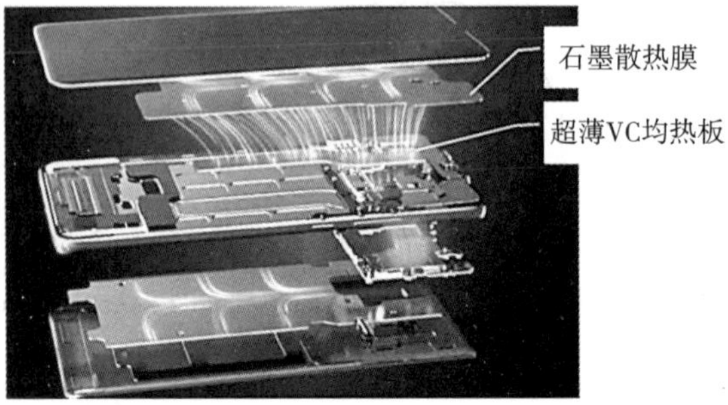

图 3-64　手机主要结构

手机背部一般都是金属后壳，热量通过金属后壳散到周围的环境中。但是产生热量过多的时候，就需要新的散热材料和散热方式。材料的导热系数越高，代表散热的效率越快，而且散热材料只有紧贴热源区域，散热效率才最高。手机的散热材料以热管、VC 均热板、导热膜、导热凝胶等较为常见：

(1)热管：图 3-65 所示为热管工作原理图，热管一般分为蒸发段、绝热段和冷凝段，管内有冷凝液，当蒸发段受热，该处的冷凝液蒸发，吸收热量，接着蒸汽带着汽化潜热流向冷凝段，释放出热量后转换为液态，再靠着毛细泵力流回蒸发段；如此不断循环，持续把发热区域的热量迅速传递出去。热管是电脑中一种高效的传热工具，也是手机高端机型常见的散热方式。通常手机中铜管，自手机 SOC(System on Chip，片上系统)处开始，延伸到机身的下半部分。

(2)VC 均热板：VC 是 Vapor-Chambers 的缩写，全称是真空腔均热板散热技术，一般叫平面热管、均热板，内部充满冷却液，其工作原理与铜管类似，包含了传导、蒸发、对流、凝固四个步骤，把局部热量从四面八方带走，导热面积更大，散热更为有效，可以理解为大号的铜管，是热管从线到面的升维，起初见于游戏手机，现在已是中高端手机的一种主流散热方案。材质有铜、铝合金或不锈钢，其导热系数分别约为 400 W/(m·K)、200 W/(m·K)和 16 W/(m·K)，其中应用不锈钢是因其强度较高，有助于实现整机减薄。均热板制作随不同元器件尺寸的大小而有不同的设计，制作工艺相对较复杂，制作成本较高。目前山东大

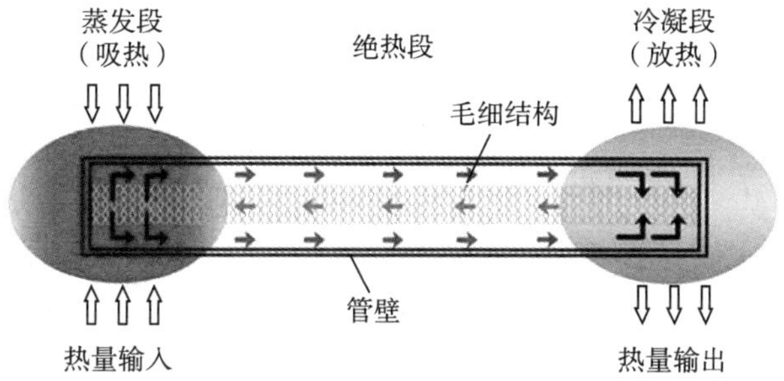

图 3-65　热管工作原理图

学、贵州大学等基于仿生结构与 VC 均热板相结合,开展了仿蜂巢结构复合吸液芯均热板、仿叶脉均热板的研究。

(3)导热膜:包括石墨散热膜、铜箔等,是手机中一种主流的导热方式,通常贴于手机后壳或芯片上方,把芯片的热量平摊在二维平面上,以加速均匀散热。石墨的导热系数高,可达 2000 W/(m·K)以上,是理想的导热材料;而且重量轻,具有较强的可塑性、化学稳定性,因此常在手机上采用。不过,石墨散热膜的加工需要经过膜切、包边,破损后会有粉末,难以继续使用。铜箔散热膜导热系数约为 1500 W/(m·K),常贴于主板的芯片上。铜箔易于加工,成本低于石墨散热膜;而且铜箔可以屏蔽电磁波,防止电磁干扰。

(4)导热凝脂:电脑上导热硅脂主要用于填补 CPU 和散热器之间的间隙,让热量更快地传导到风扇、热管等的散热器上。手机里的导热凝胶也是填补发热区域与散热材料之间的空隙,最大化发挥热管的散热效能。

(5)其他:手机里的材料还有金属基板、封装材料等,也需要考虑如何有利于散热。

以上这些都涉及材料选用和设计的范畴,散热材料的研究和应用离不开材料导热系数的测定,LFA 激光热导仪不仅可以测试块体,也可以测试 PCB 电路板、铜/铝散热片、硅脂、液态金属、石墨烯薄膜、粉末样品、纤维等等的导热系数,还可以分析计算多层材料的接触热阻。要想获得准确的测试结果,除了根据样品的特点和导热特性选择合适的测试参数、计算模型外,对于特殊的材料形态需要采用变通的制样方法、专用的试样支架或容器。比如要测试低黏度液体样品(如水、油、硅油、树脂、导热膏等)需要使用低黏度液体样品专用支架注入样品;当测试样品如固体、粉末、硅脂等在受力状态下的热传导性能要用到压力容器样品支架;蓝宝石容器用于测试高导热液态金属熔体和不透明粉末;In-plane 支架用于测试高导热材料水平方向的导热,如铜箔、石墨膜等;对于各向异性的复合材料(如纤维改性复合材料),通常需要分别测试垂直方向和水平方向的导热性能,垂直方向(厚度方向)采用常规方法即可,而水平方向的测试,则推荐 Laminar 方法,等等。

思考题

1. 列举激光闪射法测试导热系数的特点和优势。
2. 样品测试前一定要喷石墨吗?喷石墨的作用是什么?

3. 查阅文献资料，了解纯金属材料、合金材料和复合材料的导热性能变化趋势和产生机理？

3.7 圆球法测定粒状材料导热系数

工程材料种类繁多，应用广泛，其中保温绝热材料是保温、保冷、隔热材料的总称。保温绝热材料按材质分为无机绝热材料、有机绝热材料和复合型绝热材料三大类；按形态分为纤维状、微孔状、气泡状、膏(浆)状、松散状和复合增强型等。绝热材料具有质轻、多孔、吸音、防震等特点，不易传热，对热流具有显著阻抗作用，广泛应用于建筑、机械、电力、化工、石油、运输、物流等行业。节能降耗、有效的利用能源是当今世界共识，绝热材料的应用和研究成为节能的重要措施。

导热系数是衡量这类材料的一项重要的热物理性能指标。在现代工程中，测定材料导热系数的稳定态热流方法以其原理简单、计算方便而被广泛应用，球壁导热仪即为其中的方法之一，主要用于测定粉末状、颗粒状、纤维状干燥材料在不同填充密度下的导热系数。本实验的目的为：

1. 学习圆球法测定粒状材料导热系数的基本原理和仪器设备设计原理；

2. 掌握在准稳态条件下测定粒状材料导热系数方法，加深对导热过程基本理论的理解，巩固所学热传导理论；

3. 了解材料工程知识，为以后的工程实践打下基础。

一、设备与材料

圆球法粒状材料导热系数测定设备、数据自动采集系统，膨胀珍珠岩粉、黄沙等待测粒状材料。其中圆球法导热系数测试数据自动采集系统由合肥工业大学材料学院实验中心基于校自制设备项目(编号：Z202206)自主设计研发，与设备原有测温系统并行使用，实现多点温度实时采集和显示，并直接输出导热系数测试结果以及随时间的变化曲线。

二、实验原理

圆球法测材料的导热系数是基于等厚度球状壁的一维稳态导热过程，它特别适用于粒状松散材料。球体导热仪的构造依球体冷却的不同可分为空气自由流动冷却和恒温液体强制冷却两种。本实验装置属后一种——恒温水冷却液套球体方式。

如图 3－66，本体是一个三层球结构，在内球和中间球壳之间均匀充填粒状材料。内球壳中装有电加热器，它产生的热量将通过球壁充填材料传导至外球壳。为使内外球壳同心，两球壳之间有支撑杆。外球壳的散热方式一般有两种：一种是以空气自由流动加辐射的方式将热量从外壳带走；另一种是外壳加装冷却液套球，套球中通以恒温水或其他低温液体作为冷却介质。本实验装置为双水套球结构，为使恒温液套球的恒温效果不受外界环境温度的影响，在恒温液套球之外再加装一个保温液套球。

图 3－67 为圆球法导热仪本体结构及测量系统示意图。

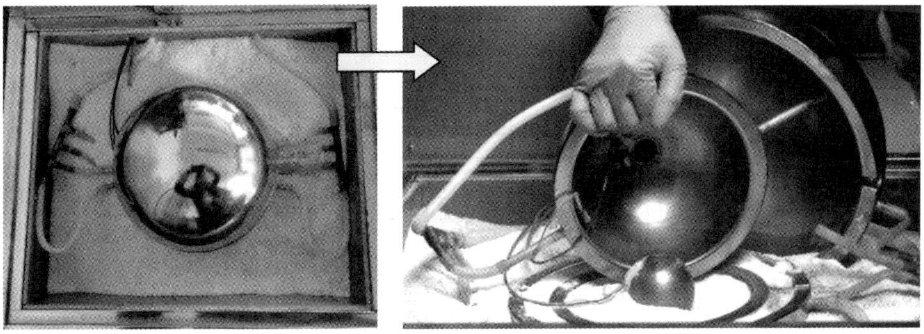

图 3－66　三层球结构的实验装置

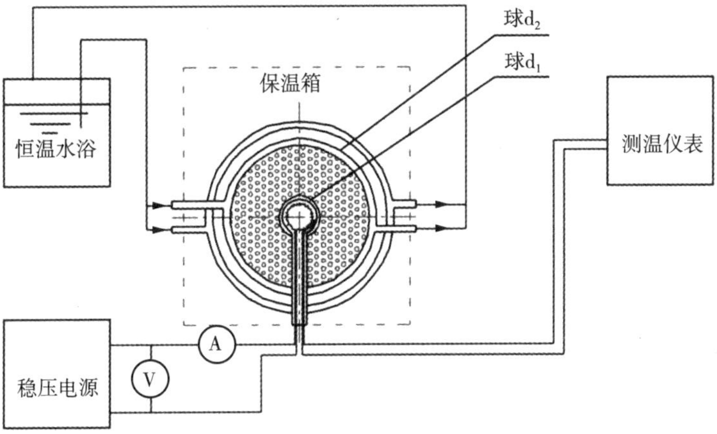

图 3－67　球体结构及测量系统示意图

将傅里叶导热定律应用于此球壁的导热过程，得计算公式(3－12)，求出所测材料的导热系数，测定不同 t_m 下的 λ_m 值。

$$\lambda_m=\frac{Q\delta}{\pi d_1 d_2(t_1-t_2)} \tag{3-12}$$

其中，λ_m——导热系数 W/(m·K)，对应于 t_m，$t_m=(t_1+t_2)/2$，近似为球壁之间材料的平均温度；

Q——加热功率，W；

δ——球壁之间材料厚度，$\delta=(d_2-d_1)/2$，m；

d_2——中间球直径，0.22 m；

d_1——内球直径，0.06 m；

t_1——内球表面温度，即待测粉体材料热端温度，℃；

t_2——中间球内壁温度，即待测粉体材料冷端温度，℃。

图 3－68 为显示屏，实时显示测试过程中的热源温度、水箱温度、加热功率等。通过采集这些数据，代入公式(3－12)计算。

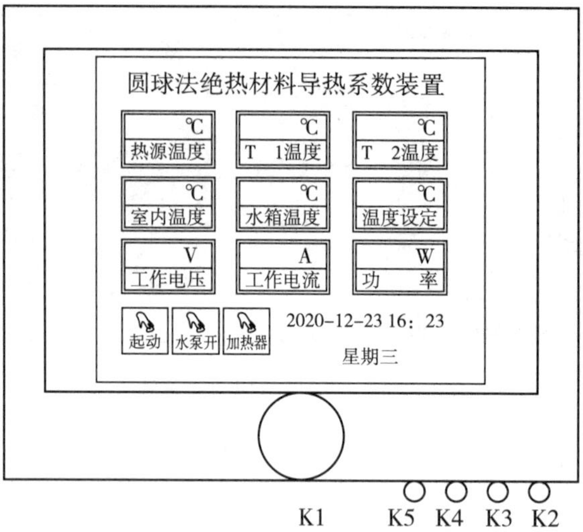

K1—开机/说明/设置，K2—退出/保存，K3—水箱加热开关/加，K4—水泵开关/减，K5—加热开关/进位

图 3-68 显示屏和屏按钮

三、实验操作

1. 填充样品，球壁腔内的试验材料应均匀地充满整个空腔；装填试料还应避免碰断内球壳的热电偶及电源线，并特别注意保持内外球壳同心。圆球法粒状材料导热系数测试装置特殊的三层球结构请观看教学视频，加深理解。

粒状材料的导热系数测定和装置结构

2. 开机：逆时针检查功率旋钮是否在零位后再打开电源开关，待指示灯频闪稳定后长按 K1（大于 3 秒）即可进入“温度设定”页面，此时 K3 是加、K4 是减，做好温度设置后按 K2 退出。

3. 依次打开 K5、K4、K3，设备启动、水泵打开、加热器打开。

4. 此时触摸屏已完成初始化，如图 3-69 所示，开始设置测算系统，点击 调试 —

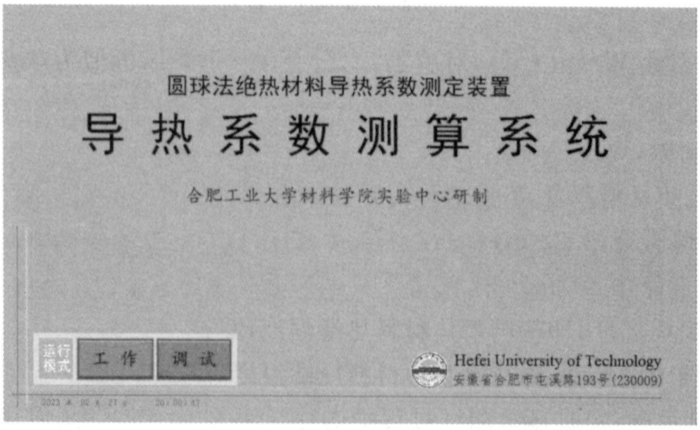

图 3-69 触摸屏开始页面

参数设定 进入登录页面，输入登录密码后，点击 确定，输入加热功率、球径和厚度，然后 返回 — 退出，如图 3-70。调试阶段灯塔指示为黄色。

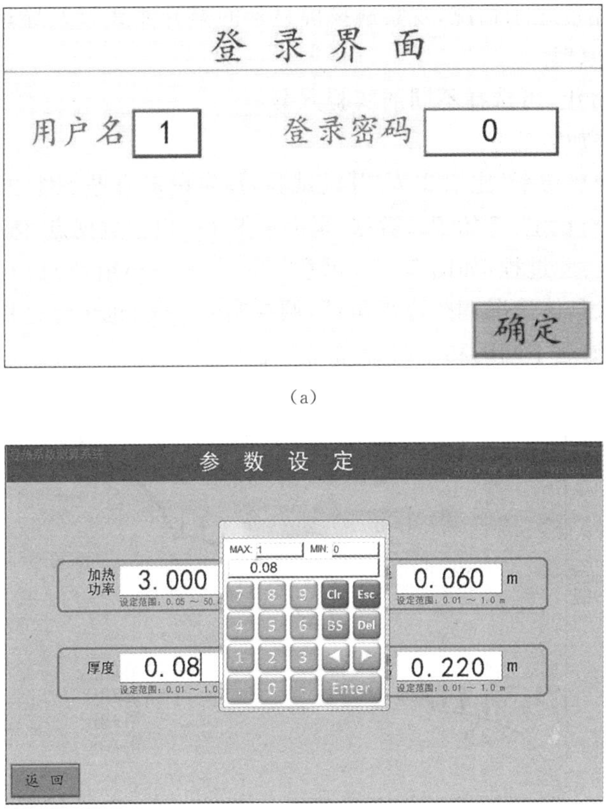

(a)

(b)

图 3-70　预设触摸屏

5. 点击 工作，进入系统工作页面，如图 3-71 所示，工作阶段灯塔显示为绿色。

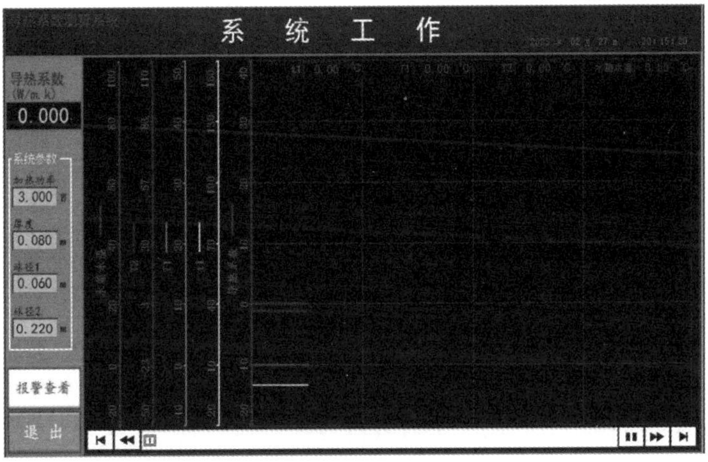

图 3-71　系统工作页面

6. 两套系统设置完毕后，缓慢顺时针调整加热功率到达预设值，同时观察水箱温度，快到预设温度值时按 K3 关闭加热，利用余热保持水温恒定(如果水温下降，可再次按 K3 加热)。

7. 观察显示屏温度显示情况，观察触摸屏显示的温升曲线以及导热系数随时间变化曲线，进一步理解实验原理。

8. 考虑到实验分组，可选择不同的实验方案：

方案一　不同的加热功率

首先以较小的加热功率(比如 2 W)开始试验，预先设定边界条件，比如 3 分钟 t_1 温升不超过 1 ℃，即认为相对稳定，开始记录数据，至少采集 3 个以上数据点；然后将功率调整为 3 W 继续升温，重复上述实验过程，如图 3-72 示意。2～3 人一小组，8～10 人一大组，共同完成实验。允许根据实验具体情况调整边界条件，调控实验时长；也可以采用 2、2.5、3、3.5 W 等其他加热功率组合，通过不同的功率组合完成大组实验。

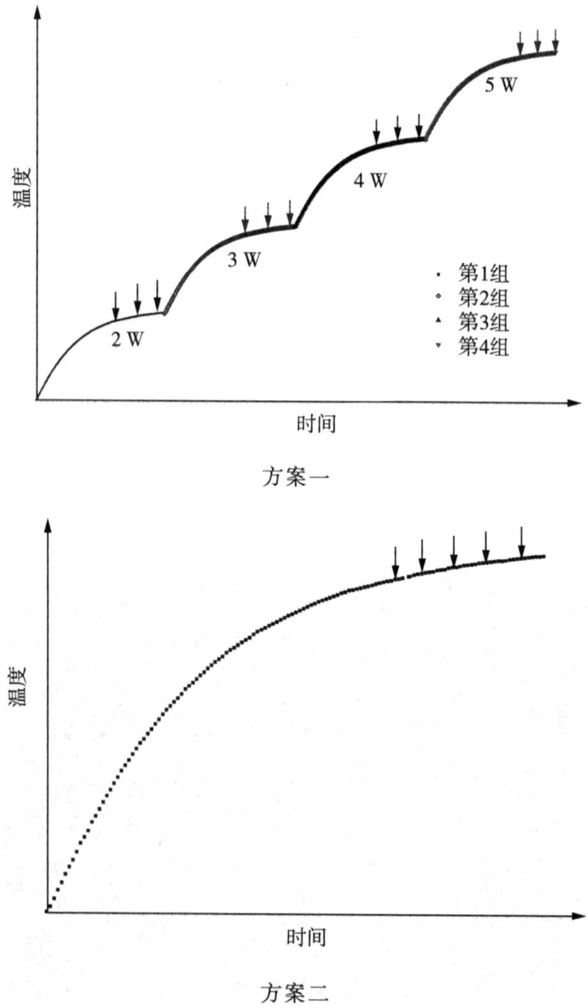

图 3-72　实验方案示意图

方案二　同一加热功率，不同时间

设定某一加热功率，等待体系达到相对稳定时，间隔相同或不同时间，采集数据，计算分析测量结果。这一方案相对简单，实验数据因边界条件的设定而异，工程上将导热系数小于 0.23 W/(m·K)的材料称为绝热材料，所以一般要求至少采集 5 个以上数据点，直到得到有效的实验数据。

方案三　不同的水箱温度

测试环境是影响绝热材料导热系数的一个重要因素，由原理可知，水箱温度反映的正是测试环境，因此水箱温度也是测试条件中一个变量。可设定不同的水箱温度，模拟不同的环境，采集相应的数据，提高对实验的理解和认知。这一方案可以和方案一、方案二相结合实施。

9. 设定合适的边界条件，比如 t_1 升温速率小于 1 ℃/3 min，即可以记录显示屏数据，代入公式计算导热系数，并与测算系统采集的数据进行对比。在整个实验过程中都应注意观察灯塔指示色，如果红色则为报警状态，此时点击报警查看，如图 3-73，排除故障，保证安全。

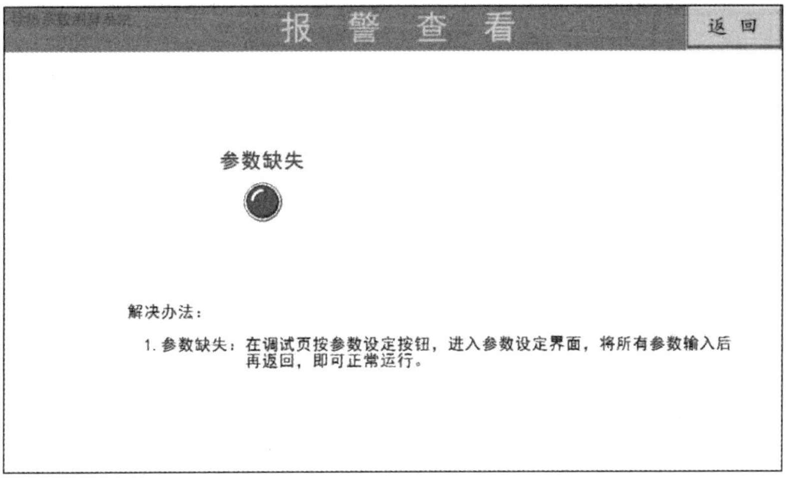

图 3-73　报警查看页面

10. 实验结束后，按顺序关闭 K4、K5，逆时针关闭功率旋钮，关闭电源开关，拔下电源插头；然后拔下 U 盘，导出数据文件。

四、注意事项

1. 实验中保证加热功率稳定输出。

2. 要建立准稳态温度场需要较长的实验时间，在实验过程中应观察、分析温度场的变化，继续深入理解实验原理。

五、实验数据处理

1. 根据实验过程中实时采集的数据，代入公式验算导热系数。

2. 根据测算系统采集的数据，用绘图软件绘制以 t_1、t_2 和 λ 为纵坐标、时间 t 为横坐标的曲线，分析温度场变化过程，并判断是否获得稳态温度场。

六、延伸阅读

1. 测试全过程探索

膨胀珍珠岩及其制品属于无机散粒状绝热材料，常用的是膨胀蛭石粉和珍珠岩，其中膨胀珍珠岩是由天然珍珠岩煅烧而成的，呈蜂窝泡沫状的白色或灰白色颗粒，其堆积密度为40～500 kg/m³，导热系数为0.047～0.070 W/(m·K)，使用温度范围为−200 ℃～800 ℃，具有吸湿小、无毒、不燃、抗菌、耐腐、施工方便等特点；以膨胀珍珠岩为主，配合适量水泥、水玻璃、沥青等胶凝材料制成的具有一定形状的板、块、管壳等制品，作为隔热保温材料广泛用于建筑围护结构、低温及超低温保冷设备、热工设备等领域。

以珍珠岩粉为待测材料，设定水箱温度为25 ℃，即环境温度为室温，图3-74为不同加热功率下，t_1和t_2随时间的变化曲线，由图可见，t_1开始上升较快，随着时间增加，上升速率趋

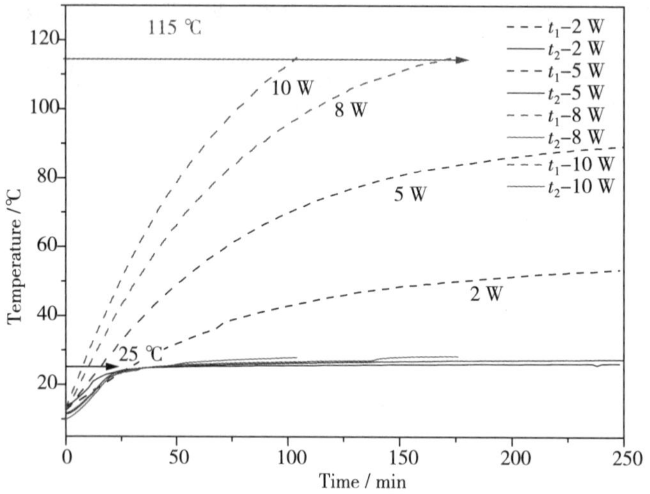

（a）t_1和t_2随时间变化曲线

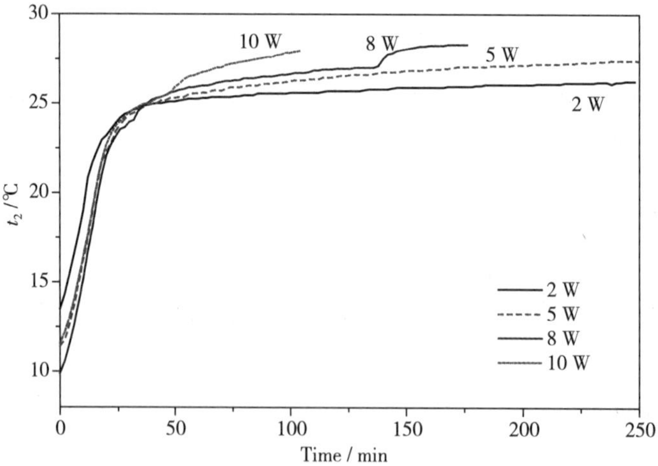

（b）t_2随时间变化的放大图

图3-74 待测粉体材料温度场随时间变化曲线

于缓和；加热功率越大，上升速度越快；t_2 在实验刚开始阶段逐渐升高，由于水箱循环水的作用，最终温度将趋近于环境温度；但是加热功率为 8 W 和 10 W 时，由于热源温度升温较快，整个体系温度偏高，所以 t_2 也偏高于循环水温度。

探究过程中发现当功率为 8 W 时，未达 3 h 设备突然断电，检查确定设备无故障后再次重复实验，出现了同样的现象。从原始数据对比分析，发现断电时 t_1 都停在了约 115 ℃，表明此时内球表面温度接近 115 ℃，设备自动断电，停止加热，也在功率为 10 W 的实验中再次印证。基于此，请关注思考题，回答问题。

图 3－75(a)为不同加热功率下测试得到的珍珠岩粉体样品的导热系数随时间变化的曲线，随着时间延长，导热系数逐渐趋于稳定，4 个小时以后趋近于 0.15 W/(m・K)。以 5 W 的加热功率为例，由图 3－75(b)曲线可以看到，测试时间大于 50 分钟后，导热系数变化速率趋缓，测试时间大于 100 分钟后，导热系数逐渐趋于稳定值。

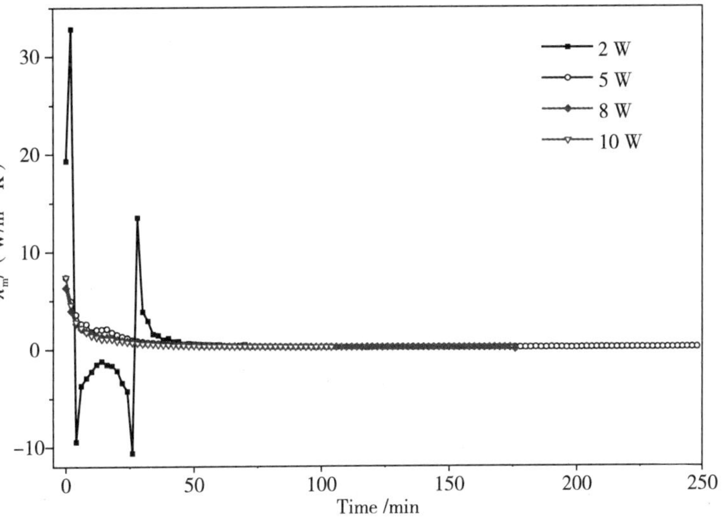

(a) 不同加热功率下导热系数随时间变化曲线

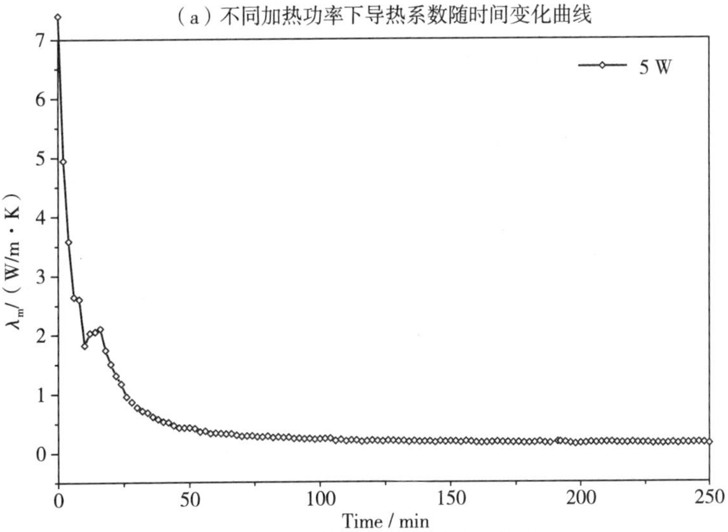

(b) 5 W时导热系数随时间变化曲线

图 3－75　待测粉体材料导热系数随时间变化曲线

但是，如图 3－75(a)，当采用 2 W 的加热功率时，发现导热系数在前 30 分钟变化较大，甚至为负值。还从温度场原始数据入手，将 2W 的数据单独制图后发现由于加热功率较小，作为热源的内球温度 t_1 在开始阶段上升较慢，而样品冷端温度 t_2 由循环水温度决定，水温设定为 25 ℃，水温超过 t_1，所以当加热功率较小时，开始阶段数值出现“不正常”现象，如图 3－76。这进一步表明，测量材料导热系数需要等待较长的时间，体系通过发热、导热过程达到准稳态才能获得正确的数值。

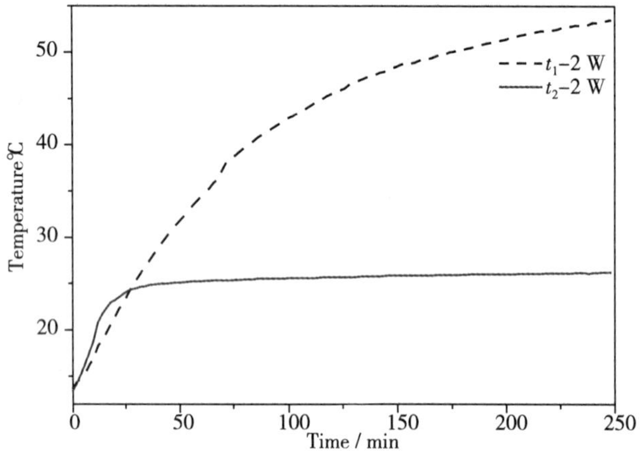

图 3－76　加热功率为 2 W 时温度场随时间变化曲线

2. 稳态法导热系数测试的现行标准

随着科技、经济的高速发展，人们对环境、可持续发展越来越关注。2020 年 9 月，习近平总书记在第七十五届联合国大会一般性辩论上发表重要讲话，提出我国将采取更加有力的政策和措施，二氧化碳排放力争于 2030 年前达到峰值，努力争取 2060 年前实现碳中和。绝热材料是实现建筑节能、工业设备及窑炉节能最重要的材料之一，是实现减少 CO_2 排放的重要技术措施。我国目前是绝热材料生产大国，部分产品出口国外，配套“一带一路”的建设项目。导热系数是绝热材料重要的性能之一，是作为保温绝热材料出厂检验及进场复试时的必要检测项目，其测试结果是判定该绝热材料保温性能是否满足节能设计要求的重要依据。工程应用中必须按照国家标准方法测试材料特性指标才具有实际应用价值，相关企业也是按照国家标准来规范、准确地测量绝热材料传热性质的，并以此作为仲裁依据。目前我国已经制定了一系列绝热材料和绝热工程应用技术标准，极大地促进了绝热材料的生产、应用和新产品开发。

表 3－11　我国关于绝热材料稳态导热系数测试方法的现行标准

标准号	标准名称	适用范围
GB/T 11833—2014	绝热材料稳态传热性质的测定　圆球法	颗粒状绝热材料
GB/T 10296—2008	绝热层稳态热传递特性的测定—圆管法	管状绝热制品
GB/T 10294—2008	绝热材料稳态热阻及有关特性的测定　防护平板法	板状绝热制品、颗粒状绝热材料或管状绝热制品
GB/T 10295—2008	绝热材料稳态热阻及有关特性的测定　热流计法	板状绝热制品、颗粒状绝热材料或管状绝热制品

GB/T 4132—2023《绝热　术语》中对绝热材料定义为：用于减少热传递的一种物质，其绝热性能决定于化学成分、物理结构或二者兼具。绝热材料导热系数与材料的成分组成、孔隙率、密度、所处的温度、含水率、内部结构等因素密切相关，其测试方法分为稳态法和非稳态法两种，以稳态法为主，现行的国家标准见表 3－11 所列。在等待实验的过程中可阅读 GB/T 11833—2014 标准全文，将标准条目与实验课程的内容进行对照、比较，发现问题、分析问题。

3. 常见材料的导热系数

工程应用中，材料的纯度、形态、结构（多孔、多层、多结构、各向异性等）都对导热系数有影响，材料导热系数实际上是材料的一种综合导热性能的表现，称之为平均导热系数。

表 3－12 列出了几种液体的导热系数值。液体分成金属液体和非金属液体两类，前者导热系数较高，后者较低。在非金属液体中，水的导热系数最大，除去水和甘油外，绝大多数液体的导热系数随温度升高而略有减小。一般来说，溶液的导热系数低于纯液体的导热系数。

表 3－12　一些液体的导热系数

液体	温度，℃	导热系数 λ，W/(m·K)	液体	温度，℃	导热系数 λ，W/(m·K)
水银	28	8.36	甘油 60％	20	0.38
水	20	0.59	甘油 40％	20	0.45
醋酸 50％	20	0.35	硫酸 90％	30	0.36
丙酮	30	0.17	硫酸 60％	30	0.43
氯化钙盐水 30％	30	0.55	乙醇 80％	20	0.24
石油	20	0.138～0.156	煤油	20	0.149

表 3－13 列出了几种气体的导热系数值。气体的导热系数很小，故对导热不利，但对保温有利。在通常的压力范围内，气体导热系数随压力变化很小，只有在压力大于 196 MPa 或压力小于 2.67 KPa 时，导热系数才随压力的增加而加大，故工程计算中常可忽略压力对气体导热系数的影响。

表 3－13　一些气体的导热系数

气体	温度/℃	导热系数 λ W/(m·K)	气体	温度/℃	导热系数 λ W/(m·K)
空气	20	0.023	氨气	27	0.015
空气	100	0.031	氩气	27	0.018
氧气	27	0.027	二氧化碳	27	0.016
氮气	20	0.025	氢气	27	0.018

表 3－14 为常用的固体材料导热系数表。石墨膜和铜箔的导热系数高达 1500 W/(m·K)以上；纯金属的导热系数高于合金的，如含碳为 1％的普通碳钢的导热系数

为45 W/(m·K),不锈钢的导热系数仅为 16 W/(m·K)。一般纯金属的导热系数随温度升高而降低。

表 3-14 常见固体材料的导热系数

材料	温度,℃	导热系数λ,W/(m·K)	材料	温度,℃	导热系数λ,W/(m·K)
钻石	/	2300	泡沫玻璃	/	0.064～0.083
石墨(膜)	/	151—2000	玻璃纤维	30	0.034～0.041
铜箔	20	1500	硅藻土砖	20	0.13
银	20	412	石棉	25	0.163
金	20	317	硅酸铝毯(密度 65 kg/m³)	/	<0.178
铜	20	386	橡木(容重 800 kg/m³)	/	0.233～0.407
铝	20	204	松木(容重 550 kg/m³)	/	0.174～0.349
镍	20	90	木屑	25	0.05
铁	20	73	碳化软木	25	<0.049
青铜	20	26	绒毛毯	0～100	0.047
钢(1%C)	18	45	棉毛	30	0.05
铝硅合金	20	137	干砂土	25	0.35
不锈钢	20	16	中等湿度砂土	25	1.74
混凝土	0～100	1.28	湿砂土	25	2.33
炉渣棉	50	0.046～0.05	岩棉保温一体板	70	0.046～0.058
聚氯乙烯泡沫塑料	/	0.022～0.035	真空绝热保温一体板	25	0.006

思考题

1. 什么是绝热材料？珍珠岩粉体的特性是什么？其导热系数数值大约在什么范围？
2. 试分析材料充填不均匀所产生的影响？
3. 试分析内、外球壳不同心所产生的影响？
4. 采用什么方法来判断球体导热过程已达到热稳定状态？
5. 结合“延伸阅读”理解实验中“意外的”“不正常的”现象。
6. 对照 GB/T 11833—2014,分析实验教学中的测试与标准有哪些异同,对实验结果会产生什么影响？

3.8　无机材料电学性能测试与分析

绝缘体、导体、半导体、超导体材料、介电材料、压电材料、铁电材料、热电材料等材料种类繁多，利用材料的导电性质制成电阻、电容、导电材料、半导体材料、绝缘材料以及其他电子材料器件，在电子技术、传感技术、高温技术、能源技术、自动化控制和信息处理等方面应用范围日益广泛。

例如，导电橡胶、导电塑料、导电胶等以聚合物与导电性物质复合而成的新型导电材料，一方面它们具有较好的弹性、耐磨性或气密性，另一方面又具有优良的导电性，在许多特殊场合中得到应用。超导，全称为“超导电性”，具备超导特性的材料被称为“超导体”或者“超导材料”。1911 年，荷兰物理学家卡麦林・昂纳斯(1853—1926)发现汞在温度 4.2K(−269 ℃)附近时，其电阻小到几乎为零，之后，他又发现许多其他金属与合金也具有这一特性，昂纳斯把某些物质在低温条件下表现出电阻等于零的现象称为“超导”，并因这一发现获得了 1913 年的诺贝尔奖。超导材料从被发现之日起，就向人类展示了诱人的应用前景，是当今最受关注的研究热点之一。我国西北有色研究院已经建成了国际一流水平的 NbTi 和Nb_3Sn多芯复合超导材料生产线，并成功应用于国际热核聚变实验堆(ITER)计划上。

无机材料一般由阴阳离子(离子晶体)或原子(共价键晶体)构成，在其内部存在紧束缚离子、原子和较弱束缚的阴阳离子空位、电子、空穴等。其中，电导与介电是无机材料的两个重要的电学特性。在外电场的作用下，这些带电粒子有的发生长距离的迁移产生电导；有的发生局部的迁移产生极化，无机材料的介电性就起源于其极化。各种光敏、气敏、荧光、发光器件都与无机材料的电导特性相关，各类高低频电子线路中的电子元件使用的电容器材料都与无机材料的介电特性有关。因此，了解和认识无机材料的电导与介电性能对于调控材料的导电性以满足实际应用以及开发新的材料具有重要意义。

3.8.1　无机材料电导率测试与分析

绝缘材料主要是用来使电气元件相互之间绝缘以及元件与地面绝缘。如果绝缘构件的绝缘电阻太小，不仅浪费电能，还会因局部过热导致仪器不能正常工作，甚至损害整个仪器。电介质的绝缘电阻是评价电介质材料性能的重要参数。无机非金属材料多为绝缘材料，部分为半导体，在电工、电子设备中应用广泛。因此测定该种材料电阻，研究材料的导电特性在实际工作中十分重要。

本实验的目的为：

1. 了解绝缘材料、半导体材料的导电机理；
2. 学习四探针测试仪测量材料电阻率的基本原理；
3. 掌握四探针测试仪测量材料电阻率的方法，并测试给定样品。

一、设备与材料

微控四探针测试仪 1 套，薄片半导体材料。

二、实验原理

物体之所以导电是由于内部存在的各种载流子在电场作用下沿电场方向移动的结果。固体介质的电导分为两种类型：即离子电导和电子电导。对于一般材料，特别是用作绝缘材料的固体介质，正常条件下的主要作用是离子电导，而当温度和电场强度增加时，电子电导的作用会增大。衡量材料导电难易程度的物理量为电阻率(ρ)或电导率(σ)。一般电阻率小于 $10^2\ \Omega \cdot m$ 的固体材料称为导体；电阻率大于 $10^{12}\ \Omega \cdot m$ 的固体材料称为绝缘体；电阻率介于两者之间的材料称为半导体。

1. 半导体电阻率

半导体材料的电阻常用四探针法测量，测量的装置和原理如图 3-77 所示，测量时使用相距约 1mm 的四根金属探针同时与样品表面接触，通以恒流源给其中两根探针[如图 3-77(a)中 1、4]通以小电流使样品内部产生压降，并以高输入阻抗的直流电位差计或数字电压表来测量其他的两根探针(如图 3-77(a)中 2、3)的电压，然后计算材料的电阻率 $\rho=C\dfrac{U_{23}}{I}$，式中 U_{23} 为 2、3 两探针间的电压，C 为该测法的探针系数(cm)。微控制四探针电阻仪如图 3-78 所示，测量时四个探针间距不等地排列在一直线上(外侧两根为电流探针，内侧两根为电压探针)。

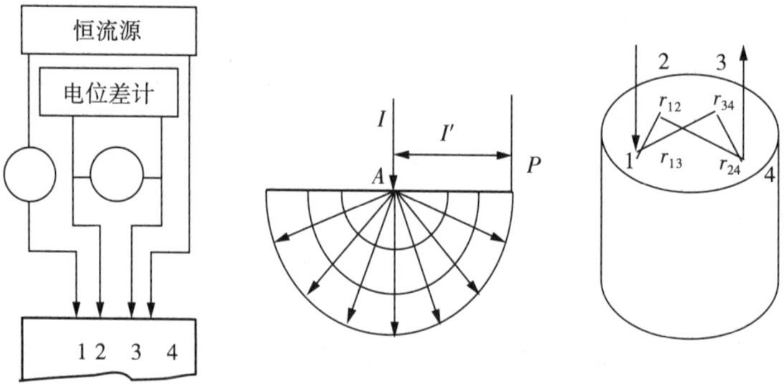

(a) 装置　　(b) 点电流源　　(c) 探针排列

图 3-77　四探针法测定电阻的原理示意图

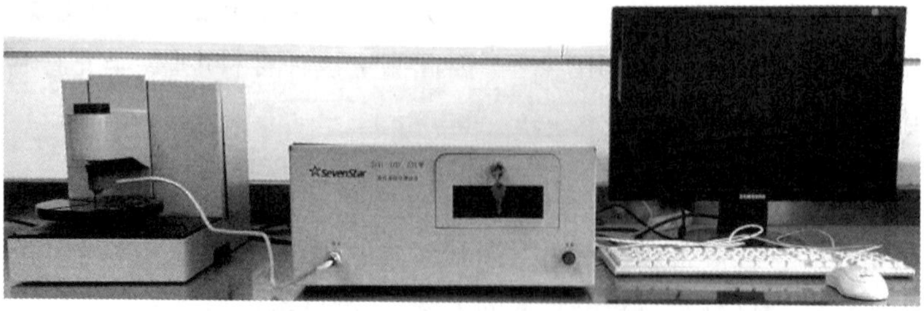

图 3-78　微控制四探针电阻仪

2. 测量原理

设有一均匀的半导体试样，其尺寸与探针间距相比可视为无限大，探针引入点电流源的

电流为 I。因均匀导体内恒定电场的等位面为球面，故在半径为 r 处等位面的面积为 $2\pi r^2$，则电流密度为 $j=\frac{I}{2\pi r^2}$。由欧姆定律的微分形式可得电场强度为：$E=\frac{j}{\sigma}=j\rho=\frac{I\rho}{2\pi r^2}$，因此距点电荷 r 处的电位为 $U=\frac{I\rho}{2\pi r}$。显然，半导体内各点的电位应为电流探针分别在该点形成电位的矢量和。通过数学推导出四探针法测量电阻率的普遍公式(3-13)：

$$\rho=2\pi\left(\frac{1}{r_{12}}-\frac{1}{r_{24}}-\frac{1}{r_{13}}+\frac{1}{r_{34}}\right)^{-1}\frac{U_{23}}{I} \tag{3-13}$$

式中，$C=2\pi\left(\frac{1}{r_{12}}-\frac{1}{r_{24}}-\frac{1}{r_{13}}+\frac{1}{r_{34}}\right)^{-1}$为探针系数，$r_{12}$，$r_{24}$，$r_{13}$，$r_{34}$分别为相应探针的间距。若四探针处于同一平面的同一条直线上，其间距分别为 S_1、S_2、S_3则(3-13)式又可写成

$$\rho=2\pi\left(\frac{1}{S_1}-\frac{1}{S_2+S_3}-\frac{1}{S_1+S_2}+\frac{1}{S_3}\right)^{-1}\frac{U_{23}}{I} \tag{3-14}$$

当 $S_1=S_2=S_3=S$ 时，(3-14)式可简化为 $\rho=2\pi S\frac{U_{23}}{I}$，这就是常用的直流等间距四探针法测电阻率的公式。

若令 $I=C=2\pi S$，即流过探针 1、4 的电流数值上等于探针系数，则 $\rho=U_{23}$，即从探针 2、3 上测得的电压在数值上就直接等于试样的电阻率。

3. 计算方法

(1)块状和棒状样品体电阻率　由于块状和棒状样品外形尺寸与探针间距比较合乎半无限大的边界条件，电阻率值可以直接由(3-14)式求出。

(2)方块电阻　对于无限大、无限薄的样品，其方块电阻计算公式为：

$$R_s=\frac{\pi}{\ln 2}\cdot\frac{U_{23}}{I_{14}} \tag{3-15}$$

实际样品是无法满足上述理想条件的，为使(3-15)式能用于有限厚度和有限大小的样品，必须加上厚度和线度的修正，另外探针间距也要进行修正，因此(3-15)式修正为：

$$R_s=\frac{\pi}{\ln 2}F(W/S)\cdot F(D,W,\delta)\cdot F_{sp}\cdot\frac{U_{23}}{I_{14}} \tag{3-16}$$

其中，$F(W/S)$——厚度修正系数；

$F(D,W,\delta)$——线度修正系数；

F_{sp}——探针间距修正系数；

W——片厚度，μm；

D——片直径，mm；

S——探针间距，mm；

δ——测点与片心距离，mm。

(3)薄片电阻率　体电阻率可以通过下面的公式计算:

$$\rho=R_S \cdot W \tag{3-17}$$

由于半导体参数与温度 T 密切相关,在不同温度下测量值是不同的,为了测量值的可比性,可采用温度修正系数对测量值进行修正,修正后的电阻率计算公式为:

$$\rho=\frac{\pi}{\ln 2}F(W/S)\cdot F(D,W,\delta)\cdot F_{sp}\cdot F_T\cdot W\cdot\frac{U_{23}}{I_{14}} \tag{3-18}$$

其中,F_T——温度修正系数。

三、半导体电阻率测试步骤

1. 连接四探针探头与微控四探针测试仪主机,接上电源。
2. 开启主机电源开关以及工控机的电源开关,预热约 10 分钟。
3. 将被测样品放在测试台上。
4. 进入测试系统:点击桌面“四探针测试系统”快捷方式图标启动测试系统。
5. 测量电阻率:选择测量项目(电阻率);测量挡(自动测量);输入片厚、环境温度、批号、产品型号、工序、工位。其他参数均采用默认值。点击“测试测量”按钮,系统开始测试,测量结束后系统自动切换到结果显示页面。
6. 测量方块电阻和电阻:选择测量项目(方块电阻/电阻);测量挡(自动测量);输入环境温度、批号、产品型号、工序、工位。其他参数均采用默认值。点击“测试测量”按钮,系统开始测试,测量结束后系统自动切换到结果显示页面。
7. 测量结束,抬起探针头,退出“四探针测试系统”,关闭计算机,关闭系统总电源。

四、注意事项

1. 测试环境温度 23±5 ℃,相对湿度≤65%,无高频磁场影响,样品表面无强光直射。
2. 被测样品表面污染物或氧化层必须移除,为了确保测量的一致性,被测样品和探针之间必须接触良好。

五、实验报告要求

简述测试原理,记录半导体样品的电阻率,分析影响电阻率测试的因素。

3.8.2　无机材料介电性能测试与分析

在实际生活中,电介质材料应用非常广泛,常用的就是用作绝缘材料,电介质是能够被电极化的绝缘体。其次是制作电容器,在微波电路中可用于电路板的基底、内芯和外导体之间的支撑材料。在电介质材料的研究与应用中,介电常数和介电损耗是两个非常重要的物理参数。例如,制作介质谐振天线采用高介电常数材料,制造电容器采用介电常数尽量大而介电损耗尽量小的材料;制造仪表绝缘机构的材料则要求介电常数和介电损耗都尽量小;而在某些特殊情况下,则要求材料的介电损耗较大,如生活中的微波炉恰恰是应用了食物对电磁波的吸收损耗，将电磁能转化为热能，实现了对食物的快速加热。

本实验的目的为：

1. 了解介质极化与介电常数、介电损耗的关系；
2. 学习 LCR 测试仪或高频 Q 表的工作原理；
3. 掌握用 LCR 测试仪（或高频 Q 表）测定材料的介电常数和介电损耗角正切值。

一、设备与材料

TH2827 精密 LCR 数字电桥一台，TH26077 电介质材料测试夹具一套（或 QBG－3 型高频 Q 表一台，包括电感箱及夹具）。

恒温恒湿箱、干湿度计、干燥器、烧杯、千分卡尺、镊子、特种铅笔、软布条（或脱脂棉）、砂纸、银浆、无水乙醇；典型的玻璃、陶瓷、铁电或压电材料等样品。

二、实验原理

1. 材料的介电常数

任何材料都具有一定的导电能力，不导电的理想的介电质是不存在的，导电能力差的绝缘体可以认为是理想的介电质。材料的介电常数是表征材料能使电场通过的能力，与材料在外加电场的作用下的极化特性有关。

电子极化（electron polarization）是指在外加电场的影响下，由于电子对它相关原子核的位移所引起的极化。任何电介质都是由原子或分子组成的，原子是由带正电的原子核和带负电的电子云组成；分子由原子组成。不存在外加电场或磁场时，构成电介质的原子或分子中的正负电荷重心重合，宏观上呈现电中性。当把电介质置于电场中时，原子或分子中的正电荷顺着电场方向移动，负电荷逆着电场方向移动，使正负电荷的重心分离，便在电介质中形成了感应偶极矩，即整个介质显示出一定的极性，这个过程称为极化。极化过程可分为电子极化、取向极化、空间电荷极化以及离子极化等。对于不同的材料、温度和频率，各种极化过程的影响不同。

实际上介电常数并不能都用“常数”来描述，不是定值，而是随物质的温度、湿度、外电源频率和电场强度的变化而变化。测量介电常数是一个比较复杂的问题，属于间接测量法，通过测量电参数反推出介电常数。一般平行板电容器适用于较低频段下的介电常数测量，通过测量电容和损耗角计算出介电常数。末端开口同轴线法是通过测量发射系数来测量介电常数，谐振腔技术测量的是谐振频率点的 Q 值，传输线测量技术测量的是传输系数和反射系数。每种方法测量的参数不同，精度也不一样。

2. 材料的介电损耗（$\tan\delta$）

介电损耗是电介质材料基本的物理性质之一，是指电介质材料在外电场作用下消耗部分电能发热而损耗的那部分能量。介电损耗通常是指交流损耗，因为介质在交流电场作用下，介电损耗除了稳态电流损耗外，由于电场的频繁转向，电介质中的交流损耗要比直流电场作用时大许多（有时达到几千倍）。介质损耗与材料组成、工作频率、环境温度、湿度、载荷大小和作用时间有关。

介电常数分为实部和虚部，实部和虚部之比就是损耗角的正切。在工程中，常将介电损耗用介电损耗角正切 $\tan\delta$ 来表示材料在一周期内热功率损耗与贮存之比，是衡量材料损耗程度的物理量。

如图 3－79(a)所示，由于介质电容器存在损耗，因此通过介质电容器的电流向量 $\vec{I}$ 并不超前电压向量 $\vec{V}$ 的 $\frac{\pi}{2}$，而是 $\left(\frac{\pi}{2}-\delta\right)$ 角度。其中，δ 称为介电损耗角。如果把具有介电损耗的介质电容器等效为电容器与损耗电阻的并联电路，如图 3－79(b)所示，则可得：

$$\tan\delta=\frac{I_R}{I_C}=\frac{1}{\omega RC} \tag{3-19}$$

其中，ω——电源角频率，rad/s；

R——并联等效交流电阻，Ω；

C——并联等效交流电容，F。

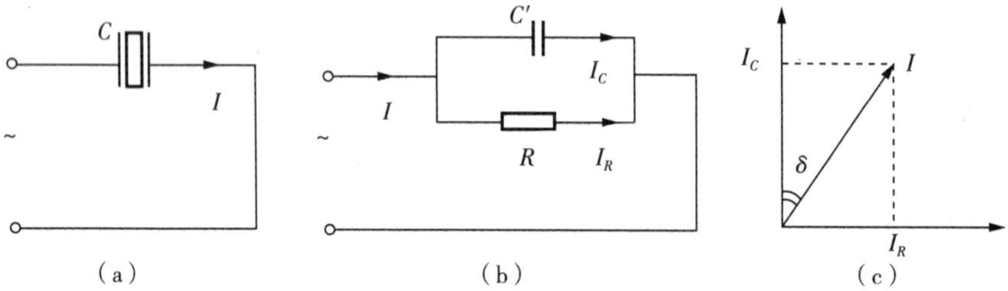

图 3－79　介电损耗的等效电路

3. 测试原理

本实验结合仪器学习两种介电常数和介电损耗角正切测试方法：交流电桥法和 Q 表测量法。

方法一：交流电桥法

(1)LCR 数字电桥

如图 3－80，TH2827A 是具有多种功能和更高测试频率的新型 LCR 数字电桥，仪器基本精度为 0.05%，测试频率最高 300 kHz，10 mHz 的分辨率，4.3 寸的 LCD 屏幕配合中英文操作界面，集成了变压器测试功能，提高了测试效率。仪器提供了丰富的接口，能满足自动分选测试、数据传输和保存的各种要求。可应用于测试与评估塑料、陶瓷和其他介质材料的介电常数和损耗角，铁氧体、非晶体和其他磁性材料的磁导率和损耗角；半导体材料的介电常数、导电率和液晶材料的介电常数、弹性常数等 $C-V$ 特性。

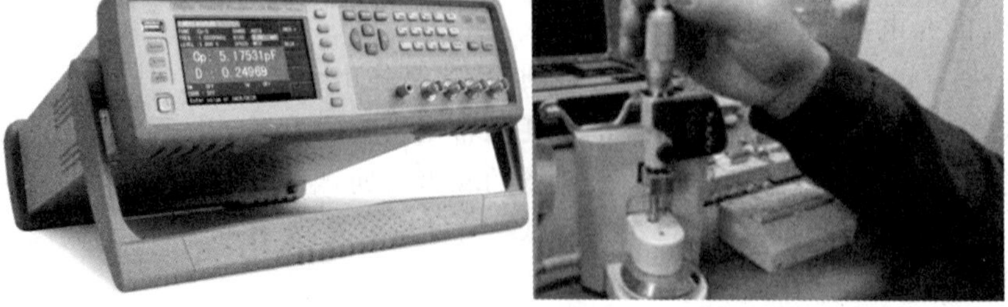

图 3－80　LCR 数字电桥和专用夹具

材料介电常数测试配合专用材料测试夹具 TH26077，其中测试夹具有两种规格，A1 和 A2，如图 3 - 81 所示：

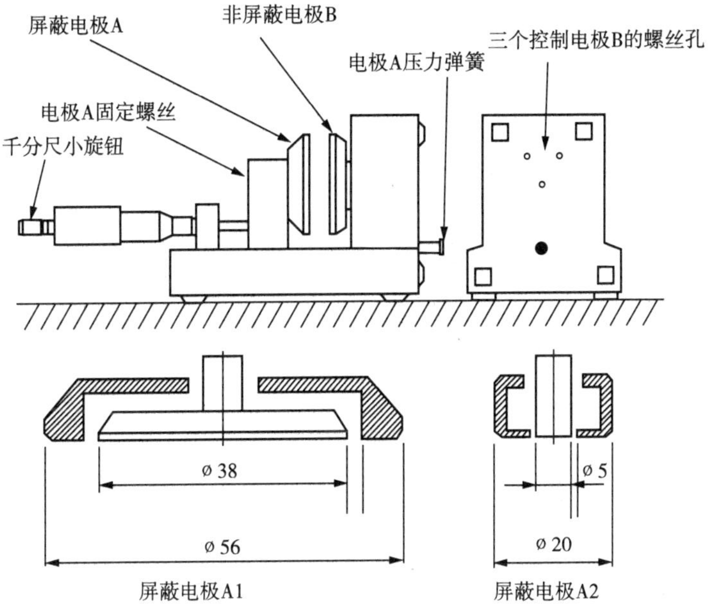

图 3 - 81　夹具和屏蔽电极

(2)数字电桥测试原理

相对介电常数可理解为表征电容器储能能力程度的物理量，也是表征介质在外电场作用下极化程度的物理量。相对介电常数的定义：

$$C_x = \varepsilon_r C_{a0} \tag{3-20}$$

其中，C_x——两极板充满介质的电容，F；

C_{a0}——两极板为真空时的电容，F；

ε_r——相对介电常数。

对于平行板电容器，电容公式为

$$C = \varepsilon A / d$$

其中，C——电容，F；

ε——介电常数，F/m；

A——电容器极板面积，m^2；

d——平行板之间的距离，m。

图 3 - 82 所示为 LCR 数字电桥的测试原理图，基于此图介电常数计算公式为：

$$\varepsilon_r = \frac{t_a \times C_p}{A \times \varepsilon_0} = \frac{t_a \times C_p}{\pi \times \left(\frac{d}{2}\right)^2 \times \varepsilon_0} \tag{3-21}$$

其中，C_p——测试仪器测出的等效并联电容值，F；

t_a——被测材料的平均厚度，m；

A——屏蔽电极中测试电极的面积，m^2；

d——屏蔽电极中测试电极的直径，m，电极 A1 的直径值为 38×10^{-3} m，电极 A2 的直径值为 5×10^{-3} m；

ε_0——真空介电常数，值为 8.85×10^{-12} F/m。

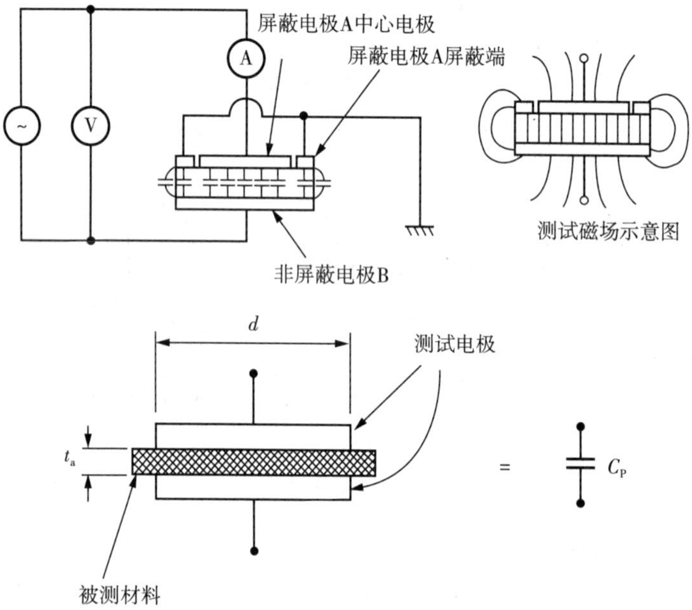

图 3-82　测试原理图

方法二：Q 表测量法

(1)高频 Q 表

Q 表是根据串联谐振原理设计制造的在高频状态下测量电容量、电感量、损耗因数和品质因数的仪器，故 Q 表又称作“品质因数”测量仪，以谐振电压的比值定位 Q 值。

以爱仪电子设备有限公司研制的 Q 表为例，QBG-3/AS2855 高频 Q 表能在较高的测试频率条件下，测量高频电感或谐振回路的 Q 值、电感器的电感量和分布电容量、电容器的电容量和损耗角正切值、电工材料的高频介电常数和介质损耗因数、高频回路有效并联及串联电阻和传输线的特性阻抗等。在某一频率下，只要能找到谐振点，就能直接读出电感、电容值，而不再是固定的几个频率下才能测出电感值的大小。QBG-3/AS2855 有谐振点频率自动搜索和电容自动搜索功能，能快速地找到被测量器件的谐振点，自动读出 Q 值和其他参数。图 3-83 为 AS2855-C 型 Q 表前面板和外形示意图。

其中液晶屏显示内容共分为四行：

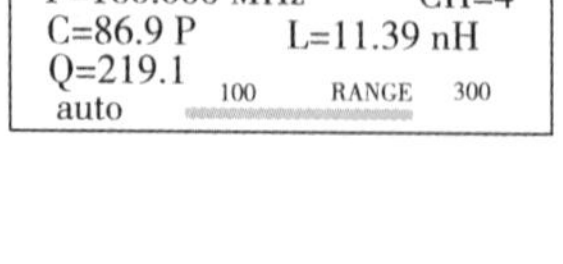

第一行：信号源频率指示，共 6 位；信号源虚拟频段指示(1－4)。

第二行：电容的电容指示值；电感指示值。

第三行：Q 值指示值。

第四行：手动/自动切换指示/调谐点自动搜索指示；Q 值量程范围指示；Q 值调谐光带指示。

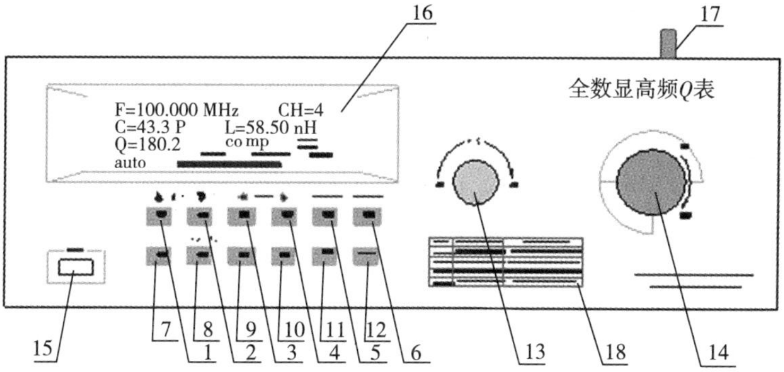

图 3－83　AS2855－C 型 Q 表前面板和外形示意图

1—工作频段选择；2—介电常数直读功能；3—Q 值量程递减；4—Q 值量程递增；5—谐振点频率搜索；6—谐振点电容搜索；7—Q 值合格范围比较值设定；8—Q 值量程自动/手动控制方式选择；9—C_t 大电容直接测量；10—L_t 残余电感扣除；11—介质损耗系数测量；12—频率/电容设置；13—频率调谐数码开关；14—主调电容调谐数码开关；15—电源开关；16—液晶显示屏；17—测试回路接线柱(上边两个为电感接入端，下边两个为外接电容接入端)；18—电感测试范围所对应频率范围表

Q 表的工作原理如图 3－84 所示，以 ATM128 单片机作为控制核心，实现对各种功能的控制。DDS 数字直接合成信号源为 Q 值测量提供了一个高频信号。信号源输出一路送到程控衰减器和自动稳幅放大控制单元，该单元根据 CPU 的指令对信号衰减后送往信号激励放大器，同时对信号检波后送出一直流控制信号到压控信号源实现自动稳幅。信号激励部分输出送到一个宽带分压器，由分压器反馈给测试调谐回路一个恒定幅度的信号。当测试回路处于谐振状态时，在调谐电容 C_T 两端的信号幅度将是分压器提供的信号幅度 Q 倍。在 C_T 两端取得的调谐信号被信号放大单元适当放大后送到检波和数字取样单元，检波后送到

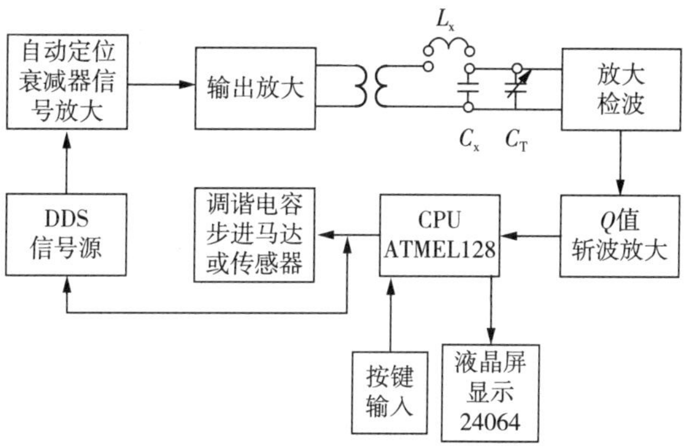

图 3－84　Q 表测量电路图

控制中心 CPU 去进行数据处理。

QBG-3 调谐电容带动传感器，不断地将电容变化的信息送往中心控制 CPU，经处理后计算出电容值，再根据频率值计算出谐振时的频率值。AS2855 调谐电容有步进马达带动，根据不同电容值由 CPU 计算脉冲数去控制马达，电容值可预置并可电容搜索。

(2)Q 表测试原理

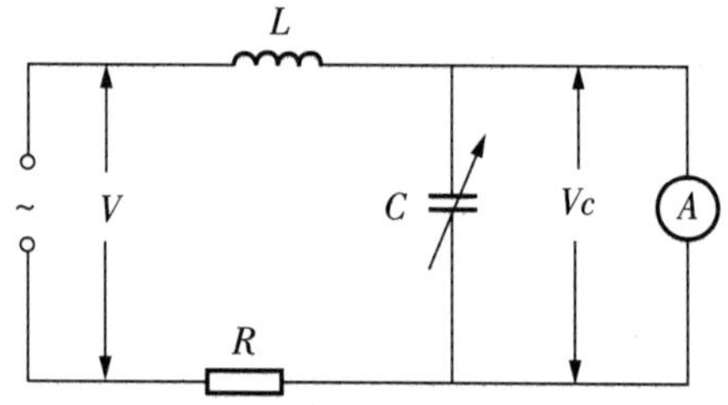

图 3-85　Q 表测量原理

Q 表的测量回路是一个简单的 R－L－C 回路，如图 3-85 所示。当回路两端加上电压 V 后，电容器 C 的两端电压为 V_C，调节电容器 C 使回路谐振后，回路的品质因数 Q 就可用下式表示：

$$Q=\frac{V_C}{V}=\frac{\omega L}{R}=\frac{1}{\omega RC}=\frac{1}{2\pi fRC} \tag{3-22}$$

其中，R——回路电阻；

L——回路电感；

C——回路电容。

由式(3-22)可知，当输入电压 V 不变时，则 Q 与 V_C 成正比。因此在单位输入电压下，V_C 值可直接表示为 Q 值，此即为 Q 表工作原理。

高频 Q 表是多用途的阻抗测量仪器，为了提高测量精度，除了使 Q 表测试回路本身残余参量尽可能地小、使耦合回路的频响尽可能地好之外，还要掌握正确的测试方法和残余参数修正方法。如高频线圈的 Q 值测量有直接法、变容法、变频法等等，下面以并联替代法介绍介电常数 ε 和介电损耗角正切 $\tan\delta$ 求法的推导过程：

(1)选一个适当的谐振电感接到"L_x"的两端；

(2)将调谐电容器调到最大值附近，令这个电容是 C_1，如果被测电容是小数值的，C_1 应调到较小电容值附近，以便达到尽可能高的测量精度；

(3)按下仪器面板的频率搜索键，使测试回路谐振，谐振时 Q 的读数为 Q_1；

(4)将被测电容接在"C_x"两端，调节可变电容器，使测试电路重新谐振，此时可变电容器值为 C_2，Q 值读数为 Q_2。被测电容的有效电容为：$C_x=C_1-C_2$，代入式(3-20)，可得：

$$\varepsilon_r=\frac{C_1-C_2}{C_{a0}} \tag{3-23}$$

其中，C_{a0}——电容器的真空电容量，可根据实际的电极形状来计算。

同样可以讨论 $\tan\delta$ 的计算，得出以下结果：

$$\tan\delta=\frac{C_0+C_1}{C_1-C_2}\cdot\frac{Q_1-Q_2}{Q_1\cdot Q_2} \tag{3-24}$$

其中，C_0——回路谐振电感的自身电容；

C_1、Q_1——未接入试样前的电容值、Q 值；

C_2、Q_2——接入试样后的电容值、Q 值。

若 C_0 忽略不计，则

$$\tan\delta \approx \frac{C_1}{C_1 - C_2} \cdot \frac{Q_1 - Q_2}{Q_1 \cdot Q_2} \tag{3-25}$$

$$Q = \frac{1}{\tan\delta} \approx \frac{C_1 - C_2}{C_1} \cdot \frac{Q_1 \cdot Q_2}{Q_1 - Q_2} \tag{3-26}$$

$\tan\delta$ 的倒数称为品质因素，或称 Q 值。Q 值大，介电损失小，说明品质好。所以在选用电介质前，必须首先测定它们的 Q 和 $\tan\delta$，而这两者的测定是分不开的。

三、实验步骤

方法一：采用 LCR 数字电桥测试

1. 试样的制备

(1)选取平整、无砂眼、无条纹、无气泡等缺陷的样品，用特种铅笔将样品编号。

(2)用脱脂棉蘸无水乙醇将试样擦拭干净。沿直径方向测量三点厚度，取平均值作为试样的厚度尺寸。被测材料样品尺寸范围如表 3－15，试样要求两面尽量平行，试样在电极下的任何一点的厚度不应超过平均厚度的±3%。(注意：测试夹具上的千分尺不可用于测试材料的厚度，请用其他工具测量被测件的平均厚度)。

表 3－15　电介质材料的测试尺寸范围

电极种类	被测材料直径/mm	被测材料厚度/mm
屏蔽电极 A1	40～56	≤10
屏蔽电极 A2	10～56	≤10

(3)由于环境温度和湿度对材料的介电常数和介电损耗角正切有较大的影响，被测试样在如表 3－16 所列的条件下进行预处理后，置于干燥器中冷却至测量环境温度待用，可减少试样因放置条件不同而产生的影响，获得较好的重复性和可比性的实验结果。

表 3－16　试样预处理的条件

温度/℃	相对湿度/%	时间/h
20±5	65±5	≥24
70±2	<40	4
105±2	<40	1

2. 仪器准备

(1)将仪器安放在水平平台上。

(2)插上电源插头，打开电源，按下前面板上左下角电源开关，仪器开启，系统自检后显示开机画面。开机后，仪器功能指示上次设定状态，预热 30 分钟，待机内达到热平衡后，进行正常测试。

3. 测试

(1)将夹具垂直放置并连接电桥。

(2)被测样品必须为圆形，将样品放置于夹具中心，旋转千分尺小旋钮将被测件夹紧。

(3)按菜单键[SETUP]——⇩，切换到<测量设置>页面，选择“C_p-D”，如图 3-86。

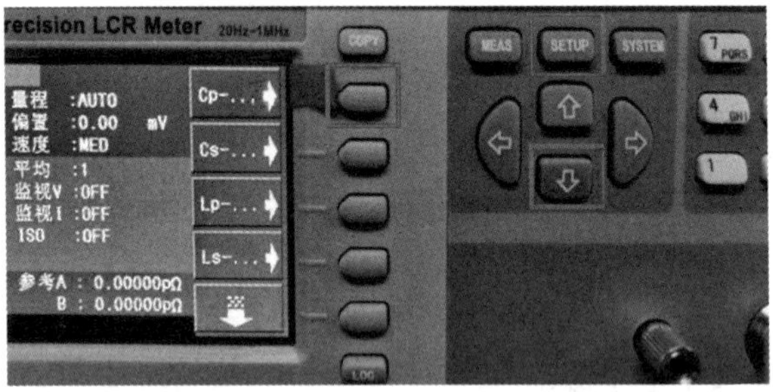

图 3-86 选择 C_P-D

(4)按⇩——设定频率——[MEAS]，记录 C_p 和 D 值，此时注意 C_p 的单位，如图 3-87。

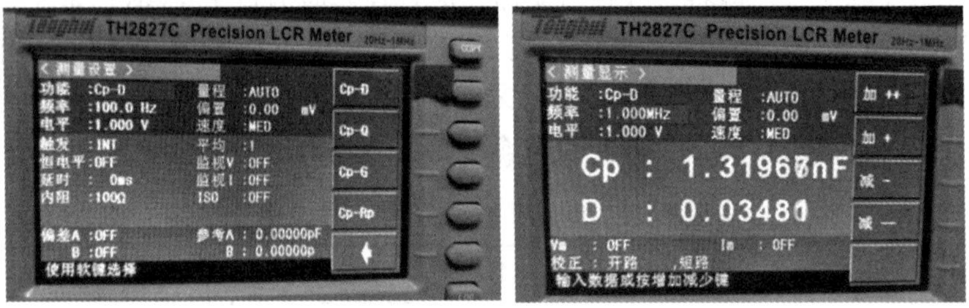

(a) (b)

图 3-87 测量并记录 C_P 和 D 值

(5)改变频率，重复第(4)步。

(6)测量完毕，松开夹具，取出试样，关闭电源，卸下夹具收好。

4. 实验报告

(1)参考表 3-17 记录实验条件及实验数据。

(2)计算介电常数 ε、相对介电常数 ε_r。

(3)作出相对介电常数随频率变化的关系曲线，并简要分析。

表 3-17 实验数据记录表(电桥法)

样品信息				
测试条件				
频率 f(Hz)	电容 C_p(F)	介电损耗正切 $\tan\delta\times10^{-3}$	介电常数 ε(F/m)	相对介电常数 ε_r
100				
1000				
5000				

（续表）

频率 f(Hz)	电容 C_p(F)	介电损耗正切 $\tan\delta \times 10^{-3}$	介电常数 ε(F/m)	相对介电常数 ε_r
10000				
20000				
50000				
100000				
200000				
500000				
1000000				

注：实验计算结果以各项试验的算术平均值来表示，取小数点后两位有效数字。

方法二：采用 AS2855 型 Q 表测试

1. 试样的制备：为减小因样品边缘泄漏和边缘电场引起的误差，被测样品要求能覆盖极片（稍大于极片即可），被测样品要求为圆形，直径 50.4～52 mm 或 38.4～40 mm，样品厚度可在 1～5 mm 之间，样品太薄或太厚都会使测试精度下降，样品要尽可能平整。

2. 将安放在水平平台上的仪器主机预热 30 分钟。

3. 测试夹具装置上的插头插入到主机测试回路的“电容”两个端子上，锁止开关向上旋转（使用完，按 OFF 关闭微分尺，并且锁止开关向下旋转至水平位置）。

4. 在主机电感端子上插上和测试频率相适应的高 Q 值电感线圈，1 MHz 时电感取 100 μH，15 MHz 时电感取 1.5 μH。

5. 如图 3 - 88，调节 S916 测试夹具的测微杆，使 S916 测试夹具的平板电容极片相接触为止，按 ZERO 清零按键，初始值设置为 0。

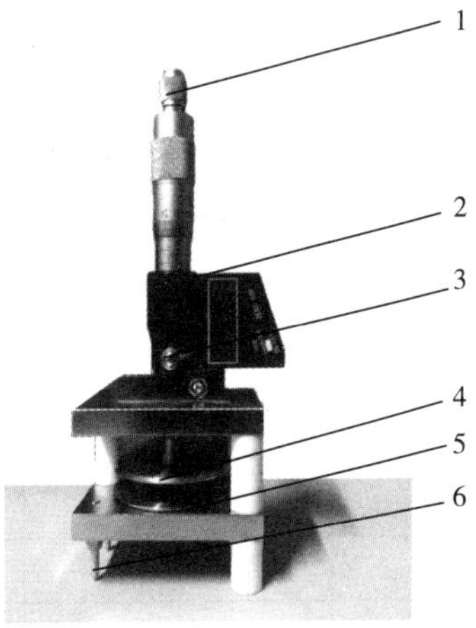

图 3 - 88　S916 测试夹具

1—测微杆；2—数据传输接口；3—锁止开关；4—平板电容上极片；5—平板电容下极片；6—插头

6. 再松开两片极片，把被测样品夹入平板电容上下极片之间，调节 S916 测试夹具的测微杆，直到平板电容极片夹住样品为止（注意调节时要用 S916 测试夹具的测微杆，以免夹得过紧或过松），这时读取样品的厚度 D_2。改变主机上的主调电容容量（旋转主调电容旋钮改变主调电容的电容量），使主机处于谐振点（Q 值最大值）上，记住厚度 D_2 的值，此时显示数值为 C_2 和 Q_2。

7. 取出 S916 测试夹具中的样品，这时主机又失去谐振（Q 值变小），此时调节 S916 测试夹具的测微杆，使主机再回到谐振点（Q 值最大值）上，读取测试装置液晶显示屏上的数值记为 D_4。

8. 计算被测样品的介电常数：$\varepsilon = D_2/D_4$。

9. 自动介电常数测试时，基本步骤同上，使用数据转换连接线，连接 S916 数据传输接口和介电常数测试主机背板上的四芯插座，主机支持通过数据模块记录 S916 测试夹具的数据，并自动计算出介电常数，显示在显示屏上。

10. 测试介电损耗：重复第 4、第 5 步，再松开两片极片，把被测样品夹入平板电容上下极片之间，调节 S916 测试夹具的测微杆，直到平板电容极片夹住样品为止，记下样品的厚度 D_2。改变主机上的主调电容容量，使主机处于谐振点（Q 值最大值）上，此时显示数值为 C_2 和 Q_2。等 Q 值稳定，然后按一次主机上的小数点（$\tan\delta$）键（用绝缘材料来按，不要用手来按），在显示屏上原电感位置上将显示 C_0，

11. 取出样品，调节 S916 测试夹具的平板电容上下极片的距离，使其和被测样品相同，即为 D_2，这时主机又失去谐振（Q 值变小），再改变主机上的主调电容容量，使主机再回到谐振点（Q 值最大值）上，第二次按下主机上的小数点（$\tan\delta$）键，显示屏上原 C_2 和 Q_2 显示变化为 C_1 和 Q_1，同时显示介质损耗系数，即完成测试。

12. 也可手动计算被测样品的介电损耗：$\tan\delta = \dfrac{C_0 + C_1}{C_1 - C_2} \cdot \dfrac{Q_1 - Q_2}{Q_1 \cdot Q_2}$。

13. 记录并计算实验数据：

(1)参考表 3－18 记录实验条件及测定数据。

(2)计算介电常数 ε 和介质损耗角正切 $\tan\delta$。

表 3－18　实验数据记录表(Q 表法)

样品信息								
测试条件								
序号	试样厚度/m	测量数据				计算结果		
		C_1	Q_1	C_2	Q_2	ε	$\tan\delta$	平均值
1								$\varepsilon=$ $\tan\delta=$
2								
3								
4								
5								

四、注意事项

1. 为保证仪器精确测量，开机预热时间应不少于 30 分钟。

2. 使用设备配套的测试夹具或测试电缆，夹具或电缆应保持清洁，被测试器件引脚保持清洁，以保证被测器件与夹具接触良好。

3. 仪器应远离强电磁场，应尽量在低噪声的环境下使用，以免对测量产生干扰。

4. 调节高频 Q 表主调电容或主调电容数码开关时，当接近谐振点时缓调；被测件和测试电路接线柱间的接线应尽量短，足够粗，并接触良好、可靠，以减少因接线的电阻和分布参

数所带来的测量误差。被测件不要直接放在机盖顶部，离顶部 1 cm 以上，必要时可用低损耗的绝缘材料如聚苯乙烯等做成的衬垫物衬垫；手不得靠近试件，以免人体感应影响造成测量误差，有屏蔽的试件，屏蔽罩应连接在低电位端的接线柱上。

5. 勿频繁开关仪器，以免引起内部数据混乱。

五、延伸阅读——卡麦林·昂纳斯、超导和东方超环

2023 年 7 月，韩国量子能源中心关于室温超导研究在世界范围又一次引发了超高热度的讨论。100 多年前卡麦林·昂纳斯为人类打开了超导的大门，超导是 20 世纪最伟大的发现，也是物理学的圣杯。

卡麦林·昂纳斯（Heike Kamerlingh Onnes，1853—1926，图 3－89）是荷兰物理学家，1853 年 9 月 21 日出生在荷兰北部城市格罗宁根。父亲和母亲勤劳而爱好艺术，昂纳斯自幼所受的教育培养了他良好的阅读和思考习惯。学生时代的昂纳斯已表现出科学研究方面的天赋和很深的数学造诣。昂纳斯的中学校长是范贝姆莱，后来是莱顿大学的化学教授。中学毕业后，昂纳斯进入格罗宁根大学学习物理和数学，后到德国的海德堡大学学习，从师于著名的化学家本生（R. W. Bunsen）和物理学家、化学家基尔霍夫（G. R. Kirchhoff），受到后者较大的影响，兴趣逐渐从化学转移到了物理学。在基尔霍夫的鼓励和启发下，他开始钻研一些问题。1879 年 7 月 10 日进行博士论文“地球轴向旋转的新证据”答辩，该文从理论上和实验上论证有大量的现象可以证明地球的转动，而傅科摆的实验只是一个用简单方式证明的特例。答辩委员会全体委员认为论文的内容及讨论方法极为出色，他们一反荷兰的惯例，在未经讨论且答辩者本人不必退场的情况下就一致同意论文通过，昂纳斯以优异成绩被授予博士学位。

图 3－89　卡麦林·昂纳斯

1882 年，年仅二十九岁的昂纳斯被任命为莱顿大学物理学教授和物理学实验室负责人。他发表了题为“定量研究在物理学中的重要性”的就职演讲，他说，我认为在物理学的实验研究中，为定量研究而奋斗——探索各个现象之间的测量关系——必须放在突出的地位；“知识来自测量”，应成为每一个物理学实验室的格言。此后，昂纳斯担任上述职务长达四十二年之久，强调实验研究中的测量关系，则在他的整个科学生涯中得到了充分体现。

随着实验室工作的开展，昂纳斯研究目标集中到了低温领域，在他的领导下，莱顿物理学实验室成为国际公认的低温研究中心。昂纳斯不断改进并完善了低温实验技术，1908 年首次将氦气液化成功，1911 年发现了超导现象，1913 年被瑞典皇家科学院授予诺贝尔物理学奖。

卡麦林·昂纳斯最早发现了超导现象，但在他所处的时代，还不能对超导电性有比较满意的解释。1913 年他在获诺贝尔物理学奖的演讲中曾说道：“我觉得，与其让自己陷入如何用量子论来解释超导现象，我宁愿用超导去研究一个实验问题”。1957 年，巴丁、库珀和施

里弗对超导现象作出了微观理论解释，他们为此而荣获 1972 年诺贝尔物理学奖。然而，人们对超导的认识过程至今仍在继续。

卡麦林·昂纳斯不仅是一位天才的实验物理学家，而且也是一位出色的组织者。他并不是将低温研究完全囿于实验室之中，而是很关心低温技术的应用，诸如在日常生活中的食物保存、冷冻运输、制冰等等。他还深刻地意识到，在实验研究中日益迫切地需要技术熟练的合作者和制造精良的仪器，因此创立了“仪器制造者训练促进会”。莱顿实验室还附设了培训仪器制造工人的学校，为荷兰的各实验室以及欧洲乃至大西洋彼岸的实验室输送了第一流的实验工人，这也使莱顿实验室在全世界赢得了声誉。他的实验物理学研究，特别是关于低温下物质性质的研究成就，使他当之无愧地成为现代低温物理和超导物理研究的创始人。近百年以来的低温物理研究，以及近几年许多国家在高临界温度的超导体实验研究方面有了重大进展，充分证明了卡麦林·昂纳斯一贯强调的实验研究的重要性。

另一方面，超导材料在聚变堆磁体、核磁共振谱仪磁体及加速器磁体中的实用化进程迅猛发展。2006 年 11 月，中国、欧盟、印度、日本、韩国、俄罗斯和美国七方签署了 ITER 计划的联合实验协定及相关文件，2007 年 8 月国家主席胡锦涛签署了批准书。国际热核聚变实验堆(ITER)计划是当今世界规模最大、影响最深远的国际大科学工程。中科院院士万元熙说：“中国的超导技术因 ITER 得到长足发展，如高功率的连续波加热、遥控机器人维护以及材料、大型低温系统、大型电源……这十年来，中国在聚变的各个领域都迅速发展，有些走到了世界前列”。2023 年 4 月 12 日，中国的“人造太阳”又获得了一项重大突破，成功实现了连续运行 403 秒。东方超环(EAST，图 3-90)是世界上第一个全超导非圆截面托卡马克，也是世界上第一个实现稳态高约束模式运行持续时间达到百秒量级的托卡马克核聚变装置，表明我国在磁约束聚变研究和工程方面继续引领国际前沿。

图 3-90　东方超环(EAST)

其中西北有色金属研究院、西部超导材料科技股份有限公司是我国超导材料研究和开发的主要单位之一，研究方向包括 Bi 系线带材、YBCO 涂层导体、MgB_2 线材、NbTi 线材、Nb_3Sn 线材等超导材料，目前已拥有国际一流水平的 NbTi 和 Nb_3Sn 超导材料生产线，承担了国际热核聚变实验堆(ITER)项目 Nb_3Sn 超导线和 NbTi 超导线采购包。合同总量分别为 35 吨和 174 吨,并分别于 2015 年 9 月 21 日、2017 年 3 月 13 日完成交付,全部一次性通过了 ITER 项目的导体测试,全部满足 ITER 要求并具有较高稳定性,标志着 ITER 国内超导股线任务圆满完成。

我国参与 ITER 计划所取得的成果不仅对国际热核聚变实验堆(ITER)和未来中国聚变工程实验堆(CFETR)建设和运行具有重大的科学意义,同时为人类开发利用核聚变清洁能源奠定了重要的技术基础。

思考题

1. 四探针法与伏安法测定电阻率有何不同?
2. 试样厚度对 ε 测量值有何影响?
3. 测量环境对材料的介电常数和介电损耗角测试结果有何影响,为什么?

3.9　无机材料光学性能测试与分析

透光度、光泽度、白度是日常用瓷和工程陶瓷重要的光学性能,它不仅反映材料自身的特性,也限定了其应用场所,采用适当的工艺获得预期光学性能还能满足人们的视觉审美效果。因此了解和认识材料的光学性能含义,掌握材料常见光学性能的测定方法对材料工作者具有重要意义。

3.9.1　材料透光性能的测试与分析

玻璃、陶瓷、塑料等是透明或半透明材料。透光度是指材料透过光线的能力,它是一个综合性的指标,与材料对光线的吸收和反射性质有关,通常用透射比或雾度(浑浊度)来表征。

透光度是玻璃最重要的性质之一,早在 15 世纪,人们就开始应用这个光学性质,玻璃的光学性质给人类带来了文明和繁荣,透射比的测定是平板玻璃质量检测的重要项目之一。而瓷器是一种半透明制品,透光度是衡量瓷质品质高低的重要标志之一。洁白、光润、透光度高的瓷器给人以明快之感,令人喜爱。翡翠玉石的透光度一般称为“水头”,直接影响玉石价值的高低,质量好的宝玉晶莹剔透,有“冰清玉洁”的说法。如,安徽博物院珍藏的“金扣玛瑙碗”是馆内八大国宝之一。此碗巧妙利用玛瑙的天然纹理与柔和光泽,经过精细打磨与抛光,内壁光滑细腻,通体透光。碗沿镶嵌一圈黄金装饰,金光与玛瑙交相辉映,堪称稀世珍品。作为一件宋代玉器文物,它以玛瑙为材,这种材质性脆、韧性差,制作难度极高,这件完美的作品充分展现了古人高超的技艺与精益求精的工匠精神。

透光度不仅能显示材料的外貌视觉特征,而且能反映其内部理化性质。透光度与材料组成、晶体形状、化学组成、颗粒大小、气孔多寡以及焙烧程度等因素有密切联系。借助透光度指标可以判断瓷器等材料内部液相(玻璃相)含量,比较同一器件各部位的均匀性,协助确定制品焙烧温度范围等。因此,透光度的测定对鉴定瓷器质量及陶瓷工业发展都有重要意义。

本实验的目的为:

1. 理解透光度的基本概念;
2. 学习玻璃透光度测定仪的基本原理及使用方法;
3. 掌握材料透光度的测定技术。

一、设备与材料

1. 两种待测试样:

(1)普通玻璃样品:14 mm×14 mm 的正方形,具有不同厚度(约 2 mm、1.5 mm、1 mm、0.5 mm),平整、光洁、干燥。试样厚度用千分尺准确测定。

(2)具有相同厚度但具有不同 Ce^{3+} 掺杂浓度的钇铝石榴石透明陶瓷,每组 4～5 个样品。

2. 镜头纸、脱脂棉或软布条、无水乙醇、千分尺等。

3. 77C 型瓷胎透光度仪,外观如图 3-91 所示,为整体台柜式,可直接装取瓷胎试样,直接读数,操作方便,灵敏度好。

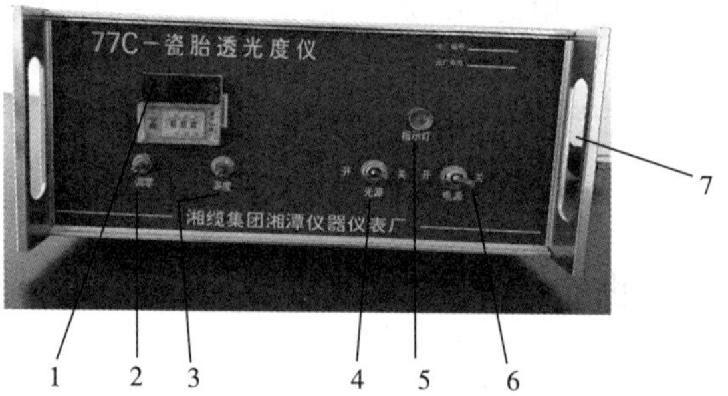

图 3-91　77C 型瓷胎透光度仪

1—显示窗;2—调零旋扭;3—满度旋扭;4—光源开关;5—电源指示灯;6—电源开关;7—试样盒拉扭

二、实验基本原理

如图 3-92,一束强度为 I_0 的光垂直入射到通过厚度为 x 的陶瓷或玻璃介质样品上,样品与空气的相对折射系数为 n_{21},反射率为 m,吸收系数为 α,散射系数为 s,入射光经在空气与介质表面的反射损失①、穿透介质的吸收损失②、散射损失③以及从介质向空气介质的二次反射损失④之后,入射光的强度变为:

$$I=I_0\ (1-m)^2 e^{-(s+\alpha)x} \quad (3-27)$$

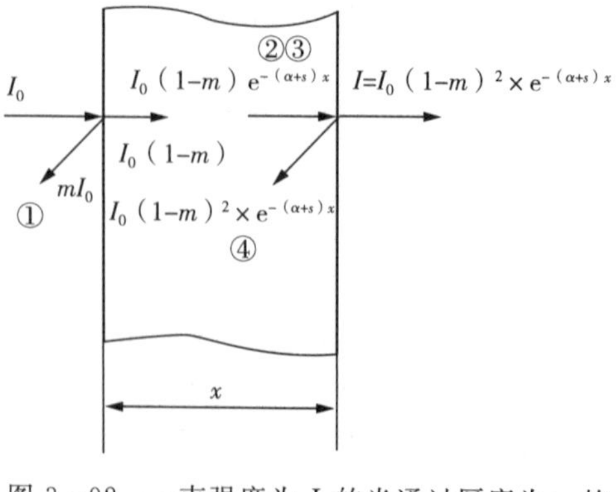

图 3-92　一束强度为 I_0 的光通过厚度为 x 的样品后经反射、吸收与散射之后的能量变化

$$I/I_0=(1-m)^2\mathrm{e}^{-(s+\alpha)x} \tag{3-28}$$

则 I/I_0 定义为透光度。

77C 型透光度仪由稳压电源、光电换能机构和数字检流计三部分组成。如图 3-93 所示，由变压器供给灯泡电流，使灯泡(4 V/3 W)发出的光通过透镜变为平行光，在平行光前进的方向上穿过可装放样品的试样盒，当未装试样时，平行光垂直照射在光电池的试样盒上，光电池生产电流 I_0，电流大小由检流计测定。当装入试样之后，平行垂直照射到试样界面上，这时只有透过试样的那部分光能够射到光电池上产生的电流 I 亦由检流计测定，相对透光度用公式表示如式(3-29)：

$$\text{相对透光度 } t=(I/I_0)\times100\% \tag{3-29}$$

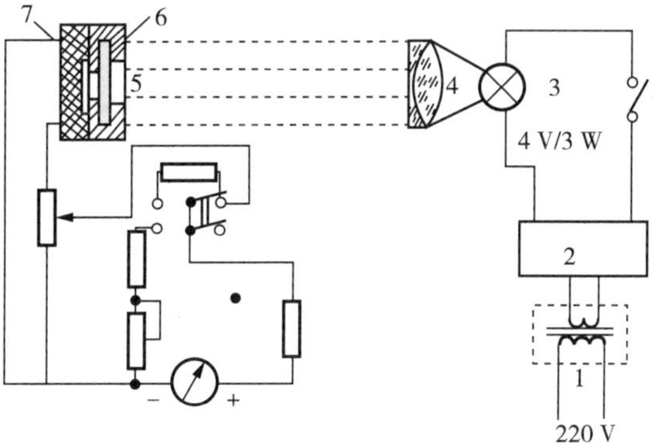

图 3-93　透光度仪工作原理示意图

1—变压器；2—稳压电源；3—灯泡；4—透镜；5—试样盒；6—试样；7—光电池；8—检流计

三、实验步骤

1. 从不同厚度玻璃与不同组分透明陶瓷两组样品中任意选择一组进行测试。

2. 接通电源：插上电源插头，拨动右边电源开关，指示灯亮。

3. 检流计校零：打开电源开关后，数字检流计应指示为零，如不为零，则调整调零旋钮，直到稳定为零。

4. 调满度 100.0：打开光源开关，预热三分钟，将仪器右侧拉扭往里推到位，此时，数显表应指示为 100.0，如不是，则调整满度旋钮，直至数显检流计显示为 100.0。

5. 测定相对透光度：拉仪器右侧拉扭，抽出试样盒，装入试样，推进试样盒，即可在检流计上读取相对透光度数值。

6. 对每片试样测定三次，记录数据，见表 3-19 或表 3-20，取算术平均值作为该片试样的透光度值。

7. 试样全部测完后，取出试样，关闭电源开关。

四、实验报告要求

测试一组不同厚度的玻璃或者不同组分的钇铝石榴石透明陶瓷样品的透光度，结合材料的组分与结构，利用所学知识分析影响透光度的因素。

表 3－19　透光度测量记录表

试样编号	试样厚度 /mm	测定值			透光度平均值(%)
		1	2	3	
1					
2					
3					
4					
5					

表 3－20　不同浓度 Ce^{3+} 的钇铝石榴石透明陶瓷样品透光度测量记录表

试样编号	Ce^{3+} 浓度	测定值			透光度平均值(%)
		1	2	3	
1					
2					
3					
4					
5					

五、延伸阅读——直线平移法

朗伯—比尔定律是光吸收的基本定律，是描述物质对单色光吸收的强弱和吸光物质的厚度、浓度之间关系的定律，是比色分析、分光光度法等仪器的理论基础。当一束平行单色光垂直通过某一均匀非散射的吸光物质时，其吸光度 A 与吸光物质的浓度 c 及吸收层厚度(光程)L 成正比，而与透光度 t 呈对数关系，这就是朗伯-比尔定律(Beer－Lambert Law)，其数学表达式为：

$$A=\lg(1/t)=KLc \tag{3-30}$$

其中，A——吸光度；

t——透光度，是出射光强度(I)与入射光强度(I_0)的百分比；

K——为摩尔吸光系数，它与吸收物质的性质及入射光的波长 λ 有关，L/(mol · cm)；

L——为吸收介质的厚度，cm；

c——吸光介质的浓度，mol/L。

透光度 t 是一个可变函数，它随入射光强度、光波波长、试样厚度的变化而变化，要得到准确、稳定、相互间有对比性的透光度值，必须对可变因素进行严格控制：(1)样品厚度一致；(2)入射光强度要稳定不变；(3)光波波长要一定。而要严格获得这三个条件实际上很困难，为了使测得的透光度稳定可靠，运用直线平移法求绝对透光度，其误差可以达到小于 1 % 的精确度。

直线平移法的步骤是将前述方法测得的四种瓷片不同的厚度 L、相对透光度 t 及对其对数 lg$t$ 填入表 3－21 中，以瓷片厚度 L 为横坐标，以相对透光度的对数 lg$t$ 为纵坐标作图，如图 3－94 所示。

表 3－21　直线平移法数据表

试样厚度(mm)	L_1	L_2	L_3	L_4
相对透光度(%)	t_1	t_2	t_3	t_4
lg$t$	lgt_1	lgt_2	lgt_3	lgt_4

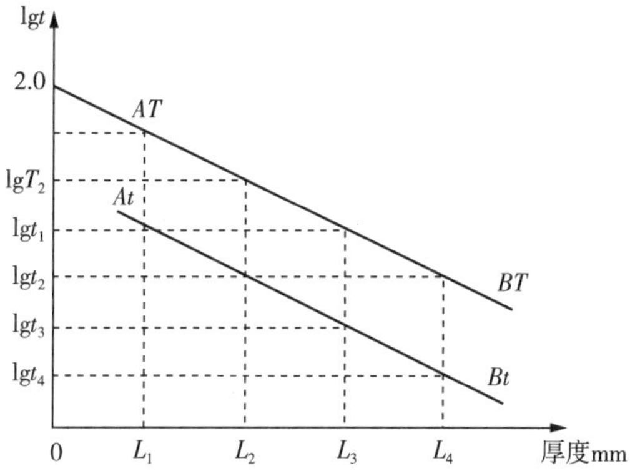

图 3－94　直线平移法求绝对透光度

实验证明试样厚度与相对透光度的对数呈线性关系，如直线 $At-Bt$。为了便于比较，可选择通过坐标(0,2.0)点并且平行于 $At-Bt$ 直线作透光度的计量标准直线 $AT-BT$，然后从直线 $AT-BT$ 上可求得被测试样任一厚度的标准透光度。例如，在 $AT-BT$ 直线上查得对应厚度 L_2 的标准透光度对应为 lgT_2，则 T_2 就是厚度 L_2 试样的标准透光度。

思考题

1. 若忽略反射与散射能量损失，只考虑吸收的影响，利用所测数据验证朗伯-比尔定律，画出 I/I_0 随玻璃样品厚度的示意图，尝试写出理论吸光系数表达式；若测定厚度为 1 mm 的玻璃的透光度为 T，那么厚度为 2 mm 的玻璃，其透光度为多少？

2. 对于掺杂不同浓度 Ce^{3+} 的钇铝石榴石透明陶瓷样品，根据表 3－21 画出 I/I_0 随 Ce^{3+} 浓度变化的示意图，尝试从数学角度建立 I/I_0 与 Ce^{3+} 浓度的数量关系。

3. 根据实验结果，分析影响透光度的因素。

3.9.2　材料光泽度的测试与分析

光泽度是物体表面特性，可理解为物体表面的光亮程度，是一种视觉上的直观感受。物体表面对光的反射有镜面反射和漫反射两种类型。光泽度高的镜面反射的光线明亮、锐利，如镜子、光洁的金属等能够清晰地反射出周围的影像；光泽度低的表面产生的漫反射光线是分散的、柔和的，如纸张、丝绸等。

光泽度的高低与物体表面的光学性质、材质和表面状态等密切相关，如抛光后的金属材质往往具有较高的光泽度，而木材等吸光材料的光泽度较低。光泽度在现实生活的各个领域都有重要的应用，如建筑行业中选用高光泽度的材料往往能增加建筑装饰的美观和空间延伸感；家具、家电及其他包装、装潢行业所选用的装饰材料、发光薄膜、塑料制品等，对光泽度要求则各有侧重，有的要求表面半光或无光，有的要求表面强烈反光或发亮。如汽车制造过程中车身通过喷漆、镀膜、打磨和抛光等工艺处理显著提高其光泽度，获得高品质外观。电子产品如手机后盖对于整个手机美观性至关重要，在产品设计和制造过程中需要把控材质的选择和光泽度的精确量化控制。此外，塑料表面长期使用后因老化而使光泽度明显下降，通过光泽度的变化可以反映材料的耐老化性能等等。

本实验的目的为：

1. 理解光泽度的定义及测定意义；
2. 掌握用光泽度计测量光泽度的原理和测试方法；
3. 学习光泽度的测试与定量分析，加深对其产生、变化机理的理解。

一、设备与材料

KGZ－IC 型智能光泽度仪，瓷砖、人造大理石或人造地板砖等待测样品。镜头纸、脱脂棉或软布条，无水乙醇等。

二、实验原理

1. 光泽度的定义

光泽度是在一组几何规定条件下对材料表面反射光的能力进行评价的物理量。通常说的光泽是指“镜向光泽”，取决于表面对光的镜面反射能力，所谓镜面反射是指反射角与入射角相等的反射。光泽度通常以试样在镜面（正反射）方向的反射率与标准表面的反射率之比乘以 100 来表示：

$$G=100\ R/R_0 \tag{3-31}$$

其中，R——试样表面的反射率，%；

R_0——标准板的反射率，以抛光完善的黑玻璃作为参照标准板，其钠 D 射线（在真空中波长为 589 nm）的折射率为 1.568，对于每一个几何光学条件的镜向光泽度定标为 100 光泽度单位（也有的定标为 105 光泽单位）。光泽度的单位为 Gs 或 GU。

2. 测量原理

光泽度的测量原理是通过测量物体表面发射光线的强度来确定物体表面的光泽度。测量出来的数值其实就是该物体表面的反射率除以标准板反射率的比值。比值越大说明光泽度越高，比值越小说明光泽度越低。

在测量过程中，光源照射到物体表面，光线被物理表面反射，光敏元件将接收到的发射光信号转变为电信号传送到检测接收器，经放大后由仪表刻度盘指示出光泽度测量值。如图 3－95 所示，发射器由白炽光源和一组透镜组合而成，它产生对于光源解析有效的入射光束；接收器由透镜和光敏元件组成，用于接收从样品表面反射回来的锥体光束；光电信号经转化处理后输出光泽度值。

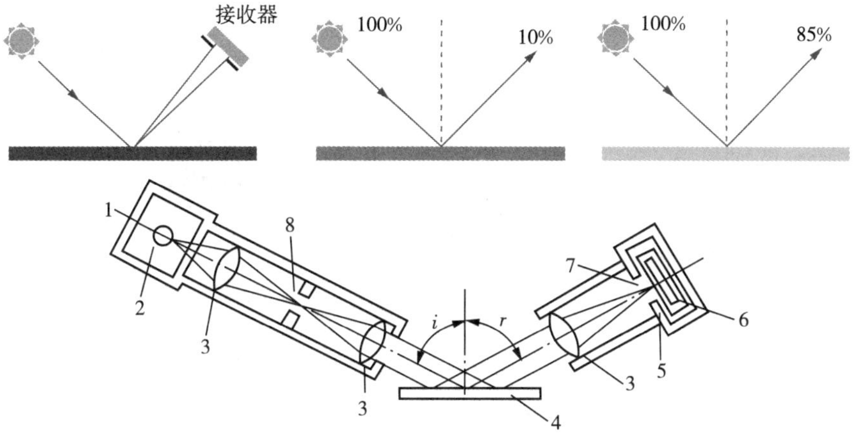

图 3-95　光泽度的测量原理

1—光轴；2—光源；3—透镜；4—试样；5—光圈；6—接收器光圈；7—接收器；8—光源影像

用波动理论可以定性地解释材料的许多光学性能，根据波动理论可以导出公式(3-32)，单位时间通过单位面积的入射光的能量流 W_0 与反射光的能量流 W 之比为：

$$\frac{W}{W_0}=\frac{1}{2}\left[\frac{\sin^2(i-r)}{\sin^2(i+r)}+\frac{\tan^2(i-r)}{\tan^2(i+r)}\right] \tag{3-32}$$

其中，i——入射角(入射光线和法线之间的夹角)；

r——折射角。

镜面反射率 R 取决于介质的折射率及光线的入射角，因此在实际应用中常用公式(3-33)计算：

$$\frac{W}{W_0}=\frac{1}{2}\left[\frac{\cos i-\sqrt{n^2}-\sin^2 i}{\cos i+\sqrt{n^2}+\sin^2 i}+\frac{n^2\cos i-\sqrt{n^2-\sin^2 i}}{n^2\cos i+\sqrt{n^2-\sin^2 i}}\right] \tag{3-33}$$

其中，n——介质的折射率。根据标准光泽板的折射率和确定的入射角，就可计算标准板的镜面反射率，将这个值定为 100 个光泽度单位，在光泽度计的刻度盘上刻出，就可对待测样品进行测定。

3. 光泽度计

KGZ-1C 型智能光泽度仪由测量头和检测表两大部分组成，外形如图 3-96 所示，仪器由光源发射装置、透镜、反射光接收器和数据显示器组成，定角角度为 60°，测量范围为 0～120 Gs；配备工作标准板 40 mm×80 mm 和 40 mm×40 mm 各一块。标准板用于检定光泽度仪，高光泽度板由黑色光学玻璃制成，中光泽度板和低光泽板由涂釉陶瓷或黑色光学磨砂玻璃制成。仪器可应用于：

(1)油漆、清漆等非金属漆膜的表面光泽测量。

(2)家具表面(油漆、清漆表面)的光泽外观测量。

(3)大理石、花岗石、水泥花砖、人造大理石等建筑装饰板材的表面光泽测量。

(4)塑料、塑料地板、墙纸、装饰板的表面光泽测量。

(5)陶瓷、搪瓷、白色釉面砖的表面光泽测量。

(6)其他应用研究:外柱面或类似凸面的光泽测量,表面抗腐蚀能力的试验,外观设计试验研究等。

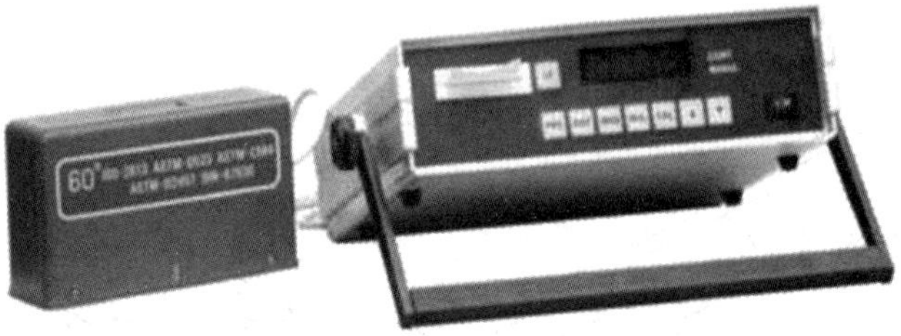

图 3-96 KGZ-1C 型光泽度仪

另一方面,具有很高的反射率的材料,如经抛光的金属材料、双光面铜箔、高光绸缎等,其光泽度很大,并且对角度的依赖性小,测量值可能高于 100 Gs,甚至达到 2000 Gs 以上,此时需要选择量程范围更大的光泽度仪。一般 10～70 Gs 之间称为半光泽,适用于 60°角度测量;小于 10 Gs 称为低光泽,应该用 85°角度测量;高于 70 Gs 以上的高光泽物体用 20°角度来测量。

三、实验步骤

1. 试样要求与准备:试样表面应干净、平整、光滑,无翘曲、波纹、突起、弯曲、砂眼等外观缺陷。

2. 用擦镜纸将随机附带的标准板擦干净,将仪器的测量头置于标准板框内。

3. 将测试插头插入主机后面插座上,接通电源,打开仪器电源,预热 10 分钟。

4. 校准

(1)零点校准

将测量头开口置于黑绒布板上,按 MES 键,处于测量模式。按▲选择连续测量方式,CONT 灯亮。然后按 NUL 键显示器读数为“0.0”。

(2)定标

将测量头开口置于黑玻璃板,按 CAL 键处于校准模式,此时显示器上有一位在闪动。按▼键可一次选择其他位。按▲可调整选择位的数值,使之与黑标准板的标称值相同。

(3)全部校准参数输入完毕后,按下 MES 键返回测量模式。

5. 检验

将测量头开口置于白瓷板上,显示值不应该偏离白瓷板标称值+1.0 Gs,否则考虑标准板是否被污染,参照表 3-22 重新校准和定标。

表 3-22 光泽度计的计量性能

计量器具	标准板光泽度	KGZ-1C 光泽度仪
稳定度/Gs	0.2	1.0
零值误差/Gs	0.1	1.0
示值误差/Gs	+1.0	+2.5

6. 测量

将测量头开口置于被测样品板上，CONT 灯亮为连续采样方式，按动▼为手动采样方式，此时 CONT 和 MANUI 灯全部熄灭，每按动 MES 键一次仪器采样一次，MANUL 灯亮一次。每次采样值都被记录。

将测量头置于试样表面其他测量部位进行测量。

换另一块试样，按上述方法测量其光泽度。

7. 打印

在手动测量方式下进行打印，打印后上次数据并不清除，想要清除上次数据可按动 RES 键。

四、注意事项

1. 光泽度计属于光学精密仪器，存放及使用地点应保持干燥、忌潮湿；光电池和灯泡老化导致仪器灵敏度下降或无法调到高光泽工作板的标准值，应及时更换。

2. 光泽度计的测量方法是相对比较法，调零、调标准值以及测样品全过程都尽可能在较短的时间内完成；若时间过长，因空气中的湿度或灰尘都会影响基准，可能会带来较大误差。

3. 工作标准板是仪器的基准部件，须加倍保护，注意防潮防尘，切勿用手触摸其表面。标准板若蒙上灰尘，可用洗耳球吹净。万一不慎用手触摸而沾上汗渍，可用镜头纸滴上清洗液(由乙醇和乙醚按 1∶2 配制而成)轻轻擦拭，切勿用力。尤其是中光泽度的上釉陶瓷板，用力过大，将越擦越光亮，其光泽度将变大。

4. 测量头工作面朝上朝下都可使用，不使用时测量头开口处须朝下放置，以免灰尘落入。

5. 被测样品的表面要清理干净，否则测量头与标准板和样品之间来回接触，将会污染标准板。

五、实验数据记录与处理

1. 参考表 3-23 记录测量数据。

表 3-23　光泽度测量记录表

试样		每点光泽度测定值/Gs			光泽度平均值/Gs
编号	材质	1	2	3	
1					
2					
3					

2. 对于墙地砖，每个试样中心的光泽度值即为该试样的光泽度值。

3. 对于要求多测量点的材料制品，用多点测量值的算术平均值表示光泽度，计算精确至 0.1 Gs。

六、延伸阅读

1. 产品光泽度的设计和应用

光泽度是产品表面质量检测中的一个项目，是一种外观参数的体现，其值的高低没有一定的要求，主要和其应用领域有关系，光泽度的设计应该符合行业或者用户使用的需求，其设计和应用方向有：

1. 显得产品更新。例如汽车类产品表面光泽度高，以突出产品的新和靓，引起消费者的购买欲望，从而促进这款产品的销售。

2. 让产品更诱人。例如有些食品会加入一些油层，提高食物的表面光泽度，更具有美食的诱惑力。

3. 让产品更适用。例如学习教育类印刷品质量，其表面光泽度就不宜过高，否则可能导致使用者眼睛不适。

4. 让产品达到功能。例如有些高光的化妆品，在一些部位具有提亮的效果。

5. 产品符合定位。有些产品在一些公共场合可以用，而在另一些场合却不宜使用。例如地面砖本身是要求有一定的光泽度的，但在公共场合就不宜使用，原因是有可能泄露女性隐私。高光泽度的墙砖也不宜在卧室使用，因为有可能影响睡眠。

6. 让产品更高端。例如光泽度高可以让产品看起来显得更新，但磨砂类、低光泽度的产品可以显得比较沉稳不浮躁，有些用户觉得这类产品更具有品位。

不论企业产品的光泽度设计高低如何，只要产品光泽度的设计应用符合行业和使用者需求，就是好的表面光泽度设计。

2. 铜箔的光泽度

图 3－97　铜箔

图 3－97 所示的双面光电解铜箔是一种用电解法生产的两面均为光洁面的铜箔，被广泛应用于锂离子电池、多层印刷线路板、可绕性线路板、铜箔胶带、电磁屏蔽等领域。锂电铜箔作为锂电池的负极集流体重要的原材料之一，除了薄、高能量密度、高抗拉强度、高延伸率和低粗糙度之外，其光泽度是否达标也决定着铜箔能否商用。对于铜箔而言，光泽度反映的是铜箔表面形核和结晶的状态，与铜箔微观组织有关。光泽度达标意味着该卷铜箔表面质量良好，同时说明在电沉积过程中，铜晶粒沉积均匀致密，添加剂配比合理，反映生箔系统运行状态良好。

目前国内关于铜箔的光泽度的测量和研究正在深入，灵宝华鑫铜箔有限责任公司和西安科技大学的白忠波等人联合公开了专利《一种基于铜箔光泽度在线检测的光泽度自适应控制方法》(公开号：CN116288547A)。目前，生箔机上铜箔表面光泽度的数据测量主要依赖人工使用接触式仪器进行定时测量和记录，由此造成人为操作误差大、数据准确度低、无法实现数据的实时连续获取、容易错过工艺调控的最佳时机等问题，为解决这些问题，该专利提出了一种在铜箔生产过程中进行实时光泽度检测、并通过实时偏差值进行生产工艺修正的一致性自适应控制方法，能够有效降低水波纹、发花等缺陷造成的残次品铜箔比例，确保电解铜箔生产过程中的降本增效。

在铜箔的生产过程中防氧化处理是另一个关键步骤，浙江大学的叶力维等人公开了《一种基于光泽度测量技术的铜箔表面氧化分析方法》(公开号：CN114965381A)，提供了一种基于光泽度测量技术的铜箔表面氧化分析方法。发明人在研究中发现铜箔表面的氧化程度与铜箔表面氧化膜的光泽度值具有一定的关联性。在铜箔表面粗糙度和微结构基本不变前提下，氧化膜越厚，对光的吸收衰减效果越强，其膜厚与光泽度衰减率成正比。因此基于氧化膜厚度与光泽度衰减值的内在关联，通过直接分析光泽度衰减值，获得铜箔表面的氧化程度的量化数据。该专利提供了一种定量表征铜箔表面氧化程度的技术手段，适用于电解铜箔表面氧化程度的分析，经发明人反复验证，在基于特定工况下，铜箔表面的光泽度值与其氧化程度总是能较好地符合一定的曲线关系，具有良好的稳定性和准确性。

由此可见，与材料宏观形貌和厚度尺寸的测量不同，材料光泽度的测量能够深入研究微纳米尺度下的形核结晶状态对材料性能的影响。这种测量方法可用于研究和评估材料的制备过程和生产质量控制，从而最终获得高品质的材料制品。

思考题

1. 简述“光泽度”与“光洁度”“粗糙度”的概念，分析比较。
2. KGZ－1C 光泽度计的测试范围是什么？材料抛光成镜面后的光泽度如何测试？
3. 了解市场上有哪些新型光泽度测试仪以及它们的应用领域和范围？

3.9.3　材料白度的测试与分析

“五彩缤纷”“桃红柳绿”“万紫千红”这些成语都是形容大自然的美丽，我们拥有一个多姿多彩的世界，我们的生命也变得多姿多彩。这些都归因于太阳光，没有阳光就没有绚丽多彩的世界。颜色是通过眼、脑和我们的生活经验所产生的一种对光的视觉效应，人眼一共能区分约一千万种颜色，这只是一个估计，因为每个人眼的构造不同，每个人看到的颜色也往往受到周围颜色的影响而稍微不同。颜色实质上是涉及物理光学、心理学及心理物理学的一个综合的主观感觉，在人们心理上还会产生各种寓意、暗示等，因此对颜色的区分是相当主观的。

颜色科学是一门综合性科学，关系到视觉学、生理、心理、光学、电子、精密机械等学科。颜色测量仪器是应用以上学科原理，把颜色量值化的仪器。白色是颜色的特例，白度是用一维数值衡量物体色的白色程度。无机非金属材料如水泥、玻璃制品、陶瓷制品、搪瓷珐琅等都涉及白度的测量。本实验的目的为：

1. 学习物体颜色的基本概念及表示方法；
2. 掌握材料白度的测量方法；
3. 了解颜色测定和表征的意义。

一、设备与材料

WD 型数显白度计，WD－5 型全自动白度计，陶瓷墙地砖、搪瓷、平板玻璃或粉体压坯等待测样品。镜头纸、脱脂棉或软布条,无水乙醇等。

二、实验原理

1. 颜色

颜色(color)是光作用于人眼引起的除空间属性以外的视觉特性。光和色有密切的联系,有光才有色,无光的地方就没有色的显示。牛顿首先揭示了自然界颜色的秘密,证明了太阳是由许多单色光组成的。光是一种电磁波,对人类产生视觉反应的电磁波的波长在380～780 nm之间,人眼之所以会分辨出千差万别的颜色,是因为这个区间中,每一种波长的光所含能量不同(也就是光谱成分不同),人眼视觉对这一光谱段的辐射最敏感。

根据三原色学说,任何一种颜色的光都可看成由红、绿、蓝三种颜色的光按一定比例组合起来的。人眼中一般有S、M、L三种视锥细胞(Cone Cell),分别负责感受可见光中的短、中、长波段的光。如果进入人眼的是650 nm的光,那么大脑接收到的视觉信号主要来自L型视锥细胞,产生红色的色觉;对于波长为590 nm的光来说,L、M型视锥细胞都会产生信号,产生黄色的色觉。所以人类对于颜色的感知是大脑对眼睛接收到的光线产生激励,然后又将激励混合起来而产生的一种感觉,这种感觉归类成红、橙、黄、绿、雾霾蓝、深空灰、土豪金等等色觉。由于人的生理差别,各人对颜色的灵敏性也大不相同,因此,人对颜色的判断带有很大的主观性,难以正确测定颜色,为了准确地描述和表示物体的颜色,新兴了一门科学——色度学。

2. 色度学

色度学是研究人的颜色视觉规律、颜色测量的理论与技术的科学。它是将主观颜色感知与客观物理测量值联系起来,建立科学、准确的定量测量方法。

在这门科学里,物体的颜色包含三个特征——色别、明度和饱和度,也称为“色彩三要素”,也是色觉的三个属性。(1)色别就是指不同颜色之间质的差别,它们是可见光谱中不同频率的电磁波在视觉上的特有标志,表示红、黄、绿、蓝、紫等颜色特性。(2)明度是指色彩的明暗程度,即同一颜色的物体在不同能量光线的照射下呈现出明暗的差别。(3)饱和度是指构成颜色的纯度,它表示颜色中所含彩色成分的比例。色彩比例越大,该色彩的饱和度越高,反之则饱和度越低。高饱和度的照片能使人产生强烈、艳丽的感觉;低饱和度的则让人感到清新素雅。

色度学是一门以光学、生理学、心理学和电子计算技术等为基础的综合性科学技术,以大量配色实验为基础的实验性科学。使用该实验确定假想观察者,将任意的可见光谱功率分布转换为一组三刺激值,从而量化地描述人类色觉。色度学初步解决了对颜色作定量描述和测量的问题,国际照明委员会(International Commission on Illumination,法语简称为CIE)于1931年制订的一系列色度学标准成为现代色度学的里程碑。近100年来,色度学已取得了巨大的成绩,在摄影、印刷、染料、纺织、造纸、交通信号、照明技术、农业生产等行业和产业获得了广泛应用。

3. CIE $X_{10}Y_{10}Z_{10}$色度系统

使用规定的符号,按一系列规定和定义表示颜色的系统称为色度系统(也称表色系统)。为了科学地表征颜色特征,国际照明委员会创立了CIE系统。我国GB/T 3977—2008《颜色的表示方法》中明确表示：XYZ 色度系统中，采用色品坐标 x、y 和刺激值 Y 表示。

光的三原色是指红、绿、蓝三种基本颜色，它们是构成彩色光的基础。各种物体表面色是由红（或品红）、绿、蓝三原色混合而成。经过大量的目测实验（俗称标准眼），人为地制定了 CIE 1931 年 XYZ 表色系统（即 2°视场）和 CIE 1964 年 X_{10}、Y_{10}、Z_{10} 表色系统（即 10°视场）两种度量颜色的统一数据。因 10°视场大，更符合人们实际目测颜色的结果，因为被广泛应用。

X_{10}、Y_{10}、Z_{10} 色度系统中，采用色品坐标 x_{10}、y_{10} 和刺激值 Y_{10} 表示，Y_{10} 表示颜色的明亮程度。也就是说有一组 x、y、Y 值就有一种颜色，内行人一看这一组数值在脑子里就感觉到这是一种什么颜色。那么，X_{10}、Y_{10}、Z_{10} 及 x_{10}、y_{10}、Y_{10} 是怎么求得的？是先由仪器测得的试样的三刺激值 X_{10}、Y_{10}、Z_{10}，然后代入公式计算获得的：

$$x_{10}=\frac{X_{10}}{X_{10}+Y_{10}+Z_{10}},y_{10}=\frac{Y_{10}}{X_{10}+Y_{10}+Z_{10}},z_{10}=\frac{Z_{10}}{X_{10}+Y_{10}+Z_{10}} \tag{3-34}$$

在 X_{10}、Y_{10}、Z_{10} 色度系统中，以 x_{10} 为横坐标、y_{10} 为纵坐标得到色度坐标平面图，如图 3－98所示。色度图呈舌形，也称"舌形曲线"图。图中的彩色区域表示人眼能看到的相同亮度下的所有颜色。这个彩色区域由一条弧线和一条直线围成，舌形外围弧线是全部可见光单色光颜色轨迹线，每一点代表某个波长单色光的颜色，波长从 380 nm 到 700 nm。底部直线连接 380 nm 点到 700 nm 点构成的直线，此线称为紫红线，直线上的颜色是从红色到品红到蓝色再到紫色。在这个舌型区域中，边缘的颜色都十分鲜艳，越靠近中心越淡，而在区域

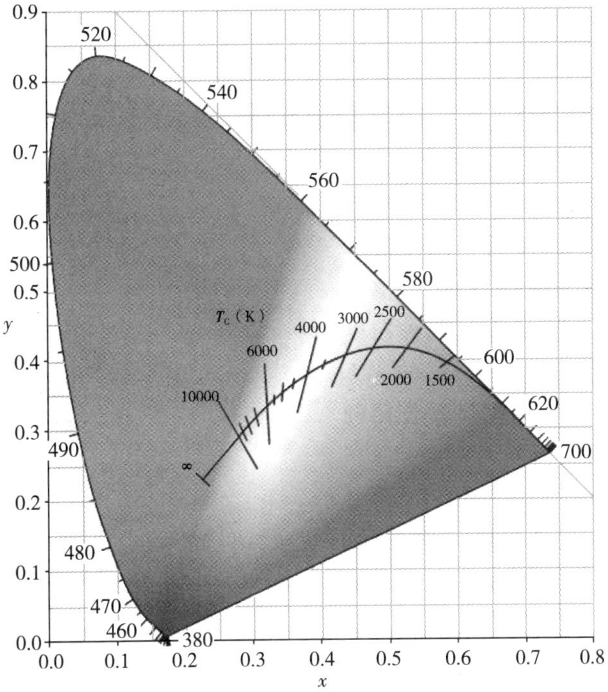

图 3－98　CIE 1931 XYZ 系统色度图和不同温度下黑体颜色的色品坐标，波长单位 nm

的最中心就是白色。

因而可以用(x,y)来表示一种颜色，称之为色坐标。美国国家电视标准委员会NTSC(National Television Systems Committee)规定，标准红色色坐标为(0.67,0.33)，标准绿色色坐标为(0.21,0.71)，标准蓝色色坐标为(0.14,0.08)。纯正的白光色坐标为(0.33,0.33)。

4. 颜色的测量

颜色测量一般分为光谱光度测色法和刺激值直读法。前者要测出物体的反射率或透过率后代入公式经过复杂的计算得出XYZ值，随后导出颜色数据。白度计是颜色测量仪器中较简便的一种，利用具有特定光谱灵敏度的光电积分元件直接测量物体的XYZ值或色品坐标。

人眼对颜色视觉起决定作用的是人眼中的锥体细胞和杆体细胞。研究证明人眼视网膜上有三种不同类型的锥体细胞，它们分别是红锥体细胞、绿锥体细胞、蓝色锥体细胞。当物体表面的红、绿、蓝反射光刺激人眼时，三种不同的锥体细胞分别接受不同的红、绿、蓝反射光后，进入脑内的视觉中枢，产生颜色视觉感。杆体细胞能感受微光刺激，人眼的杆体细胞不发达，但一些动物如猫、猫头鹰、狗就具有发达的杆体细胞，在夜晚也具有敏锐的视觉。

而白度计没有锥体细胞，但可以用红、绿、蓝三种滤色片来模拟人眼的三种红、绿、蓝锥体细胞。由红、绿、蓝滤色片分别接收物体表面的红、绿、蓝反射光后进行光电转换成X、Y、Z，再导出其他颜色数据。当然，模拟转换成的X、Y、Z必须符合国际通用的各种表色系统。而各种公式的白度值都是依原始数据X、Y、Z代入各种白度公式计算而得的，由于各种白度计算公式是分别由各行业的标准化人员依据本行业的具体情况来制定的，是不统一的，所以，得出的白度值也是不一致的。

5. 白度计

由于白度并没有确切的自然标尺，不同的领域有不同的白度评价方式。国际照明委员会还专门成立了一个“白度分技术委员会”，努力解决白度目测评价和仪器测量的一致性问题。在白度测量时要考虑国家标准要求或同行业使用的白度仪，选择同一白度计算公式，选择同一照明观察条件，白度的测量结果才具有可比性。本实验学习两种白度计进行测试，分别为湘潭仪器公司的WD型数显白度计和北京兴色测色仪器公司的WD-5型全自动白度计。

(1) WD数显白度计

如图3-99，WD数显白度计由光源、光学系统、探测系统、数据处理与显示系统等构成，总体白度值为蓝光白度R_{457}。定义光谱漫反射比均为1的理想表面的白度为100，光谱漫反射比均为零的绝对黑表面白度为0。WD数显白度计工作原理为：仪器利用光电转换原理，采用模数转换电路，将测量样品表面反射的辐亮度能量值，经信号放大、

图3-99 WD数显白度计外观

A/D 转换、数据处理，最后显示出相应的白度值。

WD 数显白度计适用于白色和近白色物体或粉末表面的白度测量，可以准确地得出与视感度相一致的白度值。对于经荧光增白剂处理过的物体，可以定量反映荧光增白后的白度值。对于纸张的不透明度也可以准确测量。广泛应用于纺织印刷、油漆涂料、化工建材、纸张纸版、塑料制品、白色水泥、陶瓷、搪瓷、瓷土、滑石粉、淀粉、面粉、食盐、洗涤剂、化妆品等材料的白度测量。

(2)WD-5 全自动白度计

如图 3-100，WD-5 全自动白度仪计由探头、主机、附件等组成。探头也叫探测器，是模仿标准眼的主要元器件，照明光源由卤钨灯(6V、10W)、光电池、滤光片组、透镜、积分球等组成；主机部分包括光源电源、放大器、微型计算机、显示器、面板按键、备有打印机接口及计算机接口。附件包括标准白板、黑筒、备用灯泡，电源线各 1 件。

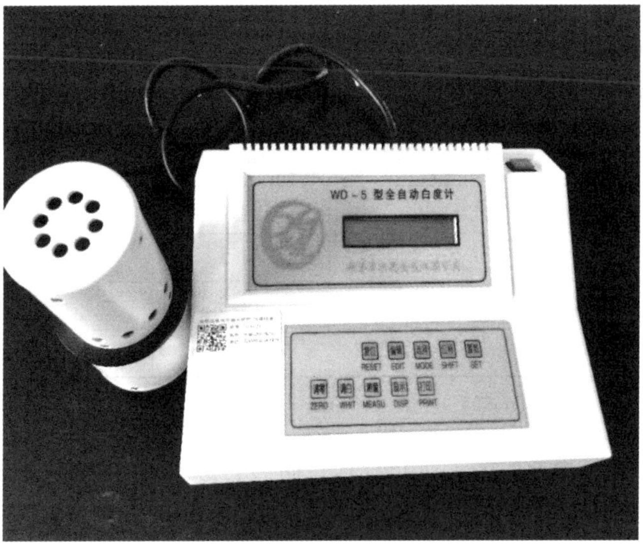

图 3-100　WD 数显白度计外观

WD-5 全自动白度仪计具有国内目前各行业的白度公式(蓝光白度 R_{457}、亨特白度 W_h、甘茨白度 W_g、建材白度 W_j、白水泥白度 W_s、日用陶瓷白度 W_b 等)，其工作原理是采用 CIE 推荐的 D65 标准光源(色温约为 6504 K)，垂直照明、漫反射积分球接收的照明和观测条件，10°视场的光谱三刺激值，通过面板按键的操作把 $X_{10}Y_{10}Z_{10}$、$x_{10}y_{10}z_{10}$ 等直接测出来，再经过计算机运算，显示和打印出各种导出量。WD—5 全自动白度计应用范围很广，包括涂料、颜料、塑料、棉花、棉纱、化纤、建材、工业陶瓷、日用陶瓷、瓷土、滑石粉、钛白粉、高岭土、白水泥、白纸、面粉等产品的白度测量。

下面简要介绍几种白度公式：

(1)蓝光白度 R_{457}

在造纸、塑料、建材等行业中都采用 R_{457} 白度。采用近似的 A 光源照明(是一种类似于晚上灯光的暖白光源，其色温为 2856 K)，白度仪的总体有效光谱响应曲线的峰值波长在 457 nm 处，半宽度 44 nm。

$$W_b = R_{457} = K_b \sum R(\lambda) F(\lambda) \Delta\lambda \quad (3-35)$$

其中，W_b、R_{457} ——蓝光白度，仪器光谱响应在有效波长(457±2)nm，半宽度为 44 nm 的蓝光条件下测定的反射因数；

K_b——归化系数；

$R(\lambda)$——样品的光谱反射因数；

$F(\lambda)$——蓝光白度计的相对光谱功率分布，见表 3-24。

$\Delta\lambda$——波长，nm

表 3-24 蓝光白度计的相对光谱功率分布

波长/nm	$F(\lambda)$	波长/nm	$F(\lambda)$	波长/nm	$F(\lambda)$
395	0.0	440	57.6	485	34.0
400	1.0	445	70.0	490	20.3
405	2.9	450	82.5	495	11.1
410	6.7	455	94.1	500	5.6
415	12.1	460	100.0	505	2.2
420	18.2	465	99.3	510	0.3
425	25.8	470	88.7	515	0.0
430	34.5	475	72.5		
435	44.9	480	53.1		

(2)亨特(Hunter)白度

基于 HunterLab 公司发明的 *Lab* 色立体空间的 L、a、b 值计算得到。亨特白度在纸张、涂料、纺织品、塑料等领域都有应用，用来评估纸张白度和一致性，评估涂料和塑料产品白度和颜色鲜艳度。计算公式为：

$$W_h = 100 - [(100-L)^2 + a^2 + b^2]^{1/2} \quad (3-36)$$

其中，W_h——亨特白度；

L——亨特明度；

a，b——亨特色度指数。

(3)CIE 白度

CIE 白度分为 C 光源和 D65 光源两种照明条件，在造纸行业中也称为甘茨白度(由瑞士科学家 Wemer Ganz 开发)。白度计算以试样的三刺激值为依据，颜色的三刺激值性质决定了其对白度的贡献。

① CIE 白度(C/2°)公式为：

$$W = Y + 800(x_n - x) + 1700(y_n - y) \quad (3-37)$$

$$T_w = 900 \times (x_n - x) - 650 \times (y_n - y) \quad (3-38)$$

其中，W——2°视场下白度值；

x_n、y_n——完全漫反射体色度坐标（在 C/2°条件下，$x_n=0.31006$，$y_n=0.31615$）；

Y、x、y——样品的亮度值和色度坐标；

T_w——2°视场下色泽值。

② CIE 白度（D65/10°）公式为：

$$W_{10}=Y_{10}+800(x_{n,10}-x_{10})+1700(y_{n,10}-y_{10}) \tag{3-39}$$

$$T_{w,10}=900\times(x_{n,10}-x_{10})-650\times(y_{n,10}-y_{10}) \tag{3-40}$$

其中，W_{10}——10°视场下白度值；

$x_{n,10}$、$y_{n,10}$——完全漫反射体色度坐标（在 D65/10°条件下，$x_{n,10}=0.31382$，$y_{n,10}=0.33100$）；

Y_{10}、x_{10}、y_{10}——10°视场下样品的亮度值和色度坐标；

$T_{w,10}$——10°视场下色泽值。

三、实验步骤

（一）WD 数显白度计

1. 仪器准备

（1）工作标准白板与参比标准白板必须保持表面清洁，特别是工作标准白板，不能暴露在灰尘中，避免人为地影响其标称值，应先以参比标准白板来校准仪器，参比标准白板的量值是由随机的工作标准白板标准值来传递，校准时应注意白板的取向，注有标记面应面对操作人员。

（2）保持仪器光学零件的干净，切勿用手擦摸，如光学零件有灰尘，应用洗耳球吹去表面灰尘或用擦镜纸擦拭，如光学零件有油迹、霉点等，应用脱脂棉球蘸无水酒精擦拭零件表面。仪器不用时，要套上防尘罩。

（3）在开机前应用干净不落毛的棉布或纸将仪器的试样座与测量口擦拭干净，以免沾污白板及测试样品。

2. 试样要求与制备

待测试样可以是陶瓷墙地砖、平板玻璃等成型制品，也可以是水泥等粉末状制品。每批待测试样至少 3 块以上。

（1）块状样品的制备

① 试样切割：对于陶瓷墙地砖，用切割机将其切成（6.0×6.0）cm 的小块。对于玻璃，用玻璃刀将其切成（6.0×6.0）cm 的小块。试样切割之后，擦净备用。

② 如果试样受潮影响其测量结果时，应将其置于 105～110 ℃的干燥箱中烘 1 h，取出后置于干燥器中冷却至室温备用。

③ 如果样品的测量面存在着无法改善的“不均匀”现象，或具有横、纵向纹痕的，则可将样品进行不同位置或不同角度的测量，取测得白度值的平均值代表此样品的白度。

④ 对于纸张、布及各种纤维织品要取重叠若干层试样，使其不透光为止；放置试样至试

样座上，以纵向与测试人员平行(与仪器面板方向平行)为宜。

(2)粉状或细小颗粒状样品的制备

对于粉末或细小颗粒状样品，则应将样品盛放在粉末器中，用表面干净光洁的玻璃板将样品表面压平成试样板。试样板的表面应平整、无纹理、无疵点和无污点。

由于不同的测试条件会带来不同的测试结果，所以，要想建立同类样品之间的白度值关系，则须统一规定测试样品的取样方式，包括重量、粒度及压紧方法，使样品之间有相近似的密度和表面平整度。

3. 测量准备

(1)开机预热：接通电源线，开启仪器的电源开关，此时显示屏应有数字显示，预热 30 分钟。

(2)校零：按下试样座滑筒压板，将黑筒放在试样座上，然后让滑筒升至测量口，待显示值稳定后，调节面板上的调零旋钮，使显示屏显示为 00.0。

(3)传递工作标板白度值：将黑筒取下，放上工作标准白板，待数显值稳定后调节面板上的校正旋钮，使显示值与标板上的白度值一致，取下工作标准白板，放上参比标准白板，待显示值稳定后记下白度值；以后作为样品测量时的标称值进行定标，然后将工作标准白板放入盛有硅胶的干燥器中保存。

(4)校正：每次样品测量前均用黑筒及已经传递标准值的参比标准白板进行调零和校正。

4. 测量样品

(1)R_{457}白度的测量：对于无荧光物体的白度测量，将仪器预调好后，即可将待测样品放在试样座上，待显示值稳定后即可记下白度值。

(2)荧光增白量的测量：

① 仪器预调后先测量无荧光物体，记下该本底白度值(设为 R_1)。

② 测量加入荧光增白剂的物体，记下增白后的总白度值(设为 R_2)。

③ 荧光增白量的计算，$F=R_2-R_1$。

(3)不透明度 T 的测量：在仪器预调后对样品进行测试，样品应有足够的厚度层数，以不透明为限。

① 将试样放于仪器上测试，然后将试样最上层取下放到最底层依次测定，一共测五层试样，记录每层试样的光反射因素 R_∞；

② 将上面已测过的五层试样分别以黑筒为衬底，记录每层表面的光反射因素 R_0；

③ 重复①、②步骤，分别测得原试样每层另一面的 R_∞ 和 R_0；

④ 计算试样正、反两面 R_∞ 和 R_0 的平均值。

⑤ 计算正、反面的不透明度：$T=R_0/R_\infty$。

(二)WD-5 全自动白度计

1. 样品要求与制备如前所述。

2. 把探头电缆线的插头、打印机的电缆线插头、电源线分别插在插座内。

3. 把探头放在任何一种表面干净的白色物体上，按下右上角的电源开关；这时探头灯亮，显示器显示 WD-60′、59′倒数计时，表示处于预热阶段。倒计时 10′后即显示<ZERO>

表示可以调零(注:不作正式测量只作练习用时,在预热过程中只要按一下“复位”键,即显示＜ZERO＞)。

4. 探头底下放黑筒,按“调零”键,鸣“嘟”,几秒钟后又鸣“嘟”,并显示＜WHITE＞表示可以调白。

5. 探头底下放标准白板,按“调白”键,鸣“嘟”几秒钟后显示 MEASU,表示可以测量。

6. 探头底下放被测物体,光斑对准被测部位,按“测量”键,鸣“嘟”,几秒钟后鸣“嘟嘟嘟”显示 S_0、X、Y、Z 值。

7. 多次连续按“显示”键,即先后显示出 Y、x、y、R_{457}、W_g、T_w、W_h、W_j、W_s、W_y 等各种颜色数据。按“打印”键,将颜色数据全部打印出来。

8. 采用同样的方法,测试其他样品。

四、注意事项

1. 严禁用手触摸光学系统元件,以免留下污迹,影响测试结果。

2. 测试粉末或细小颗粒状样品时,要小心缓慢升降滑筒,避免样品进入测量口内,导致仪器不能校零,测量不准确。

五、实验数据记录

参考表 3-25 记录实验数据,做简要分析。

表 3-25　白度与色坐标测量记录表

试样编号		1#	2#	3#	4#	5#
三刺激值	X_{10}					
	Y_{10}					
	Z_{10}					
色坐标	x_{10}					
	y_{10}					
蓝光白度	F_{457}					
甘茨白度	W_g					
色泽	T_w					
亨特白度	W_h					
建材白度	W_j					
白水泥白度	W_s					
日用陶瓷白度	W_b					
	W_y					
描述你看到的颜色						

思考题

1. 人们为什么能看到五颜六色？影响物体颜色的因素有哪些？

2.“蓝光白度、亨特白度、甘茨白度、建材白度、白水泥白度、日用陶瓷白度等”，选 2 种你感兴趣的“白度”，查阅资料深入学习。

3.“很多动物拥有四色视觉，它们可以感受到更丰富的色彩”，“你看到的白是什么白?”“你说的黑是什么黑?”……这些问题你感兴趣吗？查阅资料深入学习。

参考文献

[1] 吴玉程．工程材料基础[M].2 版．合肥：合肥工业大学出版社，2022.

[2] 胡赓祥，蔡珣，戎咏华．材料科学基础[M].3 版．上海：上海交通大学出版社，2010.

[3] 宋月，安治国，白丽娟，等．基于深度学习的铁素体晶粒度自动评级方法[J]. 河北冶金，2023(11)：73－77.

[4] 陈鹰．人工智能在钢铁材料微观组织分析中的应用与展望[J]. 中国体视学与图像分析，2022，27(1)：47－54.

[5] 国家自然科学基金委员会工程与材料科学部，无机非金属材料学科发展战略研究报告[M]. 北京：科学出版社，2019.

[6] 徐风广，杨凤玲．无机非金属材料制备及性能测试技术[M]. 北京：华南理工大学出版社，2012.

[7] 田玉新，陆建生，赵欣．LNG 船用因瓦合金冷轧带材的开发[J]. 上海金属，2020，42(1)：23－27.

[8] 李明洋．计量人生——纪尧姆、因瓦合金与国际计量局[J]. 新材料产业，2016(7)：67－72.

[9] 龚泓，秦骏．LNG 船舶用因瓦合金可焊性试验法[J]. 造船技术，2017(4)：79－81.

[10] CCS 向宝钢特钢颁发 LNG 船用殷瓦合金认可证书[J]. 中国船检，2017(10)：2.

[11] 集贤网．我国用 4 年时间突破殷瓦钢技术壁垒 造船界的“皇冠明珠”我们自己也能搞定[EB/OL]. (2020－1－1)[2024－06－09]. https://www.xianjichina.com/special/detail_494689.html.

[12] 张轶霖．基于第一性原理计算的材料热膨胀性质研究及新型负膨胀材料设计[D]. 长春：吉林大学，2023.

[13] 廖慧琪．负膨胀陶瓷 ZrW_2O_8 和 $Y_2W_3O_{12}$ 在热/环境障涂层体系的设计及其制备[D]. 武汉：武汉理工大学，2023.

[14] 曲滢凯．关于手机散热问题的探究[J]. 电子元器件与信息技术，2020，4(12)：3－4＋33.

[15] 徐增光，彭毅，焦会馨．仿叶脉均热板的传热性能实验研究[J]. 航天器环境工程，

2023,40(3):226－232.

[16] 李锦峰．仿蜂巢结构复合吸液芯均热板传热性能[D]．济南：山东大学，2023.

[17] 柳金海．绝热工程编写手册[M]．北京：机械工业出版社，2008.

[18] 莫理京，王致中，刘希和，等．绝热工程技术手册[M]．北京：中国石化出版社，1997.

[19] 刘小明．介电常数及其测量技术[M]．北京：北京邮电大学出版社，2015.

[20] 王冰．荷兰物理学家卡麦林·昂纳斯及其实验物理学成就[J]．自然科学史研究，1989，8(3)：230－239.

[21] 李建峰，张平祥，刘向宏，等．磁体用NbTi超导体的研究进展[J]．材料导报，2009，23(3)：90－93.

[22] 涂兴佩．耀起东方——记世界上首个全超导托卡马克(EAST)东方超环装置[J]．中国科技奖励，2017(8)：24－27.

[23] 伍红标．无机非金属材料实验[M]．北京：化学工业出版社，2009.

[24]光泽测量咨询网．企业产品光泽度的设计和应用[EB/OL]．(2021－5－17)[2024－06－09]．http://www.guangze1.com/yingyong/451.html.

[25] 白忠波，刘二勇，杜良良，等．一种基于铜箔光泽度在线检测的光泽度自适应控制方法：202310151049.6[P]．2023－06－23.

[26] 叶力维，郭静筠，葛羽中，等．一种基于光泽度测量技术的铜箔表面氧化分析方法：202210457806.8[P]．2022－08－30.

[27] 郑元林．颜色科学[M]．北京：化学工业出版社，2021.

[28] 林茂海，吴光远，郑元林，等．颜色科学与技术[M]．北京：中国轻工业出版社，2019.

[29] 张喆民．建筑玻璃光学检测技术及应用[M]．北京：中国建材工业出版社，2019.

[30] 王承基，严荣华．颜色科学[J]．化学世界，1981(10)：29.

[31] 董太和，金文英．中国古籍中有关基本颜色科学的最早记载[J]．中国科技史料，1990(2)：3－10.

[32]严浩．颜色的科学[EB/OL]．(2019－8－29)[2024－06－09]．https://zhuanlan.zhihu.com/p/80321112.

第 4 章　无机非金属材料工艺学综合实验

无机非金属材料是以某些元素的氧化物、碳化物、氮化物、卤素化合物、硼化物以及硅酸盐、铝酸盐、磷酸盐、硼酸盐等物质组成的材料。无机非金属材料还没有一个统一而完善的分类方法，通常分为传统和新型无机非金属材料，其中传统的无机材料包括硅酸盐水泥、陶瓷、耐火材料、搪瓷、研磨材料、多孔材料（硅藻土、蛭石、沸石、多孔硅酸盐和硅酸铝）、碳素材料和非金属矿（云母、石棉、大理石等）；新型无机材料包括保温材料、绝缘材料（氧化铝、氧化铍、滑石、镁橄榄石质陶瓷、石英玻璃和微晶玻璃）、铁电和压电材料、磁性材料（导体陶瓷、半导体陶瓷等）、光学材料、高温结构陶瓷、生物陶瓷、无机复合材料等等。在晶体结构上无机非金属具有比金属键和纯共价键更强的离子键和混合键，其所特有的高键能、高键强赋予这一大类材料以高熔点、高硬度、耐腐蚀、耐磨损、高强度和良好的抗氧化性等基本属性，以及良好的导电性、隔热性、透光性、铁电性、铁磁性和压电性等等。因此，无机非金属材料是现代新技术、新产业、传统工业技术改造、现代国防和生物医学所不可缺少的物质基础。

未来科学技术的发展，对各种无机非金属材料，尤其是对特种新型材料提出更多更高的要求。无机非金属材料工学研究的核心是材料的制备、性能调控与应用，本章选取几个典型的无机非金属材料工学实验项目，目的是通过实验教学环节使学生掌握材料制备、性能检测方法，加深对无机非金属材料工学课程理论知识的认识和理解、完善知识结构，达到人才培养目标。

4.1　陶瓷浆料制备及相对黏度测定

无机非金属材料的成形基本上有两个步骤组成：一、使可流动变形的物料成为所需的形状；二、通过不同的机制使其定型。第一步主要研究在外力作用下物料流动与变形的规律，即流变学内容。其中浆料成形，最重要的就是控制浆体的流动性，并通过添加剂对浆体进行改性，使其在含水率较低的情况下达到较高的流动性。陶瓷原料经配料加工后，根据成形方法的不同制备成注浆坯料、可塑坯料和压制坯料，含水率范围分别为 28%～35%、18%～25%和 3%～15%，分别对应于泥浆、泥饼和半干压（含干压）坯料。

其中陶瓷浆料是各种陶瓷原料和添加剂在水中悬浮的分散体系，为了便于贮存、输送及成形，要求浆料具有良好的流动性、悬浮性、渗透性以及适当的触变性，因此在陶瓷泥浆制备过程中需要对泥浆的黏度、厚化度、密度、细度、水分、pH 值等工艺指标进行测定，了解如何调节和控制泥浆的各种物理特性以满足生产需要，从而提高产品质量和生产效率。

本实验的目的为：

1. 掌握手动制备泥浆的过程，体会浆料制备过程中的体系变化和现象；
2. 选择不同的添加剂，了解其对泥浆的稀释效果以及如何确定其添加量；
3. 掌握陶瓷泥浆相对黏度的测试方法，了解浆料厚化过程及控制方法。

一、设备与材料

(1)涂-4 黏度计

涂-4 黏度计测定黏度范围为 10～150 s，结构如图 4-1 所示：

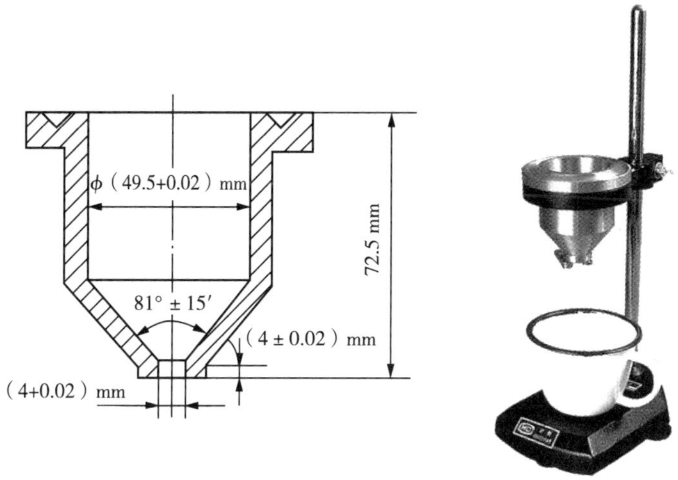

图 4-1 涂-4 黏度计

涂-4 黏度计有一个圆筒形容器，有塑料和金属两种材质，一般采用铜合金黏度计，容量为 100 mL；容器底部中心开有一个圆形流出孔，供泥浆流出之用，孔下有一开关将孔挡住(实际操作中若密封不严可用干燥的手指代替)；容器上端口有一凹槽，用于盛放多余的浆料；圆筒形容器被固定在铁架台上的环形托架上，托架上有一圆形水泡，测试前应调节铁架台底部的螺钉使水平泡居中。在铁架台的底板上放置一搪瓷杯，容量为150 mL，供承接从圆筒形容器流出的泥浆。

(2)其他

各种黏土(膨润土、四号泥、广西泥等)；几种电解质(六偏磷酸钠、无水碳酸钠、氢氧化钠、磺化单宁等等)；去离子水；电子天平、秒表、量筒、烧杯、搅拌棒、取样勺、称量纸等。

二、基本原理

在胶体化学中，固体颗粒是分散相或固相，水是介质或液相。固相分散成分子、离子状，固相与液相间没有相界面的均匀体叫真溶液，如 NaCl 水溶液；如果颗粒由许多分子组成，虽然颗粒很微小，但有相界面的混合物就叫胶体溶液，如常用的胶水；如果和胶体溶液差不多，但是有 40%以上的固体颗粒都大于 0.2 μm，则称为半胶体或悬浮液。泥浆就是黏土的微小颗粒在水中分散、并与水混合形成的半胶体悬浮液。

黏度(viscosity),是指流体对流动所表现的阻力,黏度的倒数即为流动度。当流体一部分在另一部分上面流动时,会受到阻力,这是流体的内摩擦力。要使流体流动就需在流体流动方向上加一切线力以对抗阻力作用。黏度系数 η 的物理意义是:在相距单位距离的两液层中,使单位面积液层维持单位速度差所需的切线力,其单位为帕斯卡·秒(Pa·s 或 $kg \cdot m^{-1} \cdot s^{-1}$)。黏度大小与物质的组成有关,质点间相互作用力愈大,黏度愈大。组成不变时,固体和液体的黏度随温度的上升而降低。对于泥浆这种具有一定结构特点的半胶体悬浮系统,一般测定其相对黏度。

黏度测定方法主要有三种:动力黏度、运动黏度和条件黏度。条件黏度测定法又分为三种:恩格勒(Engler)黏度、赛波特(sagbolt)黏度和雷德乌德(Redwood)黏度,在欧美各国常用,在我国除采用恩氏黏度计测定深色润滑油及残渣油外,其余两种黏度计很少使用,目前,涂-4 黏度计被广泛用于相对黏度的测定,本实验也采用这种黏度计测试泥浆与水在同一温度下流出同体积所需时间之比。

另一方面,当流动着的浆料静止后,常会产生凝聚沉积而稠化的现象称为稠化性,稠化的程度即为厚化度。浆料的配方组成、颗粒分散和配制方法、含水率、温度和电解质的种类等都是影响浆料的流动度与厚化度的因素。

在黏土水系统中,黏土类矿物大多是板状颗粒,板面上往往带负电荷,端面处则带有一定的正电荷,端一板面相互吸引形成"棚架"结构,水分子被包围在棚架之间,随着搅动才能逐渐打开,一旦静置时又逐渐稠化。实践证明,在含水量较少的泥浆内加入适量的电解质,它溶于水后离解为正、负离子,黏土板面吸附正离子,端面吸引负离子,将大大减弱棚架作用,使得包裹在其中的水变成自由水,泥浆的黏度将减小。因此,选择适宜的电解质,并确定其加入量是调节和控制泥浆流动度和厚化度的常用方法。

泥浆的最大稀释度(最低黏度)与其电位的最大值相适应。如加入水化能力较强的 Na^+ 能置换水化能力差、吸附在黏土上的 Ca^{2+},使黏土颗粒的电位提高,黏土粒子间排斥力增大,泥浆的流动度增大。若加入过量的电解质,泥浆中阳离子浓度过高,含有较多的阳离子中和黏土负电荷而使电位下降,则黏土颗粒又发生聚集,泥浆黏度增大、流动度下降。

作为稀释剂的电解质一般必须具备三个条件:

(1)具有水化能力强的一价阳离子,如 Na^+ 等。

(2)能直接离解或水解,提供足够的 OH^-,使分散系统呈碱性。

(3)它的阴离子能与黏土中有害离子生成难溶的盐类或稳定的络合物。

生产中常用的稀释剂可分为三类:

(1)无机电解质:如水玻璃、碳酸钠、六偏磷酸钠($(NaPO_3)_6$)、焦磷酸钠($Na_4P_2O_7 \cdot 10H_2O$)等,电解质的用量一般为干坯料重量的 0.3%~0.5%。

(2)有机酸盐类:如腐植酸钠、单宁酸钠、柠檬酸钠、松香皂等,用量一般为 0.2%~0.6%。

(3)聚合电解质:如聚丙烯酸盐、羧甲基纤维素、木质素磺酸盐、阿拉伯树胶等。

稀释泥浆的电解质,可单独使用或几种混合使用,其加入量必须适当。对于不同的黏土,电解质加入量与电解质种类必须通过实验来确定。采用复合电解质时,还需注意加入顺序对稀释效果的影响,例如当采用 Na_2CO_3 与水玻璃或 Na_2CO_3 和单宁酸钠复合时,都应先加入 Na_2CO_3,后加入水玻璃或单宁酸钠。

三、实验步骤

1. 调好黏度计

把涂-4 黏度计内外容器洗净、擦干，置于不受振动的平台上，调节黏度计三个支脚螺钉，使之水平。在黏度计环形托架上有一个水平器，当调节到水平时，液泡即在水平器的圆圈内。

2. 制备泥浆

(1)选择某种黏土，如膨润土、广西泥或四号泥等，先称量 150 g。

(2)量取 150 mL 的去离子水，倒入干净的 300 mL 烧杯中。

(3)用玻璃棒不断搅动水，边搅动边用小勺加入黏土，尽量不要将黏土黏到烧杯壁，不要一次加入过多，以“少加勤搅”为原则。在这个过程中体验浆料形成的过程。

3. 测定黏土添加量

充分搅拌至泥浆开始呈流动性为止，观察泥浆是否初呈蠕动。称量剩下的粉末，记录加入多少粉末。若 150 g 粉末不够，也需要记录又称量加入了多少粉末，记为添加的黏土量 m_0(精确至 0.1 g)。

4. 测定相对黏度

把搪瓷杯放在黏度计下面，黏度计的流出口对准杯的中心。转动开关(或用手指)把黏度计的流出口堵住，将制备好的试样充分搅拌均匀，借助玻璃棒慢慢地将泥浆倒入黏度计的圆柱形容器中，至装满容器稍有溢出为止，用玻璃棒仔细搅拌一下，再用刮板沿着容器口平刮一下，静置 30 s，立即松开手指(或扒开开关)，同时启动秒表，眼睛平视容器的出口，待泥浆流丝中断时，立即关秒表，记下时间。这一试样重复测定三次，取平均值。泥浆留着备用于接下来的添加电解质实验。

按上述步骤测定相同条件下，流出 100 mL 蒸馏水所需要的时间(加入蒸馏水之前，圆柱形容器必须是干净干燥的)。

5. 观察不同电解质对泥浆的稀释效果

各小组选用不同的电解质慢慢加入上述配好的泥浆中，并不断地搅拌均匀，在搅动过程中，记下泥浆呈明显稀释时电解质的加入量，仔细观察、记录并描述泥浆流动性变化情况。

6. 观测厚化度

泥浆胶体系统的触变性能常以厚化度表示，观察泥浆随着时间、温度或加入不同电解质后变稠的情况，并记录和描述变化过程。

四、注意事项

1. 黏土需干燥，若黏土有结块可先全部通过 100 目筛。

2. 手动制备泥浆时一定要搅拌均匀；用电动搅拌机搅拌泥浆时，电动机转速和运转时间要保持一定。在启动搅拌机前，先将搅拌叶片埋入泥浆中，以免泥浆飞溅。

3. 测定泥浆相对黏度时，每次做之前都应将黏度计流出口清理干净。

4. 以能连续流出的时间计为泥浆流出时间，如果黏度过大无法流出，则重新调整体系后重新测试。

5. Na_2CO_3 易在潮湿空气中变质为 $NaHCO_3$，后者使黏土发生凝聚，应注意防潮和检查。

五、实验记录与处理

1. 按公式(4－1)计算泥浆的相对黏度：

$$相对黏度=\frac{\tau_{30\,s}}{\tau_{水}} \tag{4-1}$$

其中，τ_{30s}——泥浆在黏度计中静置 30 s 后从黏度计中流出 100 mL 所需的时间，s；

$\tau_{水}$——蒸馏水从黏度计中流出 100 mL 所需要的时间，s。

取三次测定的平均时间进行计算，计算精确到小数点后一位。参照表 4－1 记录实验数据和添加电解质后的现象，描述泥浆加入电解质后的变化情况。

表 4－1　泥浆相对黏度测定及添加电解质后的现象记录表

<table>
<tr><td colspan="3">测定时间</td><td colspan="2"></td><td>环境温度/℃</td><td></td></tr>
<tr><td colspan="5">100 mL 蒸馏水流出的时间/s</td><td colspan="2"></td></tr>
<tr><td>组号</td><td>水/mL</td><td>黏土名称</td><td>黏土质量/g</td><td>泥浆流出的时间/s</td><td>相对黏度</td><td>添加电解质后的现象</td></tr>
<tr><td>1</td><td></td><td></td><td></td><td></td><td></td><td></td></tr>
<tr><td>2</td><td></td><td></td><td></td><td></td><td></td><td></td></tr>
<tr><td>3</td><td></td><td></td><td></td><td></td><td></td><td></td></tr>
<tr><td>4</td><td></td><td></td><td></td><td></td><td></td><td></td></tr>
<tr><td colspan="7">实验现象汇总分析：</td></tr>
</table>

2. 按公式(4－2)计算泥浆的厚化度，并描述泥浆厚化过程。

$$厚化度=\frac{\tau_{30min}}{\tau_{30s}} \tag{4-2}$$

其中，τ_{30min}——泥浆在黏度计中静置 30 min 后从黏度计中流出 100 mL 所需的时间，s；

τ_{30s}——泥浆在黏度计中静置 30 s 后从黏度计中流出 100 mL 所需的时间，s。

六、延伸阅读——关于锂电池浆料的制备

锂离子电池是一种高性能可充电电池，在新能源汽车等行业被广泛地研究和应用。锂离子电池主要包括正极、负极、电解液和隔膜，正负极电极的性能决定了锂离子电池的总体性能。电极生产包括电极浆料的制备、涂布与干燥。与涂布和干燥相比，得到均匀的浆料所需的时间是限制电极产量的关键因素；浆料的质量还会影响其涂布的可加工性，包括工业要求的操作速度、精确均匀的涂布厚度等。因此制备锂离子电池的第一道工艺——正负极制浆尤为关键。

有研科技集团有限公司、国家动力电池创新中心的欧阳丽霞等在《锂离子电池浆料的制

备技术及其影响因素》论文中详细阐述了在锂离子电池电极浆料制造过程中影响浆料流变性能的因素，总结了这些因素对浆料流变性能的影响规律，为研制出更加均匀和稳定的浆料体系及高性能锂离子电池提供指导。

电极浆料通常包括活性物质、导电剂、黏结剂、溶剂和分散添加剂，是一种多组分悬浮颗粒组成的复杂体系，浆料制备包括液体与液体、液体与固体物料之间的混合、溶解、分散等一系列过程。在这个过程中伴随着黏度、温度、pH 值、均匀性、分散性等变化，这些都直接影响浆料的质量，进而影响锂电池的品质和性能。在实际情况中，浆料本身大多是深色，用肉眼无法直接观测内部颗粒分布是否均匀，浆料的流变性能是能反映浆料均匀性和稳定性的最有效的指标参数。因此，研究者都是通过浆料的流变性能（表观黏度、相对黏度、黏度与剪切速率曲线、黏弹性模量与角频率的变化等）来分析浆料内部均匀性。大量研究表明，浆料的分散均匀性和沉降稳定性与原料添加顺序、原料组分之间的相互作用、溶剂种类、固含量、搅拌工艺等密切相关。

电极浆料制备方法有湿法工艺、半干法工艺、干法工艺、溶剂浸润工艺、双螺杆制浆工艺等，采用的设备包括双行星搅拌机、双螺杆高速分散机等。目前市场上有一些适用于实验室研究、制备锂离子电池浆料的小型设备和工装。例如：

(1)双桨行星式真空搅拌机

如图 4-2(a)所示，双桨行星式真空搅拌机可实现高黏度浆料的高速搅拌，最大搅拌速度可达 600 r/min；配备螺旋式双桨，搅拌更均匀，效率更高；并配备真空泵，可使搅拌罐的真空度达到－0.08 MPa，有效消除搅拌过程中产生的气泡，提高浆料的质量。4-2(b)所示为在原有的设备基础上增加了可控温装置，最高温度可设定为 200 ℃。

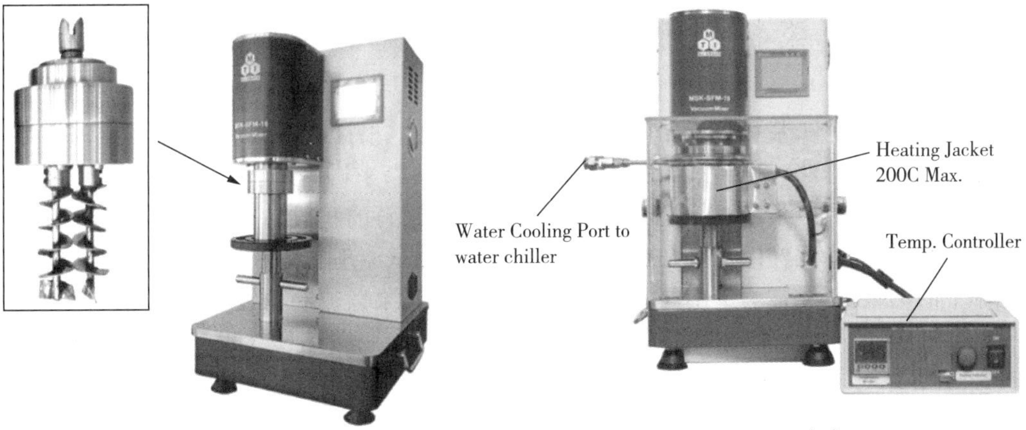

(a)　　(b)

图 4-2　双桨行星式真空搅拌机

(2)浆料过滤装置

如图 4-3，浆料过滤装置配置真空系统，用于滤去浆料中不小于 124 μm 的硬质颗粒，进一步优化浆料颗粒度，提升后续涂层的一致性。配有正、负极两种颗粒过滤网，接料罐采用 SUS304 不锈钢材质，耐腐蚀易清洗。

锂电池前期研究的重点更多的是在电极的电化学性能上，而电极优良电化学性能得以

图 4-3 浆料过滤装置

发挥的前提条件在于浆料的均匀性和稳定性，故而当前对于电极浆料的流变性能研究的关注也越来越多。影响浆料的各种因素是相互关联、相互制约、彼此影响的一个整体的有机系统，采用高效率的设备、开发优化的制浆工艺技术、研制出高质量的浆料体系才能制备出优质电极，提升电池性能。

思考题

1. 电解质稀释泥浆的机理？电解质应具备哪些条件？
2. 通过实验总结几种黏土在制备浆料时表现出的特性有何不同？

4.2 浆料绝对黏度的测定与牛顿流体的判定

黏度是衡量液体、浆料等流变特性的一个重要指标。根据测量原理，黏度测量的主要方法有毛细管法、落球法、旋转法和振动法等。从测量结果来讲，黏度分为相对黏度、绝对黏度、真实黏度。上一节学习了用涂-4 黏度计所测的是浆料的相对黏度，但浆料的绝对（或真实）黏度到底是多少呢？因此有必要学习绝对黏度的测试原理和方法，绝对黏度是在特定剪切速率下的测量值，通常测定不同剪切速率下的黏度，结果以流动曲线和黏度曲线体现。本实验的目的为：

1. 了解绝对黏度和相对黏度的概念；
2. 学习几种旋转黏度计的工作原理；
3. 掌握绝对黏度的测试和结果分析方法。

一、设备与材料

旋转黏度计；制备的浆料或其他具有一定黏度的样品，要求无毒、无腐蚀，易清理，如丙三醇等；螺丝刀、烧杯、抽纸若干。

在黏度测量方法中，旋转式黏度计具有能够在不同的剪切速率下对同种材料进行测量的优点，被广泛应用在牛顿流体以及非牛顿流体的黏度和流变特性的测量中。各种旋转黏度计的结构不同，测定转矩的方法也不同，但基本原理是一样的。下面介绍两种旋转黏度计。

1. NXS－11A 型旋转黏度计

如图 4－4 所示，NXS－11A 型旋转黏度计是一种通用的上旋式黏度计，适用于工矿企业和科研部门实验室精密测量各种牛顿型流体的绝对黏度和非牛顿流体的流变特性。转筒材料采用不锈钢制造，耐酸碱腐蚀。

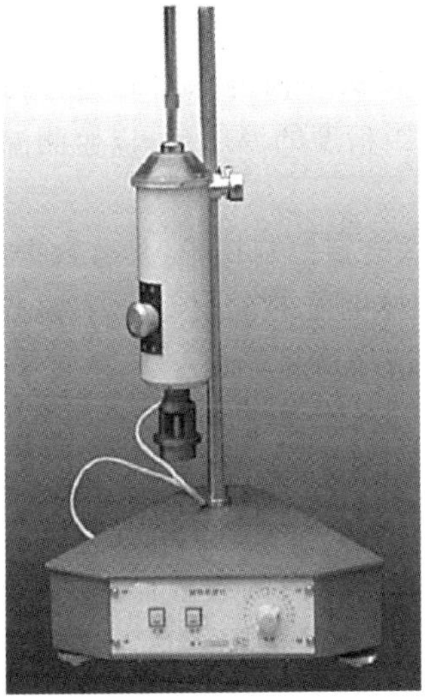

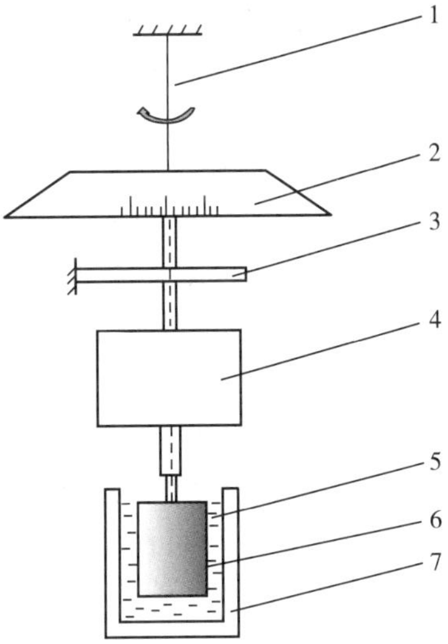

图 4－4　NXS－11A 型旋转黏度计及结构原理图

1—吊丝；2—刻度盘；3—测量弹簧游丝；4—同步电机和可动框架；5—物料；6—内筒；7—外筒

(1)主要技术特性

测量范围(η)：2.8～1.78×10^7 mPa·s；转速共为 15 档，5.6～360 rpm；

剪切应力(τ)：27.67～21970 Pa；剪切速率(D)：1.23～996 s^{-1}；

物料温度范围：室温～95 ℃。

(2)工作原理

仪器测量系统组合有 A、B、C、D、E 五种，有 5 种内筒(转子)，2 种外筒，以适应不同的黏度测量范围和物料用量，见表 4－2 所列。

表 4－2　系统组合以及测试范围

系统	A	B	C	D	E
内筒高度/cm	7	5	3	1.5	0.7
内筒外径/cm	3.846	3.177	1.460	0.862	0.432
外筒内径/cm	4	4	2	2	2
测量范围/(mPa·s)	2.88～1.78×10^3	50～1.78×10^4	500～1.78×10^5	5×10^3～1.78×10^6	5×10^4～1.78×10^7
物料容量/mL	14～20	50～60	～9	～10	～12

仪器采用同心圆筒上旋式结构，外筒固定、内筒旋转，被测物料充满在两个圆筒的间隙之间；同步电机带动内筒旋转时，内筒表面受到被测液体内分子摩擦阻力，在内筒转轴上产生一扭力矩；转轴夹持在上方测量头上，测量头由刻度盘指针、同步电机、测量弹簧游丝、变速齿轮等部分组成；当电机旋转时通过变速齿轮带动转轴及内筒旋转，由于可动框架与测量扭矩的弹簧游丝同轴相连，可动框架亦可转动，因此当内筒表面受到黏度液体的摩擦力时，电机转子所受扭力负荷必然反映到可动框架上，使弹簧游丝转动一定的角度至力矩平衡；转动的角度由刻度盘上的指针读出，转角与黏度成正比，即可计算黏度值。

物料温度控制采用恒温水浴，保温筒的两个弯接头与恒温水浴相连，左边为进水管，右边为出水管；温度计插入口配合密封圈用来固定适当精度的温度计，以监测温度。

2. NDJ－8S 型数字黏度计

如图 4－5 所示，NDJ－8S 型数字黏度计采用微电脑控制技术，具有数据采集、处理和显示功能，灵敏度高，操作方便，可用来测量牛顿型液体的绝对黏度和非牛顿型液体的表观黏度，广泛应用于油脂、油漆、塑料、药物、饰品、涂料、洗涤产品等。

(1)主要技术特性

测量范围 $10\sim2\times10^{6}$ mPa·s，可测低黏度至 1 mPa·s。一般的，NDJ－8S 黏度计标配 4 种转子，转子转速分为高速(H)和低速(L)两挡位，共 8 种转速，分别为 0.3、0.6、1.5、3、6、12、30、60 r/min；由此组成 32 种组合，测定对应量程范围内的各种样品的黏度。表 4－3 为设备量程铭牌，标明了量程组合。若选配 0 号转子时，测量下限可达 1 mPa·s，分辨率可达 0.1 mPa·s。

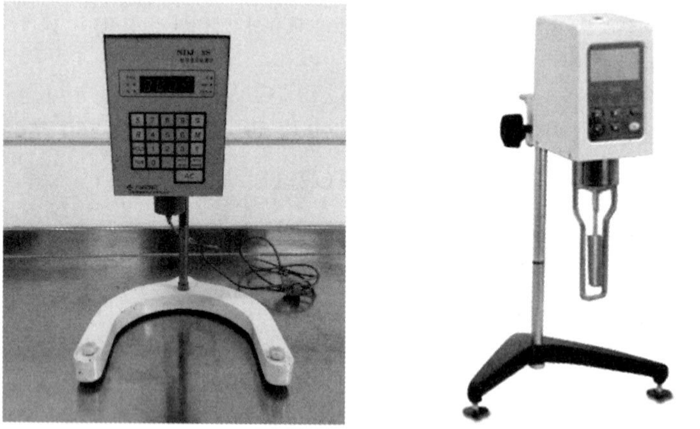

图 4－5　两种 NDJ－8S 型数字黏度计

(2)工作原理

数显黏度计由同步电机经变速齿轮带动转子作恒速旋转。当转子在液体中旋转时，液体会产生作用在转子上的黏性力矩，液体的黏度越大黏性力矩也越大，反之，液体的黏度越小黏性力矩也越小。数显黏度计采用微电脑技术，能方便地设定量程(转子号及转速)，作用在转子上的黏性力矩由传感器检测出来并进行数字处理，然后在显示屏上显示出测量时设定的转子号、转速、被测液体的黏度值及其满量程百分比值等内容。

表 4-3　NDJ-8S 型数字黏度计的量程表

测定上限值表					
量程 mPa·s / 转速 r/min	转子	1 号	2 号	3 号	4 号
L	0.3	20000	100000	400000	2000000
	0.6	10000	50000	200000	1000000
	1.5	4000	20000	80000	400000
	3	2000	10000	40000	200000
H	6	1000	5000	20000	100000
	12	500	2500	10000	50000
	30	200	1000	4000	20000
	60	100	500	2000	10000

二、基本原理

采用相对黏度计测量时，剪切速率和应力不能量化，常用于比较测量流变性相似的体系；采用绝对黏度计时，测量元件的几何尺寸、剪切表面和筒的间距是已知的，测量时遵循两种方式：一种是固定剪切速率测定剪切应力，一种是固定剪切应力测定剪切速率来计算黏度，这时计算出来的叫绝对黏度，也称表观黏度。对应表观黏度的就是真实黏度，简单流体的表观黏度等于它的真实黏度，而复杂流体的表观黏度和真实黏度差别较大，需要多个不同剪切速率下的非牛顿校正而得到。

$$\tau=\mu\frac{\mathrm{d}U}{\mathrm{d}y} \tag{4-3}$$

其中，τ——剪切应力，Pa；

$\frac{\mathrm{d}U}{\mathrm{d}y}$——剪切速率，$s^{-1}$；

μ——流体动力黏度系数，即绝对黏度，Pa·s。

这就是著名的牛顿黏性定律，任一点上的剪切应力都同剪切速率呈线性函数关系，符合此定律的流体叫牛顿流体，否则称为非牛顿流体。没有阻力对抗剪切应力的流体被称为理想流体或无黏流体，理想流体在自然界中是不存在的，它只是真实流体的一种近似模型。

物料的绝对黏度是通过测定两个做相对转动的同心圆筒之间的剪切应力来计算的。在内、外筒之间充满被测物料，若外筒固定，内筒旋转，则物料将成为许多同心圆筒层运动，其速度从等于内转筒的速度逐渐降到贴近外筒一层的零，在此情况下，黏度(η)的计算公式为：

$$\eta=\frac{\tau}{D_s} \tag{4-4}$$

$$\tau=\frac{M}{2\pi R_1^2 h} \tag{4-5}$$

$$D_s=\frac{2R_2^2}{R_2^2-R_1^2}\omega \tag{4-6}$$

$$\eta=\frac{\tau}{D_s}=\frac{(R_2^2-R_1^2)M}{4\pi R_1^2 R_2^2 h\omega}=K\frac{M}{\omega} \tag{4-7}$$

其中，τ——剪切应力，0.1 Pa；

D_s——剪切速率，s^{-1}；

M——总转动力矩，10^{-7} N·m；

R_1、R_2——内外筒半径，cm；

h——旋转内筒浸入物料的深度，cm；

ω——内筒旋转的角速度，$\frac{\pi n}{30}s^{-1}$；

n——转速，r/min。

在公式(4-7)中，K、ω 已知，只需测出 M 便可计算出为绝对黏度 η 值，单位为 Pa·s。

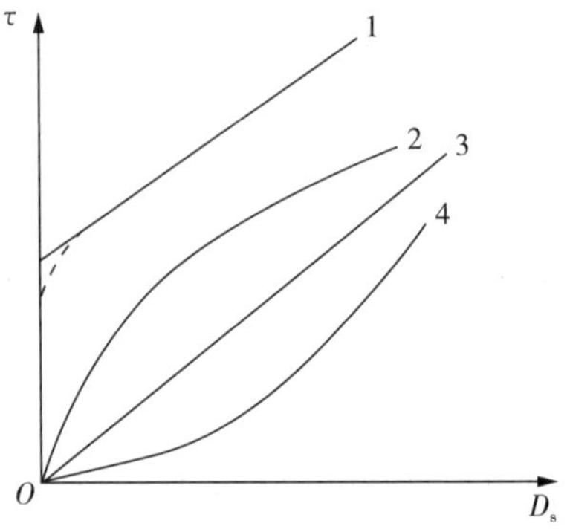

图 4-6　流体的流变特性

1—塑性流体；2—假塑性流体；3—牛顿流体；4—膨胀性流体

流体的剪切应力 τ 随剪切速率 D_s 变化而变化的关系称为流变特性。如图 4-6，牛顿流体的流变特性是一条过原点的直线，而非牛顿流体的流变特性则是曲线或不过原点的线，在线上某点的正切值即为黏度。牛顿流体各点的黏度值均相同，只与温度有关，与剪切速率无关。而非牛顿流体则不相同。所以黏度值能表现出牛顿流体的特性，而非牛顿流体需要用流变曲线来表现，某点的黏度称为“表观黏度”。

自然界中的水、酒精和大多数纯液体、轻质油、低分子化合物溶液以及低速流动的气体等均为牛顿流体；而高分子聚合物的浓溶液和悬浮液等一般为非牛顿流体。

三、测定步骤

1. 使用 NXS-11A 型黏度计测定绝对黏度

(1)先选择所采用的系统(外筒和内筒，内筒也叫转子)，用乙醇或丙酮等清洗、擦干，将外筒底密封固紧，然后将密封垫放在保温筒接口处，再将外筒安装到保温筒接口处，旋紧密封螺母，使外筒沉入保温筒内。要求保温筒通入循环水后，外筒和温度计插口不应有漏水或溢水现象。

(2)调节底座使立柱上水平泡居中。

(3)用量筒量取规定量的物料倒入外筒。若物料黏度太大不便量取时，可将物料预先加温，以利操作。

(4)安装内筒(转子)：测量头垂直装于夹紧器上，将“工作、制动”旋钮定位在“制动”位置，将内筒柄有凹槽的一方对准测量头连轴套上带螺钉的一方，轻轻将柄垂直塞进连轴套（此时可用手托住连轴套，避免测量头受较大的力），塞到底后再用小螺丝刀旋紧螺钉。

（5）安装测量系统：手持外筒缓缓向上套上内筒，定位后，将套在外筒上的螺套与定位套拧紧固定。

（6）连接测量头电缆和测量头，接通电源。把测量头的旋钮“制动”反时针旋向“工作”。此时测量头内部机构恢复活动状态，准备测量。插测量头电缆时容易插错方向而烧坏电器元件，所以应特别注意对好插接。

（7）物料恒温：黏度同测量温度直接相关，通常调节恒温器使物料在工作温度下，偏差值在±0.1 ℃以内。为使测量系统和物料温度均匀，一般必须恒温 1 h 以上。

（8）开启电源，按动电源开关，指示灯应亮，转速开关可预先置于“0”，待仪器预热半小时后再进行测量。

（9）测量流变特性方法是将转速由“0”逐渐增大，记下相应的刻度数（a）。为了提高测量精度，低于 10～20 格的数据不计入；读数时间以选定转速后 0.5～1 min 为宜。

（10）查系统参数表 4－4，计算相应的 τ、η 值。

$$\tau = Z \cdot \alpha \tag{4-8}$$

$$\eta = \frac{\tau}{D_s} \tag{4-9}$$

其中，τ——剪切应力，0.1 Pa；

Z——转角常数，Pa/格；

α——转角读数；

D_s——剪切速率，s^{-1}；

η——绝对黏度，Pa·s。

2. 使用 NDJ－8S 型数字黏度计测定绝对黏度

（1）准备被测物料，将其置于直径不小于 70 mm 的平底容器中，稳定被测物料的温度。

（2）将仪器的保护架逆向旋入仪器下端头上。调整仪器的水平，检查水准器气泡是否居中，保证仪器处于水平的工作状态。

（3）参照表 4－3，选择适合的转子旋入转子连接头（向右旋装上，向左旋卸下）。当测量未知黏度的物料时，可以先选择一个中间号转子试测。

（4）缓慢调节升降旋钮，调整转子在被测物料中的高度，直至转子的凹槽标志与液面相平。

（5）旋转仪器左右两边两个旋钮，分别调整好转速挡位和转速，当测量未知黏度的物料时，可以先选择一个中间转速试测。

（6）开启仪器背面的电源开关，进入等待选择状态，输入参数。例如，按 RS 复位后输入 S2、V6、启动进入测量状态。（S：表示转子号，S2 即为 2 号转子；V：表示转速，V6 即为 6 r/min）

（7）然后再按下白色启动开关，等待显示值出来后读取数值。此时按动“%”显示测量值与满量程值的百分比；按动“η”显示黏度值，单位 mPa·s。根据“%”显示值判断选择的量程是否合适，一般 20%～90%范围内测量才有效。

表 4-4 NXS-11A 型的粘度计测量系统参数表

测量系统	转速	档	1	2	3	4	5	6	7	8	9	10	11	12	13	14	15
	转速 n	r/min	5.6	7.6	10	13	18	28	38	50	65	90	112	152	200	260	360
	角速度 ω	s^{-1}	0.5864	0.7958	1.047	1.361	1.885	2.932	3.979	5.236	6.807	9.425	11.73	15.92	20.94	27.23	37.70
A系统	剪切速率 D_s	s^{-1}	15.50	21.03	27.67	35.97	49.81	77.48	105.1	138.4	179.9	249.0	309.9	420.6	553.4	719.4	996.1
	仪器常数 K	mPa·s/格	17.86	13.16	10.00	7.692	5.556	3.571	2.632	2.000	1.538	1.111	0.8929	0.6579	0.5000	0.3864	0.2778
	转角常数 Z	Pa/格	0.2767														
B系统	剪切速率 D_s	s^{-1}	3.178	4.313	5.675	7.378	10.22	15.89	21.57	28.38	36.89	51.08	63.56	86.28	113.5	147.6	204.3
	仪器常数 K	mPa·s/格	178.6	131.6	100	76.92	55.56	35.71	26.32	20.00	15.38	11.11	8.929	6.579	5.000	3.846	2.778
	转角常数 Z	Pa/格	0.5675														
C系统	剪切速率 D_s	s^{-1}	2.509	3.406	4.481	5.825	8.066	12.25	17.03	22.41	29.13	40.33	50.19	68.11	89.62	116.5	163.1
	仪器常数 K	Pa·s/格	1.786	1.316	1.000	0.7692	0.5556	0.3571	0.2632	0.2000	0.1538	0.1111	0.08929	0.06579	0.05000	0.03846	0.02778
	转角常数 Z	Pa/格	4.481														
D系统	剪切速率 D_s	s^{-1}	1.441	1.955	2.573	3.345	4.631	7.204	9.776	12.86	16.72	23.15	28.81	39.11	51.46	66.89	92.62
	仪器常数 K	Pa·s/格	17.86	13.16	10.00	7.692	5.556	3.571	2.632	2.000	1.538	1.111	0.8929	0.6579	0.500	0.3864	0.2778
	转角常数 Z	Pa/格	25.73														
E系统	剪切速率 D_s	s^{-1}	1.230	1.670	2.197	2.856	3.955	6.152	8.349	10.99	14.28	19.17	24.61	33.39	43.94	57.12	79.01
	仪器常数 K	Pa·s/格	178.6	131.6	100	76.92	55.56	35.71	26.32	20.00	15.38	11.11	8.929	6.579	5.000	3.846	2.778
	转角常数 Z	Pa/格	219.7														

(8)如果量程选择不合适，需要重新测试，注意先关闭白色启动开关(此时转子处于停止状态)后，再重新输入测量条件，再次测试。

四、注意事项

1. 使用 NXS－11A 型黏度计的注意事项

(1)测量头外壳中部的旋钮在“工作”位置，用手轻轻拨动测量头的连轴套，观察刻度盘能否灵活地摆动，否则要排除故障。

(2)如果刻度盘阻尼很大，手动转轴套时刻度盘根本不能左右摆动，可能是吊丝已断，要换吊丝。

(3)刻度盘不允许回转超过 360°，用手回转轴套 360°，观察指针是否能挡住。

(4)测量前先接通电源，检查测量头转速，分别从 0～1、5～6、10～11 挡进行切换，观察每切换一次的转速是否正常。

2. 使用 NDJ－8S 型数字黏度计的注意事项

(1)装卸转子时应首先确定白色开关处于关闭状态，然后将仪器下部的连接头轻轻地向上托起后进行拆装，不要用力过大，不要使转子横向受力，以免转子弯曲。连接头和转子连接端面及螺纹处应保持清洁，否则将影响转子的正确连接及转动时的稳定性。装上转子后不得在无液体的状况下旋转，以免损坏轴承。

(2)使用完毕应及时拆卸下转子进行清洗、干燥，严禁在仪器上进行转子的清洗，干净的转子应保存在存放箱对应位置。

(3)悬浊液、乳浊液、高聚物及其他黏度流体很多是“非牛顿流体”，其表观黏度随剪切速率和时间的变化而变化，故在不同的转子、转速和时间下测定，其结果不一致属正常情况，并非仪器不准(一般非牛顿流体的测定应规定转子、转速)。

(4)做到下列各点才能测得较精确的黏度：①精确地控制被测流体的温度；②将转子以足够长的时间浸于被测流体同时进行恒温，使其能和被测流体温度一致；③保证流体的均匀性；④测量时尽可能将转子置于容器中心；⑤防止转子浸入流体时有气泡附黏于转子表面；⑥使用保护架进行测定；⑦保证转子的清洁；⑧严格按照操作规程进行操作。

五、数据记录

1. NXS－11A 型黏度计测定绝对黏度数据记录与分析

参照表 4－5 记录并计算数据，“转速挡位”一栏可以根据实际测量自行添加；然后以剪切速率为横坐标、剪切应力为纵坐标画出曲线，判断所测物料是牛顿流体还是非牛顿流体。

2. NDJ－8S 型黏度计测定绝对黏度数据记录与分析

选择不同的测量系统，测量待测样品的黏度，记入表 4－6 中。根据所测得的数值分析黏度测试结果与测量系统的关系。

表 4-5　NXS-11A 型黏度计测定的绝对黏度数据记录与计算表

样品名称________　　　　温度________　　　　测定时间________

转速挡位							
(　　)系统	剪切速率 D_s	s^{-1}					
	仪器常数 K	mPa·s/格					
	转角常数 Z	Pa/格					
	格数 α	格					
计算							
剪切应力 $\tau=Z\cdot\alpha$		Pa					
黏度 $\eta=\tau/D_s$		mPa·s					

表 4-6　NDJ-8S 型黏度计测定的绝对黏度数据记录表

样品名称________　　　　温度________　　　　测定时间________

转子 转速(r/min)	(　　)号		(　　)号		(　　)号	
	黏度/mPa·s	占量程的百分比%	黏度/mPa·s	占量程的百分比%	黏度/mPa·s	占量程的百分比%

思考题

1. 影响黏度测量的因素有哪些？
2. 如何判断牛顿流体和非牛顿流体？
3. 查阅资料，了解“塑性流体”“假塑性流体”“膨胀性流体”的基本知识。

4.3　陶瓷浆料相转化流延成形

信息、材料、能源被称为21世纪“科学的三大支柱”。高性能陶瓷材料具有高强度、高硬度、耐腐蚀、耐高温和其他稳定的物理化学特性，成为新材料研发的重点。陶瓷材料的优异性能与其成形方法密切相关，1947年，Glenn N. Howatt(曾任美国罗格斯大学材料科学与工程学院电瓷实验室主管)最先提出了一种制备陶瓷薄片的方法——流延成形(Tapecasting)，

1952 年获得了专利，该方法为陶瓷材料成形技术开辟了一条新途径。

流延成形又称带式浇注法、刮刀法，是首先将陶瓷粉体与各种添加剂按照适当配比混合制成具有一定黏度的稳定的浆料，浆料从容器流下，被刮刀以一定的厚度涂覆在专用的基带上，经过干燥、固化后剥离成为陶瓷生坯带薄膜；然后根据成品的尺寸和形状需要对生坯带作冲切、叠层、压制、烧结等处理后制成陶瓷基产品。

陶瓷流延成形法是一种重要的大面积、薄平陶瓷材料制备方法，自出现以来就用于生产单层或多层薄板陶瓷材料，如 Al_2O_3集成电路基板、$BaTiO_3$电容器介质材料、ZrO_2固体氧化物燃料电池材料等等。流延成形法具有工艺稳定、可连续化自动生产等优点，现已成为制备陶瓷电容器瓷片、厚膜和多层陶瓷基片的支柱技术，被广泛应用于半导体电子、集成电路、新能源和航空航天等领域。此外，流延成形也被应用在造纸、塑料和涂料等行业。

相转化流延法的起源于 20 世纪 60 年代，最初是用来制备多孔聚合物反渗透膜，用于海水脱盐，从而开创了一种新型的制膜方法。1992 年，Lee 和 Kim 采用相转化流延法制备了管状 Al_2O_3无机陶瓷膜，自此之后，相转化流延法开始大量用在陶瓷材料制备上。由于其可以产生独特的多孔结构，已经被应用于制备具有开放直孔的电极支撑结构。近十年来，人们将其应用在固体氧化物电解池(SOEC)上，用于改善蒸汽传质，提高电解性能。

在流延过程中浆料成分设计、配制和流延工艺参数调节等都对流延成形和后续生产有重要影响，本实验的目的为：

1. 掌握流延浆料的配制方法，了解添加剂配比对浆料的影响；
2. 学习小型实验室流延机设备的操作方法；
3. 掌握流延工艺操作全过程，了解影响流延成形的因素和调节方法。

一、设备与材料

流延机、机械泵、旋转搅拌器、电子天平；氧化铝粉、氧化锆粉、N-甲基吡咯烷酮、聚乙烯吡咯烷酮、聚醚砜；不锈钢浆料罐、烧杯、玻璃棒、滤纸，漏斗、研钵、PET 膜等。

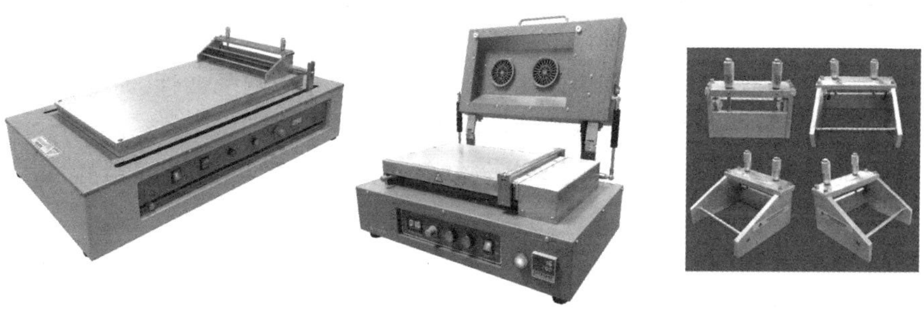

(a) MSK-AFA-I型　　(b) MSK-AFA-H200A　　(c) 刮刀

图 4-7　小型流延自动涂布机和刮刀

如图 4-7(a)，MSK-AFA-I 小型流延自动涂布机可用于各种涂膜研究，例如陶瓷类薄膜、晶体类薄膜、电池材料薄膜、特殊纳米薄膜，通过匀速推动精密制膜器，达到平滑、均匀的涂覆效果。采用真空吸附来固定基片，使得涂布过程中基片无褶皱现象，从而使得涂布更加顺畅，而且可快速取放基片。

主要技术参数：涂布速度：1～100 mm/s 可调；涂布行程：10～250 mm 可调；真空铝板：365 mm×200 mm×30 mm；刮刀：150 mm 宽度可调式，调整范围 0.02～5 mm；真空泵为 120 L/min 单旋泵。

这种小型流延自动涂布机还可根据需要进行配置，如图 4-7(b)，MSK-AFA-H200A 型是一款底部带加热的小型流延机，最高加热温度可以达到 200 ℃。顶部安装有活性炭过滤系统，特别适合高温涂覆聚合物膜和导电陶瓷膜，可以保护实验室环境。

如图 4-7(c)，不锈钢材质的刮刀的宽度从 50～250 mm 可调，刮刀与基片之间的间隙 0～3500 μm 可调，使用千分尺调节头，调节精度为 10 μm；还可选配不锈钢挤压头，适合各种挤压式流延涂布。

二、实验原理

相比较于其他陶瓷成形方法，流延法可以制备出面积大、厚度小、表面平整光滑的陶瓷器件；材料利用率较高，呈二维分布，缺陷少。

浆料的制备是流延成形最关键的环节，浆料质量的好坏将直接影响流延膜的质量以及样品的质量及性能。流延浆料中主要包括陶瓷粉体、溶剂、分散剂、黏结剂、塑化剂及其他功能添加剂。

1. 浆料主要组成

(1)陶瓷粉体：在流延工艺过程中，陶瓷粉体是决定陶瓷最终性能的关键。粉体的选择需要考虑粉体的粒径大小及其分布、颗粒形貌、表面情况以及粉体密度等。

(2)溶剂：流延成形是一种液态成型工艺，通过流延得到二维的样品，要求粉体具有液态流动性，获得液态流动性的方法就是加入溶剂。溶剂的选择原则：①不与陶瓷粉体发生反应；②能够溶解其他的有机添加剂；③在流延和烧结过程中易于挥发和烧除；④对人体和环境的危害尽可能小。

有机溶剂具有降低浆料的黏度、易于挥发、缩短干燥时间、对粉体的润湿效果好等优点。相比于有机溶剂，水溶性溶剂具有成本低、使用安全卫生等优点，但同时也具有对粉体的润湿性差、挥发慢、干燥时间长和对黏结剂的选择有限制等缺点。

(3)分散剂：分散剂在流延过程中起着重要的作用，它是影响分散性、润湿性、致密性、浆料稳定性以及样品强度等一系列性质的关键因素。

(4)黏结剂：黏结剂在浆料制备过程中会包裹陶瓷粉体颗粒，对流延后样品的强度、弹性、塑性、脱模能力、韧性、可印刷性、平滑性起着非常重要的影响。

(5)塑化剂：塑化剂的加入是为了使生瓷带可以弯曲，同时增加它的延展性而不至于开裂。在不加入塑化剂情况下，流延出来的样品有一定的强度，但是易碎没有塑性，从而影响样品后续的打孔、裁剪、叠层等工序。

(6)其他添加剂：除了上述添加剂外，为了得到一些特殊的浆料性质或者理想的样品，在浆料制备过程中还会加入一些功能性有机添加剂，包括除泡剂、絮凝剂、润湿剂、悬浮稳定剂等。

2. 相转化流延工艺流程

相转化流延的工艺流程主要包括浆料的制备、相转化成形、坯体的固化、干燥。首先，将陶瓷粉体分散在溶剂中，球磨形成均匀的浆料，利用流延或挤出等方式成形后，立即将坯体沉浸于絮凝剂（非溶剂）中，溶剂和非溶剂之间进行交换完成相转化过程。相转化流延的工艺流程如图 4-8 所示。

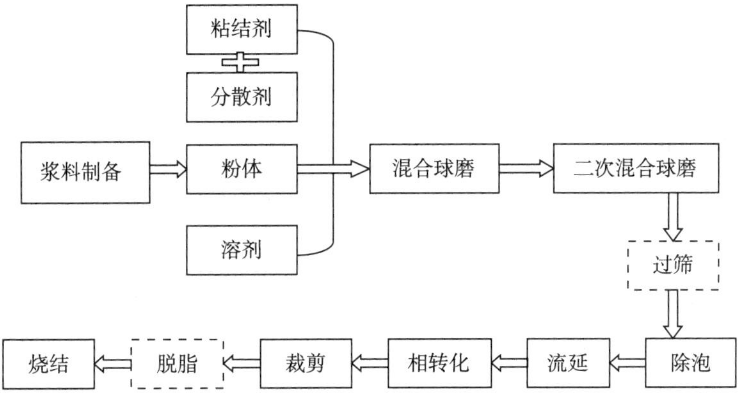

图 4-8　工艺流程图

本实验采用聚醚砜（PES）、聚乙烯吡咯烷酮（PVP）和 N-甲基吡咯烷酮（NMP）作为黏结剂、分散剂和溶剂与陶瓷粉体混合制得浆料，在流延后将基片连同流延的薄膜样品直接浸入水中，使浆料中的溶剂与水发生传质交换，改变薄膜的热力学状态，使其从均相的聚合物溶液发生相分离，转变成一个三维大分子网络式的凝胶结构，最终直接固化成膜。

相转化制膜的关键是聚合物溶液的液-液分相，浆料浸入非溶剂后，溶剂和非溶剂将进行相互扩散交换，当聚合物溶液中的非溶剂含量增至双节线时，体系热力学平衡被打破，开始发生相分离过程，生成贫聚合物相和富聚合物相，直到发生固化为止。贫聚合物相的聚集形成通孔多孔结构，富聚合物相则生成膜结构。根据相分离的时间长短可以分为瞬间相分离和延迟相分离；前者交换速度较快，可以得到多孔结构，后者则得到较致密的皮肤层和海绵层结构。

3. 影响因素

影响流延膜厚度及质量的因素主要有：浆料黏度、刮刀高度、流延速度、粗糙度等。

（1）浆料黏度：浆料黏度的大小也表明浆料中固相含量的多少。低黏度的浆料，流延干燥后得到的流延膜厚度收缩大，同时通过刮刀间隙供给的浆料量增加，综合影响流延膜的厚度。

（2）刮刀间隙：刮刀是流延机上的一个重要部件，流延膜的厚度主要是通过调整刮刀高度来控制的。但是由于浆料具有一定的铺展性，为避免流延中间厚，两边薄的现象产生，应采用可调刮刀刃面曲线的流延机。

（3）流延速度：流延速度快，浆料通过刮刀间隙供给的浆料量小，流延膜厚度小。为得到需要的流延厚度，保证流延膜厚度的均匀性，需要确定合适的流延速度，并保持流延速度的稳定。

（4）表面粗糙度：流延膜的表面粗糙度受陶瓷粉颗粒尺寸和聚集的影响，所以陶瓷原料的粒度、分散性是流延膜表面粗糙度的影响因素。生瓷带的表面状况还受到黏度性质和干燥条件等过程条件的影响,这种影响随流延膜的厚度的不同而不同,厚度越小,干燥越快,流延膜没有进行充分校平,而导致表面粗糙度的增大。

在流延过程中,首先通过视觉观察来判断流延膜的质量,及时发现流延膜的粗糙度、气孔以及开裂等缺陷,通过调整浆料制备和流延过程中的一些不当工艺来纠正解决,如保持刮刀的光洁度、提高流延浆料的均匀性、制订合适的干燥工艺等。

三、实验步骤

1. 陶瓷浆料的制备

(1)按照表 4-7 的参考配方称量材料,放入不锈钢罐中,用玻璃棒搅拌 3~5 分钟。

(2)再将不锈钢罐放到电动搅拌机下,将搅拌头尽量放到罐底,又不能抵住罐底,固定搅拌头的高度。

(3)先低速搅拌,观察搅拌头的位置是否合适,否则停止搅拌,调整搅拌头到合适位置后再逐渐加大搅拌速度,持续搅拌。

(4)观察浆料搅拌状态,当浆料呈均匀蠕动后可转入流延(因教学学时限制,实验一般搅动 60 min 以上)。

(5)关闭电动搅拌机,拔下电源插头,抬起搅拌头,取出不锈钢罐。

表 4-7 流延浆料参考配比

材料	配方 1	配方 2	配方 3	配方 4
Al_2O_3粉体/g	30	25	20	15
ZrO_2粉体/g	0	5	10	15
N-甲基吡咯烷酮/g	25~27	19~21	16~18	13~15
聚乙烯吡咯烷酮(PVP-K30)/g	0.8~1	0.8~1	0.8~1	0.8~1
聚醚砜/g	2~3	2~3	2~3	2~3

2. 流延

(1)将 PET 膜平铺在流延机平板上,打开机械真空泵,使膜吸附在平板上。

(2)将刮刀放置在膜上,调节间隙到要求的尺寸,将浆料缓慢倒入样品池内,成一定宽度。

(3)调整好流延长度和推杆前进速度,开始流延。

(4)注意观察流延过程和成膜质量。

(5)流延结束后,推杆退回,将刮刀取下,关闭真空泵,将 PET 膜用玻璃平板托住、取下。

(6)将载有样品的玻璃板全部浸入水池中,等待完成相转化流延后(根据膜厚度适当延长反应时间),取下流延样品,自然干燥。

3. 关闭真空泵,关闭流延机,关闭电源。

4. 清理不锈钢罐和流延机。

四、注意事项

1. N-甲基吡咯烷酮为液体,称量样品时用滴管取放;聚醚砜为颗粒细小的微粉,易飞扬，称量时注意防护，避免吸入。

2. 使用电动搅拌器时注意两点：一是搅拌头的位置一定要仔细固定好；二是先低速启动，再缓慢调到较高的速度。

3. 浆料制备过程中要观察浆料时必须先关闭电动搅拌机；浆料制备好后，先关闭电动搅拌机再取出不锈钢罐。

4. 流延机的真空铝板为高精度平整表面，要注意保护，避免划伤、磕碰。

五、实验记录与处理

1. 记录实验中用到的原料，包括样品名称、质量、原料来源等；
2. 记录浆料制备过程中相应的实验参数，描述浆料的特性；
3. 记录流延过程中相应的实验参数，描述样品特征；
4. 评价流延样品，并分析实验中需要注意的事项。

六、延伸阅读——一种高介陶瓷基板的制备工艺简介

移动通信、卫星通信、全球卫星定位系统、蓝牙技术以及无线局域网等现代通信行业需要一种高性能陶瓷基板材料，本节介绍基于科研项目的高介陶瓷基板材料的制备工艺过程。

(一)一种钛酸钡高介陶瓷基板的制备流程

1. 浆料的主要成分见表 4-8。其中商购 $BaTiO_3$ 粉体需经预烧、研磨、混料、球磨、烘干等几个步骤处理后备用。

表 4-8　高介陶瓷基板材料的主要成分

组别	成分	生产成家，纯度
粉体	$BaTiO_3+La_2O_3+LiF$	阿拉丁试剂、国药试剂，分析纯
溶剂	乙醇＋丁酮	阿拉丁试剂，分析纯
分散剂	蓖麻油	国药试剂，分析纯
黏结剂	聚乙烯醇缩丁醛 PVB	国药试剂，分析纯
塑化剂	邻苯二甲酸二丁酯 DBP	国药试剂，分析纯

2. 浆料的制备包括一次球磨、二次球磨、过筛和除泡四个步骤：

(1)称取粉体、量取溶剂重量的 50%及全部分散剂放入烧杯中，超声分散 10 min 以上，再倒入球磨罐中以 400 r/min 球磨 5 h。

(2)称取黏结剂，量取溶剂重量的 50%，倒入烧杯中，用玻璃棒搅拌至黏结剂全部溶解，然后加入塑化剂，超声分散 10 min 以上，再加入经一次球磨的球磨罐中，二次球磨 5 h。

(3)球磨后用 200 目的筛网将浆料过滤到烧杯中。

(4)磁力搅拌 30 min 以上并真空除泡。

3. 设定流延速度、刮刀高度、干燥温度等参数制得生瓷带，经裁剪、叠层、均压、切割和烧结后制得熟瓷片。

(二)制备过程中用到的主要设备

生瓷带的制备需要在超净间中进行,生瓷带样品的制备对设备的精度要求非常高,尤其是表面光洁度、平整度和翘曲度这三项指标涉及基板材料的流延、裁剪、叠层、温静压、烧结、抛光等多道工序,必须有专用的设备保证,目前我国已有很多制造商提供相应的装备,表4-9和图4-9所列为实验研究中所用的主要设备,仅供参考。

表4-9 陶瓷基板的制备所用主要设备

设备名称	型号	生产厂家
球磨机	QM-3SP2	南京大学仪器有限公司,中国
流延机	CAM-C255	KEKO公司,斯洛伐克
裁膜机	SC-25MPC	KEKO公司,斯洛伐克
叠层机	SM-1	KEKO公司,斯洛伐克
切片机	SM-1508	KEKO公司,斯洛伐克
温水均压机	CH850	宏碁精密科技股份有限公司,中国
烧结炉	KSL-1400 ℃	合肥科晶材料技术有限公司,中国

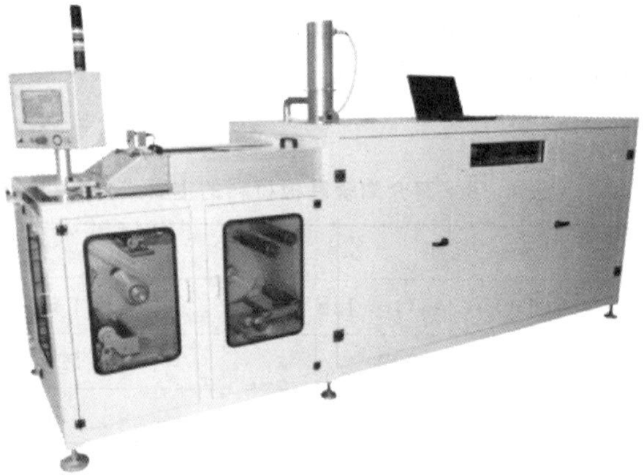

(a)流延机

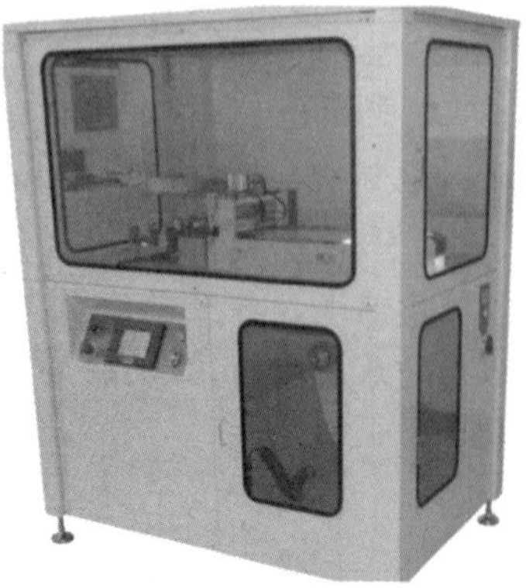

(b)裁膜机

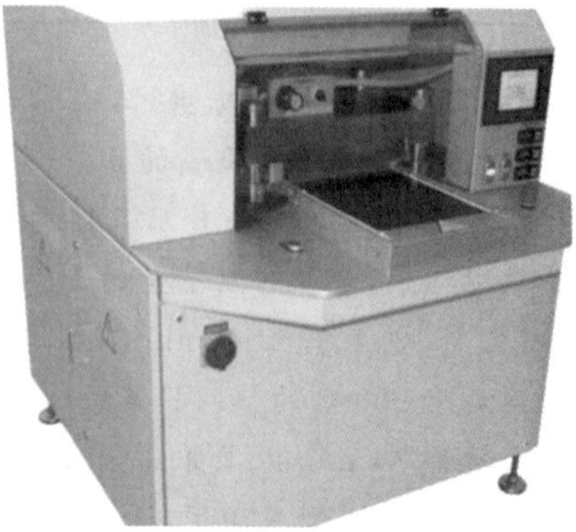

(c)叠层机

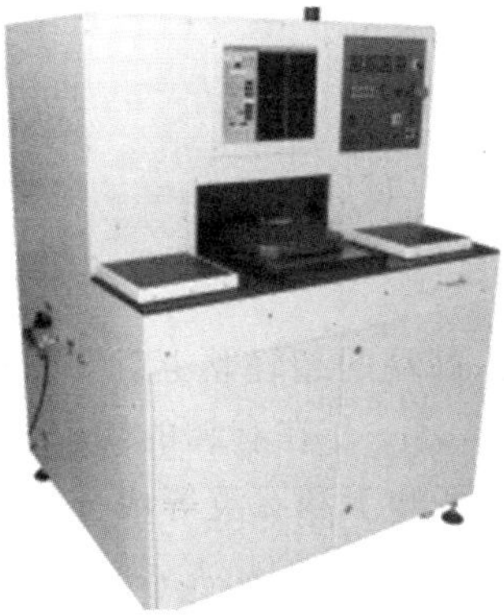

（d）切片机

（e）温水均压机

图 4-9　制备生瓷片所用设备

(三)钛酸钡高介陶瓷基板

通过成分优化、流延工艺优化，制备得到表面平整、成分均匀的陶瓷生瓷片；优化烧结工艺后制备出厚度小于 0.2 mm、表面平整度小于 2 μm，抛光后表面光洁度小于 0.1 μm、翘曲度小于 10 μm 的成品熟瓷片，如图 4-10 所示。经检测陶瓷介质材料在 1 MHz 下介电常数约为 1600～3000，损耗因子小于 2.5，且绝缘电阻大于 10^{11} Ω。

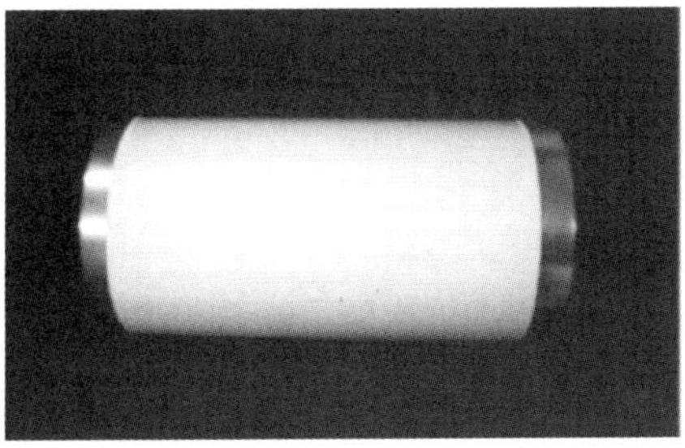

（a）生瓷带

（b）剪裁后的生瓷片

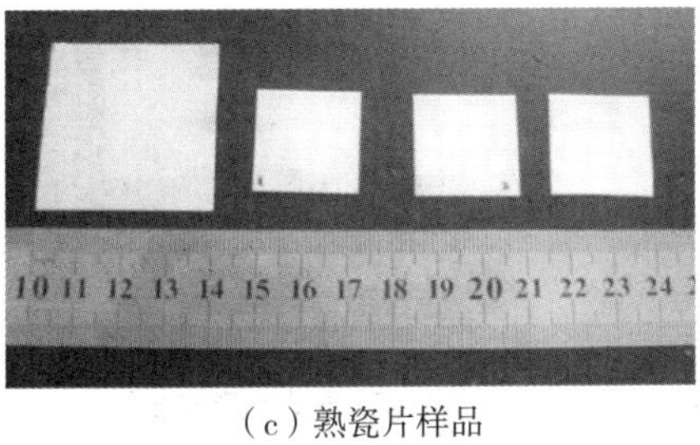

（c）熟瓷片样品

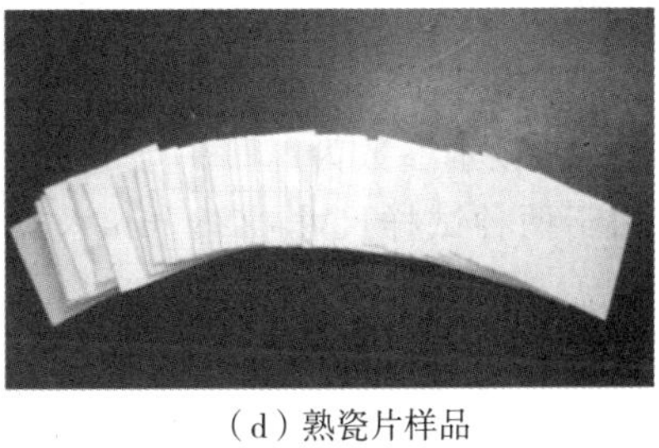

（d）熟瓷片样品

图 4-10　流延法制备的陶瓷片

思考题

1. 流延浆料的搅拌时间较短，对制备的生瓷带产生什么影响？
2. 配方中除粉体以外的各种材料的作用是什么？查阅资料了解它们的特性。
3. 查阅资料，进一步了解相转化法在材料学科研究中的应用和进展。

4.4 可塑料制备及性能测试

从各种各样颜色还带有香味的橡皮泥到升级版彩泥、高端的超轻黏土以及欧克泥等，这些材质不仅柔软而且可塑性极强，是深受儿童喜爱的玩具之一。在有趣的陶瓷工坊里人们可以亲自体验“可塑成形”方式，手工拉坯各种泥料，如由高岭土和石英等成分组成的瓷泥，可制作成细腻的半透明精美瓷器、餐具；由瓷土和石英等成分组成的炻泥，质地相对粗糙，可制成花盆、瓶罐等日用制品等。

可塑成形是一种古老的成形方法，可塑泥料是由固相、液相和少量气相组成的弹塑性系统，可塑泥料的首要性质是具有良好的可加工性，易于成形为各种形状，不开裂，干燥后具有较高的生坯强度，因此可塑性是陶瓷泥料的重要工艺性能。目前还没有一种完全符合生产实际的可塑性定量测定方法，各研究单位或工厂多采用可塑性指标和可塑性指数对黏土或坯料的可塑性进行初步评价。本实验的目的为：

1. 了解可塑泥料制备的一般过程；
2. 掌握黏土或坯料的可塑性指标和可塑性指数的测定原理及测定方法；
3. 了解影响黏土或坯料可塑性的因素；
4. 了解可塑性测定对生产的指导意义。

一、设备与材料

KS－B 型微电脑可塑性测定仪(如图 4－11)，各种黏土、烘箱、电子秤、电子天平，不锈钢托盘，去离子水，不锈钢案板、量筒、卡尺、调泥刀、烧杯等。

其中，KS－B 型数显可塑性测定仪由机械、电器两部分组合成，机械部分主要是减速装置；电器部分包括微电脑测试仪、压力传感器、位移传感器等。主要技术参数为：

1. 适用于两种试样尺寸：ϕ28 mm×38 mm 圆柱状试样、ϕ45 mm 球形试样；
2. 压力量程：0～200 N；压力精度±1%；
3. 位移量程：0～25 mm；位移精度±1%；
4. 支承座升降速率：30 mm/min。

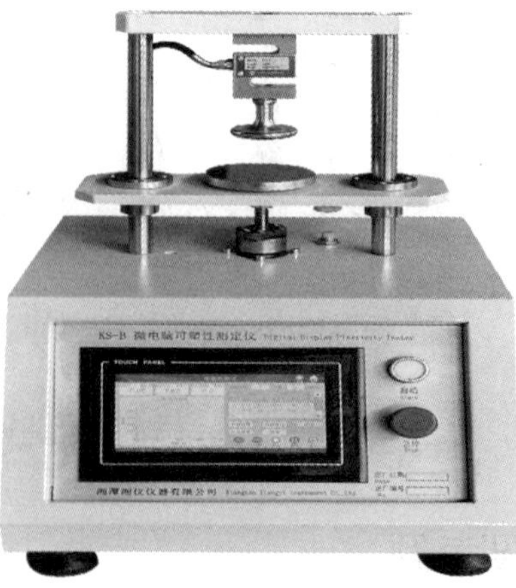

图 4－11　KS－B 型微电脑可塑性测定仪

工作时由电机转动通过减速装置带动试样支承座上下移动，试样接触到固定在上面的压力传感器时产生压力信号，支承座上下移动时带动位移传感器的铁芯移动，产生位移信号，两信号通过微电脑测定仪测量，显示并进行数据处理，获得可塑性指标数据。

二、基本原理

具有一定细度和分散度的黏土或配合料加适量水调和均匀，成为含水率一定的塑性泥料，在外力作用下能获得任意形状而不产生裂缝或破坏，并在外力作用停止后仍能保持该形状的能力，称为可塑性。可塑性是黏土材料的基本性能，它决定着陶瓷制品及黏土质耐火材料的成形方法。

通常可塑性大的黏土需要的调和水也多，其黏合能力强，有利于成形操作及提高生坯的强度；但其干燥收缩大，并在干燥时产生有害的应力，造成变形、开裂。故在工业生产中可塑性太强的黏土多不单独使用，而掺入非可塑黏土或其他黏土熟料等瘠化物质，以降低有害应力的产生。可塑性指标有两种测量方法：

1. 可塑度 R

通过研究圆柱体试样在受力过程中应力与应变之间的关系来确定泥料的可塑性：

$$R=A\frac{F_{10}}{F_{50}} \tag{4-10}$$

其中，R——可塑度；

A——常数，对于 $\phi 28$ mm×38 mm 的试样，此值为 1.80；

F_{10} 和 F_{50}——分别为试样被压缩 10%和 50%时所承受的压力，N。

2. 可塑性指数 S

制备一定大小的泥球，测定其在受力情况下所产生的应变与应力的乘积来表示可塑性指数：

$$S=(d-b)\times P \tag{4-11}$$

其中，S——可塑性指数，cm·kg；

d——泥球在试验前的直径，cm；

b——泥球受压后产生裂缝时的高度，cm；

P——泥球出现裂纹时的负荷，kg。

可塑性指标是以对黏土或坯料的可塑性进行初步评价，对陶瓷的成形和干燥性能进行分析。高可塑性黏土的可塑性指数大于 3.6；中可塑性黏土可塑性指数为 2.5～3.6；低可塑性黏土的可塑性指数低于 2.4。

3. 影响因素

黏土的可塑性必须在一定的条件下才表现出来。黏土一般具有较大的比表面积，相互间可以产生强大的附着力，一定厚度的水化膜有助于微粒互相结合，形成连续结构，又进一步加大附着力；水膜能降低颗粒间的内摩擦力，使质点能相互滑动，从而易于塑造成各种形状，增加了可塑性。干燥或水分很低的黏土不仅可塑性很低，在不大的变形力的作用下就会分散、碎裂或形成裂缝。但水分过大，又会使黏土粒子分开，粒子间的黏结力显著减弱，甚至变成流动的状态，失去塑性。因此，黏土的可塑性不仅决定于黏土本身的性质，也取决于调和水的量，可塑性良好的黏土一般应具有以下条件：

(1)颗粒细小,比表面积大;

(2)黏土矿物解理明显或完全,尤其成层片状结构最好;

(3)黏土颗粒表面的水化膜具有适宜的厚度。

三、实验步骤

1. 将 500～1000 g 过筛的黏土(可以选择 1 或 2 种黏土配比)加入适量水分,充分调和、捏练,使其极易塑造成型而又不黏手。

2. 使用圆柱体试样模具制成圆柱状试样,表面应光滑无裂纹、孔洞等缺陷,用于可塑度 R 的测定。

3. 将泥团用手搓成泥球,球面要求光滑无裂纹,球的直径为(45±1)mm,为了使手掌不致吸去泥团表面水分获得光滑的泥球,搓球前可先将手掌润湿。

4. 打开可塑性测定仪电源开关,预热 5 分钟,仪器高两位显示位移(mm),此时高两位应＞38 mm,否则应按“下降”使之符合要求,低四位显示压力(N),应为 0,否则应进行零点测定。

5. 测试圆柱形试样

(1)按[测试],高位“0”闪烁,按“↑”使其设置为“1”,再按[测试],状态 1 灯点亮;

(2)将圆柱状试样放入测试台中间位置,按[上升],设备开始自动测试;

(3)测试完毕,仪表窗口自动循环显示数据,其对应关系为:

① ——试样初始高度,mm;

② ——压缩 10%时的压力值,N;

③ ——压缩 50%时的压力值,N;

④ ——可塑度 R。

6. 测试球形试样

(1)按[复位],使设备处于待测初始状态;

(2)按[测试],高位“0”闪烁,按“↑”使其设置为“2”,再按[测试],状态 2 灯点亮;

(3)用游标卡尺测量并输入球状试样的直径值,再按[测试];

(4)将球状试样放入测试台中间位置,按[上升],多人从多个方向密切观察球的表面状态;

(5)一旦看到裂纹,立即按[下降],测试台即停止上升;

(6)测试完毕,仪表窗口自动循环显示数据,其对应关系为:

① ——试样初始直径 d,mm;

② ——压缩时的厚度值 b,mm;

③ ——压裂时的压力值 P,N;

④ ——可塑性指数 S,cm·kg。

7. 每次测量结束,按[复位],准备下一次测试。

8. 球状试样测试后按测试顺序排列，选取 5～6 个有效数据后，将对应的湿球分别放入已称量质量的烧杯(G_0)中，再称量湿球和烧杯共同的质量(G_1)。

9. 然后将装有湿球的烧杯放入烘箱中，110～120 ℃烘干 8 h 以上至恒重，再称量质量(G_2)。

四、注意事项

1. 试样加水调和应均匀一致，搓球前必须经过充分捏练。

2. 用润湿的掌心搓球，搓球时间大致差不多，球表面必须光滑，滚圆无疵，球的尺寸须控制在 ϕ(45±1)mm 范围内。

3. 测试操作顺序不得颠倒，否则复位后重新设定，并且掌握开裂标准应该一致。

4. 如需详细研究可塑性指标与含水量的关系时，可做不同含水率的可塑性指标测定，并绘制出指标一含水率曲线图。

五、数据处理

1. 参考表 4－10、表 4－11 记录实验数据。

表 4－10　可塑度测定记录表

试样配料		测定人		测定日期	
试样编号	样品初始高度(mm)	F_{10}(N)	F_{50}(N)	R	R 均值
1					
2					
3					
4					
5					

表 4－11　可塑性指数测定记录表

试样配料					测定人			测定日期		
试样编号	试样直径 d/cm	形变后高度 b/cm	应变 $d-b$/cm	破坏负荷 P/N	可塑性指标 S/cm·kg	含水率的测定				
						烧杯的质量 G_0/g	烧杯和湿球的质量 G_1/g	烧杯和干球的质量 G_2/g	湿基含水率/%	干基含水率/%
1										
2										
3										
4										
5										

2. 计算干基和湿基含水率。

(1)
$$干基水分(\%)=\frac{G_1-G_2}{G_2-G_0}\times100\% \tag{4-12}$$

$$湿基不分(\%)=\frac{G_1-G_2}{G_1-G_0}\times100\% \tag{4-13}$$

其中，G_0——烧杯质量，g；

G_1——烧杯和湿球的质量，g；

G_2——烧杯和干球的质量，g。

(2)分析可塑性与泥料含水率的关系。

思考题

1. 结合炼泥过程谈谈注意事项和体会。
2. 为了提高泥料的可塑性，可采取哪些措施？

4.5 黏土烧结温度范围测定

大多数无机非金属材料在生产过程中都有高温过程，在这一过程中会发生一系列复杂的物理、化学和物理化学反应。例如陶瓷坯体在高温过程中可能伴随有脱水、热分解、相变；共熔、熔融和溶解；固相反应、烧结、晶体长大和剩余玻璃相凝固等过程。通常将初步密集成形的生坯经高温烧结成产品的过程称为"烧成"，烧成的实质是将粉料集合体变成致密的、具有足够强度的烧结体。如果侧重考虑高温下粉料填充空隙的过程，烧成又常常被称为"烧结"。

耐火物料或陶瓷生坯通过烧结，达到气孔最小、收缩最大、产品最致密、性能最优良或成为坚实集结体状态时的温度称为"烧结温度"。若继续升温，坯体开始变形、软化、过烧膨胀甚至局部熔融，坯体开始软化的温度称为"耐火度"。烧结温度和耐火度之间的温度范围称为"烧结温度范围"。

黏土的烧结温度范围是坯料重要工艺特性之一，对确定坯料在烧成时的安全程度、制定合理的烧结温度曲线以及选择合适的窑炉都具有重要的价值。本实验的目的为：

1. 掌握烧结温度与烧结温度范围的测定原理和测定方法；
2. 学习影像式烧结点仪的结构、原理和操作步骤；
3. 了解影响烧结温度和烧结温度范围的复杂因素；
4. 了解烧结温度和烧结温度范围对陶瓷生产的实际意义。

一、设备和材料

影像式烧结点测试仪一套、电脑，黏土若干、高铝瓷托、氩气和氩气瓶，细砂纸、小刀、镊子、电子天平、烘箱等。

如图 4－12，湘潭湘仪仪器有限公司生产的 SJY 烧结点仪是一种用于测量无机非金属材料、混合料和陶瓷原料烧结点温度、耐火度的高温、透射投影装置。图 4－13 所示为设备结构图，由光源、加热炉、投影装置、温控装置、摄像头和计算机图像采集系统组成。其中：

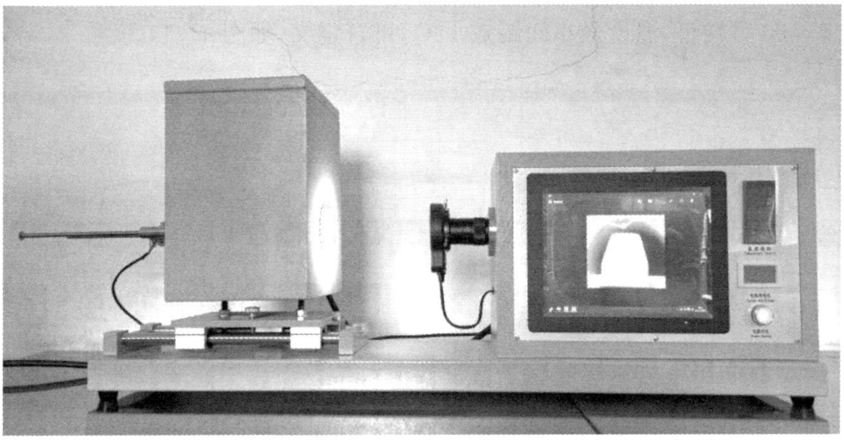

图 4－12　新型烧结点仪

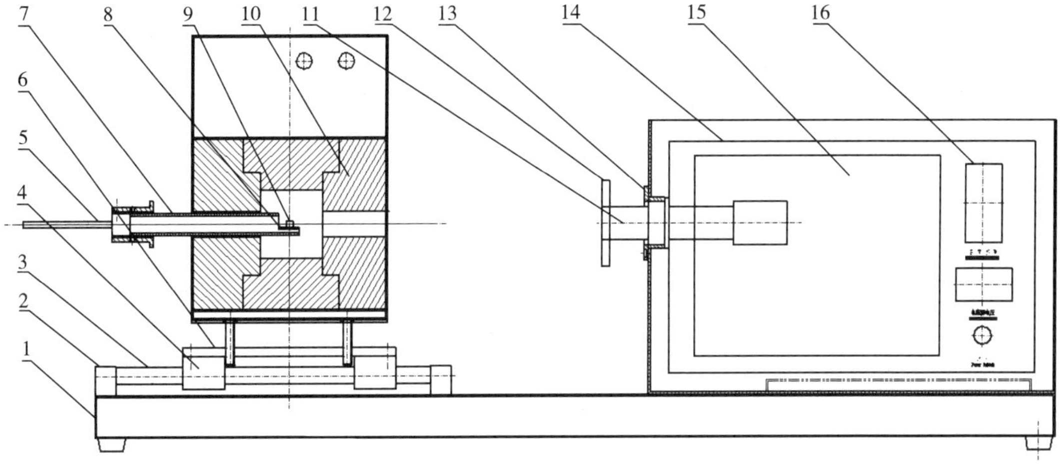

图 4－13　新型 SJY 烧结点仪结构图

1－底座；2－导轨座；3－导轨 1；4－直线轴承；5－导轨 2；6－车板；7－刚玉管支架；8－垫片；9－试样；10－莫来石炉膛；11－摄像头；12－光源；13－摄像头固定座；14－控制箱；15－电脑；16－控温仪表

1. 光源采用 12 V、30 W 灯泡，经聚光镜聚光，整个部分装在导轨上，可上下左右移动。

2. 加热炉有两种规格，其中 1400 ℃加热炉采用硅碳棒加热，1700 ℃加热炉采用钼丝并氩气保护加热，炉内温度梯度±3 ℃。

3. 投影部分由来自聚光镜的平行光通过炉膛投影在试样上，将试样的阴影经过镜头放大，再经棱镜折射到平面镜上，经反光镜到乳白玻璃镜屏。实验者可清晰地看到样品发生变化时产生的收缩、膨胀、钝化、球化的投影像及发生此现象的温度。

4. 电气部分由调电箱控制，可自动升温、恒温、降温，也可手动控温。

5. 炉温采用高温铂铑热电偶测量，并通过 AL810 型电脑温度控制器显示出来。

实验过程中，采用 CCD 摄像和计算机处理系统获得高清的图像，影像放大倍率 10～50 倍，成像画面配坐标系统可直观地量化膨胀、收缩数据。存储、打印起始温度、时间间隔可自定义，一般 5～60 秒均可，温度最小间距点 1 ℃，可自定义，如图 4－14。

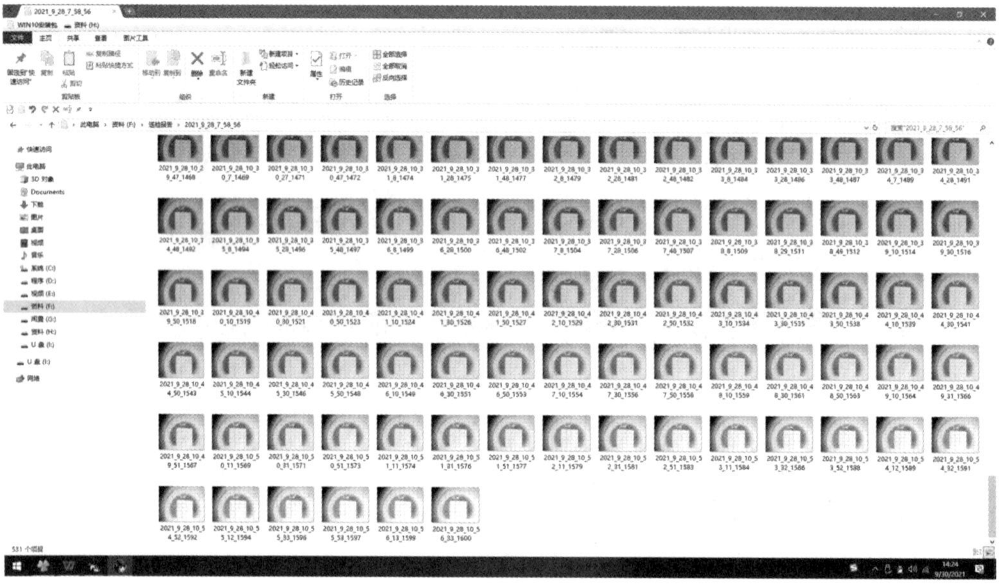

图 4－14　新版软件采集的图像实例

二、测试原理

测定烧结温度范围的方法有高温显微镜法、高温透射投影法及试样置于不同温度下焙烧的方法。本实验采用带有照相装置的影像式烧结点测试仪，属于高温透射投影法，如图 4－15，实验者可以在镜屏上清晰地看到锥形试样在高温下的体积收缩、膨胀钝化及完全球化、烧结、软化点、球状点、半球状点、熔化点等情况，并获知发生的相应温度，分析样品的高温接触角、润湿角和高温黏度等特征，试验数据实现自动存储和输出。

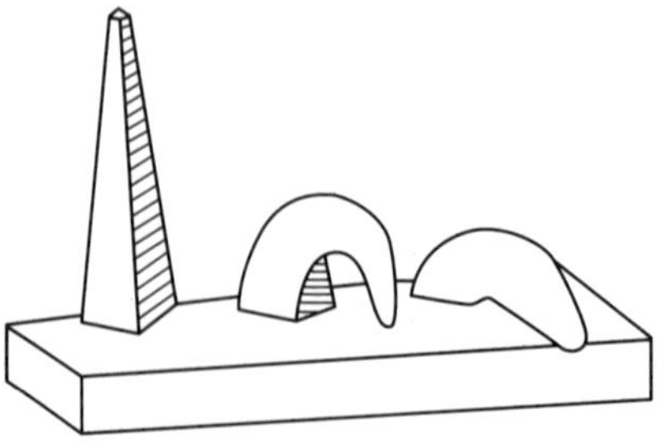

图 4－15　锥形样品在加热过程中变化示意图

参照 GB/T 7322—2017《耐火材料耐火度试验方法》，将被测材料磨成细粉，制成与标准测温锥形状、尺寸相同的截头三角锥，也可直接从耐火制品上锯取上述的截头三角锥，插在一个耐火的底盘上，放在烧结点仪高温炉内的瓷托上，按一定的速率加热。

黏土坯料是多矿物组成的物质，没有固定的熔点，而是在相当大的温度范围内逐渐软化。如图 4 - 16 所示，黏土坯体在焙烧时，烧结过程开始时，当体积开始剧烈收缩、气孔率剧烈减少时的温度称为“开始烧结温度”T_1；随温度升高，液相量增加，气孔率将继续下降，直到某一温度下降至最低，收缩率最大，此温度为“完全烧结温度”T_2。若继续升温，因为液相量太多试样将开始软化变形，甚至局部熔融，此时对应的最低温度 T_3，称为“耐火度”(亦称“软化温度”或“熔融温度”)。T_3 与 T_2 的温度差即为烧结温度范围。

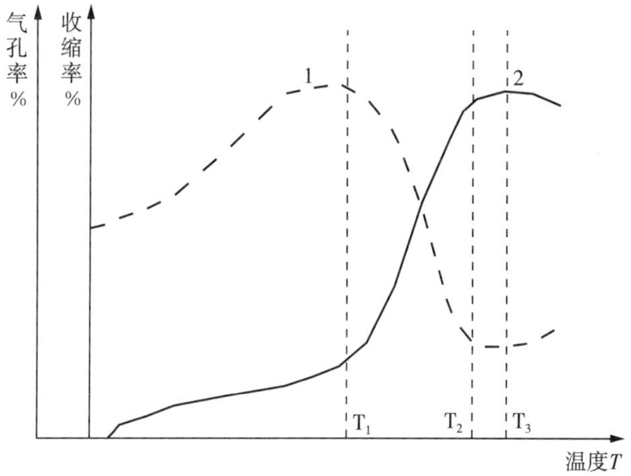

图 4 - 16　黏土坯体加热过程气孔率和收缩率变化

1—气孔率曲线；2—收缩率曲线

可见，开始烧结到烧结完成是一个温度范围，烧结温度范围简称烧结范围，在这个范围内，虽然温度改变，但气孔率、体积收缩率等没有显著变化，不影响制品质量。在生产过程中，烧结温度范围愈大，窑炉截面上受热愈均匀，否则焙烧难以控制，窑炉内温度不匀，容易产生过火或欠火的产品。在烧结范围中选择一个适宜的温度作为黏土坯体的最高最佳温度称“烧结温度”。所以烧结温度范围是评价陶瓷、耐火原料、砖瓦原料黏土质量的一项重要的技术指标。

三、实验步骤

1. 试样制备

将要测定的黏土加适量水搅拌匀，装入模具内，在小型压机上均匀加压，制成锥形试样，或者在制样器上做成为 $\phi 8$ mm×8 mm 圆柱体，试样表面要求光洁，每次压缩的松紧程度要一致，然后在 105～110 ℃烘干，备用。

2. 升温前，将制样器做好的试样放在刚玉片上，试样与刚玉片之间要隔保温材料，以免熔为一体，然后徐徐推入炉膛中心。

3. 打开光源，调节好焦距，在电脑屏幕上能够清晰现出试样图像即可。在升温过程中不要再调，否则使图像失去了对比依据。如出现偏左或偏右时，可拉出试样管，重新放置试样。

4. 电炉调校方法

(1)松开电炉的调节螺丝使其上下移动，使图像停留在中间正确的位置。

(2)当出现偏上或偏下时，调整电炉的前后位置(与光轴垂直方向)使电炉移动，使图像停在合适位置。

(3)当调节螺丝或电炉前后移动后，灯光源也须作相应调整，以得到清晰的投影图像为准。

5. 打开电源开关后仪表显示温度，打开电脑，双击影像仪快捷程序图标，电脑进入通信参数设置窗口，其数据是：串行口——“1”或其他端口号，温度地址——“0055”，点击“测试通信”，电脑上应显示温度表的温度值，否则，要检查通信端口设置是否正确。正常后，点击“停止测试”，点击“进入系统”，进入程序主窗体。

6. 设置自动升温曲线：点击菜单栏“仪表设置”下面的“PH80/PT80 表参数设置”，进入温度表设置窗体，最多可设置 30 段程序。常温到 1400 ℃，可以按 10 ℃/分钟升温，1400 ℃之上可以按 5 ℃/分钟升温。

7. 设置系统参数，输入保存图片中的横向和纵向网格线，默认都是 10，保存时间间隔可自己定义，一般 5～60 秒均可，保存起始温度，可以自己定义。建议不勾选“保存图片到数据库”，测试过程中所生成的图片单独保存在安装目录所新建的文件夹下，设置完毕，关闭本窗体。

8. 点击按钮栏的第一个按钮“烧结温度熔融温度测试”，弹出测试界面。左边为实时视频窗体，右边为保存的图片。首先点击“启动视频”按钮，图片框中出现实时视频，点击开始测试按钮，程序启动，仪表按照预先设定的升温速率升温。每隔设定的时间保存图片，直到手动点击停止测试按钮结束。

9. 测试过程中，不要切换到其他程序，始终让本程序处于最前端。如果视频窗体不处于最前端，保存的图片不能正常显示样品的变化过程。图 4－17 为实时测试界面实例，当温度大于 500 ℃时，可以关闭灯源。

10. 实验过程中观察炉温升温以及图片变化情况。

11. 测试完成后，先点击“停止视频采集”，然后关闭测试窗体。点击按钮栏“定位到照片位置”按钮，文件夹名字命名规则为“年_月_日_时_分_秒”，例如“2024_9_28_7_58_56”，双击打开文件夹，可以查看本次测试所保存的所有图片。在测试过程中，也可以手动捕捉图片。

12. 找到烧结温度和熔融温度图片后，分别点击“保存图片”按钮。输入测试员、样品编号、样品名称、单位名称和测试结果等信息。

13. 点击“生成报表”按钮，程序将保存的图片和其他信息导入 EXCEL 文档，另存为自行命名的测试结果。

14. 点击“退出程序”按钮，关闭仪器电源开关和灯源开关。

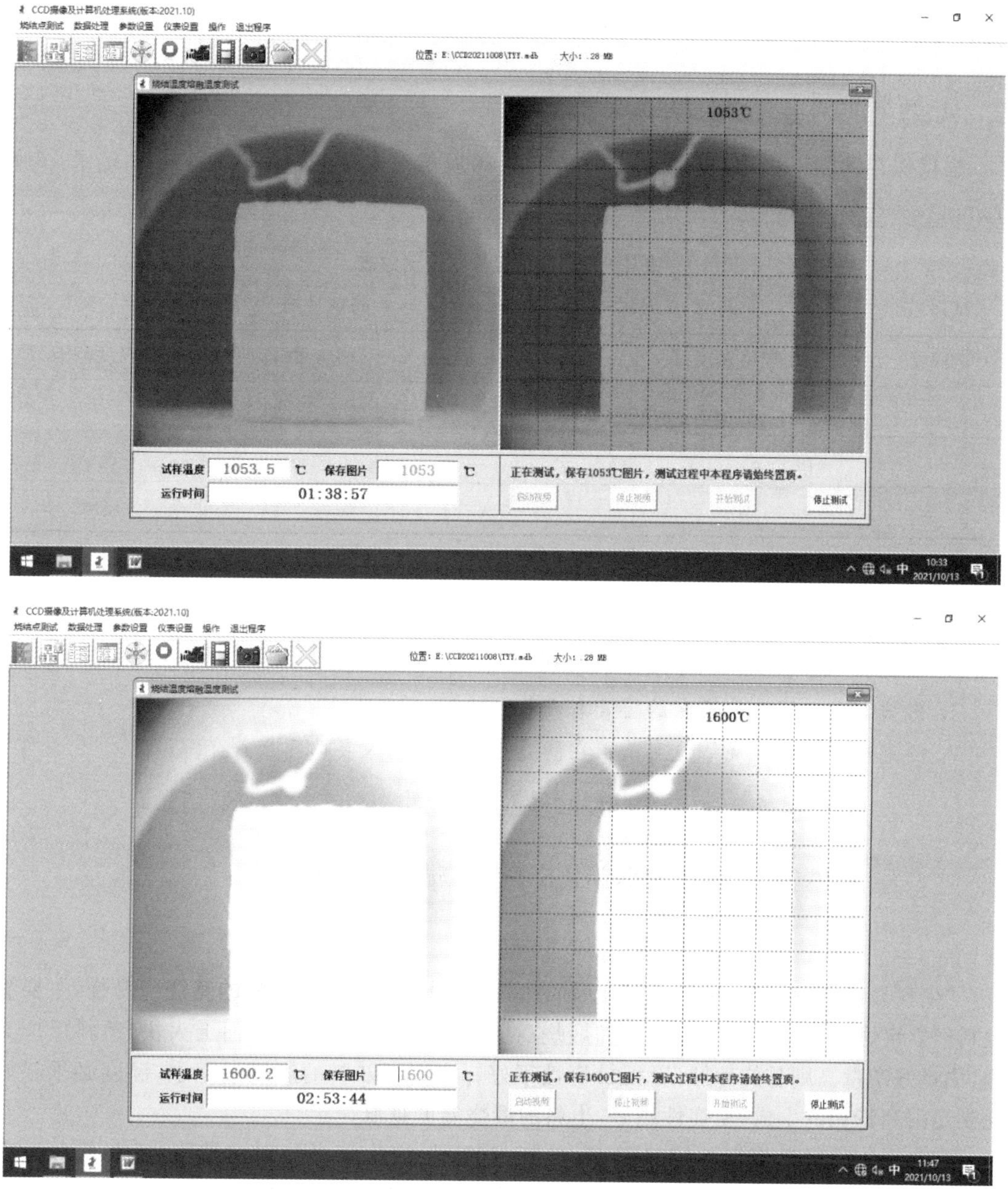

图 4－17　实时测试界面实例

四、注意事项

1. 仪器应安装在无震动清洁的平台上，工作台高度应低于 800 mm。

2. 为保护炉管不受损，使用寿命不受影响，试验时须注意勿使试样掉进炉管。

3. 不要用手接触镜片，擦拭时要用光学镜头纸。在试验中切勿使镜片受到急冷急热的冲击，否则易于损坏。

4. 测试过程中，注意观察加热电流，PID参数调节好后，加热电流一般不超过150 A，短时间(10秒左右)可在160～180 A工作。

五、实验记录

根据保存的黏土烧结过程中的图像，判断相应的变化温度，参照表4－12记录，并做分析。

表4－12　烧结温度范围测定表

试样名称________　　测试人________　　测试日期________

试样编号	开始烧结温度 T_1/℃	完全烧结温度 T_2/℃	耐火度 T_3/℃	烧结温度范围/℃
1				
2				
3				

思考题

1. 影响黏土坯料烧结温度的因素有哪些？
2. 测定烧结温度和烧结温度范围在陶瓷生产上有何重要的意义？

4.6　水泥生料易烧性的测定

“生料易烧性”是指水泥生料煅烧形成熟料的难易程度，水泥生料的难烧与易烧，主要看生料经立窑煅烧时窑面的反应情况和煅烧后的熟料质量和产量。窑面上火快，熟料反应完全，质量好产量高则易烧性好，否则易烧性不好。在水泥熟料的煅烧过程中，温度必须很好地满足阿利特相的生成，易烧性越好，生料的煅烧温度越低。

实际影响生料易烧性的因素很多，包括(1)生料的化学成分和三率值(石灰饱和系数KH、硅率SM和铝率IM)；(2)生料的均匀性和生料粉磨细度；(3)生料中次要氧化物和微量元素；(4)原料的地质、矿物的物理特性和颗粒组成；(5)液相量与液相黏度；(6)燃煤的性质、窑内气氛等等。水泥生料易烧性是评价水泥原料和生料的重要工艺指标，是正确选择原料、设计生料、确定生产工艺方法、设备选型及保证优质高产低耗的重要依据和参数。本实验的目的为：

1. 理解水泥生料易烧性的含义；
2. 学习水泥生料易烧性的测定原理和方法，掌握游离氧化钙法测定水泥生料易烧性；
3. 了解测定水泥生料易烧性在实际生产中的意义。

一、设备与材料

1. 球磨机；
2. 预烧用箱式电阻炉，额定温度不小于 1000 ℃；
3. 高温箱式电阻炉，额定温度不小于 1600 ℃；
4. 数显式电热恒温干燥箱；
5. 平底耐高温容器、坩埚、夹钳；
6. 研钵、筛子、试样成形模具；
7. 滴定装置一套、酒精灯，甘油、无水乙醇、硝酸锶、苯甲酸-无水乙醇溶液、酚酞等。

二、实验原理

水泥生料易烧性能是影响水泥烧成的一个重要参数，同时也是影响水泥质量的一个重要因素。影响生料易烧性的因素很多。其中，生料的石灰质组成主要为含有 CaO 的方解石，它的反应活性与其类型、晶体结构和粒度以及含有的杂质有关；微晶或隐晶质的石灰石反应快；杂质含量高、分布广也有助于提高石灰石的反应活性。生料中的黏土质组分主要为云母、蒙脱石、绿泥石、伊利石和高岭土，它们与石灰石的反应活性按序增加。生料的粒度和粒度级配显著影响生料的易烧性，一般地，粒度越细，比表面积和活性越大，固相反应越快，烧结越容易；但有些生料进一步磨细对易烧性的影响并不明显。根据原料的成分、矿物组成，通过易烧性的实验可以确定水泥生产的原料配比，其结果与熟料的质量比较吻合。

用一定温度下的游离氧化钙含量来确定易烧性优劣符合水泥生产的实际情况，配合体积变化测试和熟料分析可以较全面反应原料易烧性与水泥质量的关系。

水泥生料易烧性试验根据国家标准 GB/T 26566—2011《水泥生料易烧性试验方法》进行，按一定的煅烧制度对水泥生料进行煅烧后，测定其游离氧化钙(f-CaO)含量，用游离氧化钙含量表示该生料的煅烧难易程度。游离氧化钙含量越低，易烧性越好。“生料易烧性”的表达方式有三种：

(1)在某一已知温度下测量经规定时间后的 f-CaO 的含量，f-CaO 越低，易烧性越好，反之，越差。

(2)测定规定温度下达到 f-CaO≤2.0%的时间(θ)，θ 值越小，易烧性越好。

(3)实用易烧性：是指在 1350 ℃恒温下，在回转窑内煅烧生料达到 f-CaO≤2.0%所需的时间。

依据 GB/T 176—2017《水泥化学分析方法》，游离氧化钙的测定方法有甘油-乙醇法、乙二醇法、乙二醇萃取-EDTA 滴定法。下面以甘油-乙醇法为例：

生料经煅烧成为熟料，在加热搅拌下，以硝酸锶为催化剂，熟料与甘油-乙醇溶液混合，游离 CaO 与甘油化合生成弱碱性甘油酸钙溶解于溶液中，采用酚酞为指示剂使溶液呈红色；再用弱酸性苯甲酸-乙醇标准溶液滴定生成甘油酸钙至溶液褪色，由苯甲酸的消耗量求得游离 CaO 量，反应式如下：

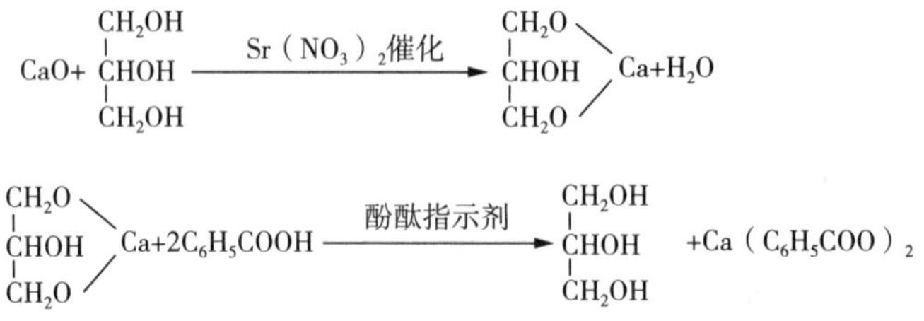

甘油酸钙　　苯甲酸　　甘油　　苯甲酸钙

三、实验步骤

1. 试样制备

按照 GB/T 12573—2008《水泥取样方法》取样，实验样品应是具有代表性的均匀样品。采用四分法或缩分器将试样缩分至约 100 g，经 150 μm 方孔筛筛析后，除去杂物，将筛余物经过研磨后使其全部通过孔径为 150 μm 的方孔筛，充分混匀，装入干净、干燥的试样瓶中密封供测定。如果试样制备过程中带入金属铁，用磁铁吸除，并尽可能快速地进行试样的制备，以防止吸潮。

(1)使用球磨机制备生料约 1 kg，生料细度不限。

(2)取同一配比、同一细度均匀生料 100 g，置于洁净容器中，边搅拌边加入 10 mL 蒸馏水，拌和至水分均匀。

(3)每次称取含水生料 3.6±0.1 g，放入成型模具内，用压力机以 10.6 kN 力制成 ϕ13 mm的试体，不必保压。

2. 测试步骤

(1)将试体放入 105～110 ℃恒温电热干燥箱内烘 60 min 以上。

(2)取相同试体 6 个为一组，均匀且不重叠地直立于平底耐高温容器内。将盛有试样的容器放入恒温 950 ℃的预热高温炉内恒温预烧 30 min。

(3)将预烧完毕的试体随同容器立即转放到恒温至试验温度的高温箱式电阻炉内，恒温煅烧 30 min，容器尽可能放置在热电偶端点的正下方。煅烧时间从放样开门起计到取样开门止，试验温度分别设定为 1350 ℃、1400 ℃、1450 ℃。

(4)煅烧后取出的试样置于空气中自然冷却，将冷却后的 6 个试样一起研磨至全部通过 80 μm 方孔筛，装入贴有标签的磨口小瓶内。

(5)按游离氧化钙的测定方法进行 f－CaO 的测定。

3. f－CaO 的测定步骤(参照 GB/T 176—2017，6.1.92 和 6.36 节)

(1)苯甲酸-无水乙醇标准滴定溶液[c(CHCOOH)＝0.1mol/L]的配制

称取 12.2 g 已在干燥器中干燥 24h 后的苯甲酸(C_6H_5COOH)溶于 1000 mL 无水乙醇中，贮存于带胶塞(装有硅胶干燥管)的玻璃瓶内。

(2)苯甲酸-无水乙醇标准滴定溶液对氧化钙滴定度的标定(甘油-乙醇法)

取一定量碳酸钙($CaCO_3$，基准试剂)置于铂(或瓷)坩埚中，在(950±25) ℃下灼烧至恒量，从中称取 0.04 g 氧化钙（m_5），精确至 0.0001 g，置于 250 mL 干燥的锥形瓶中，加入 30 mL甘油-无水乙醇溶液，加入 1 g 硝酸锶，放入一根干燥的搅拌子，装上冷凝管，置于游离氧化钙测定仪上，以适当的速度搅拌溶液，同时升温并加热煮沸，在搅拌下微沸 10 min 后，取下锥形瓶，立即用苯甲酸-无水乙醇标准滴定溶液滴定至微红色消失。再装上冷凝管，继续在搅拌下煮沸至红色出现，再取下滴定。如此反复操作，直至在加热 10 min 后不出现红色为止（V_9）。

苯甲酸-无水乙醇标准滴定溶液对氧化钙的滴定度按式（4－14）计算：

$$T''_{\mathrm{Cao}}=m_5\times1000/V_9 \tag{4-14}$$

式中：T''_{Cao}——苯甲酸-无水乙醇标准滴定溶液对氧化钙的滴定度，mg/mL；

m_5——氧化钙的质量，g；

V_9——滴定时消耗苯甲酸-无水乙醇标准滴定溶液的总体积，mL。

（3）测定游离氧化钙

称取约 0.5 g 试样（记为 m_{48}），精确至 0.0001 g，置于 250 mL 干燥的锥形瓶中，加入 30 mL甘油-无水乙醇溶液，加入 1 g 硝酸锶，放入一根干燥的搅拌子，装上冷凝管，置于游离氧化钙测定仪上，以适当的速度搅拌溶液，同时升温并加热煮沸，在搅拌下微沸 10 min 后，取下锥形瓶，立即用苯甲酸-无水乙醇标准滴定溶液滴定至微红色消失。再装上冷凝管，继续在搅拌下煮沸至红色出现，再取下滴定。如此反复操作，直至在加热 10 min 后不出现红色为止（总体积记为 V_{32}）。

（4）游离氧化钙的质量分数 $\omega_{\mathrm{f-CaO}}$ 按式（4－15）计算：

$$\omega_{\mathrm{f-CaO}}=\frac{T''_{\mathrm{CaO}}\times V_{32}}{m_{48}\times1000}\times100=\frac{T''_{\mathrm{CaO}}\times V_{32}\times0.1}{m_{48}} \tag{4-15}$$

其中，$\omega_{\mathrm{f-CaO}}$——游离氧化钙的质量分数，%；

T''_{Cao}——苯甲酸-无水乙醇标准滴定溶液对氧化钙的滴定度，mg/mL；

V_{32}——滴定时消耗苯甲酸-无水乙醇标准滴定溶液的总体积，mL；

m_{48}——试料的质量，g。

四、注意事项

1. 实验过程比较长，要严格按照国家标准规定的步骤执行。
2. 高精密试验成形模具使用完成后应仔细清理干净，置于干燥通风的环境中存放。

五、实验记录

将实验数据记入表 4－13 中，将各试验温度煅烧后试样的游离氧化钙含量作为易烧性试验结果，并作简要分析。两次对比试验结果的允许绝对误差如下：f－CaO≤3.0%时，允许绝对误差为 0.30%；f－CaO>3.0%时，允许绝对误差为 0.40%。

表 4-13　水泥生料易烧性实验记录

原料批号		测定人	测定日期	
试样编号	试样质量 m_{48}/g	苯甲酸-无水乙醇标准滴定度 T''_{CaO}/(mg/mL)	标准溶液消耗量 V_{32}/mL	游离氧化钙 ω_{f-CaO}/%
1—1350 ℃				
2—1350 ℃				
3—1400 ℃				
4—1400 ℃				
5—1450 ℃				
6—1450 ℃				

思考题

1. 简述测定水泥生料易烧性的原理、方法。
2. 查阅文献，了解水泥易烧性评价方法及其对生产和工程应用的意义。
3. GB/T 26566—2011《水泥生料易烧性试验方法》是目前水泥生料易烧性的国家检测标准，但此方法并未能被水泥生产企业广泛采用，请查阅资料并结合工程实际简要分析。

参考文献

[1] 伍洪标．无机非金属材料实验[M]．北京：化学工业出版社，2009.

[2] 岳鹏，孙浩，徐颖．无机非金属材料金策标准手册（胶凝材料卷）[M]．北京：中国标准出版社，2009.

[3] 陈泉水，郑举功，任广元．无机非金属材料物性测试[M]．北京：化学工业出版社，2013.

[4] 武宝琦，许永泉，吴子骧．NXS-11 型实验室旋转黏度计[J]．润滑与密封，1979(2)：43-46.

[5] NXS-11 型实验室旋转黏度计[J]．合成纤维通讯，1977(2)：78.

[6] 赵梦军，戴尔晗，徐君，等．数字旋转式黏度计软硬件设计[J]．微型机与应用，2016，35(9)：37-40.

[7] 欧阳丽霞，武兆辉，王建涛．锂离子电池浆料的制备技术及其影响因素[J]．材料工程，2021，49(7)：21-34.

[8] 孙晓辉，曾红燕，李景康．浅谈锂离子电池正极浆料的制备方法及其特性[J]．浙江化工，2022，53(3)：12-16.

[9] Howatt G N. Method of producing high-dielectric high-insulation ceramic plates [P]. USA，25829931. 1952-01-22.

[10] Howatt G N，Breckenzidge R G，Brownlow J M. Fabrication of thin ceramic

sheets for capacitors[J]. Journal of the American Ceramic Society,1947,30(1):237－242.

[11] 刘魁,张晓玉,黄祖志,等. 相转化法在固体氧化物电解池中的研究及应用进展[J]. 陶瓷学报,2023,44(4):639－650.

[12] 费张平. 流延法制备钛酸钡基陶瓷基板及介电性能研究[D]. 合肥:合肥工业大学,2014.

[13] 费张平,黄新民,戴荣荣,等. 流延法制备 La_2O_3 掺杂 $BaTiO_3$ 陶瓷基板及其组织研究[J]. 中国陶瓷,2013,49(11):59－62.

[14] 马涛. 流延法制备 LTCC 多层陶瓷基板技术研究[D]. 南京:南京理工大学,2014.

[15] 赵介山. 水泥生料易烧性实验研究与评价[J]. 广东建材,2002(3):23－27.

[16] 程麟,李东旭,周永敏,等. 水泥生料易烧性实验研究[J]. 南京工业大学学报(自然科学版),2001(6):45－48.

[17] 钟浩华. 水泥生料易烧性与游离氧化钙关系探讨[J]. 广东建材,1998(6):10－14.

[18] 刘鹏飞,王亚丽,王图强,等. 评价方法及若干因素对水泥生料易烧性的影响[J]. 建筑材料学报,2021,24(5):1117－1122.

[19] 邓磊. 对水泥生料易烧性试验方法的改进[J]. 水泥工程,2016(6):47＋49.

第5章　材料工程基础实验

《材料工程基础》是一门研究材料制造和加工的课程，探讨材料工程所依据的基本理论和基本知识，这门课程特别强调动量、能量和质量的传递现象研究，并结合典型的工程应用案例开展教学。动量、能量和质量的传递现象在我们日常生活和工业生产中无处不在，为了加深学生对材料工程基础理论的理解，培养学生的实验技能和工程应用能力，《材料工程基础》课程应配备相应的实验课程，本章介绍了几个典型的实验项目：(1)材料的传热、导热综合实验，通过实验使学生更深入地理解传导传热、对流传热和辐射传热特点和基本规律，掌握材料的导热系数的测量技术，实验指导请参阅第3章3.6、3.7节；(2)传质综合实验——雷诺实验和伯努利方程实验，旨在让学生了解流体在运动中的传输行为及其遵循的基本规律；(3)应力与应变测量实验，通过设计实验方法掌握应力与应变测量技术，并分析应力应变对材料结构性能的影响。

5.1　流体的运动黏度测定

运动黏度是流体的动力黏度(μ)与同温度下该流体密度(ρ)之比，用符号υ表示。在国际单位制中，运动黏度单位为斯，即每秒平方米(m^2/s)，实际测定中常用厘斯(cst)表示，1 cst=1 mm^2/s。

运动黏度是石油产品工艺计算的主要参考数据之一。例如，在用管道输送石油产品时要根据输送液体的流量、压力差、输送距离及液体黏度设计输送管道的口径。运动黏度是润滑油最重要的指标之一，选择正确黏度的润滑油可保证发电机和汽轮机组的稳定可靠运行，如黏度过大，会造成启动困难，机组震动，降低发动机的功率，增大燃料消耗；如黏度过小，会降低油膜，使摩擦面之间不能保持连续润滑层，增加机器的磨损。运动黏度也是绝缘油的重要指标之一，例如，用于变压器的绝缘油，在不影响油品其他指标(如闪点)的前提下，黏度尽可能的低一些为好，因黏度愈低，变压器的循环冷却效果愈好。因此，运动黏度测定广泛用于液体石油产品、深色石油产品、润滑油、原油等。本实验的目的为：

1. 学习流体运动黏度实验装置结构、测量方法和影响因素；
2. 学习流体运动黏度和动力黏度的换算关系；
3. 理解流体的动量传递基本规律——牛顿黏性定律。

一、设备与材料

待测试石油产品等流体；石油产品运动黏度测定实验装置结构如图5-1所示。仪器的制造符合我国行业标准 SY/T 5651—1993《石油产品运动黏度试验器技术条件》所规定的要求，适用于 GB/T 265—1988《石油产品运动黏度测定法和动力黏度计算法》的规定，测定液态石油产品在某一恒定温度条件下的运动黏度。运动黏度测定器的主要构成如下：

图 5-1　SYD-265D 型石油产品运动黏度测定器

1—温度控制器；2—外缸；3—浴盖；4—搅拌电机；5—温度计；6—温度传感器；7—加热管保护罩；8—定时器；9—定时按钮；10—电源开关

1. 双层恒温浴

仪器采用双层缸形式的恒温浴，内层采用 ϕ300 mm×300 mm 的硬质玻璃缸，外层保温套为 ϕ360 mm×285 mm 的有机玻璃筒，内外层之间为空气保温层。浴缸盖上有两个小孔，分别安放温度计和传感器。另外有四个毛细管安装孔，可同时进行两组平行试样的检测。

2. 照明系统为 220 V 节能灯，保证可以清晰地观测毛细管黏度计的读数。

3. 控温系统：

(1)温度传感器：工业铂电阻，其分度号为 Pt 100。

(2)高精度温度控制仪采用液晶显示，PID 控制，控温迅速、响应快、超调小，控温精度达±0.01 ℃。

(3)温控仪面板见图 5-2 所示。

4. 加热系统：采用 1700 W 不锈钢电加热管加热，升温快；在设定的观测温度点，能自动调整加热功率，保证浴温稳定。

5. 搅拌系统：搅拌电机采用无减速单相异步电动机，加热、搅拌都在保护罩内进行。后面板为电源线、保险丝、加热插座和传感器插座。

6. 计时装置：由变压器、计时电路板、数码显示电路、计时按钮等组成，通过手持式按键器获取所需的时间。

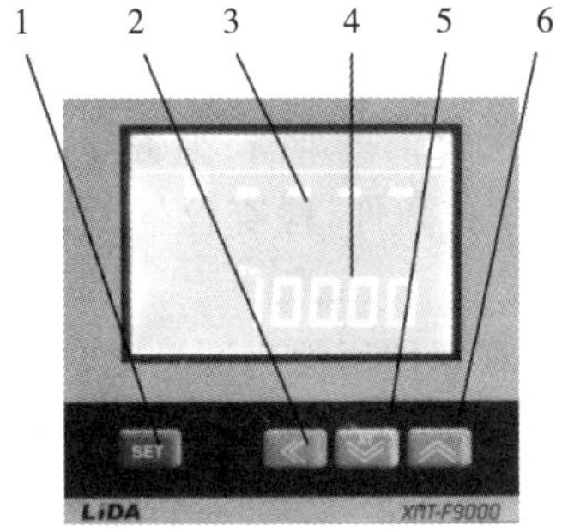

图 5-2　温控仪表面板

1—功能键；2—移位键；3—PV 显示值；4—SV 显示值；5—减键；6—加键

二、实验原理

动力黏度是表征流体黏滞性大小的物理量，流体黏性首先表现在相邻两层流体作相对运动时有内摩擦作用。流体内摩擦的概念最早由牛顿(Isaac Newton)1687 年在《自然哲学的数学原理》一书中提出。“流体的两部分由于缺乏润滑而引起的阻力(若其他情况一样)，同流体两部分彼此分开的速度成正比”;“不过，流体的阻力正比于速度，与其说是物理实际，不如说是数学假设”。牛顿内摩擦假设在过了近一百年后，于 1784 年由库仑(C. A. Coulomb)用实验得到了证实。

本实验采用毛细管型黏度计测试石油产品的运动黏度。其测定原理是使一定体积的样品流过一根毛细管，以流过的时间作为其黏度的表示方法。按 GB/T 265—1988《石油产品运动黏度测定法和动力黏度计算法》，采用玻璃毛细管黏度计法测定运动黏度，所测定的液体必须是符合牛顿内摩擦定律的流体，即牛顿流体。运动黏度 $\upsilon=t\cdot k$，其中 k 是与毛细管有关的常数，t 是流过的时间。运动黏度测定的影响因素很多，主要包括温度能否保持在恒定±0.1 ℃的范围，并且温度场是否均匀分布；测量仪器的清洁度；测定液体的成分稳定性和较高的纯度等等。

毛细管型黏度计种类繁多，使用的场合也不尽相同，但是它们在构造上通常都有三个部分：(1)毛细管部分，是细管型黏度计的核心，通常毛细管都很长，这是为了使流体形态更加接近于层流。(2)计时球，是用以计时的部分，通常是一个固定的体积。(3)其他辅助部分：例如为了形成高度差而设计的一定长度的通气管、为了连通大气而设置的通气管、为了能够水平放置黏度计而设计的夹持管、储液球，等等。

毛细管型黏度计的材质为硼硅玻璃，无色、透明，退火均匀，在每根黏度计上都标有必要的信息用以区分相同类型的黏度计和按照标示信息查找更加详细的信息。每根黏度计都必须附带一张检定证书，上面载有黏度计规格、编号、常数和检定日期，检定人员签章和检定单位印章。

品氏毛细管黏度计具有精度高、操作简单、适用范围宽、计算方便等优点，也存在毛细管处不易清洗且易折断等缺点，但是这些并不影响它在化学工业、石油化工、医药等行业的广泛应用。

三、实验步骤

1. 测试前的准备：准备好试验用的各种试验器具、材料等；检查仪器的工作状态、工作环境和工作条件；检查仪器的外壳，必须处于良好的接地状态；外接电源必须有良好的接地端。

2. 根据使用的测试温度，在浴缸内灌入恒温浴液体，如表 5-1，并注意以下三点：

(1)加注的液体要确保浴缸内的液面不能太低，以液面在液体加热至测试温度后超过“加热管保护罩”上端口为准，测试温度不同时再按此要求调整液面。

(2)加入矿物油、甘油等液体时，开始时不宜加得太满，只宜先加至离浴缸口 60 mm 处，并时刻关注矿物油、甘油等液体加热过程中的膨胀情况，防止矿物油、甘油等液体加热后溢出缸口。如若不够则再慢慢加入，仍以液面在液体加热至测试温度后超过“加热管保护罩”

上端口为准，测试温度不同时再按此要求调整。

(3)每次试验时，注意观察缸内液体的液位，并按上述要求确保液面的位置。

表 5-1　在不同温度使用的恒温浴液体

测试温度(℃)	恒温浴液体
50～100	透明矿物油、甘油或 25%硝酸铵水溶液
20～50	水
0～20	水与冰的混合物或乙醇与干冰的混合物
-50～0	乙醇与干冰的混合物；在无乙醇情况下，可用无铅汽油代替

3. 调校试验温度，选用适当的毛细管黏度计，将恒温器中的油浴或水浴控制在该温度下并恒定在±0.1 ℃。

(1)打开仪器面板上的电源开关，开关指示灯亮，此时温控仪的显示屏上显示设定温度(SV)和此时的浴温(PV)。

(2)根据试验要求设定需要的控制温度，按下温控仪面板上的 SET 键，此时设定温度值闪烁，按移位键◀移动至所需要的数位，该数位即停止闪动(其他数位仍会闪烁)，用▲或▼键设定该数位的数值，用同样的方法调整各数位的数值，都调整好后再按一下 SET 键，设定完毕，温度控制系统即开始恒温控制并使浴温恒定于设定的温度上。

(3)当浴温升至设定值附近时，浴温进入受控状态。

(4)浴温稳定后，若发现温度计所测温度与显示温度有偏差，则需作修正。例如：仪表显示值为 80.00 ℃，玻璃温度计检测值为 79.97 ℃时，按 SET 键，PV 窗显示 5C，使 SV 值显示 -0.03(若玻璃温度计检测值为 80.03 ℃时，则使 SV 值显示 +0.03)，修正完毕后，按 SET 键退出。

4. 根据试样黏度范围和规定的试验温度，选用常数适当的毛细管黏度计，务必使试样的流动时间能在 300±180 s 范围内。品氏毛细管黏度计结构示意图如图 5-3 所示。这里需要注意的是 k 常数由玻璃仪器厂出厂时检测标定，同样的型号，编号不同，常数并不一定相同，见表 5-2 所列。所以，使用和收纳毛细管时要对号入座。

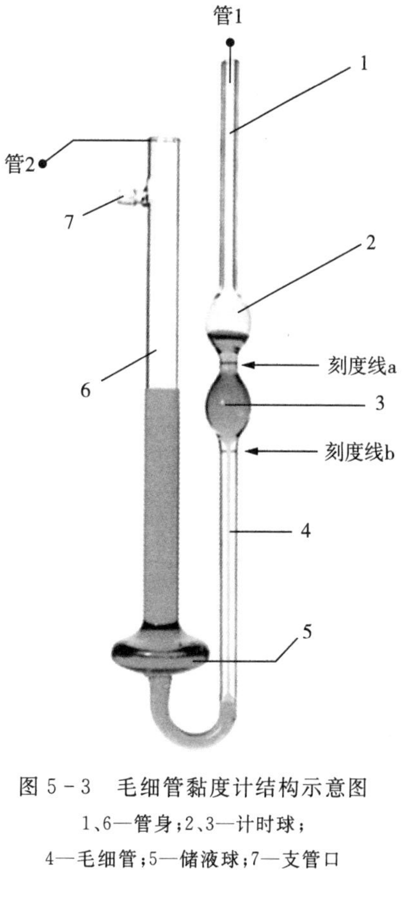

图 5-3　毛细管黏度计结构示意图
1、6—管身；2、3—计时球；
4—毛细管；5—储液球；7—支管口

5. 将选定的毛细管黏度计用汽油或石油

醚洗涤清洁，若表面被有机物污染，可用稀酸溶液浸洗，并放入温度不高于 100 ℃的烘箱进行干燥。

表 5-2 部分毛细管黏度计的 k 常数值

型号 ϕ/mm	0.6	0.6	0.6	0.8	0.8	1.0	1.0	1.2	1.2	1.2
编号	32#	64#	112#	60#	89#	56#	72#	30#	32#	40#
常数 k/(mm^2/s^2)	0.009274	0.01028	0.01006	0.03039	0.3002	0.07571	0.06764	0.1295	0.1312	0.1666
型号 ϕ/mm	1.5	1.5	1.5	2.0	2.0	2.0	2.5	2.5	2.5	…
编号	5#	59#	158#	74#	77#	94#	8#	54#	57#	…
常数 k/(mm^2/s^2)	0.5631	0.4414	0.4909	1.057	1.241	1.243	2.414	2.554	2.912	…

6. 将选用的清洁、干燥的毛细管黏度计装入待测试油品，黏度大的油可以适当加热。装油的方法是：用一小节橡皮管套在黏度计支管 7 上，将黏度计倒置，用食指堵住管身 6 的管口，大拇指和中指夹住管身，然后将管身 1 插入装着待测试油的小烧杯中，用洗耳球从支管口 7 将液体吸到标线 b 当液面达到标线 b 时，就从小烧杯中提起黏度计并迅速恢复其正常状态，同时将管身 1 的管端外壁所沾着的油擦去，并把支管 7 上的橡皮管取下套在管 1 上，装油时要根据待测试油的黏度决定抽油的速度，并避免液体在管内产生气泡或裂隙。

7. 将装有试验油的黏度计浸入事先加热并达到规定温度的恒温浴中，并用夹子将黏度计固定在支架上。在固定时必须把毛细管黏度计的计时球 2 浸入一半。温度计水银球的位置必须接近毛细管 4 中央点的水平面，同时温度计上所要的测温点的刻度位于恒温浴的液面上约 10 mm 处。

8. 黏度计在恒温浴中达到规定的恒温时间，见表 5-3 所列。测试温度必须保持恒定到±0.1 ℃。用洗耳球在黏度计管 1 将试油吸入计时球 2，使试油液面稍高于标线 a，然后将黏度计调整成为垂直状态。

表 5-3 黏度计在恒温浴液种的恒温时间

测试温度/℃	恒温时间/min
80、100	20
40、50	15
20	10
−50～0	15

注：SYD-265D 型设备的测试温度范围为室温～100 ℃，SYD-265G 型低温运动黏度试验设备的测温范围可以达到−65 ℃～室温。

9. 观察管身 1 中试验油的流动情况，当液面正好达到标线 a 时，开动秒表，液面正好到达标线 b 时，停止秒表，记录试验油流经的时间和恒定温度，准确至 0.1 ℃。记下时间后，第三次按动计时按钮，计时复位。注意在整个试验过程中毛细管和扩张部分中的液体不能有气泡。

10. 保持规定的恒定温度，重复测定至少四次，且每次流动时间与其算术平均值的差数不超过平均值的±0.5%；在低于 10 ℃温度测定黏度时，其差数可适当增大。然后取不少于三次的流动时间所得的算术平均值作为试样的平均流动时间，记录在表 5-4 中。

11. 可以按设定的温度分组，分别测试试验油在不同的温度下的运动黏度，也记录在表 5-4 中，分析温度对所测黏度的影响。

四、注意事项

1. 仪器应放置在平整且稳固的实验台上。电源打开，仪器无单独设置搅拌开关，加热控温和搅拌器同时开始工作。毛细管黏度计的垂直状态可通过夹持器上的三个小螺丝钉进行调整，用铅垂线检查毛细管的垂直情况。

2. 本仪器所测液体为牛顿液体，其黏度与剪切应力及剪切速率无关（剪切应力与剪切速率之比为常数）。

3. 在不同的测试温度范围内，恒温浴应使用不同的恒温浴液体。温度计安装时务必使水银球的位置接近毛细管黏度计的中央点的水平面。

4. 测试试样时应根据实验的温度选用适当的毛细管黏度计，务必使试样在毛细管内的流动时间不少于 200 秒（若使用内径为 0.4 mm 的毛细管黏度计，则在毛细管黏度计内的流动时间不少于 350 秒）。

5. 实验结束时，必须清洁、干燥好毛细管黏度计并放回对应包装盒内，其他仪器设置等恢复初始状态。

五、数据分析

根据表 5-4 的数据作图，进一步分析试验油的运动黏度、动力黏度与温度的关系。

表 5-4　运动黏度测定记录表

样品名称________　　毛细管型号与编号________　　k 常数________ mm^2/s^2

测试项目 \ 温度/℃					
t_1/s					
t_2/s					
t_3/s					
t_4/s					
$t_{平均}$/s					
υ/(mm^2/s)					
ρ/(kg/m^3)					
μ/(Pa·s)					

思考题

1. 毛细管黏度计测定运动黏度时受哪些因素影响？需要注意哪些事项？

2. 测试具体试样时，为什么必须要求试样在毛细管内的流动时间不少于一定值，才能保证测试的准确度？

3. 当控温面板显示恒温水浴槽内的温度值和温度计测定值出现不一致情况时，如何进行仪器校正？

5.2 流体的雷诺实验

1883 年，英国力学家、物理学家雷诺(Osborne Reynolds，1842—1912)发表了一篇经典性论文——《决定水流为直线或曲线运动的条件以及在平行水槽中的阻力定律的探讨》，他通过一系列实验研究后揭示了重要的流体流动机理，即根据流速的大小，流体有两种不同的形态。当流体流速较小时，流体质点只沿流动方向作一维的运动，与其周围的流体间无宏观的混合即分层流动，这种流动形态称为层流或滞流。流体流速增大到某个值后，流体质点除流动方向上的流动外，还向其他方向作随机的运动，即存在流体质点的不规则脉动，这种流体形态称为湍流或紊流。雷诺引入表征流动中流体惯性力和黏性力之比的一个无量纲数，即雷诺数，作为判别两种流态的标准。

在材料制备和生产中，许多过程都涉及流体流动的内部细节，尤其是流体的流动现象，故而了解流体的流动形态极其重要，本实验的目的为：

1. 观察流体在管内流动时的两种不同形态；

2. 观察层流状态下管路中流体速度分布状态；

3. 测定流体流动形态与雷诺数 Re 之间的关系及临界雷诺数值 Re_c(Critical Reynold's number)。

一、设备与材料

实验装置示意图如 5－4 所示：主要是由水箱、实验导管、试剂盒、PPR 管路、阀门和不锈钢台架等组成。其他材料有示踪剂(如红墨水)、量杯等。实验所用流体为自来水，设备配件规格和参数如下：

试剂盒：容积大于 300 mL。示踪剂为红墨水或其他颜色鲜艳的液体。通过指示液控制阀由尖嘴流入实验管中。实验管为内径 16 mm、长 1200 mm 的透明有机玻璃管，便于观察玻璃管内详细的实验过程及现象。

实验水箱：透明有机玻璃，外形尺寸：300 mm×380 mm×550 mm，有效容积大于 35 L；溢流口是为了保证水槽内的水维持溢流稳定状态；出水口是为了方便清洗水槽。

蓄水箱：硬质 PVC 材质，外形尺寸：480 mm×420 mm×400 mm，容积大于 50 L。

计量水箱：透明有机玻璃材质，外形尺寸：300 mm×200 mm×220 mm，有效计量容积

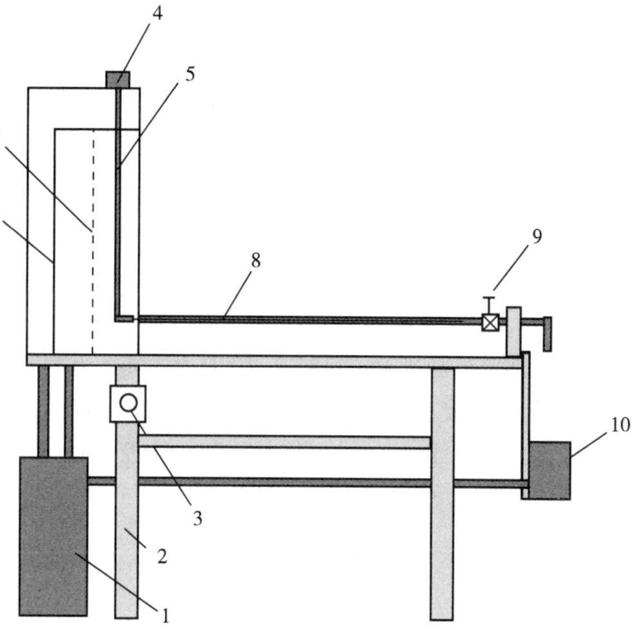

图 5－4　雷诺实验装置配置图

1—自循环蓄水箱；2—实验台；3—可控硅无级调速器；4—试剂盒；5—有色水水管；
6—稳水孔板；7—溢流板；8—实验管道；9—实验流量调节阀；10—计量水箱

大于 8 L。

潜水泵：AP3500 型，电压 220～240 V、50 Hz，60 W，扬程 2.3 m，流量 2000 L/h。

二、实验原理

流体在管道中流动有两种不同的流动状态，其阻力性质也不同。在实验过程中，保持水箱中的水位恒定，即水头 H 不变。如果管路尾部阀门开启较小，在管路中就有稳定的平均流速 V，这时候如果微启颜色水盒阀门，带色水就会与无色水在管路中沿轴线同步向前流动，带色水呈一条带色直线，其流动质点没有垂直于主流方向的横向运动，带色水线没有与周围的液体混杂，层次分明地在管路中流动。此时，流体在速度较小而黏性较大和惯性力较小的情况下运动，即为层流运动。如果将尾部阀门逐渐开大，管路中的带色直线出现脉动，流体质点还没有出现相互交换的现象，流体的流动呈临界状态。如果将尾部阀门继续开大，出现流动质点的横向脉动，使色线完全扩散与无色水混合，此时流体的流动状态为紊流运动。雷诺数定义为：

$$Re=\frac{d\times V}{\upsilon} \tag{5-1}$$

其中，d——管径，m；

V——流体流速，m/s；

υ——流体的运动黏度，m^2/s。

实验时测出在 Δt 时间内流入计量水箱中流体的体积 ΔV，根据公式(5－2)计算流量；再根据连续方程和流量值由公式(5－3)计算出流体的流速，进而得出流体在不同流态时的雷诺数。

$$Q=\frac{\Delta V}{\Delta t} \tag{5-2}$$

$$A \cdot V=Q \tag{5-3}$$

其中，A——管路的横截面积，m^2；

Q——流量，m^3/s。

雷诺数是判断流体流动类型的准数，一般认为，$Re \leqslant 2000$ 为层流；$Re \geqslant 4000$ 为紊流；$2000 < Re < 4000$ 为不稳定的过渡区。对于一定温度的液体，在特定的圆管内流动，雷诺准数仅与流速有关。本实验是以水为介质，通过调节水量控制阀来改变流体流经圆柱管的流速，观察指示液随流速改变的流动形态，观察在不同雷诺准数下流体流动类型的变化。

三、操作步骤

1. 启动水泵，向稳压水箱注水。调节进水阀门和尾部阀门，使水箱的水位达到溢流，并始终保持很微小的溢流。打开实验管阀门，排出空气，使实验管中的水流保持稳定而较小的流速。

2. 将普通钢笔水倒进颜色水盒。开启下部小阀门，使颜色水从细管中流出，此时，可看到实验管中的颜色水细流与管中的水流同步在直管中沿轴线向前流动，色液呈现一条细直流线，这说明在此流态下，流体的质点没有垂直于主流的横向运动，颜色水没有与周围的液体混杂，而是层次分明的向前流动，此时的流体即为层流(若看不到这种现象，可再仔细调节上水阀门和尾部阀门，直到看到有色直线为止)。

3. 逐渐缓慢开大上水阀门和尾部阀门，可以观察到有色线开始出现脉动，但流体质点还没有达到相互交换的程度，此时，即象征为流体流动状态开始转换的临界状态(上临界点)，此时的流速即为上临界流速。

4. 继续开大阀门，即会出现流体质点的横向脉动，继而色线会被全部扩散与水混合，此时的流态即为紊流。此后，如果把阀门逐渐关小，关小到一定开度时，又可以观察到流体的流态从紊流转变到层流的临界状态(下临界点)。继续关小阀门，实验管中会再次出现细直色线，流体流态转变为层流。

5. 在上述各种流态下，用数字型计量水箱测量出水流的体积流量并测记流体的温度；或在实验管出口下放置一个量杯，测量出水流满量杯所需要的时间，以此计算该状态下流体的流速。

四、注意事项

1. 在测定层流现象时，指示液的流速必须小于或等于观察管内的流速。若大于观察管内的流速则无法看到一条直线，而是和紊流一样的浑浊现象。

2. 注意在实验台周围不得有外加的干扰。实验者调节好后，手和身体应该不接触设备，避免实验现象的异常。

五、实验数据记录与处理

参照表 5-5，将实验数据记录整理后列在表格中；并查阅表 5-6 相关数据，计算雷诺数。

表 5-5　雷诺实验数据记录表

水的运动黏度：________ m^2/s　　水的密度：________ kg/m^3

水的温度：________ ℃　　实验管内径：________ m　　截面积________ m^2

状态		体积 $\Delta V/m^3$	$\Delta t/s$	流量 $Q/(m^3/s)$	流速 $V/(m/s)$	雷诺数 Re	平均雷诺数 Re
层流	第一次						
	第二次						
上临界	第一次						
	第二次						
紊流	第一次						
	第二次						
下临界	第一次						
	第二次						

表 5-6　不同温度下水的黏度数据

温度		运动黏度 υ 1 cst 或 1 mm^2/s	动力黏度 μ Pa·s 或 $N\cdot s\cdot m^{-2}$	温度		运动黏度 υ 1 cst 或 1 mm^2/s	动力黏度 μ Pa·s 或 $N\cdot s\cdot m^{-2}$
℃	K			℃	K		
0	273.16	1.7921	1.7921×10^{-3}	20.2	293.36	1.0000	1.0000×10^{-3}
1	274.16	1.7313	1.7313×10^{-3}	21	294.16	0.9810	0.9810×10^{-3}
2	275.16	1.6728	1.6728×10^{-3}	22	295.16	0.9579	0.9579×10^{-3}
3	276.16	1.6191	1.6191×10^{-3}	23	296.16	0.9358	0.9358×10^{-3}
4	277.16	1.5674	1.5674×10^{-3}	24	297.16	0.9142	0.9142×10^{-3}
5	278.16	1.5188	1.5188×10^{-3}	25	298.16	0.8937	0.8937×10^{-3}
6	279.16	1.4728	1.4728×10^{-3}	26	299.16	0.8737	0.8737×10^{-3}
7	280.16	1.4284	1.4284×10^{-3}	27	300.16	0.8545	0.8545×10^{-3}
8	281.16	1.3860	1.3860×10^{-3}	28	301.16	0.8360	0.8360×10^{-3}
9	282.16	1.3462	1.3462×10^{-3}	29	302.16	0.8180	0.8180×10^{-3}
10	283.16	1.3077	1.3077×10^{-3}	30	303.16	0.8007	0.8007×10^{-3}

（续表）

温度		运动黏度 υ 1 cst 或 1 mm^2/s	动力黏度 μ Pa·s 或 $N\cdot s\cdot m^{-2}$	温度		运动黏度 υ 1 cst 或 1 mm^2/s	动力黏度 μ Pa·s 或 $N\cdot s\cdot m^{-2}$
℃	K			℃	K		
11	284.16	1.2713	1.2713×10^{-3}	31	304.16	0.7840	0.7840×10^{-3}
12	285.16	1.2363	1.2363×10^{-3}	32	305.16	0.7679	0.7679×10^{-3}
13	286.16	1.2028	1.2028×10^{-3}	33	306.16	0.7523	0.7523×10^{-3}
14	287.16	1.1709	1.1709×10^{-3}	34	307.16	0.7371	0.7371×10^{-3}
15	288.16	1.1404	1.1404×10^{-3}	35	308.16	0.7225	0.7225×10^{-3}
16	289.16	1.1111	1.1111×10^{-3}	36	309.16	0.7085	0.7085×10^{-3}
17	290.16	1.0828	1.0828×10^{-3}	37	310.16	0.6947	0.6947×10^{-3}
18	291.16	1.0559	1.0559×10^{-3}	38	311.16	0.6814	0.6814×10^{-3}
19	292.16	1.0299	1.0299×10^{-3}	39	312.16	0.6685	0.6685×10^{-3}
20	293.16	1.0050	1.0050×10^{-3}	40	313.16	0.6560	0.6560×10^{-3}

思考题

1. 雷诺数是一个用来描述流体流动特性的无量纲数，它的大小与哪些因素有关？
2. 在雷诺实验中，如何改变参数观察层流和湍流之间的转变？

5.3 伯努利方程实验及流速流量测量

能量守恒及其转化规律是物质运动的普遍规律，流体运动也遵循这一规律。虽然流体运动的现象多种多样，但是都是在一定条件下的能量互相转换。来自数学史上著名的瑞士伯努利家族的丹尼尔·伯努利在 1726 年提出了“伯努利原理”，研究运动流体所具有的能量以及各种能量之间的转换规律，是流体动力学的重要理论。这个原理描述了力学中潜在的数学关系，即动能＋重力势能＋压力势能＝常数。需要注意的是，由于伯努利方程是由机械能守恒推导出的，所以它仅适用于黏度可以忽略、不可被压缩的理想流体。本实验的目的为：

1. 观察流体流经能量方程实验管的能量转化情况，对实验现象进行分析；
2. 掌握一种用皮托管测量流体流速和流量的方法；
3. 验证不可压缩流体伯努利方程，加深对能量方程应用的理解。

一、设备与材料

一种实验装置示意图如 5－5 所示。实验装置主要是由水箱、实验管、测压管、PPR 管路、阀门和实验台架等组成。其他材料有洗耳球、量杯。

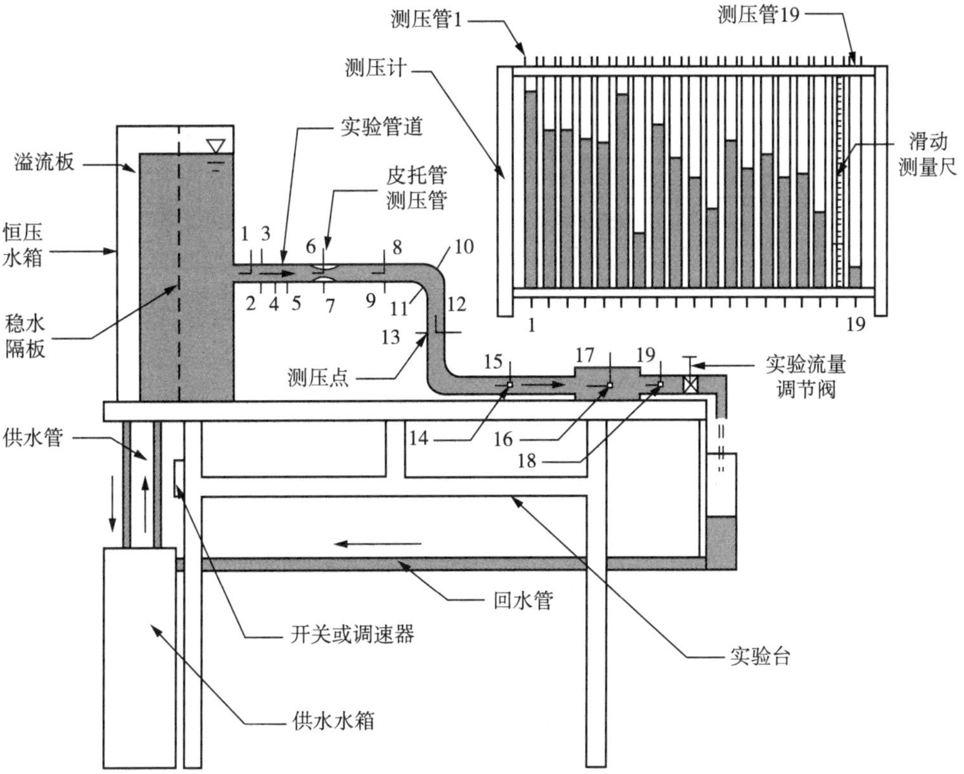

图 5－5　一种伯努利试验台结构示意图

（1、6、8、12、14、16 和 18——均为皮托管测压管）

二、实验原理

如图 5－6，当流量调节阀旋转到一定开度后，实验管道内的水以恒定流速流动，在实验管路中沿水流方向取 n 个过水截面，可以列出进口截面（1）至另一个截面（i）的能量方程式为：

$$Z_1+\frac{p_1}{\rho g}+\frac{{v_1}^2}{2g}=Z_i+\frac{p_i}{\rho g}+\frac{v_i^2}{2g}=\text{常数} \tag{5-4}$$

式中：$i=2,3,\cdots,n$；方程式（5－4）具有能量意义和几何意义。

1. 能量意义：单位质量流体所具有的机械能保持为一个常数，各个能量之间可以互相转化。

Z——位置水头或几何压头，是单位重量流体对基准面的重力势能；

$\frac{p}{\rho g}$——压强水头或静压头，是单位重量流体所具有的压强势能；

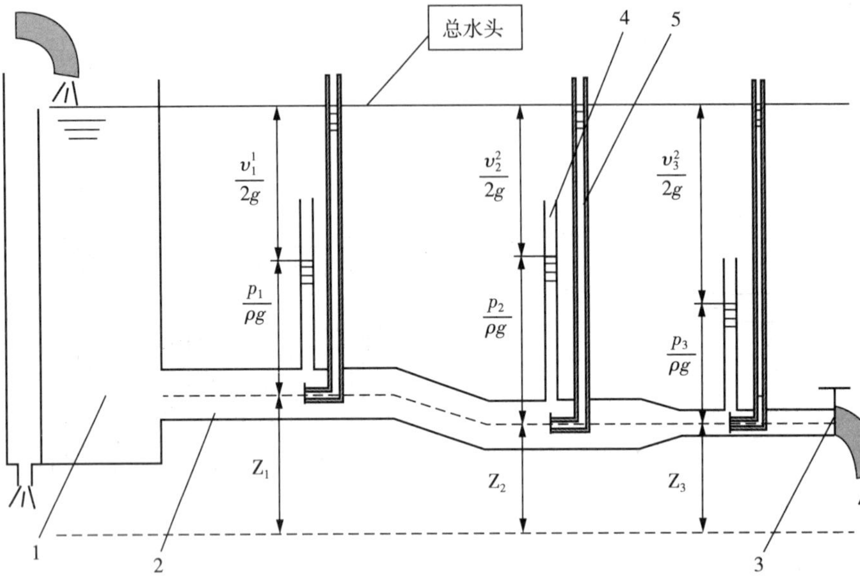

图 5-6　伯努利实验管路和原理示意图

1—稳压水槽；2—实验导管；3—出口调节阀；4—静压头测量管；5—皮托管动压头测量管

$\frac{v^2}{2g}$——速度水头或动压头，是单位重量流体所具有的动能。

2. 几何意义：同一流线上各断面的总水头高度保持不变，即总水头线是水平线。

Z——几何压头，是断面对于选定基准面的高度；

$\frac{p}{\rho g}$——静压头，是流体沿着测压管所能上升的高度；

$\frac{v^2}{2g}$——动压头，是流体以初速度 v 垂直向上射流所能达到的理论高度。

选好基准面，从测压计中读出各截面的测压管水头$\left(Z+\frac{p}{\rho g}\right)$值，通过体积时间法测出通过管路的流量，计算不同管道内径过水截面平均流速 v 及动能$\frac{v^2}{2g}$，从而得到各截面测管水头和总水头。（本节可参考武汉理工大学文进教授的 MOOC——《理想流体元流能量方程的物理意义》）。

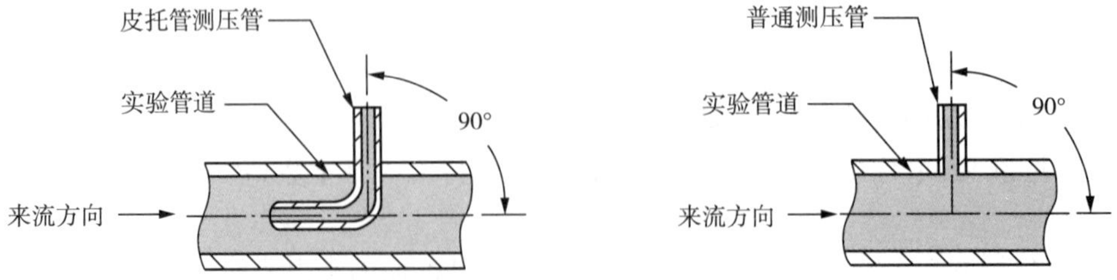

图 5-7　安装在管道中的皮托管测压管和普通测压管示意图

其中，如图 5－7，皮托管测流速及流量的原理为：皮托管又叫动压管，它的作用是把流体的动能转变为位能来进行测量，由于流量与管道的横截面积以及流速有关，流速越大，流量也越大。因此，通过皮托管测量得到的流速可以间接用来估算流量。然而，实际传递到皮托管的压力信号并非纯粹的全压力，因为全压力仅在皮托管前端的开口处的瞬时流线上的单一点存在。由于该开口无论多么微小，它都会占据一定的空间，因此实际上测量到的是该开口处一个小区域内的平均压力，而非单一点的压力。实际传到测压计的压差与皮托管的大小和形状有关，而不是真正等于动压力和全压力之差。为了校正流速计算的结果，引进了一个系数 ξ，称为皮托管系数。皮托管求点速度的公式为(5－5)：

$$v=\xi\sqrt{2g\Delta h}=k\sqrt{\Delta h} \qquad k=\xi\sqrt{2g} \tag{5-5}$$

其中，v——皮托管测点处的点速度；

ξ——皮托管系数，对于基本型皮托管，$\xi=1$；

Δh——皮托管全压水头与静水压水头差。

由于一般实验台将总测压管置于能量方程实验管的轴线，所以测得的动压水头代表了轴心处的最大速度，$v_{最大}$ 即是由皮托管测量头处在流道中心轴心位置测量的流速，也就是流体最大流速，计算流量时要用平均流速 $v_{平均}$，最大流速与平均流速关系为：$v_{平均}=0.9\,v_{最大}$：

$$Q=Av_{平均}=0.9Av_{最大}$$

其中，Q——流量，m^3/s；

A——流道横截面积，m^2；

$v_{平均}$——平均流速，m/s。

三、实验步骤

1. 观察实验管道上分布的各根测压管，分清哪些是普通测压管，哪些是皮托管测压管。观察管道内径的大小，并记录各测点管径至表 5－6。

2. 打开供水水箱开关，当实验管道充满水时反复开或关流量调节阀，排除管内气体或测压管内的气泡。

3. 验证静压原理实验，首先启动装置的水泵，打开上水阀门及伯努利实验管道的尾部阀门，关闭其他管道的阀门，水进入稳压水箱中并使其产生溢流，关闭伯努利试验管道的尾部阀门，观察流量调节阀全部关闭时所有测压管水面是否平齐(水箱溢流时)。因为管内的水不流动没有流动损失，因此，静水头的连线为一平行基准线的水平线，即在静止不可压缩均匀分布的重力流体中，任意流体质点单位重量的位势能和压力势能之和保持不变，测点的高度和测点的前后位置无关。如不平齐，则用洗耳球将测压管中气泡排出或检查连通管内是否有异物堵塞。确保所有测压管水面平齐后才能进行实验，否则实验数据不准确。

4. 打开流量调节阀并观察测压管液面变化，当最后一根测压管液面下降幅度超过 50％时停止调节阀门。

5. 待测压管液面保持不变后，观察皮托管测点 1、6、8、12、14、16 和 18 的读数(即总水头，取标尺零点为基准面，下同)变化趋势：沿管道流动方向，总水头只降不升。而普通测压管 2、3、4、5、7、9、10、11、13、15、17、19 的读数(即测压管水头)沿程可升可降。观察直管均匀流经同一断面上两个测点 2、3 测压管水头是否相同？验证均匀流断面上静水压强按动水压强规律分布。弯管急变流断面上两个测点 10、11 测压管水头是否相同？分析急变流断面是否满足能量方程应用条件？

6. 记录测压管液面读数，并测记实验流量至表 5-7、表 5-8 和表 5-9。在不同的流量工况下进行测试，将原始测试的数据填入表中。

7. 继续增大流量，待流量稳定后测记第二组数据(普通测压管液面读数和测记实验流量)。

8. 重复第 4 步骤，测记第三组数据，要求 19 号测压管液面接近标尺零点。

9. 实验结束，关闭水箱开关，使实验管道水流逐渐排出。

10. 计算各管道断面速度水头$\left(\frac{v^2}{2g}\right)$和总水头$\left(Z+\frac{p}{\rho g}+\frac{v^2}{2g}\right)$，分别记录于表 5-10、5-11 中。

四、注意事项

1. 实验前必须排除管道内及连通管中气体。

2. 流量调节阀打开时要缓慢，不能完全打开，保证第 7 和第 8 根测压管液面在标尺刻度范围内。

五、实验结果与分析

由于不同厂家制备的设备的测量管路并不完全相同，记录表可根据设备实际情况作相应改动。

1. 记录有关常数。

表 5-7　各测点断面管径数据表　　(单位：cm)

测点编号	1	2、3	4	5	6、7	8、9	10、11	12、13	14、15	16、17	18、19
管径	均匀段 D_1				缩管段 D_2	均匀段 D_1				扩管段 D_3	均匀段 D_1

2. 测记测压管静压水头$\left(Z+\frac{p}{\rho g}\right)$和流量 Q，记录皮托管各个测点读数。

表 5-8　各测点静压水头(单位：cm)和流量 Q　　(单位：cm^3/s)

测点编号	2	3	4	5	7	9	13	15	17	19	流量 Q (cm^3/s)
第一组											
第二组											
第三组											

表 5-9　皮托管测点总水头$\left(Z+\frac{p}{\rho g}+\frac{v^2}{2g}\right)$　　（单位：cm）

测点编号	1	6	8	10	11	12	14	16	18
第一组									
第二组									
第三组									

3. 计算速度水头和总水头。

表 5-10　各断面速度水头$\left(\frac{v^2}{2g}\right)$

管径（cm）	第一组流量 Q=__（cm³/s）			第二组流量 Q=__（cm³/s）			第三组流量 Q=__（cm³/s）		
	A/cm^2	v/（cm/s）	$\frac{v^2}{2g}$/cm	A/cm^2	v/（cm/s）	$\frac{v^2}{2g}$/cm	A/cm^2	v/（cm/s）	$\frac{v^2}{2g}$/cm
$D_1=$									
$D_2=$									
$D_3=$									

表 5-11　各断面总水头$\left(Z+\frac{p}{\rho g}+\frac{v^2}{2g}\right)$　　（单位：cm）

测点编号	2	3	4	5	7	9	13	15	17	19	流量 Q/（cm³/s）
第一组											
第二组											
第三组											

六、延伸阅读

（一）伯努利家族

伯努利家族是 17—18 世纪瑞士一个著名家族，原籍比利时安特卫普，后迁往德国法兰克福，最后定居瑞士巴塞尔。伯努利家族在数学与科学上的地位正如巴赫家族在音乐领域的地位一样显赫，在三代时间里产生了 10 多位数学家和物理学家，其中以雅各布第一·伯努利、约翰第一·伯努利和丹尼尔第一·伯努利的成就最大，他们又生出了在许多领域里崭露头角的后代。

雅各布第一·伯努利（1654—1705），在概率论、微分方程、无穷级数求和、变分方法、解析几何等方面均有很大建树。1690 年首先使用数学意义下的“积分”一词；同年提出悬链线问题，后应用于吊桥设计；从 1685 年起发表关于赌博游戏中输赢次数问题的论文，1713 年出版《猜度术》，给出“伯努利数”、“伯努利大数定理”等结果。他痴心于研究对数螺线，发现该

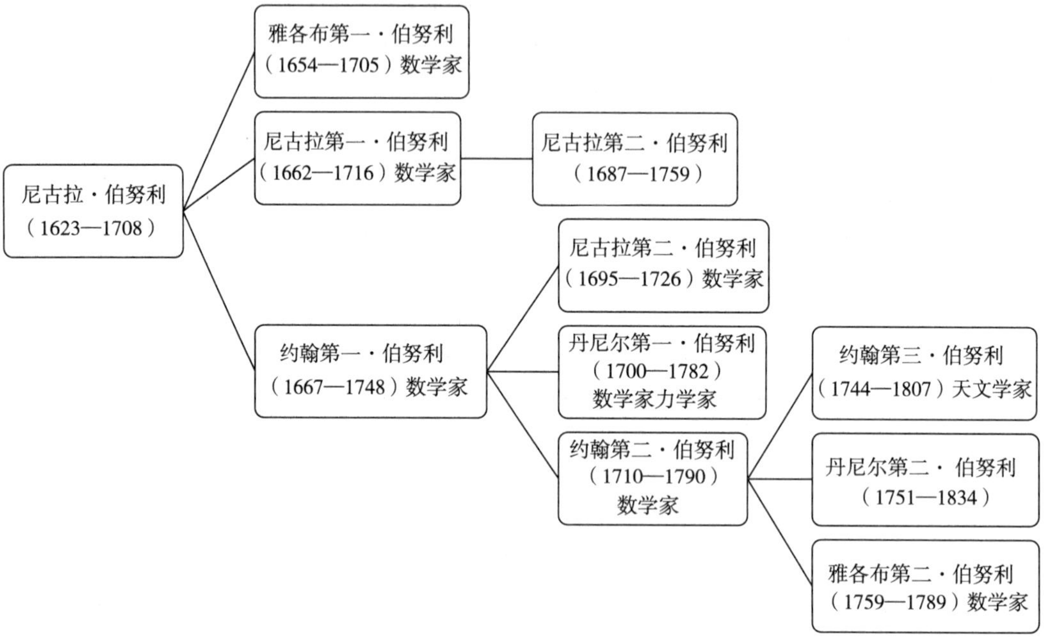

线经过变换仍为对数螺线的奇妙性质，他惊叹这种曲线的神奇，竟在遗嘱里要求后人将对数螺线刻在墓碑上，并附以颂词“纵然变化，依然故我”，用以象征死后永生不朽。

约翰第一·伯努利（1667—1748），最初学医，同时研习数学，获医学硕士、博士学位，但他发现骨子里的兴趣是数学，他爱上了微积分。1694 年最先提出“罗比塔法则”，后到格罗宁根大学教授数学，1696 年以公开信的方式提出了著名的“最速降线问题”，引发了欧洲数学界的一场论战，产生了一个新的数学分支——变分法。它是一位多产的数学家，他的大量论文涉及曲线的求长、曲面的求积、等周问题、微分方程和指数运算等，出版了《水力学》、《积分学数学讲义》等。他一生中与同代科学家通信达两千多次，讨论各种学术问题，培养了一大批出色的数学家，包括数学家欧拉、克莱姆、洛必塔，以及他的儿子丹尼尔和侄子尼古拉第二等。

丹尼尔第一·伯努利（1700—1782），约翰之子，也像其父一样先习医，获医学博士学位，但在家族的熏陶感染下，不久便转向数学，在父兄指导下从事数学研究，并且成为这个家族中成就最大者。丹尼尔第一的贡献集中在微分方程、概率和数学物理，被誉之为数学物理方程的开拓者和奠基人。他于 1724 年解决了微分方程中的“里卡蒂”方程，1726 年提出了“伯努利原理”，1728 年与欧拉一起研究弹性力学，1738 年出版了经典著作《流体力学》。他的贡献涉及天文、重力、潮汐、磁学、生理学等多个方面。传说在一次旅途中，年轻的丹尼尔同一个陌生人闲谈，他谦虚地自我介绍说：“我是丹尼尔·伯努利。”陌生人立即带着讥讽的神情回答道：“那我就是伊萨克·牛顿。”作为丹尼尔第一，这是他有生以来受到过的最诚恳的赞颂，这使他一直到晚年都甚感欣慰。丹尼尔第一之弟约翰第二（1710—1790）和他的儿子雅各布第二（1759—1789）也是数学家。

18 世纪世界科学史上，伯努利家族人才济济、智慧与激情代代相传。科学史学者大都认为这个家族对科学的贡献主要是对数学学科的贡献，其实这个家族对整个世界科学的贡献是全面的，在数学、力学、天文乃至生理学上都有基础性的贡献。伯努利家族也给人们一个深刻的启示——家庭的“优势积累”可以是优秀人才成长的摇篮。在我国，近代自然科学界的钱氏三杰、何氏三姐妹都以他(她)们的杰出成就书写了一门多才俊的佳话。

(二)都江堰——千年智慧里的流体力学

一般认为，18 世纪的欧拉、伯努利等建立了《流体力学》的基本理论。然而 2250 年以前，李冰主持建造的都江堰水利工程就已经体现了诸多流体力学的原理。

如图 5－8，都江堰的三大主要设施——鱼嘴、飞沙堰和宝瓶口，将引水、分洪、排砂功能有机地结合在一起。其中“鱼嘴”将岷江一分为二，外江为岷江故道，用于泄洪，内江用于引水灌溉、漂送竹木等。鱼嘴的排砂就是巧妙地应用了弯道流体力学的自然法则，将含砂量少的表层水流入内江，将含砂量大的底层水流入外江，李冰治水三字经“分四六、平涝旱”表明了鱼嘴的功能，即枯水季节鱼嘴将六成水引入内江，满足人民生活与生产，仅有四成水排到外江；而在洪水季节，正好相反。从流体力学分析，鱼嘴的“分四六”由两个因素决定：主流线位置和过水断面面积。另外飞沙堰起着“泄洪道”、宝瓶口起着“节制闸”的作用，两级分水排砂、无坝引水的都江堰水利工程因地制宜、因势利导，是中外水利工程中的奇迹和瑰宝。

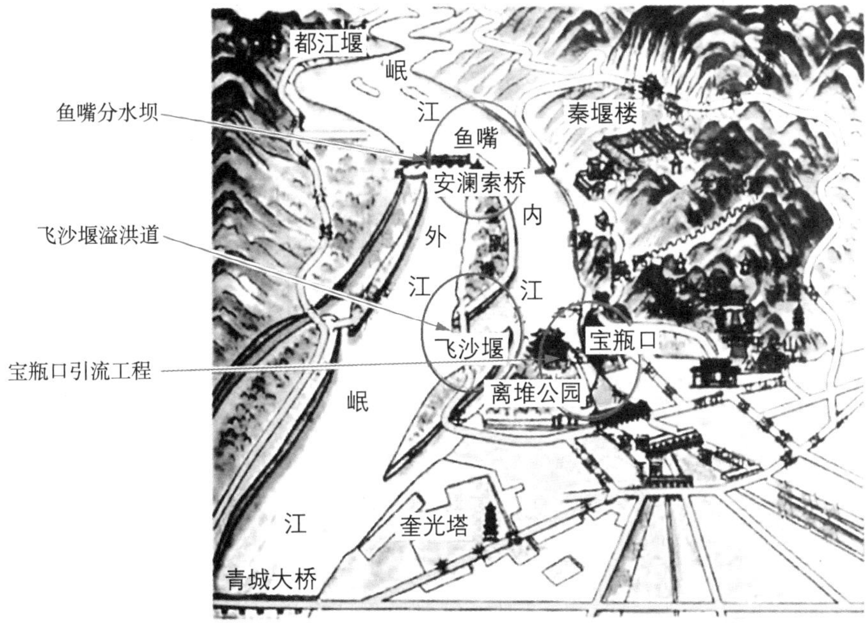

图 5－8　都江堰组成[17]

我国古人在完全没有流体力学系统知识的状况下，经过实地考察和经验积累，尤其是蜀郡太守李冰，祖籍在陕西或山西，在多弯的黄河、渭河两岸生活多年，对弯道处水流和泥沙的运动有着很多的观察和感悟，并形成一定的规律性、理论性直觉，这些为都江堰的设计建造提供了充分的原理性支持，带领都江堰人将流体力学运用得炉火纯青。都江堰是当今世界年代久远、唯一留存、以无坝引水为特征的宏大水利工程，历经 2250 多年经久不衰，而且发挥着愈来愈大的效益。都江堰水利工程中蕴含着朴素而深刻的中华智慧，永远值得传承和发扬。

思考题

思考题 3
数据实例与计算

1. 伯努力方程实验测量过程中有哪些注意事项？

2. 查阅资料，了解伯努利方程原理在实际工程中有哪些应用？

3. 如图 5-9 所示，某实验设备有 a、b、c、d 四个测试位置，某同学记录和计算的设备常数以及实验测试数据请扫描二维码，对照自己的测试数据判断表格中的数据处理是否正确？回答皮托管所显示的总水头与实测总水头是否一致，为什么？

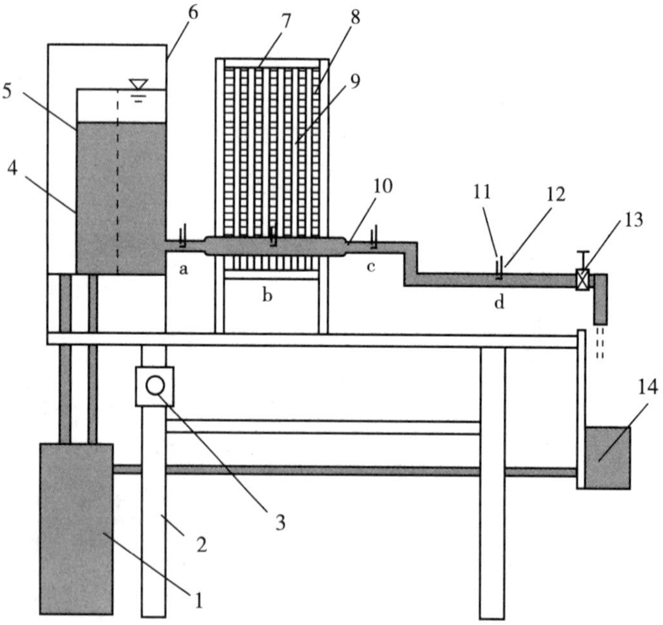

图 5-9　伯努利试验台结构示意图

1—供水水箱；2—试验台架；3—调速器；4—溢流板；5—稳水隔板；6—恒压水箱；7—测压计；8—测量尺；9—测压管；10—实验管道；11—静压测量点；12—皮托管测量点；13—流量调节阀；14—计量水箱（底面积为 20 cm×20 cm）

5.4　电阻应变片粘贴及静态应变测量

应变测量是结构试验中非常重要的测量内容，采用电阻应变法测量是将电阻应变片粘贴在构件表面，并正确地接入测量电路，从而得到构件表面的应变。电阻应变法的基本测量电路是电桥，测量电桥是由应变片作为桥臂，作用是将应变片的电阻变化转化为电压或电流信号。电阻应变法具有精度高、灵敏度高、可远距离测量、多点测量及快速数据采集处理等优点。也可利用电阻应变片作为转换元件再加上一些弹性元件制作各种电阻应变式传感器来测定结构试验中各种物理量的变化。本实验主要涉及电阻应变片的粘贴及不同负载下金属悬臂梁静态应力的测量，本实验的目的为：

1. 掌握以电测技术为基础表征应力的研究方法；
2. 掌握电阻应变片的粘贴技术；
3. 掌握静态应力应变仪的使用及不同接桥方式下悬臂梁应变的测量。

一、设备与材料

静态应力应变仪(如图 5－10)、常温用电阻应变片、等强悬臂梁及金属支架、砝码、黏结剂(如 502 胶水)、铲刀、砂纸、脱脂棉、电烙铁、连接片、镊子、剪刀、导线、无水乙醇等。

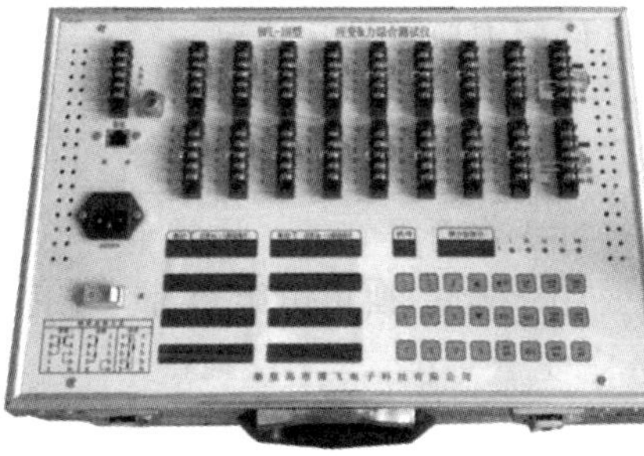

(a) BFL-1H型静态应力应变综合测试仪

(b) DH3818型静态应变测试仪

图 5－10　静态应力应变仪

静态应力应变仪广泛用于材料、机械、土木、航空航天、国防、交通等领域，配接合适的应变传感器，还可对压力、扭矩、位移和温度等物理量进行测量。

其中 BFL－1H 型静态应力应变综合测试仪为(秦皇岛博飞电子科技公司)全数字化智能设计，数字键与功能键配合使用，便于各种参数设置，多测点同时显示；组桥方式可为1/4桥、半桥、全桥、混桥等多种；还可通过配接材料力学实验台开展电测法材料力学实验。应变片及测力传感器接往 BFL－1H 机箱，组成完整电桥，将应变片的电阻变化转换成电压变化，信号在应变仪内经过放大、滤波、采集。BFL－1H－16 型共 18 个通道，包括 2 个应力通道和 16 个应变通道，一个窗口显示应力值，16 个窗口显示应变值。应变测量范围：$\pm 30000\ \mu\varepsilon$，分辨率：$1\mu\varepsilon$，桥压 $2V_{DC}$。

DH3818 型静态应变测试分析系统(江苏东华测试技术股份有限公司)可手动、自动进行静态应变测量、采集、记录数据；可实现 1/4 桥、半桥、全桥等连接测量，每台测试仪有 20 个通道，可最多测量点数 20 点；应变测量范围：$\pm 19999\ \mu\varepsilon$，最高分辨率：$1\ \mu\varepsilon$，桥压 $2V_{DC}$。

二、实验原理

1. 电阻应变片的工作原理

电阻应变片是基于金属导体的应变效应，即金属导体在外力作用下发生机械变形时其电阻值随着所受机械变形(伸长或缩短)的变化而发生变化，这种现象称为金属的电阻应变效应。

设有一根长度为 L、横截面为 S、电阻率为 ρ 的金属丝，在未受力时，其原始电阻 R 为：

$$R=\rho L/S \tag{5-6}$$

当金属丝受到轴向拉力 F 作用时将伸长 ΔL，横截面积相应的减小 ΔS，其电阻率因晶格变化等因素的影响而改变，设变化量为 $\Delta\rho$，则引起电阻值变化为 ΔR。对式(5－6)全微分，并用相对变化量来表示，则有：

$$\frac{\Delta R}{R}=\frac{\Delta L}{L}-\frac{\Delta S}{S}+\frac{\Delta\rho}{\rho} \tag{5-7}$$

将电阻应变片牢固粘贴在试件表面，当试件受力时，受力处将沿电阻丝方向发生线变形，此时应变片中电阻丝也随着一起变形(伸长或缩短)，导致电阻丝的电阻发生改变(增大或缩小)。因此，可以根据电阻丝的阻值变化分析试件应力应变变化情况。

2. 测量电路

(1)电桥电路

应变片测量应变是通过应变片敏感栅电阻的相对变化而得到的。通常金属电阻应变片灵敏度系数 K 很小，机械应变一般在 $1\times10^{-5}\sim3\times10^{-3}$之间，所以电阻相对变化也很小。

例如，某传感器弹性元件在额定载荷下产生应变 $\varepsilon=1\times10^{-3}$，应变片的电阻值为 120 Ω，灵敏度系数 $K=2$，则电阻的相对变化量为 $\Delta R/R=K\varepsilon=0.002$，即电阻变化率只有 0.2%。这样小的电阻变化，用一般测量电阻的仪表很难直接测出来，必须用专门的电路来测量这种微弱的电阻变化。最常用的电路为电桥电路(如图 5－11)。

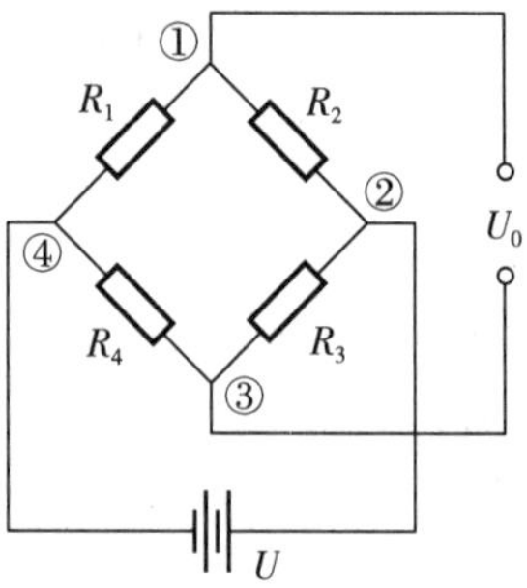

图 5－11　电桥电路图

电桥各臂的电阻分别为 R_1、R_2、R_3、R_4，U 为电桥的直流电源电压，U_0为电桥的输出电压。当四臂电阻 $R_1=R_2=R$，$R_3=R_4=R'\neq R$ 时，称为输出对称电桥；当四臂电阻 $R_1=R_4=R$，$R_2=R_3=R'\neq R$ 时，称为电源对称电桥；当四臂电阻 $R_1=R_2=R_3=R_4=R$ 时，称为等臂电桥。

当电桥输出端接有放大器时，由于放大器的输入阻抗很高，所以，可以认为电桥的负载电阻为无穷大，这时电桥以电压的形式输出。输出电压即为电桥输出端的开路电压，其表达式为：

$$U_0=\frac{R_1R_3-R_2R_4}{(R_1+R_2)(R_3+R_4)}U \tag{5-8}$$

(2)连接应变片的电桥电路

常见的应变电桥有 3 种接法，分别为:半桥单臂电桥、半桥双臂电桥、全桥电桥，如图 5－12。

设电桥为半桥单臂工作状态，即 R_1为应变片，其余桥臂均为固定电阻。当 R_1感受应变产生电阻增量 ΔR_1时，由初始平衡条件 $R_1R_3=R_2R_4$，得$\frac{R_1}{R_2}=\frac{R_4}{R_3}$，代入式(5－8)，则电桥由于 ΔR_1产生不平衡引起的输出电压为：

$$U_0=\frac{R_2}{(R_1+R_2)^2}\Delta R_1U=\frac{R_1R_2}{(R_1+R_2)^2}\left(\frac{\Delta R_1}{R_1}\right)U \tag{5-9}$$

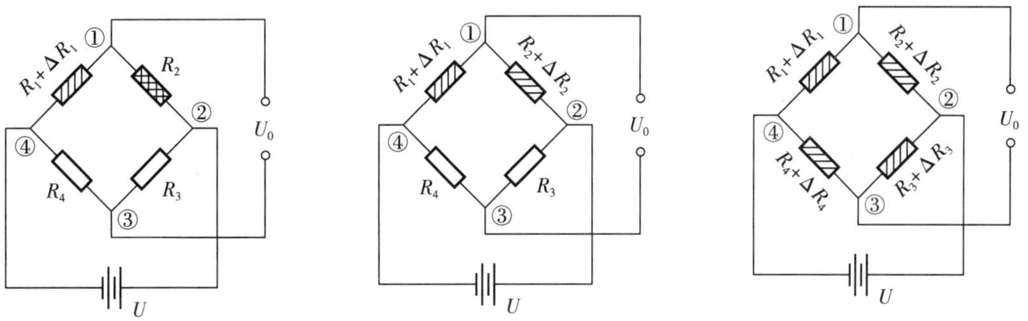

（a）半桥单臂电桥，其中 R_1为应变片，R_2为温度补偿片　（b）半桥双臂电桥，其中R_1、R_2为应变片　（c）全桥电桥，其中R_1、R_2、R_3、R_4均为应变片

图 5－12　应变电桥

① 对于输出对称电桥，此时 $R_1=R_2=R, R_3=R_4=R'$，当 R_1 臂产生电阻增量 $\Delta R_1=\Delta R$ 时，根据式(5－9)可得到输出电压为：

$$U_0=U\frac{RR}{(R+R)^2}\left(\frac{\Delta R}{R}\right)=\frac{U}{4}\left(\frac{\Delta R}{R}\right)=\frac{U}{4}K\varepsilon \tag{5-10}$$

② 对于电源对称电桥，$R_1=R_4=R, R_2=R_4=R'$，当 R_1 臂产生电阻增量 $\Delta R_1=\Delta R$ 时，根据式(5－9)可得到输出电压为：

$$U_0=U\frac{RR'}{(R+R')^2}\left(\frac{\Delta R}{R}\right)=U\frac{RR'}{(R+R')^2}K\varepsilon \tag{5-11}$$

③ 对于等臂电桥，$R_1=R_2=R_3=R_4=R$，当 R_1 臂产生电阻增量 $\Delta R_1=\Delta R$ 时，由式(5－9)可得输出电压为：

$$U_0=U\frac{RR}{(R+R)^2}\left(\frac{\Delta R}{R}\right)=\frac{U}{4}\left(\frac{\Delta R}{R}\right)=\frac{U}{4}K\varepsilon \tag{5-12}$$

由上面三种结果可以看出，当桥臂应变片的电阻发生变化时，电桥的输出电压也随着变化。当 $\Delta R<<R$ 时，电桥的输出电压与应变值 ε 呈线性关系。还可以看出，在桥臂电阻产生相同变化的情况下，等臂电桥以及输出对称电桥的输出电压要比电源对称电桥的输出电压大，即它们的灵敏度要高。因此在使用中多采用等臂电桥或输出对称电桥。

在全桥电路中，电桥的四个桥臂接上应变计，电阻分别为 $R_1=R_2=R_3=R_4=R$，如图 5－12(c)所示。如果桥臂电阻改变分别为 $\Delta R_1, \Delta R_2, \Delta R_3, \Delta R_4$，则输出电压为：

$$U_0=\frac{U}{4}\left(\frac{\Delta R_1}{R_1}-\frac{\Delta R_2}{R_2}+\frac{\Delta R_3}{R_3}-\frac{\Delta R_4}{R_4}\right) \tag{5-13}$$

若四个桥臂上的应变计的灵敏系数均为 K，则输出电压

$$U_0=\frac{U}{4}K(\varepsilon_1-\varepsilon_2+\varepsilon_3-\varepsilon_4) \tag{5-14}$$

其中，ε_1、ε_2、ε_3、ε_4分别为 R_1、R_2、R_3、R_4所感受的应变值。

则应变仪的输出应变为

$$\varepsilon_d = \frac{4U_0}{UK} = \varepsilon_1 - \varepsilon_2 + \varepsilon_3 - \varepsilon_4 \tag{5-15}$$

由式(5-15)可见,电桥有下列特性:

① 两相邻桥臂上应变计的应变相减。即应变同号时,输出应变为两邻桥臂应变之差,异号时为两相邻桥臂应变之和。

② 两相对桥臂上应变计的应变相加。即应变同号时,输出应变为两相对桥臂应变之和,异号时为两相对桥臂应变之差。

应变仪输出的应变实际上就是读数应变,所以合理地、巧妙地利用电桥特性,可以增大读数应变,并且可测出复杂受力杆件中的内应力分量。

三、实验步骤

1. 电阻应变片的粘贴

(1)检查应变片是否完好

贴片前,借助放大镜对待用的电阻应变计进行外观检查,观察敏感栅有无锈斑、缺陷,是否排列整齐、基底和覆盖层有无损坏、引线是否完好等。

(2)构件表面处理

本实验所用的悬臂梁是钢铁构件,其表面处理过程如下:首先,用铲刀清除污垢;然后,用砂纸打磨平整;其次,用镊子轻轻划出贴片的粘贴位置(如图 5-13,其中 R_1、R_3平行于与悬臂梁方向,R_2、R_4垂直于悬臂梁方向);最后,用沾有无水乙醇的脱脂棉反复擦拭,直至棉球上见不到污垢为止。R_5应变片贴在附加的金属块上,作为温度补偿块。

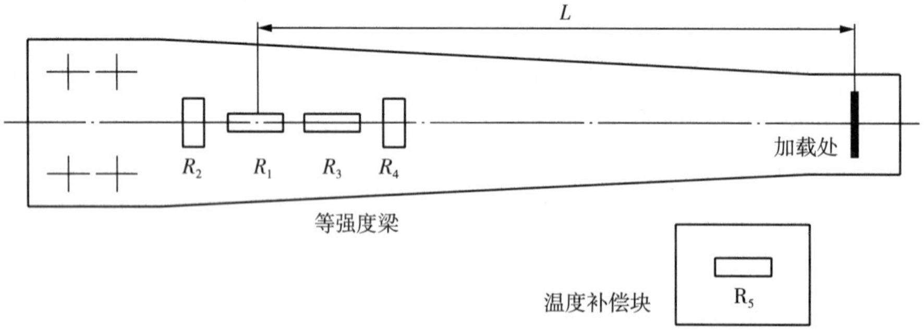

图 5-13 等强度梁上应变片(R_1—R_5)的布片方式

(3)贴片

选用不同黏结剂,其贴片工艺有所不同,本实验采用 502 胶水为黏结剂。待无水乙醇挥发后,用手捏住应变片引线,在其底层均匀地涂一层 502 胶水,然后准确地将其贴在定位位置上(可用镊子拨动应变计,调整位置和角度,确保应变片和悬臂梁平行或垂直)。由于应变片引线很细,极易折断,因此,应变片定位后,在应变片引线一侧固定一片连接片,用于连接应变片和导线,如图 5-14 所示。

(4)导线的焊接与固定

黏合剂初步固化后,即可进行焊接。用电烙铁和焊锡将应变片引出线、测量导线分别与连接片上的金属点焊接(如图 5-14)。剪去多余的应变片引出线,并仔细检查线路确保其导通且无短路。焊接时焊点要求光滑小巧,防止虚焊。

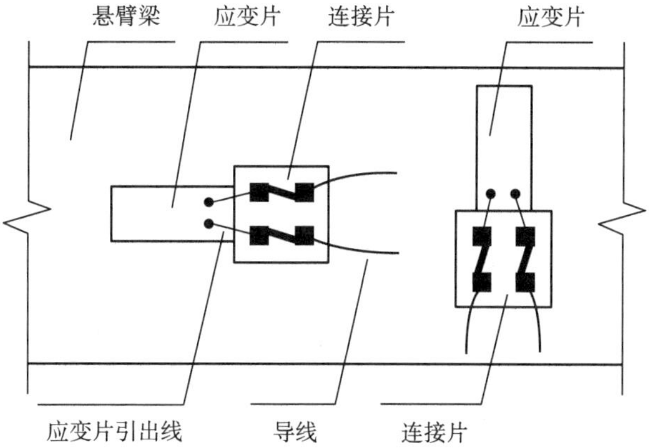

图 5-14　应变片引线固定示意图

2. 不同桥路下静态应力的测量

(1)连接电路

观察静态应力仪,了解各模块的用途,选择线路并记住其编号,注意区分待测电路和补偿电路。按照静态应力仪左下端所示的电路图,分别连接出半桥单臂 1#、半桥单臂 2#、半桥双臂、半桥串联(R_1 和 R_3 串联、R_2 和 R_4 串联)、全桥 1# 和全桥 2# 这六种测量桥路,如图 5-15。注意在半桥单臂桥路中,需连接温度补偿块以平衡温度造成的实验误差。

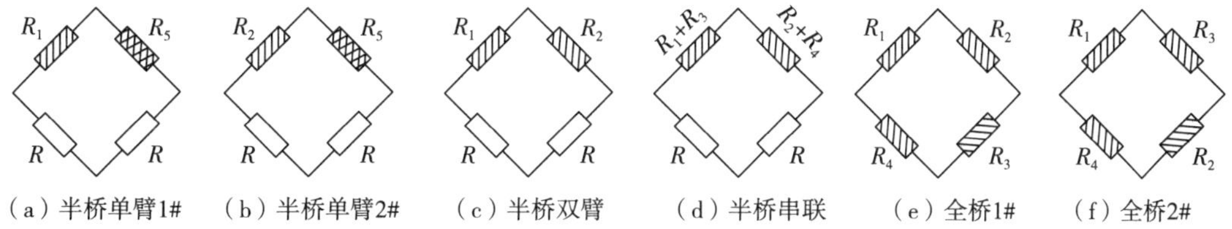

图 5-15　不同桥路电路示意图

(其中 R_1、R_2、R_3、R_4 为悬臂梁上的应变片,R_5 为温度补偿块,R 为定值电阻)

(2)手动平衡桥路

检查电路连接无误后,保持等强度梁无负载,打开静态应力仪的电源开关。待设备自检结束后,观察对应编号显示屏的示数,若示数不为 0,按下"平衡"(或"应变清零")按钮,手动平衡桥路,示数变为 0;若显示屏上无示数或清零后示数波动较大,需仔细检查线路直至恢复正常。

(3)测量

手动平衡桥路后,依次加上 5 个砝码(0.5 kg/个),参照表 5-12 记录相应的应变值。

(4)数据记录

量取距悬臂梁末端 $L=350$ mm 处悬臂梁的宽度 b 和厚度 h。在不同电路连接方式下,改变悬臂梁负载重量，记录应变仪上的应变值。

四、注意事项

1. 本实验涉及电路的焊接、连接等，需注意用电安全。
2. 实验前注意检查构件表面是否平整洁净、应变片是否完好，减小实验误差。
3. 应变片粘贴时需要防止导线或引出线直接接触悬臂梁，以免造成短路。

五、实验结果与分析

1. 计算不同负载下悬臂梁的内应力(杨氏模量 $E=2.1\times10^5$ MPa)。
2. 计算本实验所用应变片的泊松比 μ，并与其理论值进行比较，分析误差产生的原因。
3. 对实验结果进行整理，分析不同的接桥方法其应变仪显示的应变值是否满足给定的倍数(桥臂系数)关系，并进一步分析不同桥接方法的优劣。

表 5-12 电阻应变片粘贴及静态应变测量记录表

连接方式 / 负载(kg)	半桥单臂 1#	半桥单臂 2#	半桥双臂	半桥串联	全桥 1#	全桥 2#
0.5						
1.0						
1.5						
2.0						
2.5						

思考题

1. 分析半桥单臂电路中“温度补偿块”存在的必要性。
2. 电阻应变片的粘贴技术包括哪些方面？请总结归纳出技术要点。
3. 本实验中应变片的分布都是位于悬臂梁的上表面，是否还有其他布片方式？实验该如何设计？

参考文献

[1] 王金燕，曹海华，李磊．探讨石油产品运动黏度测定的影响因素及应对措施[J]．中国化工贸易，2018，10(6)：213-215.

[2] 邱贞慧，孙元宝．石油产品运动黏度测定结果的影响因素及处理方法[J]．广州化工，2015，43(1)：113-114.

[3] 王松，贾考军，李国镔，等. 对雷诺实验装置的改进与创新[J]. 应用科技，2004(8)：53－54＋57.

[4] 杨庆华，陈春光，宋志明，等. 雷诺实验仪的改进与创新[J]. 实验室研究与探索，2007(12)：54－56.

[5] 曹桂萍，孙杰，潘亮，等. 雷诺实验的创新性教学[J]. 高师理科学刊，2011，31(2)：110－112.

[6] 刘刚，郭文婷，赵立清. 雷诺数测量及流动显示仿真实验探索[J]. 科技创新导报，2018，15(24)：234－235.

[7] 赵红晓. 雷诺虚拟演示实验的开发与应用[J]. 实验室科学，2016，19(2)：87－89.

[8] 王洪荣. 趣谈"香蕉球"的力学原理[J]. 中学物理教学参考，2015，44(14)：23－24.

[9] 黄微，王梓腾，李龙飞. 关于毕托管测速装置的设计[J]. 中国科技信息，2021(6)：113－116.

[10] 任少铎. "流速大压强小"中的流速是相对地面的速度吗？——对香蕉球现象的再分析[J]. 物理教师，2021，42(4)：63－65.

[11] 杨成建，王云中，刘伟，等. 伯努利方程验证实验及装置改进[J]. 实验技术与管理，2012，29(10)：81－85.

[12] 赵红晓. 伯努利方程精品实验建设[J]. 实验技术与管理，2015，32(2)：182－184＋187.

[13] 周志鹏. 传奇的数学世家——伯努利家族[J]. 中学生数学，2023(11)：25－26.

[14] 武际可. 伯努利家族在力学上的贡献[J]. 力学与实践，2009，31(3)：103－105.

[15] "盛产"数学家的家族——伯努利家族[J]. 语数外学习(高中版上旬)，2018(9)：65－67.

[16] 刘玉泉，朱克勤. 浅谈都江堰工程中流体力学原理的运用[J]. 力学与实践，2008(4)：102－105.

[17] 俞兆伦，何英，焦世林. 论都江堰水利工程对当今修建水利工程的启示[J]. 中国水运，2024，24(22)：82－84.

[18] 吴一平. 水资源与水环境课程思政教学实践案例研究——都江堰水利工程及其内涵[J]. 高教学刊，2024，10(35)：115－119.

[19] 王丽. 电阻应变计在材料力实验中的应用研究[J]. 计量与测试技术，2015，42(10)：5－8.

[20] 范文超. 电阻应变片传感器实验的改革[J]. 中国管理信息化，2013，16(24)：102－103.

第6章　专业综合实验

在高等工科院校的实验教学中，综合实验是将多学科理论知识与实验技能深度融合的重要环节。它不仅巩固课堂理论知识，还培养学生的综合应用能力和实践创新思维。

本章包含粉末冶金原理课程实验、陶瓷坯体的成形与高温烧结、水泥净浆凝结时间测定与分析、钙钛矿薄膜制备与表征、钙钛矿电池组装及测试、IZO透明导电薄膜的制备与霍尔效应测试以及钛酸钡粉体压坯烧结及陶瓷介电性能测定等实验项目。这些项目涵盖基础材料制备与性能测试，也涉及前沿材料研究，旨在全面提升学生专业素养。在实验训练中，学生将熟练掌握常用仪器设备，并深入学习冷等静压机、高真空三靶磁控溅射仪、真空蒸发镀膜机、太阳能电池光电效率检测仪等大型复杂设备。通过这些实验，学生能完成从原料配比、样品制备到性能测试的全流程实验过程。这种全流程实验模式，有助于工科专业学生在更高层次的研究和实际工作中，具备更强的综合应用能力和创新思维，为未来在材料科学领域的科学研究与工程应用打下坚实基础。

6.1　粉末冶金原理课程实验

粉末冶金是用金属粉末(或金属粉末与非金属粉末的混合物)作为原料，经过成形和烧结制造金属材料、复合材料以及各种类型制品的工艺过程。

“粉末冶金原理课程实验”是与“粉末冶金原理”理论课程相配套的实验，使学生通过实验加深对粉末成形、烧结基本原理的理解，学习粉末冶金成形、烧结基本工艺和常用设备，并通过延伸内容的学习进一步了解现代粉末冶金企业的生产方式和新技术、新工艺，从而提高学生的工程实践创新能力、综合应用理论知识分析解决问题的能力。本节收录了四个实验项目：粉末成形料的准备和工艺性能检测、粉末模压成形和压制方程验证、冷等静压成形实验、气氛烧结实验，并结合大学生创新创业课题，介绍一种粉末冶金轴套的生产工艺流程。

6.1.1　粉末成形料的准备及工艺性能检测

粉末冶金原料成形前要进行物料的准备，即预处理，包括粉末退火、分级、混合、造粒、干燥和添加润滑剂等等。本实验的目的为：

1. 了解粉末成形混合料的组成，润滑剂、成形剂等添加组元的作用；
2. 熟悉机械混合法制备成形混合料的原理和方法，了解成形混合料的其他制备方法；
3. 掌握成形混合料的主要工艺性能指标、检测仪器设备和检测方法。

一、设备与材料

滚筒式混料机、V 型混料机、标准筛（100～120 目）、电子天平、还原铁粉（－100 目）、油酸或硬脂酸锌、石墨粉、研钵、瓷盘、取样勺、毛刷、称量纸、混料瓶、电工胶带、漏斗、无水乙醇等；松装密度及流动性测试仪。

二、基本原理

混合一般是指将两种或两种以上不同成分的粉末混合均匀的过程，而将成分相同但粒度不同的粉末进行混合的过程称为合批，是准备粉末成形料的基本过程。

混合的目的是将金属粉末与合金元素及润滑剂、成形剂等添加剂混合均匀，得到成形混合料，改善粉末的工艺性能，保证后续粉末压制和烧结质量。机械法是应用最广泛的混合，即用各种球磨机、V 型混料机、滚筒式混料机等将粉末或混合料机械地混合均匀，但不发生化学反应。机械法混料又分为干混和湿混，铁基制品常用干混，硬质合金粉常用湿混。机械混合的均匀度影响因素有：组元的颗粒大小与形状、组元的比重、采用的介质、选用的设备以及混合工艺（包括装料量、球料比、时间、转速）等。在企业生产中，混料工艺参数先要由实验确定。

常见的混合方式是在混料机中进行，下面是几种典型类型的混料机：

（1）V 型混料机

如图 6－1，由两个长度不相等的筒形成不对称筒体，混合转动时物料流动存在时间差，从分散到组合，再从组合到分散，推动物料进行横向和径向混合，每转一圈约有 25％的物料从一个筒流向另一个筒，分散和组合相互进行，从而实现均匀和高效的混合；而且物料之间没有机械挤压和强烈的摩擦，能够保持物料颗粒的完整。混料桶一般采用不锈钢制作，内外壁抛光，圆滑过渡，结构设计上保证无积料死角，易清理。V 型混料机适用于流动性较好的干粉或颗粒状粉末的混合。

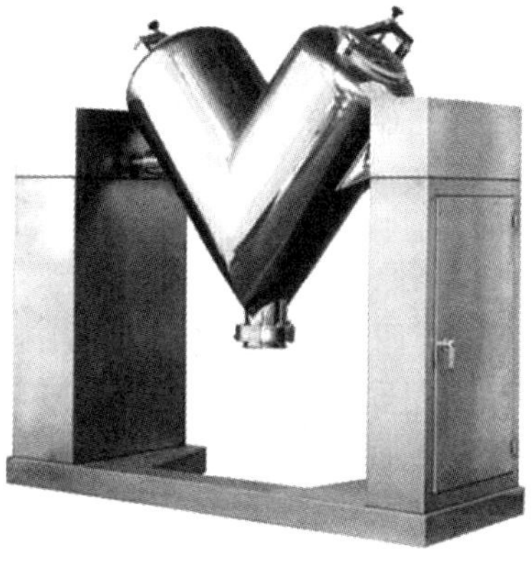

图 6－1　V 型混料机

（2）双锥型混料机

如图 6－2，双锥型混料机同 V 型混料机的功能相似，将粉末或粒状物料通过真空输送或人工加料到双锥筒体中，随着容器的不断旋转，物料在容器中进行复杂的翻转、撞击运动，物料在混合过程中无离心力作用，无比重偏析、分层和积聚现象，达到均匀的混合。可实现流动性较好的粉体及颗粒状粉末混合，效果显著；对较细粉和含有一定水分的多种物料均能混合；对微量物和添加物也可达到混合效果。混料筒采用聚氨酯或不锈钢内衬，易清理，无死角。

(3)滚筒式混料机

如图 6 - 3,滚筒混料机主要由机体、辊子、传动系统和控制系统组成。将待混样品和研磨体放入圆柱状研磨罐中,放在驱动辊和从动辊之间,保持对称,当设备启动时,由慢到快调整转速,辊子带动研磨罐滚动,物料不断地受到抛掷、撞击等作用力,物料位置不断变换,从而达到混合和搅拌的效果。辊子表面经挂胶处理,增大与罐子的接触摩擦力,并降低噪声。

粉末成形料的准备还包括筛分、造(制)粒、加润滑剂等工序环节,总之都是为了满足成形过程的要求,获得符合最终性能要求的产品。本实验选取粉末与添加剂进行混合,考查混料工艺参数及添加剂的添加量对混合料松装密度、流动性的影响。

图 6 - 2　双锥型混料机

图 6 - 3　滚筒式混料机

三、实验步骤

以铁粉和硬脂酸锌以及滚筒式混料机为例:

1. 将还原铁粉过筛(100 目或 120 目),去除氧化物和杂质。

2. 称量四份 100 g 铁粉,分别添加质量比 0、0.3wt%、0.5wt%、0.8wt%的硬脂酸锌,先倒入研钵,用取样勺搅拌均匀。

3. 将添加了硬脂酸锌的混合粉末装入混料瓶中,瓶口用胶带缠绕固定后,放在滚筒式混料机上进行混合。

4. 混料时间自行设计,比如每隔 30 min 取样检测松装密度和流动性(方法参见 3.2 节“粉体材料综合物性测试与分析”),然后再放回瓶中继续混料,到时间节点后再取样品进行检测。

5. 全班分为 2 个大组,每个大组分为四个小组;每大组的数据作为全组数据。结合数据分析硬脂酸锌的添加量、混料时间对松装密度和流动性的综合影响。

6. 也可参考表 6 - 1、表 6 - 2,自主设计添加石墨和硬脂酸锌的混料正交实验,深入探究粉末成形料准备的影响因素和最优的工艺参数。

表 6-1　正交试验因素水平表

因素 / 水平	石墨粉 质量百分比 wt%	硬脂酸锌 质量百分比 wt%	混料时间/ min
1	0	0	0
2	0.5	0.3	30
3	1.0	0.5	60
4	1.5	0.8	90

表 6-2　正交试验

因素 / 试验号	石墨粉 质量百分比 wt%	硬脂酸锌 质量百分比 wt%	混料时间/ min
1	1(0)	1(0)	1(0)
2	1(0)	2(0.3)	2(30)
3	1(0)	3(0.5)	3(60)
4	1(0)	4(0.8)	4(90)
5	2(0.5)	1(0)	2(30)
6	2(0.5)	2(0.3)	1(0)
7	2(0.5)	3(0.5)	4(90)
8	2(0.5)	4(0.8)	3(60)
9	3(1.0)	1(0)	3(60)
10	3(1.0)	2(0.3)	4(90)
11	3(1.0)	3(0.5)	1(0)
12	3(1.0)	4(0.8)	2(30)
13	4(1.5)	1(0)	4(90)
14	4(1.5)	2(0.3)	3(60)
15	4(1.5)	3(0.5)	2(30)
16	4(1.5)	4(0.8)	1(0)

四、注意事项

1. 检测时若粉末流不出来，可采用轻敲或换成孔径为 5 mm 的漏斗测试，记录粉末连续流出的时间作为参比数据。

2. 观察粉末在混料罐中的运动状态，思考对混料效果的影响。

五、实验结果与分析

1. 参照表 6-3 记录测试结果。

2. 从实验结果中总结出混料时间、添加剂含量等对松装密度和流动性的影响规律。

3. 对实验结果进行分析讨论。

表 6-3 粉末成形料的准备及工艺性能检测数据记录表

样品名称：________

实验参数 \ 工艺性能参数 \ 组别			第一组		第二组	
			流动性/s	松装密度/(g/cm³)	流动性/s	松装密度/(g/cm³)
原粉						
0.3wt%	混合时间(min)	0				
		30				
		60				
0.5wt%	混合时间(min)	0				
		30				
		60				
0.8wt%	混合时间(min)	0				
		30				
		60				

六、延伸阅读——高效混合研磨技术

1. 声学共振混合

声学共振混合(Resonant Acoustic Mixing)是一种先进无桨混合技术，该技术基于机械共振系统产生高强度声波振动激励，在混合多相流中形成宏观振动混合和微观声流混合耦合作用，实现整场无死角均匀、快速混合。图 6-4 为原理示意图。

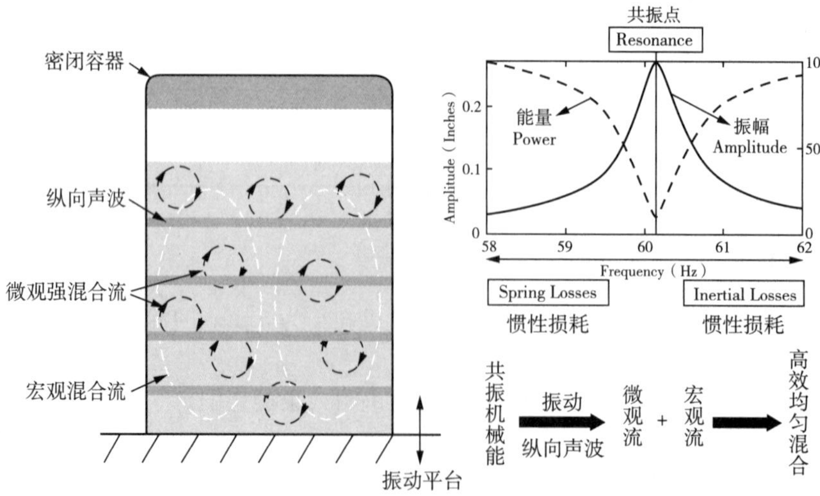

图 6-4 声学共振混合原理示意图

目前精工锐意科技有限公司已生产系列声学共振混合仪（MixBox－G1、MixBox－G2、MixBox － G5、MixBox － G30），以MixBox－G1 为例（如图 6－5），主要参数为：(1) 最大负载质量 1 kg；(2) 最大混合加速度为 100 g；(3) 振动频率 60±5 Hz；(4) 混料罐容积有 0.7 L、1 L 和 1.2 L 多种规格，PC、304 不锈钢等多种材质可选；(5) 混料罐－10 ℃～150 ℃温度控制，真空度控制；(6) 便捷的操作界面，自动、手动、程控三种模式可选，多段编程，有数据实时监测、分析系统；(7) 设备尺寸 700 mm×550 mm×800 mm，重量约 100 kg。

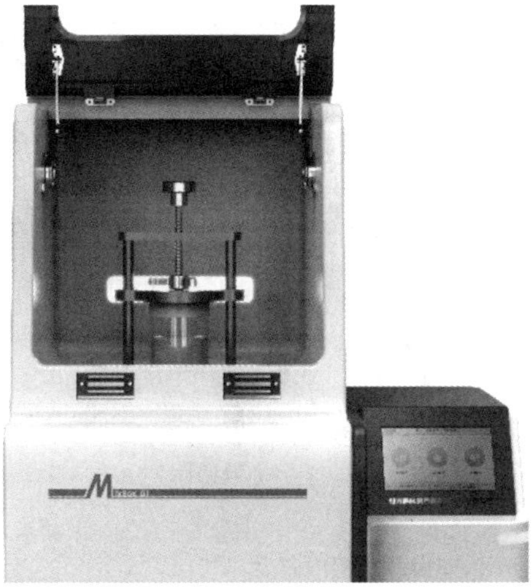
图 6－5　声学共振混合仪

声学共振混合仪的优势体现为：(1) 高效——混合时间一般 5～10 分钟，混合效率是传统混合技术的数倍至数十倍；(2) 均匀——可实现超细、大密度差异、高黏等难分散物料的均匀、无死角混合；(3) 清洁环保——罐体密封，无浆混合，避免交叉污染，易清洁；(4) 干混、湿混均可以，稳定可靠。

声学共振混合仪在超细粉体材料、纳米分散浆料、高黏度材料、超硬材料、纤维增强材料、半导体、粉末冶金、电池、制药、生物等领域有着广阔的应用前景。此外，还用于异形件的精密抛光，通过选取合适的磨料采用声学共振混合仪进行抛光，工件表面粗糙度 Rt 值小于 2.0 μm。以下为几个应用实例：

(1) 如图 6－6，声学共振混合玻璃粉和百纳米级钯粉，应用在电子浆料、粉末冶金等领域。

图 6－6　声学共振混合玻璃粉和钯粉

(2) 如图 6－7，声学共振混合纳米贵金属催化剂和玻璃珠，实现均匀包覆，应用于药物研发的高通量反应筛选。

(3) 如图 6－8，声学共振混合微米级金属粉末和纳米级稀土氧化物，实现均匀混合和包

(a) 玻璃珠　　　　(b) 表面附着催化剂的玻璃珠

图 6-7　声学共振混合纳米催化剂和玻璃珠

覆，助力高性能材料的研发。

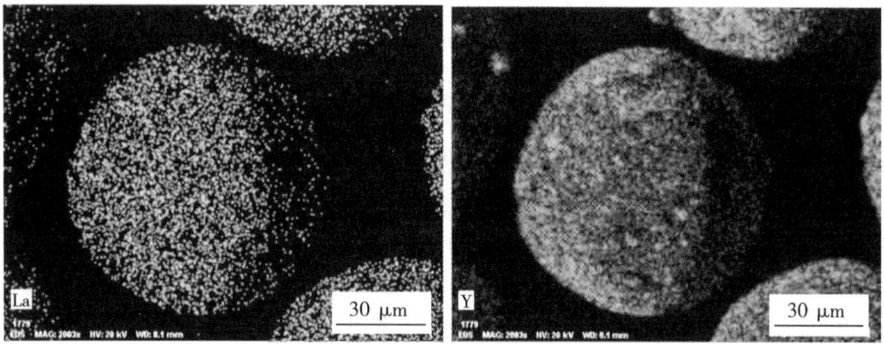

图 6-8　声学共振混合微米级金属粉末和纳米级稀土氧化物

2. 全自动液氮冷冻混合球磨仪 E_{max}

莱驰公司的 E_{max} 高能球磨仪(图 6-9)结合了高频撞击、强烈摩擦和可控的圆周运动，形成了独特而高效的研磨机制，研磨尺寸在亚微米范围。如图 6-10，其作用原理为：研磨罐呈椭圆形，分别安装在两个圆盘上，圆盘在不改变其方向的情况下沿圆形方向移动研磨罐，转速可达 2000 r/min。特殊的研磨罐几何设计和运动的相互作用，使研磨球、试样材料和研磨罐壁之间产生强烈的摩擦，并使研磨罐快速加速，使研磨罐的圆端对试样产生巨大的冲击力让样品充分混合，并可实现更小的研磨尺寸和更窄的颗粒尺寸分布，最大进料尺寸 5 mm，最终出料粒度可达 0.08 μm。

图 6-9　E_{max} 高能球磨仪

研磨罐有不锈钢、碳化钨和氧化锆三种材质，容积有 50 mL 和 125 mL 两种规格，研磨球尺寸从 0.1 mm 到 25 mm 不等；还有一种带有特殊通气盖的研磨罐，用于保持特殊气氛下的研磨混合；2 个研磨工作位，具备温度监测和温度控制功能，内置创新的集成水冷系统，通过罐支架冷却研磨罐，无需间歇冷却时间，避免高速运行的研磨过程产生的热量影响样品；并且可储存标准操作流程和循环程序，实时显示。

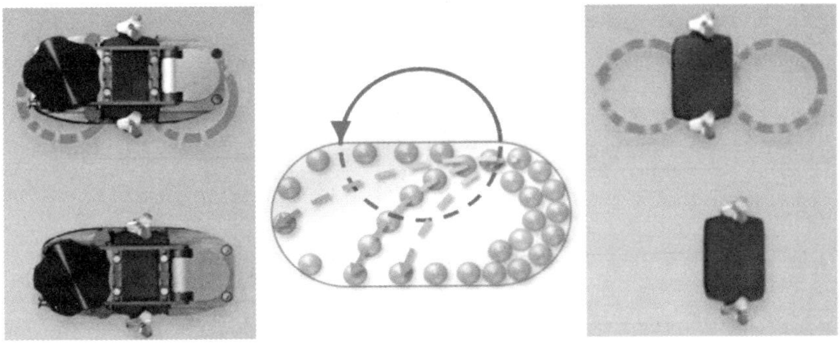

图 6-10　高能球磨仪 E_{max} 研磨罐的工作原理

E_{max} 高能球磨仪可应用于材料领域的纳米研磨、粉碎、均质化、机械合金化、高能源粉碎、特殊低温合金制备等，也应用于农业、化学、医药、地质、冶金、电子、建筑材料、玻璃、陶瓷和生物领域的植物和动物组织的低温粉碎（通过液氮实现低温）。

思考题

1. 物料混合后的工艺性能检验项目有哪些？
2. “造粒”工艺的含义和目的？有哪些造粒方法？举例说明。
3. 对于密度相差较大的粉末原材料，如何解决混料均匀性问题？

6.1.2　粉末模压成形与压制方程验证

成形是粉末冶金工艺过程的第二道基本工序，是使粉末具有一定形状、尺寸、孔隙度和强度坯块的工艺过程。成形分为普通模压成形和特殊成形两大类。本实验的目的为：

1. 掌握粉末模压成形工艺过程；
2. 研究单位压制压力对压坯密度的影响规律；
3. 验证压坯密度不均匀性和压制方式对压坯密度分布的影响；
4. 拟合出压制方程，研究分析适用范围。

一、设备与材料

主要材料有：还原铁粉（－100 目）、电解铜粉（－100 目）；油酸或硬脂酸锌、无水乙醇；圆形模具、电子天平、千分尺、游标卡尺；装料烧杯、研钵、瓷盘、取样勺、毛刷等。

主要设备有：混料机、手动压机、自动压机等。其中手动压机的构件如图 6-11 所示，主要特性参数见表 6-4 所列。

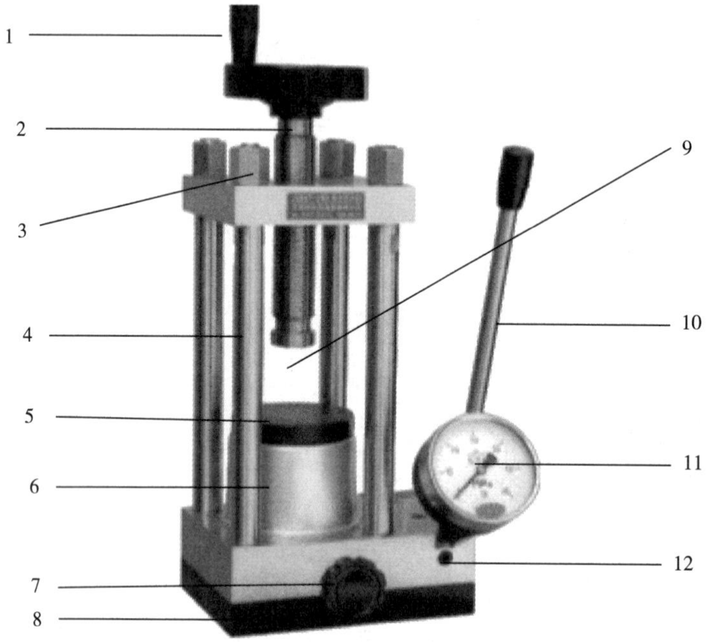

图 6-11 手动压机结构图

1—手轮;2—丝杠;3—螺母;4—立柱;5—顶盖;6—大油缸;7—放油阀;
8—油池;9—工作空间;10—手动压把;11—压力表;12—出油阀

表 6-4 压机的特性参数

设备型号	769YP-24B	769YP-40C
压力范围	0～24 T	0～40 T
活塞直径	ϕ87 mm	ϕ125 mm
活塞行程	20 mm	40 mm
工作空间	94×94×140 mm^3	180×180×210 mm^3

二、基本原理

粉末原料在压制模具内的压制成形过程如图 6-12 所示。压力经上模冲传向粉末，粉末力图向各个方向流动，引起垂直于压模壁的侧压力。粉末在压模内所受压力的分布是不均匀的，并且粉末与模壁在压制过程中产生摩擦力，此力随压制压力而增减。因此压坯在高度上出现显著的压力降，导致压坯各部分的致密化程度就有所不同。在压制过程中，粉末受力发生弹性和塑性变形，在压坯内存在很大的内应力，当外力停止后，压坯出现膨胀现象——弹性后效。

粉末在压制过程中随着压力增加，压坯的相对密度出现有规律的变化，为了方便讨论，

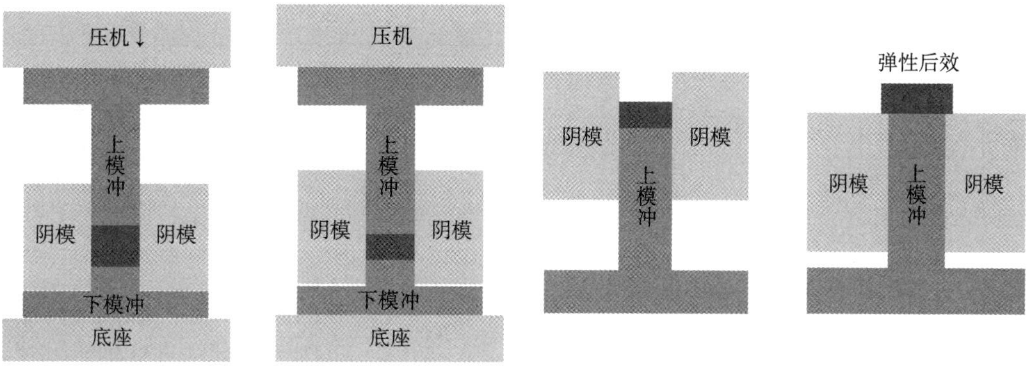

图 6-12　压制过程示意图

假设理想状态下这种变化大致经历三个阶段：

第一阶段：以粉末颗粒发生位移为主，填充孔隙，当压力稍有增加，压坯密度快速增大。

第二阶段：粉末经压缩后密度达到一定值，粉体出现了压缩阻力，此时虽然加大外力，但孔隙度不再减少，密度变化不大。

第三阶段：压力继续增大，超过粉末的临界压力后，粉末颗粒开始变形，压坯密度又随之增大。

随着粉末冶金技术的不断发展，关于压制压力与压坯密度的关系，科学家和粉末冶金工作者们一直在不断研究和探索符合实践并能起指导作用的压制理论公式和经验公式，但是目前还没有一个公式在实践检验中是完全正确的，其中具有代表性的压制公式见表 6-5 所列。

可以看出，国际上关于粉末成形规律的科学家都选用压制压力的某种函数与压坯密度的某种函数之间的直线关系。经检验巴尔申压制公式在某些场合是正确的，压制因素 L 取决于粉末粒度和粒度组成。川北基于五个假设考察了压制过程，在压制压力不大时优越性显著。艾西在研究沉积岩和黏土的孔隙率和压力的关系时提出了压制规律。黄培云双对数压制方程考虑了粉末体的非线性弹滞体特性与压制时应变大幅度变化，是一种新的压制理论，对于软粉末和硬粉末适用效果都比较好。本实验采用铁粉和铜粉的模压成形数据对上述压制公式进行验证。

前面所说的压制压力是指平均压力，分为两部分，一部分是使粉末产生位移、变形和克服粉末的内摩擦的净压力，另一部分是用来克服粉末颗粒与模壁之间的外摩擦的力，即压力损失，实际上粉末体在压模内各部分的应力是不相等的，从而造成压坯密度分布沿高度方向和水平方向的不均匀。

粉末冶金工业生产中为提高压坯密度均匀性，获得高质量压坯可以采取的措施有：改善粉末的性能（包括粉末的成分、含氧量、粒度与粒度组成、形状、松装密度等），添加润滑剂和成形剂，提高模具光洁度和硬度，采用双向压制或非同时双向压制等不同的压制方式等等。

表 6-5 关于粉末成形的代表性的公式

序号	提出年代	著者	公式	注解
1	1938 年	巴尔申 (苏联)	$\lg P=\lg P_{max}-L(\beta-1)$	P——压力； P_{max}——压坯达到最紧密状态时的单位压制压力($\beta=1$)； β——相对体积； L——压制因素。
2	1930— 1948 年	艾西－沙皮罗－ 柯诺皮斯基 (美国、德国)	$\ln\dfrac{1-D}{1-D_0}=-KP$	P——压力； D——压力为 P 时的相对密度； D_0——无压力时初始相对密度； K——系数。
3	1956 年	川北公夫(日本)	$\dfrac{1}{C}=\dfrac{1}{ab}\dfrac{1}{P}+\dfrac{1}{a}$ $C=\dfrac{V_0-V}{V_0}=1-\dfrac{d_0}{d}$	C——粉末体积减少率； d_0——粉末松装密度； d——压坯密度； V_0——粉末松装体积； V——压坯体积； P——压力； a,b——系数
4	1964— 1980 年	黄培云 (中国)	$m\lg\ln\dfrac{(\rho_m-\rho_0)\rho}{(\rho_m-\rho)\rho_0}=\lg P-\lg M$	P——单位压制压力； ρ——压坯密度； ρ_0——压坯初始密度； ρ_m——致密金属密度； M——压制模量； m——相当于硬化指数。

三、实验内容与步骤

1. 压坯密度分布不均匀性测定

(1)取铜粉或铁粉加 0.3wt%～0.5wt%的硬脂酸锌，将配好的混合料在研钵或混料机上混合均匀(应预先测试待压制粉末的松装密度，以备计算分析用)。

(2)混合料装模：例如每次称 25 克混合粉末，分成五等份，装模时每份之间用双层硫酸纸隔开。

(3)压制：采用圆柱形模具，单位压制压力 150～300 MPa。单向压制时，由上模冲加压，下模冲固定。非同时双向压制时，单向压制第一次加压后，将阴模倒转，进行第二次单向压制，两次均应达到所规定的相同单位压制压力。

(4)压坯测量：脱模后将压坯沿隔开处分开，作出记号(自上而下顺序分别记为 1、2、3、4、5)。

(5)分别测量压坯的平均高度和直径，称其质量，计算各部分压坯的平均密度。

(6)利用上面所得数据，作出压坯的相对尺寸(h/d)对其平均密度的影响的实验曲线，此时将压坯的第一部分(1),第一、二部分(1+2),第一、二、三部分(1+2+3),第一、二、三、四部分(1+2+3+4),第一、二、三、四、五部分(1+2+3+4+5)分别看成五个独立的压坯,分别计算出高度和平均密度。

(7)按表 6-6、表 6-7 计算压坯的各种数据。

2. 压制压力与压坯密度关系研究

(1)计算压制成 5 个压坯所需混合料的重量(如可按每个压坯 3～6 g 计算),将配好的混合料在研钵或混料机上混合均匀。

(2)在压模壁上涂上一层薄的硬脂酸锌,以减小模壁摩擦。

(3)将混匀的粉末装入压模内,在压力机上分别以不同的单位压力进行压制,如单位压制压力可分别取:

铁粉:100、200、300、400、600(MPa)

铜粉:50、100、200、300、400(MPa)

(4)精确测量脱模后压坯的直径 d_1 及压坯在压模中的直径 d_0 和压坯高度。

(5)计算压坯径向弹性后效(可以选取单位压力较高的样品数据)。

$$\delta=\frac{d_1-d_0}{d_0}\times 100\%$$

其中,δ_d——沿压块直径的弹性后效,%;

d_1——压坯自压模中取出后的直径,mm;

d_0——压坯在压模中的直径,mm。

(6)称量压坯质量,计算压坯密度。

(7)按表 6-8 进行各种数据的计算,验证压制公式,采用软件分别拟合出压制方程。

四、注意事项

1. 压机保压结束后要松开放油阀,待油缸顶盖慢慢回落。

2. 使用时不要超过活塞的行程,长时间不用,应将顶盖压回原位,以延长弹簧的使用寿命。

3. 压机较长时间没有使用时,使用前稍拧紧放油阀,加压 20～25 MPa 时泄压,连续重复 2～3 次即可正常使用。

五、实验报告要求

1. 参照表 6-6、表 6-7、表 6-8 记录实验数据和计算结果。

2. 作出压坯密度与高度关系曲线(以压坯密度为纵坐标,以距上冲头距离为横坐标)。

3. 作出压坯密度与成形压力的关系曲线,验证压制方程,并简要分析。

4. 计算压坯径向弹性后效。

5. 分析实验中的各种现象:密度沿压坯高度分布不均匀,压制方式对密度的影响,相对尺寸对密度的影响等,对实验结果进行讨论。

表 6－6 沿压坯高度的密度分布

压制方式	压坯编号	压坯高度 h/mm	压坯直径 d/mm	压坯高径比 h/d	离上冲头距离 H/mm	压坯质量 m/g	压坯体积 V/cm^3	压坯密度 $\rho/(g/cm^3)$	压坯孔隙度 %
单向压制	1								
	2								
	3								
	4								
	5								
非同时双向压制	1								
	2								
	3								
	4								
	5								

表 6－7 压坯相对尺寸对其平均密度的影响

压制方式	组成压坯的各部分	压坯高度 h/mm	压坯直径 d/mm	压坯高径比 h/d	压坯质量 m/g	压坯体积 V/cm^3	压坯平均密度 $\rho/(g/cm^3)$	压坯平均孔隙度 %
单向压制	1							
	1＋2							
	1＋2＋3							
	1＋2＋3＋4							
	1＋2＋3＋4＋5							
非同时双向压制	1							
	1＋2							
	1＋2＋3							
	1＋2＋3＋4							
	1＋2＋3＋4＋5							

表 6－8　粉末压制公式验证数据表

粉末材料	压坯编号	单位压制压力 P/MPa	压坯质量 m/g	压坯高度 h/mm	压坯平均直径 d/mm	压坯体积 V/cm^3	压坯密度 $\rho/g/cm^3$	$\lg P$	$\beta-1$	$\ln\frac{1-D}{1-D_0}$	$\frac{1}{P}$	$\frac{1}{C}$	$\lg\ln\frac{(\rho_m-\rho_0)\rho}{(\rho_m-\rho)\rho_0}$	材料理论密度 g/cm^3	粉末材料松装密度 g/cm^3
铜粉	1														
	2														
	3														
	4														
	5														
铁粉	1														
	2														
	3														
	4														
	5														

思考题

1. 根据设备参数写出计算压制压力的公式。
2. 如何提高压坯密度的均匀性?
3. 由压制方程验证结果,试讨论压制方程的适用范围。

6.1.3 冷等静压成形实验

二十世纪初期,为满足电灯用灯丝的需要,难熔金属材料钨和钼的生产得到了迅速的发展,为了解决传统机械模压工艺存在的裂纹、分层、性能不均匀和压坯强度过低等缺点,产生了等静压技术。本实验的目的为:

1. 了解冷等静压机的结构、掌握冷等静压机的工作原理;
2. 掌握冷等静压的压制过程和操作方法;
3. 研究压制压力与压坯密度的关系。

一、设备与材料

冷等静压机、滚筒式混料机、电子天平;金属粉末或陶瓷粉末(－100 目)、油酸或硬脂酸锌;橡胶包套;烧杯、研钵、瓷盘、取样勺、毛刷等。

如图 6－13,LDJ200/600－400 型冷等静压机为四川航空工业川西机器有限责任公司制备,压机由主机系统、液压系统、加压站、电气系统四大部分组成。主机系统由工作缸(也称高压容器)、工作缸座、缸盖操纵器、机架、机架座、导轨座、行走油缸等组成。辅助设备有流体储罐、压力表、输送流体的高压管道和高压阀门等。

图 6－13　LDJ200/600－400 型冷等静压机

高压容器是压制粉末的工作室，其大小由所需要压制工件的最大尺寸按一定的压缩率放大计算。工作室承受压力的大小应由粉末特性及压坯性能和压坯尺寸来确定。根据不同的要求，高压容器可被设计成单层筒体、双层筒体或缠绕式筒体。设备的主要技术参数：

工作缸直径：ϕ200 mm；工作缸高度：600 mm；最高工作压力：400 MPa；

无制件升压时间：0～400 MPa，$t \leqslant 5$ min；

保压时间：在0～999 s范围内可任意设置，在5 min保压时间内压力降不大于工作压力的5%，并设有自动补压功能。

机架外形尺寸：1865 mm×830 mm×254 mm；整机重量：～6.5 t；安装功率：20 kW；最大使用功率：19 kW。

LDJ200/600－400型冷等静压机采用了预应力钢丝缠绕技术，具有疲劳强度高、受力合理等优点。其液压系统集成化、标准化程度高；电气系统采用了德国西门子可编程控制器，具有处理数字量和模拟量的能力，可根据用户的工艺要求，选择制品的压制曲线，修改制品的成型压力值和保压时间值等参数。压机升压速度快、保压可靠、卸压平稳。上端盖升降、机架移动、升压、保压、卸压工作程序自动进行。压机配备了手动卸压阀、爆破阀等机械安全防护装置，同时在电气控制上采用超压报警、极限卸压及停电卸压保护措施。

二、基本原理

等静压制是伴随现代粉末冶金技术兴起而发展起来的一种新的成形方法。通常，等静压成形按其特性分成冷等静压(Cold Isostatic Pressing，简称CIP)和热等静压(Hot Isostatic Pressing，简称HIP)。前者常用水或油作压力介质，故有液静压、水静压或油水静压之称；后者常用气体(如氩气)作压力介质，故有气体热等静压之称。

与一般的钢模压制法相比，等静压制法具有许多优点，能够制备密度高、密度均匀、各向同性、细长比大、形状复杂和接近最终形状的粉末制品，而且模具材料是橡胶或塑料，成本较低廉，因此被广泛应用于各类硬质合金、钨钼难熔材料、钛镍粉末过滤器、耐火材料、石墨碳素、高压电瓷、磁性材料、工业陶瓷、人造金刚石等产品的成形。

等静压技术的基本原理基础为帕斯卡定律，作用在静态液体或气体上的外力所产生的静压力均匀地在各个方向上传递。该定律应用于冷等静压设备时，可在常温下将待压制材料装进“塑性模具”内，置于液体介质中。对液体介质施加一定压力，此压力能均等地作用于“塑性模具”的所有区域。通过此作用，各向压制了材料，使材料成为一个压块，压块的形状和“塑性模具”一样，压块的尺寸取决于材料的可压缩性和所施加的压力。

冷等静压机由高压容器和流体加压泵组成，压制过程主要工序为：①物料装入弹性模套中，再放置入高压容器内；②压力泵将过滤后的流体注入压力容器内使弹性模套受压；粉末体在同一时间内在各个方向上均衡地受压而获得密度分布均匀和强度较高的压坯；③施加压力达到了所要求的数值之后，启开回流阀使流体返回储罐内备用。

下面简单讨论等静压压力与密度分布的关系：

如前所述，粉末体在钢模压制过程中，粉末颗粒之间、粉末与压模模壁之间发生相对运动，产生滑动摩擦力；粉末颗粒之间的滑动摩擦力称为内摩擦力，粉末对模壁或压模装置的滑动摩擦力称为外摩擦力。无论是单向压制还是双向压制都会出现压坯密度分布不均匀的现象，主要原因是粉末颗粒与钢模壁之间摩擦引起压制压力沿压制方向的下降，即压力损失。

可是在等静压制过程中则恰好相反，压力泵压入钢筒密闭容器内的流体介质压强大小不变并均匀地向各个方向传递，在该密闭容器内放置的物体同样经受输入流体介质的压缩，弹性模套本身受压缩的变形与粉末颗粒受的压缩大体上是一致的，弹性模套与接触粉末之间不会产生明显的相对运动，它们之间的摩擦力很小。压制时，由于各方压力相等，静摩擦力在压件的纵断面上任一点都应相等，压坯的密度分布沿纵断面是均匀的。但是沿压坯同一横向断面上，由于粉末颗粒间的内摩擦的影响，压坯的密度从外往内逐渐降低。

粉末体在等静压力压制时压制压力与压坯密度的变化关系可用黄培云的压制双对数方程来描述（详见黄培云主编《粉末冶金原理》第三章）。研究表明黄培云压制方程对软硬金属粉末都具有较大的适应性。

三、实验步骤

1. 将称量的金属粉或 Al_2O_3、ZrO_2 等非金属陶瓷粉和添加剂在研钵或混料机上混合均匀，每组称 3 份，每份 2～5 g。

2. 在压机上先以 100～200 MPa 进行预压制，得到初始压制的压坯，测量初始压坯的质量、直径和平均高度。

3. 将每组压坯分别用橡胶包套包好，将包套中的气体尽量排干净，分别拴在三根绳子上，对应的冷等静压压力分别是 150 MPa、200 MPa和 250 MPa。

4. 将冷等静压机置于手动状态，打开高压容器筒上盖，将串好样品的第一根绳子放入高压容器筒。用管子将筒内多余的油抽出，确保上盖可以盖上后，按动按钮使高压容器筒上盖盖上，按动机架移进按钮（保证上盖被压紧，防止盖子飞出），拧紧阀门。

5. 在冷等静压机的控制面板上设置好压制压力、保压时间等条件，然后把压机置于自动状态，点“自动启动”，压机即自动完成以下工作流程：预加压→加压→一级保压（自动补压）→一级卸压→二级保压→二级卸压→三级保压→三级卸压（大于 300 MPa 时，应设置分级卸压）。

6. 将阀门拧松，油将从小孔淌出沿管子排出，直到达到限位开关处，机架移出，上盖提升。

7. 用钩子将油桶内的绳子勾住取出，控除一部分油。

8. 用剪子剪开包套，取出样品。

9. 其余两串样品用同样的方法完成步骤 4～步骤 8，最终完成压坯在 150 MPa、200 MPa、250 MPa 下的压制。

10. 测量冷等静压压坯的质量、直径和平均高度，完成表 6－9。

11. 与模压成形压坯一起烧结，测量烧结坯密度。

四、注意事项

1. 冷等静压机是超高压设备，应严格遵守操作规程操作。

2. 压机操作前检查地坑盖上和导轨上应无阻碍机架运动的障碍物，检查行程开关，严禁在机架没有完全进入工作位置情况下进行加压操作。

3. 操作过程中若出现异常噪声、管路连接处喷油、压力表损坏、机架不处于工作缸中心等异常情况应立即按下控制柜或按钮站上的“紧急停车”按钮，使压机卸压后再检修，严禁在有压力情况下拆卸高压管或拧紧接头螺母，否则会造成严重后果！

4. 做好操作记录，严格执行定期检修制度；当不使用压机或待机时间过长时，务必将上端盖下降到位。

五、实验数据与分析

1. 参照表6-9，计算实验结果，对实验结果进行分析。

2. 对比分析手动模压成形与冷等静压成形的异同点。

表6-9　冷等静压实验样品数据记录与计算

粉末原材料：____________

样品号	预压制的压坯					冷等静压的压坯					烧结后的烧结坯			
	预压制压力/MPa	质量/g	直径/mm	高度/mm	密度/(g/cm^3)	压制压力/MPa	质量/g	直径/mm	高度/mm	密度/(g/cm^3)	质量/g	直径/mm	高度/mm	密度/(g/cm^3)

六、延伸阅读

“冶粉成金　聚末成宝”——以一种粉末冶金轴套生产工艺流程为例

轴套是工程、建筑、农业机械、重工业设备的重要零部件，轴套必须具有高承载力、高耐磨性、良好的抗咬合性能，所以轴套类产品是由特殊材料和工艺制成的。合肥波林新材料股份有限公司研发的粉末冶金轴套（如图6-14）以铁铜合金为主要原材料，采用先进的粉末冶金工艺加工而成，压馈强度远高于传统粉末冶金轴套，材料内部均匀分散着以石墨为主的固体润滑剂并经浸油处理，从而减少维护注油次数，相比传统的轴套具有更加优异的性能。

其工艺流程主要为：混料—压制—烧结—热处理—真空浸油—精加工—产品检测。

图6-14　粉末冶金轴套

1. 混料　轴套的主要原料是铁粉、铜粉、石墨和少量的添加剂，为确保材料的品质和稳定性，各种原材料均来自优选的供应商。首先将粉末原料严格按比例称量后导入双锥形混料机中进行充分的混合。为降低石墨的偏析程度，采用特殊的时效混粉工艺，先让黏结剂充分浸润铁粉。混合均匀的粉料经过振动筛后由大小均匀的球形颗粒构成。整个混料过程都由数字化监测和操控完成。

2. 压制　轴套压制使用的是全自动液压机，目前生产的轴套最小外径为 ϕ45 mm，最大的外径为 ϕ175 mm，不同型号的轴套采用不同的压机和压力。压制模具为带芯棒的上下结构，压制过程完全自动化，自动进粉、自动压制，压坯被自动抓取轻放到传输带上。在传输过程中每一个轴套都经过自动称重检测，操作工人也会观察压制过程并随机抽检重量。

3. 烧结　刚刚压制的轴套压坯非常脆弱，需要经过烧结处理，首先使用压缩空气吹去压坯表面附着的粉末及灰尘，然后将码放着压坯的托盘置于烧结炉入炉口网带上，以一定的速度匀速地进入炉内；烧结炉分为 6 个温控区，压坯经过低温脱脂、中温升温、高温烧结、降温冷却后由网带慢慢运出炉口，得到轴套烧结坯。烧结后轴套的致密度、硬度和强度都获得了提高。烧结过程中的热量可被循环利用，产生的尾气达标处理后才能排放。

4. 热处理　烧结后的轴套通过自动装料车运输至油冷双室热处理炉加热室中，按工艺要求加热保温后由自动装料车钩爪将零件料筐勾拽至热处理炉前室，关闭炉门后沉入淬火油中，一定时间后完成无油烟污染的淬火处理。经喷淋清洗后送入回火炉，按工艺要求保温一段时间后出炉。热处理过程中产生的废气通过正上方的管道收集，经废气处理后环保排放。热处理后铁基基体形成回火马氏体，表面为碳氮共渗层，材料的硬度和强度进一步得到提高。高铜配方设计又增加了材料的韧性，热处理后轴套获得了优异的综合性能。

5. 真空浸油　真空浸油是波林公司轴套的关键创新工序，含油轴套完全替代了内壁设置润滑油槽的工艺，采用的设备拥有授权发明专利。在负压的条件下，润滑油会浸透轴套中所有的连通孔隙，如图 6－15。

图 6－15　粉末冶金轴套浸油处理

6. 精加工　精加工余量仅为 0.3～0.5 mm，充分体现了粉末冶金技术的特点——“净成形”、“少加工”。精加工后轴套具有光洁油亮的外观。精加工实现了自动数控，加工精度高、工人劳动强度低、生产效率高。

7. 产品检测　轴套的检测包括尺寸、密度、含油密度、压溃强度、体积百分比含油率、洛氏硬度、摇摆实验检测等。其中压溃强度（≥500 MPa）远远高于国家标准的 380 MPa，产品在关键摩擦副零部件细分领域已达到国际领先水平。检测合格后的轴套被打上激光标记，采用油纸和塑料气泡膜双层包裹后装箱发往国内外用户。

如图 6－16，粉末经过主要的 7 道工序终于变成了轴套，粉末冶金轴套是以粉末冶金技术为基础的金属基减摩耐磨材料和产品的代表性零件，其结构看似简单，但融合了材料、机械、自动化等多学科理论知识和实践技术。先进的工艺技术和高质量产品创造了良好的经济效益和社会效益,“冶粉成金”同时实现了“聚末成宝”。

图 6 - 16　工序过程中的粉末冶金轴套

思考题

1. 结合冷等静压的原理,分析冷等静压的特点?
2. 实验过程有哪些安全注意事项?
3. 查阅文献,了解等静压的应用现状和发展趋势。

6.1.4　铁(铜)基粉末压坯保护气氛烧结

粉末成形和粉末压坯烧结是粉末冶金基本工序,对最终产品的性能起着决定性作用。烧结是一种高温工艺,通常涉及较长的时间,还需要适当的保护气氛,因此烧结工序作为产品成本的关键组成部分,对其进行工艺和设备的优化至关重要。通过降低烧结温度和缩短烧结时间能够有效减少能源消耗,不仅对环境友好,而且在经济上也具有显著的价值。因此,改进烧结工艺和设备对于降低生产成本和增强企业竞争力具有重要意义。本实验的目的为:

1. 理解单元系烧结和多元系液相烧结的基本原理;
2. 学习保护气氛烧结炉的基本组成和结构;
3. 掌握保护气氛烧结的规范操作和安全注意事项;
4. 分析烧结温度、时间对烧结体性能的影响。

一、设备与材料

管式烧结炉,氢气(或氮氢气体)、烧舟、高纯 Al_2O_3 粉末(－200 目),粉末压坯(铜基、铁基等)、电子天平、游标卡尺、千分尺、称量纸、镊子等。

图 6 - 17 所示为实验室烧结典型成套系统,其中 RGL - 04 中温管式炉采用陶瓷纤维制品内嵌电阻丝加热,耐火保温材料采用硅酸铝纤维制品,高纯石英管或陶瓷管作为炉膛。具

有单回路智能可编程温控器控温，S 分度热电偶。最高温度 1350 ℃，常用工作温度为室温～1200 ℃，炉管尺寸为 ϕ40 mm×1500 mm，有效加热区长度 250 mm，总功率为 2 kW。

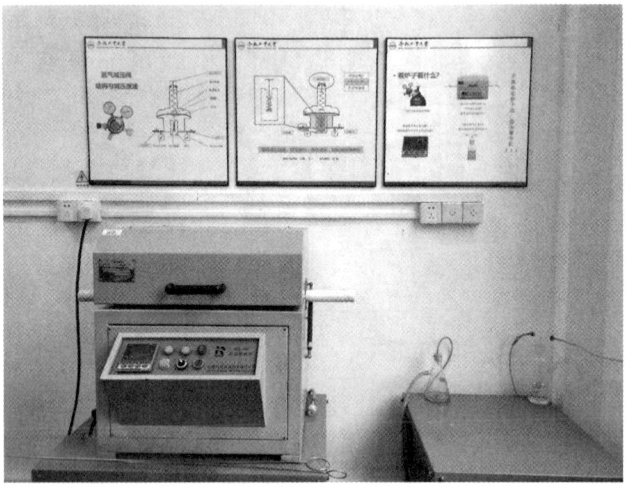

图 6-17　实验用管式烧结炉

气氛成套系统包括气路管道、防倒吸锥形瓶、孟氏洗瓶（指示气流大小）和尾气集气瓶，气源为氢气时，氢气瓶放置于专用气瓶防爆柜中，防爆柜采用国际通用警示性颜色——黄色，配备可燃气体泄漏智能报警系统，包括可燃气体探测器、电脑控制报警系统和顶部风机。

二、实验原理

烧结是粉末压坯在适当的温度和气氛条件下加热所发生的现象和过程。烧结后粉末颗粒之间发生黏结，烧结坯强度增加，密度提高。

单元系烧结是指纯金属或有固定熔点的化合物在其熔点以下的温度的固相烧结，烧结过程中不出现新的物相，也不发生凝聚状态的改变。实际的烧结过程是连续烧结，随着温度的逐渐升高达到烧结温度保温，各种烧结反应和现象逐渐出现和完成。单元系烧结可划分为三个温度阶段：

（1）低温预烧阶段：$\alpha \leqslant 0.25$（α 为最低塔曼温度指数），主要发生金属的回复、吸附气体和水分的蒸发、黏结剂的排除。此阶段压坯体积收缩不明显，密度基本维持不变。

（2）中温升温烧结阶段：$\alpha \leqslant 0.40 \sim 0.55$，开始出现再结晶，形成烧结颈，强度迅速提高，密度缓慢增加。

（3）高温保温完成烧结阶段：$\alpha \leqslant 0.50 \sim 0.85$，烧结主要过程（主要机构是扩散和流动）充分进行并接近完成，闭孔形成并缩小，孔隙尺寸和数量均减少，烧结体密度明显增加，保温后所有性能达到稳定。

影响烧结的因素很多，包括材料本身的特性（自由表面的能量、扩散系数等）、粉末活性、烧结设备和条件、外来物质（粉末表面的氧化物、烧结气氛）等。为使压坯获得所要求的性能应制定合理的烧结工艺参数，包括烧结温度、烧结时间、烧结气氛、加热及冷却速度、烧结设备等等。其中烧结温度和烧结时间是指最高烧结温度，即保温时的温度和保温时间，多采用提高温度缩短保温时间来保证产品的性能，当然过高的温度也会带来设备和操作问题，所以要从技术和经济等方面综合考虑。烧结气氛是为了控制压坯与环境之间的化学反应和清除润滑剂的分解产物，主要有氧化性气氛（氧气、空气和水蒸气）、惰性气氛（氮气、氩气）、还原性气氛（氢气、分解氨气、氮氢混合气）等，需要根据材料特性选择合适的气氛。参见黄培云主编的《粉末冶金原理》第五章第七节。

本实验主要对铜粉压坯和铁粉压坯在不同烧结温度下进行单元系固相烧结，研究烧结温度对烧结体致密度和尺寸变化的影响。

三、实验步骤

手动压制成形的铜坯或铁坯（不同的压制压力）分别在不同温度下烧结，测量烧结体密度变化及收缩率。实验步骤如下：

1. 将压坯样品编号，测量压坯高度、直径、质量，并计算压坯密度。

2. 将样品装舟，必要时埋入耐高温陶瓷粉末，推入管式电炉炉膛有效加热区域。

3. 输入烧结程序，不同的材料选用不同烧结温度进行对比研究。以 Fe 压坯 960 ℃烧结为例，程序升温曲线设置示例如表 6－10，图 6－18 所示为烧结曲线。

表 6－10　程序升温曲线设置

T/℃	400	400	960	960	600
t/min	75	20	70	60	36
升温速率/(℃/min)	～5	保温	～8	保温	～10

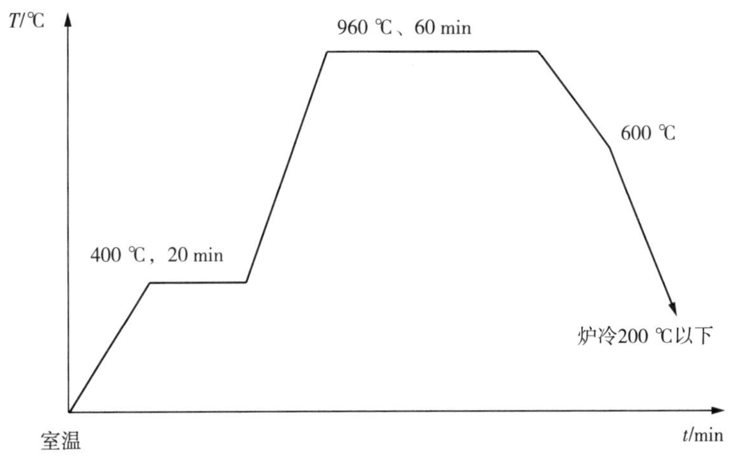

图 6－18　Fe 压坯的烧结曲线示例

在管口塞上 2～3 个炉堵，固定炉管气路两端的法兰或塞子。检查气路是否正常，通入气氛并检漏后启动烧结。其中氢气减压阀的结构如图 6－19，可扫码观看动画，理解操作要点。

(1)开启主阀门前，一定要先检查两处：①减压阀门是松的状态；②节流阀门是关闭的。

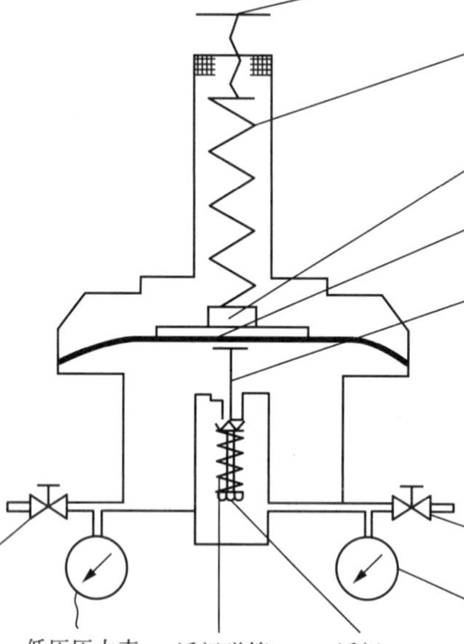

图 6 - 19　氢气减压阀结构示意图

(2)开启主阀门,观察气瓶总压力。

(3)慢慢拧紧减压阀门至低压压力表示数大约 0.02～0.05 MPa。

(4)慢慢打开节流阀,同时观察孟氏洗瓶出口处气泡情况。

(5)仔细检查有无漏气,开始通气量可稍大,几分钟后(氢气气氛要保证炉膛中无空气)调小通气量至有连续气泡冒出,启动烧结,开始升温。

氢气减压阀结构、使用与减压原理

5. 保温结束后进入降温阶段,冷却到 200 ℃以下关闭电炉电源和总电源,正确关闭减压阀,停止供气输出,取出样品。

6. 测量烧结坯尺寸、质量,记录并计算数据。

四、注意事项

1. 炉子长期不用再次启用时要设定 300 ℃烘炉 3～5 小时以上,确保炉体干燥。

2. 使用氢气作保护气氛时要按工艺要求进行检漏,确保安全。

3. 烧结试验必须有人值守,即“看炉子”,检查管式炉升温是否正常,无跑温、漏气等异常现象;一旦发现异常,立即切断电源和气源,确保人身安全。

五、数据记录和计算

参照表 6 - 11、表 6 - 12 记录实验数据并计算实验结果,绘出烧结体相对密度及收缩率与烧结温度的关系曲线,并分析烧结温度对压坯密度和尺寸的影响。

表 6 - 11　Cu 坯烧结实验结果记录表

测试项目	烧结温度		
	800 ℃	880 ℃	960 ℃
压坯高度(mm)			
压坯直径(mm)			
压坯质量(g)			
压坯密度(g/cm^3)			
烧结坯高度(mm)			
烧结坯直径(mm)			
烧结坯质量(g)			
烧结坯密度(g/cm^3)			
相对密度(%)			
高度收缩率(%)			
径向收缩率(%)			

表 6 - 12　Fe 坯烧结实验结果记录表

测试项目	烧结温度		
	960 ℃	1030 ℃	1100 ℃
压坯高度(mm)			
压坯直径(mm)			
压坯质量(g)			
压坯密度(g/cm^3)			
烧结坯高度(mm)			
烧结坯直径(mm)			
烧结坯质量(g)			
烧结坯密度(g/cm^3)			
相对密度(%)			
高度收缩率(%)			
径向收缩率(%)			

六、延伸阅读——实验室气体钢瓶与用气安全

气瓶是高压容器，一般用无缝钢管制成圆柱形容器，壁厚 50～80 mm，底部为凹形或带钢质方形平底的座，可以竖放，如图 6 - 20。

它的接口管一般是锥形的内螺纹，用来装配钢瓶开关阀。瓶阀是控制气体出入的装置，一般用黄铜或钢材质制造。可燃气体钢瓶如氢气、乙炔的螺纹是反扣(左旋)的，非可燃气体

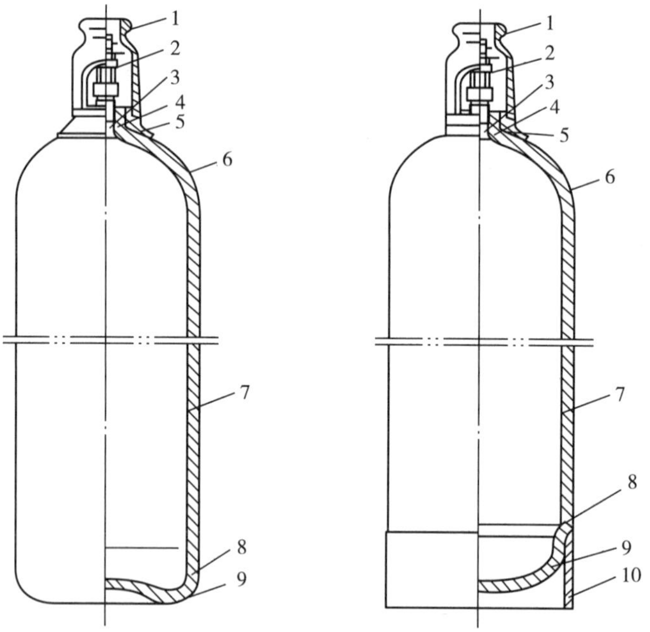

（a）凹形底座钢瓶　　（b）方形底座钢瓶

图 6-20　无缝钢制气瓶结构示意图

1—瓶帽；2—瓶阀；3—瓶口；4—瓶颈；5—颈圈；6—瓶肩；7—筒体；8—瓶根；9—瓶座；10—底座

则为正扣(右旋)的。瓶阀的这种结构可有效地防止可燃气体与非可燃气体装错。瓶阀外面的钢瓶帽是瓶阀的保护装置，它可以避免气瓶在搬运过程中因碰撞而损坏瓶阀，保护出气口螺纹不被损坏，防止灰尘、水分或油脂等杂物落入瓶内。气瓶的瓶体上常常套有两个橡胶防振圈，可防止因碰撞损坏瓶体。

气体钢瓶内的气体是经高压压缩贮藏于钢瓶内的，一般都是以较高的压力充装气体，常用充装压力为 12.3 MPa、14.8 MPa，为了增加气瓶的单位容积装气量，提高气瓶利用率和运输效率，也有充装 19.6 MPa 的。目前实验室常用的是 12.3 MPa，也就是气体减压阀(高压量程表)量程的一半。

国家《气瓶安全监察规程》严格规定了气瓶的制造、使用和检验。其中气瓶的检验应该在规定期限内，盛装一般气体(如空气、氧气、二氧化碳等)的气瓶每 3 年检查 1 次；盛装惰性气体的气瓶每 5 年检验 1 次；盛装腐蚀性介质(如氯气、氨气等)的气瓶每 2 年检验 1 次。检验要在具有相应资质的机构进行，检验项目包括外观检查、瓶口检查、机械性能试验和气密性检查等。

图 6-21　各种气瓶

如图 6-21 各种气瓶表面的颜色、字样和色环应符合 GB/T 144—2016《气瓶颜色标志》的规定，表6-13为材料专业实验室常用气瓶颜色和标志色。每个气瓶肩部都有钢印标记，标明制造厂、气瓶编号、设计压力、制造年月等。GB/T 13004—2016《钢制无缝气瓶定期检验与评定》规定年限超过30年的气瓶按报废处理，GB/T 13075—2016《钢制焊接气瓶定期检验与评定》规定年限超过12年的盛装腐蚀性气体的气瓶以及超过20年的盛装其他气体的气瓶按报废处理。

表6-13　材料专业实验室常用气瓶颜色和标志

气瓶名称	瓶体色	字样	字色
压缩空气瓶	黑	空气	白
氧气瓶	淡(酞)蓝	氧	黑
氢气瓶	淡绿	氢	大红
氮气瓶	黑	氮	白
氩气瓶	银灰	氩	深绿
氦气瓶	银灰	氦	深绿
甲烷	棕	甲烷	白
乙炔	白	乙炔　不可近火	大红

材料专业实验室在制样、烧结、测试分析等过程中经常要用到一些气体，如氢气、氮气、氧气、氩气、乙炔等，气体钢瓶具有压力稳定、纯度较高、使用方便等优点，大多数实验室使用气体钢瓶来满足需要。但气体钢瓶属于可移动式压力容器，在使用过程中存在安全隐患，必须安全规范地使用气体钢瓶。

(1)操作使用人员应进行专业安全培训，经考核合格后才准上岗操作。

(2)气瓶使用前必须做好检查和准备工作，使用气瓶的实验室应悬挂、宣贯相应的管理制度和安全操作规程。

(3)气体钢瓶要直立固定在专用支架上，不要将气瓶靠近火炉或其他高温热源。空瓶与实瓶应分开放置，并有明显标志。对于剧毒、易燃、易爆、腐蚀、助燃气体钢瓶要存放在加锁铁柜或单独房间内。

(4)高压气瓶的减压阀要专用。氧气和可燃气的减压阀不能互用，安装时螺扣要上紧，不得漏气。氧气瓶的瓶阀和其他附件都禁止沾染油脂。

(5)开启高压气瓶时操作者应站在气瓶出口的侧面，开、关减压阀和开关阀时，动作必须缓慢，减少气流摩擦，防止产生静电。使用时应先旋动开关阀，后开减压阀；用完，先关闭开关阀，放尽余气后，再关减压阀。切不可只关减压阀，不关开关阀。

(6)气瓶使用到最后应按规定留0.05 MPa以上的残余压力，可燃性气体应剩余0.2 MPa～0.3 MPa，H_2应保留2 MPa，不可用完用尽，以备充气单位检验取样所需及防止混入其他气体或杂质，避免造成事故。

近年来高校各种安全事故时有发生，其中也有因气瓶使用不当引起的爆炸事故，因此，高校首先严把“进口关”，通过对气体钢瓶供应商的资质、规模、技术力量、安全保障等进行综合评估，遴选出符合要求的供应商，从源头控制气体钢瓶的质量。其次严把“检查关”，在气体钢瓶运输、储存、使用等环节上加强管理,建立健全各项规章管理制度,推动监督整改常态化,不断提升师生的安全意识和理念,确保实验室安全用气。

思考题

1. “看炉子”看什么?
2. 简述正确开启和关闭氢气减压阀的步骤和注意事项。
3. 工程应用中如何选择合适的烧结气氛?

6.2 陶瓷坯体的成形与高温烧结

成形是陶瓷材料制备过程的关键步骤之一,致密、无缺陷的坯体材料是陶瓷材料具有优良结构与性能的重要保证。参照金属粉末成形实验,以氧化铝粉体为对象,研究不同的成形、烧结工艺对陶瓷粉体成形坯体的组织结构、致密度及其密度分布均匀性的影响。本实验的目的为:

1. 掌握陶瓷坯体的成形工艺过程;
2. 了解陶瓷坯体高温烧结设备,掌握烧结操作过程,理解烧结过程中的物理化学变化;
3. 运用所学理论知识,探究通过调控成形与烧结工艺来优化陶瓷材料性能的方法。

一、设备与材料

1. 主要材料:不同粒径氧化铝粉体(−100～−200 目)、钾长石、胶水、聚乙烯醇(PVA),成形模具、称量纸、烧舟等;

2. 主要设备:滚筒混料机、压片机、高温烧结炉、电子天平、游标卡尺、螺旋测微器等。

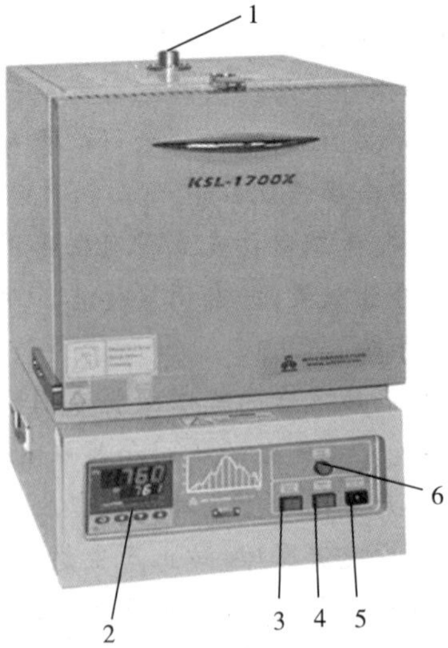

图 6-22 KSL-1700X 高温箱式炉
1—出气口;2—智能温控仪表;
3—加热启动按钮;4—加热停止按钮;
5—电源开关;6—工作状态指示灯

图 6-22 为 KSL-1700X 箱式高温炉,以硅钼棒为加热元件,采用双层壳体结构和 PID 程序控温,B 型热电偶,炉膛采用高纯氧化铝纤维材料,能最大程度减少能量损失,炉膛表面涂有特别的高温氧化铝涂层可以提高加热效率和使用寿命,带有过热和断偶保护,并设有开门断电功能。最高温度能达到 1700 ℃(≤30 min),可连续工作温度 1600 ℃,控温精度 ±1 ℃;推荐升温速率:≤10 ℃/min(≤1400 ℃),≤5 ℃/min(1400～1600 ℃),≤2 ℃/min(>1600 ℃)。具有温度场均匀、表面温度低,节能等优点。

炉体后侧和顶端分别设有进气口和出气口,进气口为 ϕ6 mm 的宝塔嘴接口,出气口为

ϕ30 mm 的圆形出气口，可去除不良污染物和湿气，延长加热元件和炉膛的使用寿命；也可往腔体内部通入惰性气体。炉子温控系统为智能化 30 段可编程控制，还可选购电脑温度控制软件用于控制升温曲线和导出数据。

图 6－23 为 GSL－1700X 三温区高温管式炉，采用双层壳体结构，并带有风冷系统；内炉膛表面也涂有高温氧化铝涂层，可以提高反射率以及设备加热效率，同时延长设备使用寿命。炉管为刚玉管，标配外径为 60 mm、长度为 1200 mm，加热区尺寸为 550 mm(160＋230＋160)；三个数字温控器可独立设定和控制温度，中间温区采用 Super－1800 级的硅钼棒加热体，B 型热电偶；左右两个温区采用硅碳棒加热体，S 型热电偶。管式炉通入保护气氛实现气氛烧结，配备一对不锈钢密封法兰和双高温硅胶 O 型密封环，进气口的法兰一侧还有真空压力表，用于监控炉管内气体压力，炉管内气体压力不得高于 0.02 MPa。

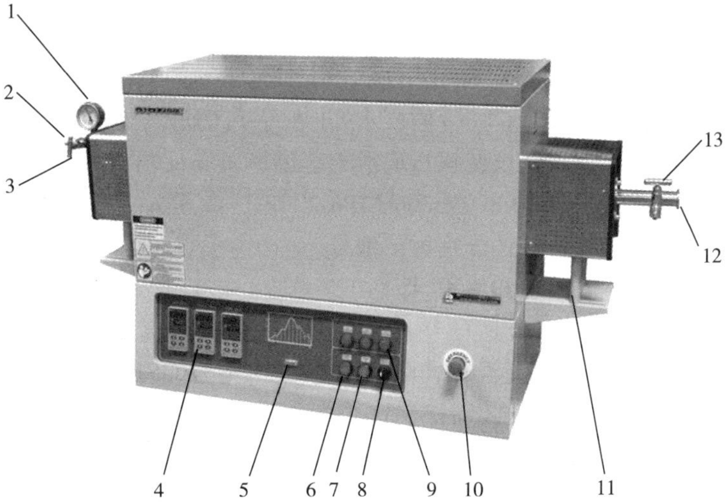

图 6－23　GSL－1700X 高温管式炉

1—真空压力表；2—进气口；3—进气截止阀；4—智能温控仪表；5—COM 接口；
6—加热启动按钮；7—加热停止按钮；8—电源开关；9—工作状态指示灯；
10—急停开关；11—支撑架；12—出气口或抽真空接口；13—出气截止阀

当中间达到 1700 ℃，两端达到 1400 ℃时，加热炉形成一个温度梯度，通过调整三温区的温度梯度可以制备各种功能材料，也可用于 CVD 法制备薄膜材料。使用时要注意三温区的最高使用温度要求以及各个温区的升温速率要求。

二、实验原理

陶瓷坯体的成形是将陶瓷粉体通过特定的工艺方法制成具有一定形状和强度的坯体。常见的成形方法包括干粉压制、注浆成形、流延成形、等静压成形和 3D 打印成形等等。成形过程中，粉体颗粒通过机械咬合或塑化剂黏合形成初步的坯体结构。陶瓷粉体的粒度级配、添加剂种类、混合方式以及成形工艺等因素，均对陶瓷坯体的显微组织结构、致密度、均匀性及其最终性能产生显著影响。

烧结是陶瓷坯体在高温下的致密化过程，伴随着气孔减少、颗粒之间结合增强和机械强度的提高。烧结温度和烧结时间是影响烧结效果的关键因素。烧结过程中会发生一系列复杂的物理化学变化，可划分为三个阶段：

(1)升温阶段：坯体中水分排出，有机黏合剂氧化分解，易熔物熔融，液相产生，晶粒重排。

(2)保温阶段：在烧结温度下保持一定时间，颗粒通过离子键、共价键或金属键结合，旧晶相消失、新晶相生成，形成多晶体结构。

(3)冷却阶段：从最高温度冷却至室温，伴随着液相凝固、析晶和相变等物理化学变化。

本实验以氧化铝陶瓷粉体为原料，采用粗粉、细粉和粗粉＋细粉三种级配方式，加入适量的成形剂混料，采用模压成形或冷等静压成形，再采用常压高温烧结工艺得到陶瓷烧结坯。通过测试不同烧结温度下的氧化铝陶瓷烧结坯的致密度，研究陶瓷坯体的成形与高温烧结过程。

三、实验步骤

1. 称取氧化铝粉体，分成四份，分别加入不同质量分数的钾长石(如 2%、4%、6%和8%)，按照不同钾长石的掺加量再将每份分为 1.5 g 或 0.8 g 的三份。

2. 将各小份置于研钵中，滴入 1～2 滴胶水，并进行手工研磨。

3. 将混料均匀的氧化铝粉体按照模压成形工艺成形，1.5 g 粉的选用 $\phi16$ 的模具，0.8 g 粉的选用 $\phi11$ 的模具，成形压力为 200～300 MPa，保压 1～2 分钟。

4. 按不同钾长石掺加量将坯体分别标记编号。

5. 测量各组成形坯体的质量和体积，计算压坯密度。

6. 将氧化铝陶瓷坯体采用合适的烧结程序进行烧结，最高烧结温度范围为 1500～1650 ℃，保温 1～3 小时；以科晶高温管式电阻炉烧结炉(型号 GSL－1700X)为例：

(1)首先了解炉子的有效加热区和保温区位置，中间有效加热区的最高炉温不能超过1600 ℃，两端保温区炉温最高不超过 1300 ℃；

(2)1000 ℃以下升温速率不超过 10 ℃/min，1000～1600 ℃不超过 5 ℃/min，1600 ℃以上不超过 2 ℃/min，必须采用程序降温，降温速率要求同升温过程。

(3)学习三温区的温度设定方法，采用图、表结合的方式将温度曲线表达出来，保证温度设定的正确。表 6－13 和表 6－14 分别为烧结程序示例，图 6－24 为示例 2 的烧结升(降)温曲线。

7. 参照示例 2 的烧结程序，分别采用 1500 ℃、1550 ℃和 1600 ℃对陶瓷压坯进行烧结，然后测量并计算各组烧结坯体的密度。

8. 对烧结前后样品的密度变化进行分析，研究钾长石掺加量和烧结温度对氧化铝陶瓷烧结后密度的影响。

表 6－13　三温区温升设定表(示例 1)

左右温控表	T/℃	20	1000	1300	1300	1000	200
	t/min	98	60	140	60	80	−121
	升(降)温速率　℃/min	～10	～5	保温	～5	～10	炉冷
中间温控表	T/℃	50	1000	1500	1500	1000	200
	t/min	95	100	60	100	80	−121
	升(降)温速率　℃/min	～10	～5	保温	～5	～10	炉冷

表 6－14　三温区温升设定表(示例 2)

左右温控表	T/℃	20	300	300	1000	1300	1300	1000	200
	t/min	28	30	70	60	200	60	80	－121
	升(降)温速率 ℃/min	～10	保温	～10	～5	保温	～5	～10	炉冷
中间温控表	T/℃	50	300	300	1000	1550	1550	1000	200
	t/min	25	30	70	110	100	110	80	－121
	升(降)温速率 ℃/min	～10	保温	～10	～5	保温	～5	～10	炉冷

注:其中“－121”为随炉降温代码。

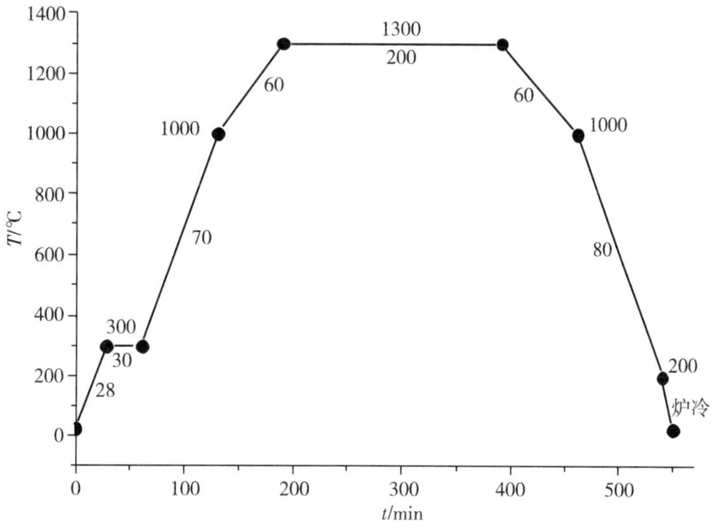

(a) 左右温控表升降温曲线

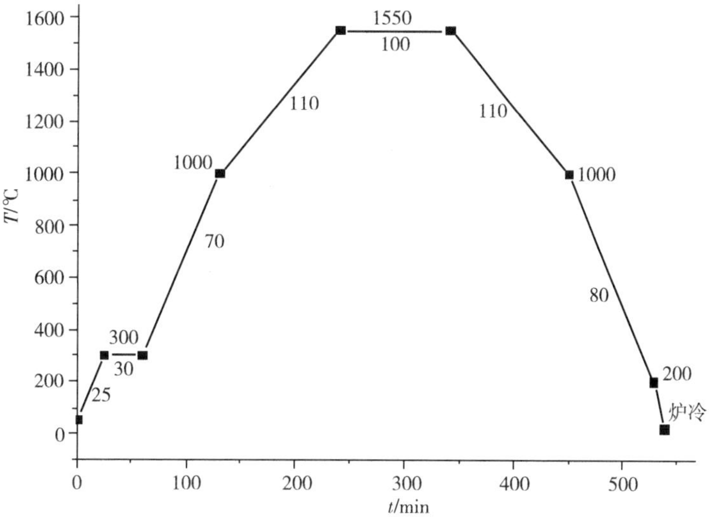

(b) 中间温控表升降温曲线

图 6－24　示例 2 温升曲线

四、注意事项

1. 使用箱式高温炉，加热前要放入垫块和门堵，否则会损坏炉膛和炉门。使用管式高温炉时炉管两端一定要放上 2～3 个以上炉堵，以免发生人员烧伤和易燃物的燃烧等安全事故。

2. 加热元件硅钼棒常温下脆性很大，因此在加热元件安装好后不能随意拆装和搬动炉体；硅钼棒作为加热元件时不宜在 400～700 ℃的温度段长时间运行，否则硅钼棒将发生低温氧化。

3. 禁止在炉膛内烧结易燃、易爆、有毒和腐蚀性物质。

4. 使用气氛保护烧结时，值守人应密切注意气路是否通畅、有无漏气等异常现象。炉管内气压力应 <0.02 MPa，进入炉管的气量小于 100 sccm(mL/min)；当炉体温度高于 1000 ℃时，炉管内不可处于真空状态，管内气压应与大气压相当。

五、实验报告要求

1. 参照表 6－15、表 6－16 记录实验结果并计算压坯烧结前后的密度。

表 6－15　不同压制压力制备的样品密度

样品编号	压制压力 P/MPa	压坯质量 m/g	压坯厚度 d/cm	压坯直径 ϕ/cm	压坯密度 ρ/(g/cm^3)
1					
2					
3					
…					

表 6－16　不同压制压力和不同烧结温度制备的样品密度

样品编号	烧结温度/℃ 烧结坯密度/(g/cm^3) 压制压力/MPa			
1				
2				
3				
…				

2. 分析烧结坯密度与烧结温度的关系。

六、延伸阅读——高温炉加热元件简介

1. 硅碳棒

硅碳棒是一种非金属高温电热元件，选用绿色高纯度六方碳化硅为主要原料，经加工制坯、高温硅化、经 2200 ℃高温再结晶而成。硅碳棒的主要成分是 SiC，通常含有 98%以上，其余为硅、二氧化硅、碳以及铁、铅、镁等各种杂质。

硅碳棒常见为直棒状或 U 型，如图 6－25。硅碳棒元件质地硬而脆，膨胀系数较小，一般约为 $(4.3\sim4.8)\times10^{-6}/℃$，能耐急冷急热不易变形，有良好的化学稳定性，与强酸不反应，抗酸能力极强，但抗碱能力较差，在高温下能被腐蚀分解；氯气能使元件分解，氢气和氮气对硅碳棒有不同程度的侵蚀作用；如果在空气和水蒸气中长期使用，表面发生(6－1)和(6－2)反应，伴随着二氧化硅含量增多并逐渐由表层向深层转移，电阻值增大，导致硅碳棒的“老化”。为此有研究在硅碳棒的表面涂刷用石墨、氧化铝、氮化硅、莫来石等耐火材料为主配制的保护涂层，可使硅碳棒寿命延长为原来的 1.5 倍以上。

$$SiC+2O_2 = SiO_2+CO_2\uparrow \tag{6-1}$$

$$SiC+4H_2O = SiO_2+4H_2\uparrow+CO_2\uparrow \tag{6-2}$$

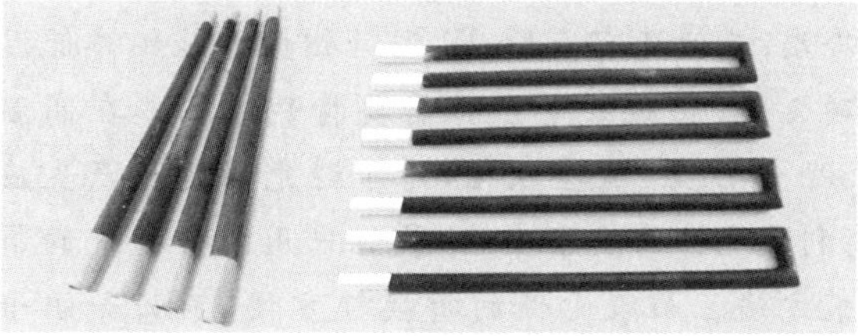

图 6－25　硅碳棒加热元件

硅碳棒将电能转化为热能的过程与金属电阻丝的发热有本质的区别，硅碳棒的加热方式主要为辐射加热和对流加热，而电阻丝的加热方式通常是通过电的热效应来实现的。硅碳棒元件的电阻值随着元件温度的变化而呈非线性变化，电阻温度系数有负值阶段也有正值阶段，从室温至 850±50 ℃电阻由大变小，850±50 ℃以上又由小变大，也就是说，在 800 ℃时达到最低值。硅碳棒的电阻测定是采用专用的电器检测设备测其高温电阻，不做常温测定(如果采用万用表等仪器测量，误差很大，因而硅碳棒在温度较低时电阻率数值具有不确定性)，通常在硅碳棒的一端所标电阻是按部颁标准 JB/T 3890—2017《碳化硅特种制品　硅碳棒》的规定在 1050±50 ℃时测定的，便于安装时搭配。

硅碳棒在空气中使用，不需要任何保护气氛，硅碳棒元件与金属电热元件相比，具有使用温度高、热辐射性能好、热能利用高、抗氧化、耐腐蚀、寿命长、变形小、安装维修方便等特点，因此被广泛用于高温电炉、电窑及其他加热的设备上。

硅碳棒电热元件的使用寿命除了元件的内在质量的差异影响外，还受元件的使用温度、元件发热部分表面负荷密度(W/cm^2)、环境气氛、有害物质、供电方式(间断和连续使用)以及元件在使用过程中的串并联方式等因素影响。硅碳棒的最高使用温度不能超过 1450 ℃，合理使用条件下，可连续使用超过 2000 小时。当使用温度超过 1450 ℃时，硅碳棒将快速老化，使用寿命将受到严重影响甚至迅速烧毁。硅碳棒在使用过程中电阻值将缓慢增大，当其电阻值增大到开始使用时阻值的 4 倍时，硅碳棒寿命将终结。所以在采用硅碳棒元器件加

热时，了解硅碳棒的本身性质及使用性能有助于正确使用加热设备。

2. 硅钼棒

硅钼棒也是一种耐高温、抗氧化的电阻发热元件，以二硅化钼为($MoSi_2$)核心材料，经和适量的氧化铝粉、二氧化硅微粉及糊精等搅拌、成型混碾、真空熔炼、挤压成型和再烧结制成。硅钼棒元件具有独特的高温抗氧化性，最高使用温度约为 1700 ℃。在高温氧化性气氛下使用时，表面生成一层光亮致密的石英(SiO_2)玻璃膜，能够保护硅钼棒内层不再氧化。当元件温度大于 1700 ℃时，熔点 1710 ℃的 SiO_2保护层开始熔融，在表面张力的作用下，SiO_2熔聚成滴，而失去保护作用；元件在氧化气氛下再继续使用时，SiO_2保护层重新生成。必须指出的是硅钼棒电热元件不宜在 400～700 ℃范围内长时间使用，否则元件会因低温的强烈氧化作用而粉化。

硅钼棒常温时硬度高、脆性大、耐高温，耐温度骤变性好(耐急变性)，化学性能稳定，不与酸性材料反应，但在高温时，会与碱土金属或低熔点酸盐起反应。气氛对硅钼棒加热元件的影响不容忽视，其适宜在空气、NO_2、CO_2、O_2等中性气氛中使用，温度应小于 1700 ℃；在 He、Ar、Ne 中使用时温度应小于 1650 ℃；还原性气氛如氢气等会破坏保护层，氯和硫的蒸汽对元件有直接的损害。

图 6-26 所示为经特殊工艺加工制作而成的一种 U 型硅钼棒电热元件，在 U 型发热部分两端焊接加粗冷端；其他还有直型、W 型硅钼棒。硅钼棒低温时又硬又脆，在组装电炉时需要特别小心。在高温时(1500 ℃以上)有些软化，为了避免温变时产生应力，有利于元件的热胀冷缩，最好采用自由垂直的吊挂安装方法。吊装元件的拆换较方便，不必等炉子冷下来，可以热换。吊挂硅钼棒时炉衬材料应用刚玉砖，最好采用石棉夹头，连接导电带时必须先将石棉夹头(或瓷夹头)安装好，夹紧时用力不能过大，以防折断，同时为了避免石棉夹头因热胀冷缩而可能使硅钼棒下垂变形，可用水玻璃拌合的耐火泥浆涂在连接处，以便固定牢靠。形状为 U 形和 W 型的硅钼棒元件安装时应考虑底部有足够的膨胀空间，其发热部分的下端到炉底应不小于 50 mm。

图 6-26　硅钼棒

硅钼棒电热元件产品广泛应用于 1600 ℃以上的各种电炉、电窑的加热元件，如隧道窑、辊道窑、玻璃窑炉、真空炉、马弗炉、冶炼炉以及各类加热设备。$MoSi_2$的电阻率随着温度升高而迅速增加，在正常情况下元件电阻不随使用时间的长短而发生变化，这一点与硅碳棒不同，因此硅钼棒可长期运行不老化，新旧硅钼棒电热元件可以混合使用；而且热端失效后冷端还能继续使用，充分利用冷端配热端能带来良好的经济效益。

思考题

1. 如何预防和解决压坯烧结变形？

2. 根据实际使用的烧结温度，采用表格和曲线结合的形式表达三温区管式炉炉温设定方法，并简述高温炉使用注意事项。

6.3　水泥净浆凝结时间测定与分析

1756 年，英国工程师约翰·斯密顿(John Smeaton，1724—1792)在研究某些石灰在水中硬化的特性时发现：要获得水硬性石灰，必须采用含有黏土的石灰石来烧制。用于水下建筑的砌筑砂浆，最理想的成分是由水硬性石灰和火山灰配成。这个重要的发现为近代水泥的研制和发展奠定了理论基础。20 世纪以来，人们在不断改进水泥性能，研制成功了一批适用于特殊建筑工程的水泥，全世界的水泥品种已发展到 100 多种，有普通硅酸盐水泥、复合硅酸盐水泥、矿渣硅酸盐水泥等等，家庭装修常用的是普通硅酸盐水泥或复合硅酸盐水泥。

水泥(Cement)是粉状水硬性无机胶凝材料，水泥加水搅拌后成浆体，能在空气中硬化或者在水中硬化，并能把砂、石等材料牢固地胶结在一起。各种水泥均制定有国家标准或行业标准，如：GB 175—2023《通用硅酸盐水泥》、GB/T 200—2017《中热硅酸盐水泥、低热硅酸盐水泥》、GB/T 2015—2017《白色硅酸盐水泥》、GB/T 13590—2022《钢渣硅酸盐水泥》等，对水泥的组分、强度等级、技术要求、检验方法等都有严格的规定。其中 GB 175—2023 将“条文强制”修订为“全文强制”，意味着通用硅酸盐水泥作为结构性建筑的主要原材料，其质量的合格与否涉及建筑物的安全和人身、财产安全，标准修订体现了对水泥质量的严格把控，以确保工程建设的安全性。本实验的目的为：

1. 测定某种标号水泥的初凝时间和终凝时间；
2. 掌握水泥初凝时间的测定分析方法；
3. 掌握水泥终凝时间的测定分析方法；
4. 了解水泥的各项特性含义和工程应用的意义。

6.3.1　水泥标准稠度用水量的测定

一、设备与材料

水泥净浆搅拌机：由搅拌锅、搅拌叶片组成；天平、铲子、小刀、平板玻璃底板(100 mm×100 mm×4 mm)、量筒或滴定管(精度 0.5 mL)等；市购水泥；标准法维卡仪(标准稠度与凝结时间测定仪)。

标准维卡仪(Vicat apparatus)，别称水泥稠度仪或水泥稠度凝结时间测试仪，是一种水泥、混凝土行业专用检测仪器，主要用于检测水泥净浆的标准稠度用水量、凝结时间。我国国家标准规定维卡仪测试有标准法和代用法两种。图 6 - 27 所示为标准法维卡仪，主要由试针(包括试杆)和试模两部分组成。标准稠度测定用试杆由 ϕ(10±0.05)mm 的圆柱形耐腐蚀金属制成，有效长度为(50±1)mm。测定凝结时间用试针由直径 ϕ(1.13±0.05)mm 的钢制成，初凝针的有效长度为 50 mm±1 mm，终凝针的有效长度为 30 mm±1 mm；滑动部分的总质量为 300 g±1 g，与试杆、试针联结的滑动杆表面应光滑，能靠重量自由下落，不得有紧涩和晃动现象。盛装水泥净浆用试模由耐腐蚀的、有足够硬度的金属制成，深度 40 mm±0.2 mm，顶内径 65 mm±0.5 mm，底内径 75 mm±0.5 mm。

代用维卡仪要符合 JC/T 727—2005《水泥标准稠度用水量与凝结时间测定仪》的要求，结构与标准维卡仪基本相同，但采用的标准稠度试锥和锥模尺寸不同。

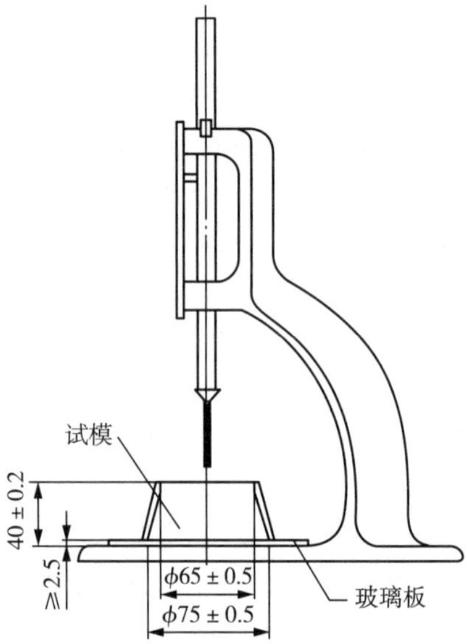

图 6-27　标准维卡仪及其组成

二、实验原理

在建筑施工中，水泥混凝土是应用最广泛的建筑材料之一，水泥净浆是其中的一种。水泥净浆就是纯水泥浆，不添加任何砂石的水泥浆。水泥在遇到水之后，由上而下进行拌和，形成具有一定可塑性的混合物。在经过水化硬化之后，产生一种人造石，最终成为水泥石，也被称为硬化水泥净浆或水泥浆体。

水泥净浆搅拌均匀与否不仅与净浆搅拌机有关，同时与水泥和水的比例有关，比例不同，效果也会不一样。实际施工中要根据经验找水，对不同厂家、不同标号、不同类型水泥的标准稠度用水量进行比对试验并统计，获得水泥净浆用水泥和水的最佳比例。用水量范围也可参考生产厂家提供的数据再进行检验，以提高工作效率。

水泥净浆在某一用水量和特定测试方法下达到的稠度称为水泥的标准稠度；这一用水量即称为水泥的标准稠度用水量，它是水泥净浆需水性的一种反映。水泥标准稠度净浆对标准试杆（或试锥）的沉入具有一定的阻力，通过试验不同含水量水泥净浆的穿透性，以确定水泥标准稠度净浆所需加入的水量。

按 GB/T 1346—2011《水泥标准稠度用水量、凝结时间、安定性检验方法》有标准法和代用法两种测定方法，其中标准法以试杆下沉距玻璃板（6±1）mm 时的拌和水量为标准稠度用水量（P）；代用法可用调整水量法和不变水量两种方法的任一种测定，当发生争议时，以调整水量法为准。

1. 调整水量法　通过改变拌和水量按经验找水，找出使拌制成的水泥净浆达到特定塑性状态所需要的水量。当一定质量的标准试锥在水泥净浆中自由降落时，净浆的稠度越大，试锥下沉的深度(S)越小。当试锥下沉深度达到规定值[$S=(30\pm1)$mm]时，净浆的稠度即为标准稠度。此时 100 g 水泥浆净的调水量即为标准稠度用水量(P)。

2. 不变水量法　当不同需水量的水泥用固定水灰比的水量调制净浆时，所得的净浆稠度必然不同，试锥在净浆中下沉的深度也会不同。根据净浆标准稠度用水量与固定水灰比时试锥在净浆中下沉深度的相互关系统计公式，用试锥下沉深度算出水泥标准稠度用水量；也可在水泥净浆标准稠度仪上直接读出标准稠度用水量(P)。

三、实验步骤

1. 标准稠度用水量的测定——标准法

(1)检测前先检查测定仪的试杆能否自由滑动，试杆接触玻璃板时指针应对准标尺零点，搅拌机应运转正常。

(2)水泥净浆的拌制

水泥用水泥净浆搅拌机净浆机械拌和，搅拌锅和搅拌叶片先用湿布擦抹，将拌和水倒入搅拌锅内，然后在 5～10 s 内将称好的 500 g 水泥试样倒入搅拌锅内的水中，防止水和水泥溅出。拌和时，先将锅放到搅拌机锅座上，升至搅拌位置，开动机器，慢速搅拌 120 s，停拌 15 s，接着快速搅拌 120 s 后停机，其中搅拌叶片转速见表 6－17 所列。

表 6－17　搅拌叶片转速

搅拌速度	搅拌叶片	
	自转/(r/min)	公转/(r/min)
慢速	140±5	62±5
快速	285±10	125±10

(3)标准稠度用水量的测定

拌和完毕，立即将净浆一次装入试模中，用小刀插捣并振动数次(不超过 5 次)，刮去多余净浆，抹平后迅速放到试杆下面。将试杆降至净浆表面接触，拧紧螺丝，然后突然放松，让试杆垂直沉入净浆中，到停止下沉时(下沉时间约为 30 s)，记录试杆距玻璃底板之间的距离，升起试杆，擦拭干净；整个操作应在搅拌后 1.5 min 内完成。以试杆下沉距玻璃板(6 ± 1)mm 时的拌和水量为标准稠度用水量(P)，以占水泥质量百分数计(精确至 0.1%)：

$$P=\frac{A}{500}\times100\% \tag{6-3}$$

其中，A——拌和用水量，mL。如超出范围，须另称试样，调整水量，重新试验，直至达到(6 ± 1)mm 时为止。

2. 标准稠度用水量的测定——代用法

(1)检测前检查测定仪的金属棒能否自由滑动，试锥接触锥模顶面时指针应对准标尺零点，搅拌机应运转正常。

(2)按前述方法进行水泥净浆拌制，拌和完毕，立即将净浆一次装入锥模中，用小刀插捣并振动数次(不超过 5 次),刮去多余净浆,抹平后迅速放到试锥下面。将试锥降至净浆表面接触,拧紧螺丝,突然放松,让试锥垂直沉入净浆中,到试锥停止下沉时(下沉时间约为 30 s),记录试锥下沉深度,整个操作应在搅拌后 1.5 min 内完成。

(3)用调整水量方法测定时,以试锥下沉深度达到规定值[$S=(30\pm1)$ mm]时的净浆为标准稠度净浆,此时 100 g 水泥浆净的调水量即为标准稠度用水量(P)。

(4)用不变水量测定时,用水量为 142.5 mL,精确至 0.5 mL。根据试杆下沉深度 S(mm)按公式(6-4)计算标准稠度用水量 P(%):

$$P=33.4-0.185S \tag{6-4}$$

当 S 小于 13 mm 时,应改用调整水量法测定。

四、注意事项

1. 标准法(试杆法)对用水量的敏感程度达到 0.1 mL,比代用法(试锥法)敏感,特别是接近标准稠度状态时更加明显,对操作要求高,所以在调整时对试验仪器的湿润性都有严格要求,擦抹搅拌锅和搅拌叶片的湿布必须尽量拧干。

2. 水泥净浆装入试模后,要轻轻振动数次,让水泥浆均匀密实地充满试模,净浆装模后保证净浆面与圆模端面平齐。

3. 每次测试前用充分拧干的湿毛巾润湿试杆,保持试杆的自由滑动。在松开固定螺丝时能保证螺丝离开试杆的突然性即可,过度用力松开螺丝等于给了试杆另外一个向下的力,会影响测试准确度。

4. 从搅拌开始到测试结束,要控制在 1.5 min 以内。

五、数据记录与处理

参照表 6-18 记录和处理数据,并简要分析实验现象。

表 6-18 水泥净浆标准稠度用水量的测定试验结果记录表

水泥编号:________ 生产厂家:________ 试验日期:________

试验次数	水泥用量/g	用水量/g	试杆距底板之间的距离/mm	是否符合“试杆下沉距玻璃板(6±1)mm”	标准稠度用水量 P/%
1					
2					
3					
…					

6.3.2 水泥净浆凝结时间测定

一、设备与材料

1. 标准法维卡仪,同 6.3.1。

2. YH－20B 恒温湿气养护箱，如图 6－28，不锈钢内胆尺寸为 680 mm×520 mm×600 mm；全自动控制仪表，恒温范围为 16～40 ℃，精度 20 ℃±1 ℃；恒湿范围为≥90％可调，精度±3％；制冷功率为 125 W，加热功率为 400 W，加湿功率为 15 W。

图 6－28　YH－20B 恒温湿气养护箱

二、实验原理

水泥和水混合后将成为具有可塑性的半流体，当经过一段时间后，水泥浆逐渐失去可塑性，并保持原来的形状，这种现象叫凝结（分为初凝及终凝）；随后即进入了硬化期，水泥的强度逐渐增加。

初凝时间是指从水泥加水到开始失去塑性的时间。凝结时间的快慢，对施工方法和工程进度有很大的影响，所以要进行凝结时间的测定，以检验其是否满足混凝土施工所提出的要求。不同缓凝剂、配合比、外界温度会改变水泥的初凝时间。

当水泥与水混合之后，水化反应立刻在水泥颗粒表面发生，如图 6－29 所示，生成的胶体状水化产物聚集在颗粒表面而形成水化物膜层，使化学反应减慢，此阶段的水泥浆既有流动性又有可塑性。随着生成的胶体状水化产物不断增多，膜层增厚并相互连接构成疏松的网状结构，使浆体逐渐失去流动性，这就是水泥的初凝，继而完全失去可塑性，并开始产生结构强度，即为终凝。

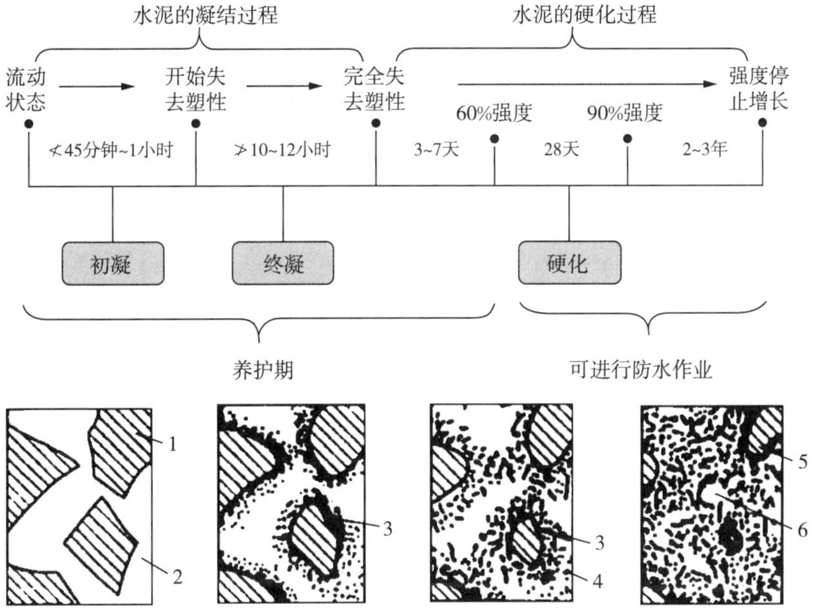

图 6－29　水泥凝结硬化过程示意图

1—水泥颗粒；2—水分；3—凝胶；4—晶体；5—未熟化内核；6—毛细孔

施工中要求水泥的凝结时间有一定的范围。如果凝结过快，混凝土很快会失去流动性，从而影响振捣；相反，如果凝结过慢，就会影响施工速度。因此，标准规定水泥的初凝时间和终凝时间应在一定范围之内。GB 175—2023《通用硅酸盐水泥》中规定硅酸盐水泥初凝时间应不小于 45 min，终凝时间应不大于 390 min；普通硅酸盐水泥、矿渣硅酸盐水泥、火山灰硅酸盐水泥、粉煤灰硅酸盐水泥、复合硅酸盐水泥初凝时间应不小于 45 min，终凝时间应不大于 600 min。实际上初凝时间在 1～3 小时，而终凝时间为 4～6 小时。水泥凝结时间的测定由专门凝结时间测定仪进行。

凝结时间的测定是采用标准稠度的水泥净浆，在一定的温度和湿度条件下进行。由加水时算起，至试针沉入净浆中距底板(4±1)mm 时为止，所需时间为初凝时间，此时净浆开始失去可塑性；至试针沉入净浆中不超过 1.0 mm 时为止，所需时间为终凝时间，此时净浆完全失去可塑性而开始进入硬化期。

三、实验步骤

1. 测定前的准备工作：将圆模放在玻璃板上，在内侧稍稍涂上一层机油，调整凝结时间测定仪的试针使接触玻璃板时指针应对准标尺零点。

2. 称取水泥试样 500 g，按标准稠度用水量制备标准稠度水泥净浆，并一次装满试模，振动数次刮平，立即放入湿气养护箱中。记录水泥全部加入水中的时间作为凝结时间的起始时间。

3. 初凝时间的测定。首先调整凝结时间测定仪，使其试针接触玻璃板时的指针为零。试模在湿气养护箱中养护至加水后 30 min 时进行第一次测定：将试模放在试针下，调整试针与水泥净浆表面接触，拧紧螺丝，然后突然放松，试针垂直自由地沉入水泥净浆。观察试针停止下沉或释放使者 30 s 时指针的读数。临近初凝时，每隔 5 min 测定一次，当试针沉至距底板 4±1 mm 时为水泥达到初凝状态，如图 6-30(b)。

4. 终凝时间的测定(为了准确观察试针沉入的状况，在试针上安装一个环形附件)。在完成水泥初凝时间测定后，立即将试模连同浆体以平移的方式从玻璃板取下，翻转 180°，直径大端向上，小端向下放在玻璃板上，再放入湿气养护箱中继续养护，临近终凝时间时每隔 15 min 测定一次，当试针沉入水泥净浆只有 0.5 mm 时，即环形附件开始不能在水泥浆上留下痕迹时，为水泥达到终凝状态，如图 6-30(c)。

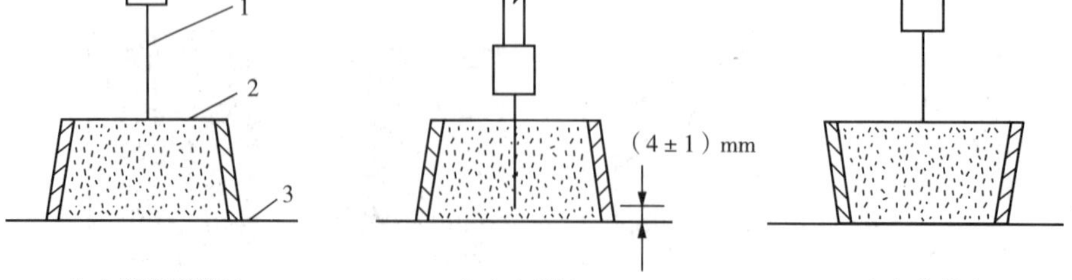

(a) 测定开始时　　(b) 初凝态　　(c) 终凝态

图 6-30　水泥凝结时间测定示意图

1—试针；2—净浆面；3—玻璃板

5. 达到初凝或终凝时应立即重复一次，当两次结论相同时才能定为到达初凝或终凝状态。每次测定不能让试针落入原针孔，每次测定后，须将试模放回湿气养护箱内，并将试针擦净，而且要防止试模受振。

四、注意事项

1. 维卡仪平时不做试验时，滑动杆要装上稠度杆，防止破坏重力杆的丝扣。
2. 测定时间较长，尤其是测定初凝时间的后阶段要保持认真和耐心的态度。
3. 一般地，试验用水为洁净的自来水，有争议的时候以蒸馏水为准。

五、实验数据

1. 详细记录实验中的数据，分析水泥和用水量的变化趋势。
2. 由水泥全部加入水中至初凝状态的时间为水泥的初凝时间，用“min”表示。
3. 由水泥全部加入水中至终凝状态的时间为水泥的终凝时间，用“min”表示。

表 6－19　水泥凝结时间试验结果记录表

水泥编号：________　　生产厂家：________　　试验日期：________

试验次数	标准稠度用水量/%	加水时刻/(h,min,s)	初凝时刻/(h,min,s)	终凝时刻/(h,min,s)	初凝时间/min	终凝时间/min
1						
2						
3						

思考题

1. 什么是水泥净浆、水泥砂浆、混凝土？
2. 结合实验过程，总结测定水泥标准稠度用水量和凝结时间的试验有哪些影响因素和注意事项？

6.4　钙钛矿薄膜制备与表征、钙钛矿电池组装及测试

厚度小于 1 微米的膜材料，称为薄膜材料，可以看成面材料。薄膜材料具有优越的力学、热学、光电、压电、磁性等性能，应用广泛。按照性能和用途常被划分为结构薄膜材料和功能薄膜材料。如反射膜、增透膜、偏振膜等属于功能光学薄膜，主要用于光学和光电子技术领域；钙钛矿太阳能电池薄膜、透明导电氧化物薄膜属于电极薄膜，应用于半导体功能器件、太阳能电池等。

其中，太阳能电池是通过光电效应或者光电化学反应直接把光能转化成电能的装置，按太阳能电池材料大致分为三类：第一代硅基太阳能电池，主要指单晶硅、多晶硅和非晶硅复

合材料的太阳能电池，目前光电转换效率可达到25%以上；第二代多元化合物薄膜太阳能电池，包括 GaAs、InP、CdTe 太阳能电池等，光电转化效率高，器件稳定性好，但是部分材料元素有毒，限制了应用。第三代太阳能电池指具有高转换效率的一些新概念电池，如染料敏化电池、量子点电池、有机太阳能电池等。

钙钛矿型太阳能电池(Perovskite Solar Cells，PSC)，是利用钙钛矿型的有机/无机金属卤化物半导体作为吸光材料的太阳能电池，属于第三代太阳能电池，也称作新概念太阳能电池。钙钛矿材料具有良好的吸光性和电荷传输速率，其光电转化效率有巨大潜力，理论值为31%。科研工作者仅用了十年时间，将光电转化效率从 3.8%提高到了 26.7%(而商用晶硅电池花了四五十年)，最重要的原因之一就是钙钛矿材料的研究与突破。

薄膜材料的制备方法很多，原理有所不同。常见的制备方式有两种：物理气相沉积(Physical Vapor Deposition，PVD)和化学气相沉积(Chemical Vapor Deposition，CVD)。由于 CVD 方法对于反应器的清洁度要求严苛，制备的薄膜表面比较粗糙，对环境的污染较大，所以综合比较 PVD 更好，也是目前采用较多的方法。PVD 又包括磁控溅射镀膜、离子束溅射镀膜和脉冲激光沉积镀膜 3 种。另外，旋涂法也是一种制备薄膜的方法，具有薄膜厚度在 3～2000 nm 之间精确可控、节能、低污染等优点，在生物/化学薄膜、光电转化薄膜等新型功能薄膜领域有越来越广泛的应用。

本实验的目的为：

1. 学习旋涂法和真空蒸镀法制备钙钛矿太阳能电池薄膜材料和器件；

2. 掌握太阳能电池光电转化效率的测试方法；

3. 认识和了解新型钙钛矿无机非金属光电功能材料特性；

4. 深化对新型钙钛矿光伏材料基本性能的认识，理解太阳电池器件的光电转换工作原理，为无机非金属光电功能材料的研究及应用奠定实验基础。

一、设备与材料

设备：匀胶机、加热台、超声波清洗机、恒温磁力搅拌台、紫外臭氧清洗机、干燥箱、真空手套箱、蒸发镀膜机、太阳能光照模拟器和电池转化效率测试系统等。

化学药品：SnO_2胶体溶液、CsI 粉末，PbI_2粉末、甲基碘化胺(MAI)、Spiro - OMeTAD 粉末、二甲胺碘(DMAI)、N，N 二甲基甲酰胺(DMF)、氯苯(C_6H_5Cl)、双三氯甲烷磺酰亚胺锂(LiTFSI)、4 -叔丁基吡啶(TBP)、二甲基亚砜(DMSO)溶液、乙腈、丙酮、无水乙醇、锌粉、盐酸等。

其他材料：FTO/ITO 导电玻璃、移液枪、滴管、玻璃培养皿、高温胶带、试剂瓶、磁力搅拌转子、掩膜板、银粒、胶带、镊子、口罩、手套等等。

图 6 - 31　DM300 型真空蒸发镀膜机

其中，图 6 - 31 所示为 DM300 型真空蒸发镀膜机，主要由真空室、真空机组和电气系统等部分组成，是无机/有机光电半导体器件和功能纳米器件制备的重要设备，用于光学薄膜、无机/有机薄膜和金属薄膜/电极的蒸镀，单层及多层功能薄膜材料的蒸镀制备研究等。蒸发镀膜机真空室直径 300 mm，高度 600 mm；极限真空度优于 6×10^{-5} Pa；系统可配备石英晶振膜厚仪，实现在线测量膜厚。

图 6-32 所示为太阳能光照模拟器和电池转化效率测试系统，应用于染料敏化电池(DSSC)、钙钛矿电池(PSC)、光电材料特性测试等。采用 450 W 氙灯，无臭氧源，照射区域为 4 in×4 in，太阳辐照度为 100 mW/cm^2；工作距离为(6.0±0.5)in；输出太阳光 0.1～1.0 SUN。

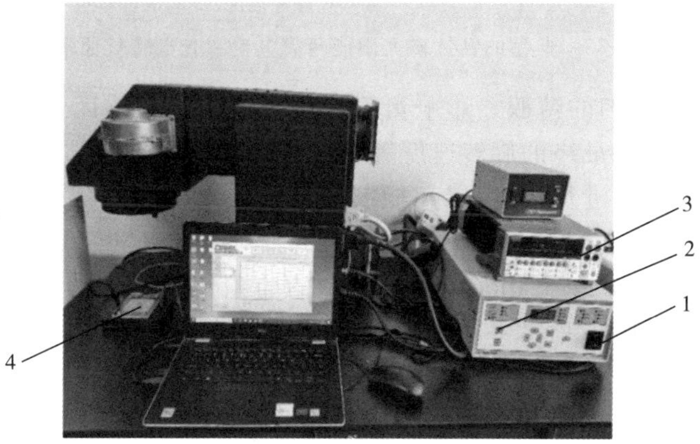

图 6-32　太阳能光照模拟器和电池转化效率测试系统

1—总电源；2—氙灯电源；3—数字源表电源；4—夹具

二、实验原理

1839 年，法国物理学家安东尼·亨利·贝克勒尔(Antoine Henri Becquerel，1852—1908)发现了光伏效应。1876 年，英国科学家亚当斯(John ouch Adams，1819—1892)等人发现，当太阳光照射硒半导体时，会产生电流；1887 年，德国物理学家海因里希·赫兹(Heinrich Rudolf Hertz，1857—1894)观察到了光电效应；1905 年，爱因斯坦给出了光电效应的理论解释并获得了诺贝尔奖。1883 年，美国发明家查尔斯·弗里茨(Charles Fritts)成功制备出第一块硒上覆薄金的半导体/金属结太阳能电池，其效率仅约 1%。1954 年，美国贝尔实验室研制出了第一块单晶硅太阳能电池，获得 6%的转换效率，开启了利用太阳能发电的新纪元。

光照使不均匀半导体或半导体与金属结合的不同部位之间产生电位差的现象称为光伏效应。太阳能电池就是一种通过光伏效应或者光化学反应直接把光能转化成电能的装置，其工作原理是：当太阳光照在半导体 p-n 结区上，激发形成空穴-电子对(激子)在 p-n 结电场的作用下，激子首先被分离成为电子与空穴并分别向阴极和阳极输运。光生空穴流向 p 区，光生电子流向 n 区，接通电路就形成电流，如图 6-33 示意图。

实验室制备钙钛矿电池薄膜材料应用较广的为旋涂法，包括低速滴胶(或者静止滴胶)和高速匀胶两个过程。离心加速度会使胶体很快地匀开，然后多余的胶被甩离基片，

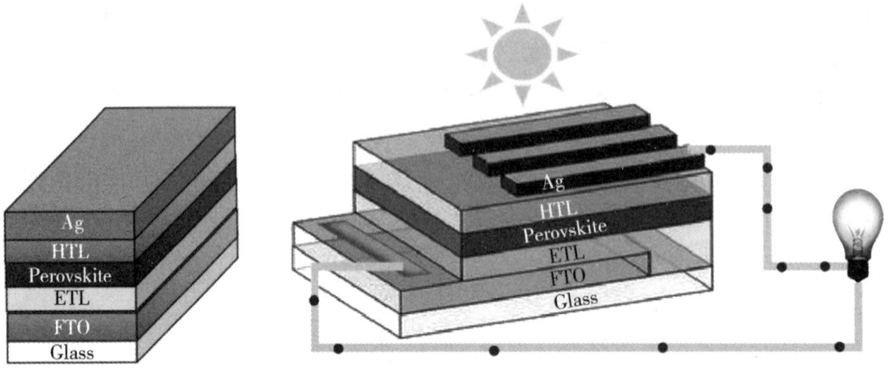

图 6-33 典型的钙钛矿太阳能薄膜电池和光电转化原理图

整个基片上形成一层均匀的薄膜。影响薄膜厚度和其他特性的因素主要有胶体的浓度、表面张力、胶干的速度和最终的旋转速度等。但是旋涂法难于沉积大面积、连续的钙钛矿薄膜,故还需对制备方法进行改进,以期能制备高效的大面积钙钛矿太阳能电池,便于商业化生产。

真空蒸发(Vacuum Evaporation)镀膜法是在真空条件下,用蒸发器加热蒸发物质,使之升华,蒸发粒子流直接射向基片,并在基片上沉积形成固态薄膜的真空镀膜方法。如图 6-34 所示,将蒸发物质置于真空镀膜室的蒸发舟上,通过蒸发源使其加热蒸发。当蒸发分子的平均自由程大于蒸发源与基片间的线尺寸后,蒸发的粒子从蒸发源表面上逸出,在飞向基片表面过程中很少受到其他粒子(主要是残余气体分子)的碰撞阻碍,可直接到达基片表面上凝聚而生成固相薄膜。

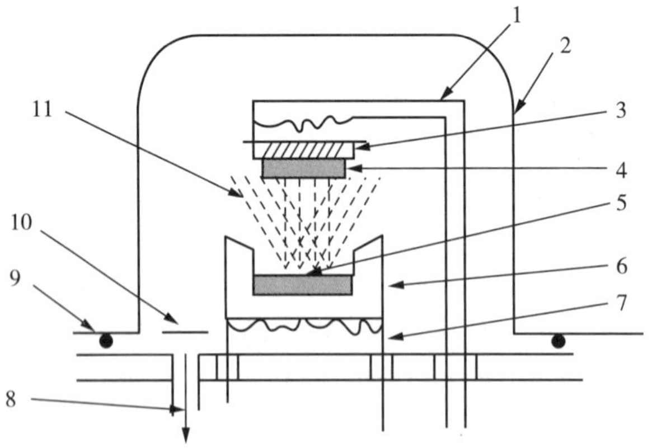

图 6-34 真空蒸发镀膜原理示意图

1—基片加热电源;2—真空室;3—基片架;4—基片;5—蒸镀物质;6—蒸发舟;
7—加热器;8—排气口;9—真空密封;10—挡板;11—蒸镀物质流

真空蒸镀法具有如下优点:设备比较简单、操作容易;制成的薄膜纯度高、质量好,厚度可较准确控制;成膜速率快,效率高;薄膜的生长机理比较简单。但也存在一些缺点:不容易获得结晶结构的薄膜;所形成的薄膜在基板上的附着力较小;工艺重复性不够好等。

本实验首先采用旋涂法制备钙钛矿薄膜，然后采用真空蒸发镀膜法在钙钛矿薄膜基片上镀上银电极，从而制备得到太阳能电池器件。

三、实验内容及步骤

(一)钙钛矿薄膜制备与表征

1. 准备 FTO(或 ITO)导电玻璃基片

(1)先将整块的导电玻璃裁出一块长条，尺寸为 150 mm×20 mm；用测电笔区别出导电面和非导电面，再用高温胶带将导电面的非刻蚀部位保护起来，胶带边沿用滤纸压一下，刻蚀部位先铺满 Zn 粉，用小勺轻压，再滴加 HCl 稀溶液，刻蚀时间为 10～15 min；然后擦去 Zn 粉并清洗残留物，清洗干净后撕掉胶带。以上为化学刻蚀，有条件的可用激光刻蚀机去除导电层。

(2)用玻璃刀将刻蚀后的长条导电玻璃裁切成 15 mm×20 mm 的小块，并用刻字笔在非导电面右下角(非刻蚀一侧)刻上标记。

(3)用脱脂棉或无尘纱布蘸取洗洁精水溶液揉洗玻璃的两面各 1 min 左右，然后用去离子水冲洗，之后分别用丙酮和无水乙醇超声清洗 20 min，再用氮气吹干。

(4)最后将导电面朝上，放在 100 ℃加热平台上烘干 10 min，放入洁净的培养皿中干燥保存待用；旋涂前需要将基片放置于紫外臭氧清洗机中清洗 10～15 min。

注：从此步骤开始直至钙钛矿电池制备完成，所有过程严格保持导电面朝上。

2. SnO_2电子传输层的制备

(1)前驱液配制　量取一定浓度的 SnO_2胶体溶液，将其加入一定量的去离子水中，稀释配制成一定浓度的 SnO_2溶液，常温 750 r/min 搅拌 1 h 后用 0.22 μm 的 PTFE 过滤头过滤得到 SnO_2前驱液。

(2)旋涂　夹取基片放置到匀胶机吸盘上，点击“吸片”，用洗耳球吹扫基片表面几次；吸取约 100 μL 的 SnO_2溶液将其滴在导电玻璃上，开启旋涂，先低速 1000 r/min 旋涂 3 s，再高速 3000 r/min 旋涂 30 s。

(3)退火　将旋涂好的基片放置在 150 ℃的加热台上，退火 30 min 形成 SnO_2电子传输层薄膜。

3. 钙钛矿光吸收层的制备

这一步骤有无机钙钛矿光吸收层和有机钙钛矿光吸收层制备两种方案，可以根据实验室条件选择其一或分组分别制备，最后做性能对比。

(1)方案一——$CsPbI_3$无机光吸收层的制备

① 前驱液配制与过滤　将 PbI_2∶CsI∶DMAI 按 1∶1∶1 的摩尔比以一定的浓度溶于 DMF 溶剂中，在 75 ℃下 750 r/min 搅拌 2 h，再用 0.22 μm 的 PTFE 过滤头过滤得到 $CsPbI_3$钙钛矿前驱液。

② 旋涂　将涂好 SnO_2的基片经紫外臭氧清洗 5～10 min 后，放置在匀胶机吸盘上，点击“吸片”，用洗耳球吹扫基片表面几次；将 $CsPbI_3$钙钛矿前驱体液滴约 100 μL 滴在基片上，匀胶机以低速 1000 r/min 旋涂 3 s，再高速 3000 r/min 旋涂 30 s。

③ 退火　旋涂完成后，先将基片放入充满氮气的袋中，在 70 ℃的加热台上预退火

3 min，再取出在 210 ℃的加热台上退火 5 min。

注：对于无机钙钛矿太阳能电池基片，自此制备过程开始直至效率测试与表征结束，确保基片所处的环境湿度<40%。

(2)方案二——$MAPbI_3$有机光吸收层的制备

① 前驱液配制与过滤　将 PbI_2：MAI 按 1：1 的摩尔比以一定的浓度溶于体积比 4：1 的 DMF/DMSO 混合溶剂中，在 75 ℃下 750 r/min 搅拌 2 h；再用 0.22 μm 的 PTFE 过滤头过滤得到甲胺铅碘($MAPbI_3$)钙钛矿前驱液。

② 旋涂　将涂好 SnO_2的基片经紫外臭氧清洗 5～10 min 后，放置在匀胶机吸盘上，点击“吸片”，用洗耳球吹扫基片表面几次；将 $MAPbI_3$钙钛矿前驱体液滴约 100 μL 滴在基片上，匀胶机以低速 1000 r/min 旋涂 10 s，再高速 4000 r/min 旋涂 30 s。

③ 反溶剂　用移液枪吸取 100 μL 乙酸乙酯($CH_3COOC_2H_5$)，在高速 4000 r/min 旋涂还剩约 25－27 s 时快速垂直滴下。

④ 退火　旋涂完成后将其放置在 105 ℃的加热台上退火 15～20 min。

4. 空穴传输层的制备

(1)前驱液配制与过滤　先称取一定量的 Spiro－OMeTAD 粉末于空试剂瓶中，然后加入 1 mL 的无水氯苯溶液，再加入 35 μL 双三氟甲烷磺酰亚胺基锂的乙腈溶液(260 mg/mL)和 30 μL 的 4－叔丁基吡啶，常温下搅拌 40～60 min 后用 0.22 μm 的 PTFE 过滤头过滤得到 Spiro－OMeTAD 前驱液。

注：双三氟甲烷磺酰亚胺基锂的乙腈溶液必须在无水手套箱中完成配制。

(2)旋涂　将基片放置在匀胶机吸盘上，点击“吸片”，用洗耳球吹扫基片表面几次，设定匀胶机以高速 4000 r/min 旋涂 30 s，当 4000 r/min 挡位倒计时剩约 25～27 s 时，用滴管快速滴下 1 滴 Spiro－OMeTAD 前驱液。

(3)擦拭　旋涂完毕后，用棉签蘸取少量 DMF，将数字侧(非刻蚀面)背面的钙钛矿薄膜擦拭掉，擦拭宽度为 5 mm，再用洗耳球吹干，留出电极位置。

(4)氧化　将旋涂好的基片放在培养皿中，在湿度箱干燥的空气中充分氧化 6 h 以上。

5. 样品避光干燥保存

将旋涂好的样品放在培养皿中，盖上盖子，放入干燥箱中保存，以待下一步试验。

6. 材料表征

采用扫描电镜、X 射线衍射仪、紫外分光光度计等大型设备表征材料的显微形貌、截面形貌、光吸收性能等；通过线上、线下方式并结合科研论文学习、总结相关内容。

(二)钙钛矿电池组装及测试

1. 钙钛矿太阳能电池器件制备

(1)开机准备，包括真空蒸发镀膜机的总供电检测、冷却水检测、电气检查、真空系统等。

(2)打开样品室，在蒸发舟上放入待蒸镀的材料——银颗粒。

(3)将制备的薄膜基片样品放置在蒸镀掩模板上，横线口对准擦拭面，注意导电面朝下，并用高温胶固定，然后插入到真空镀膜机架上，关闭样品室仓门。

(4)启动总电源：确认所有电源开关都在关闭状态后，按下总控制电源开关，相关仪器表盘灯亮，供电正常。

(5)主抽气系统工作流程：开启机械泵，5 秒后开启预抽阀，1 分钟后开启截止阀，真空度小于 10 Pa 时开启分子泵，30 秒后开启主阀、关闭预抽阀。用机械泵和分子泵对真空室连续抽真空，利用真空计监测真空室内的真空度。待真空室内本底真空度达到实验要求后($<3\times10^{-4}$ Pa)，可准备镀膜工作。

(6)镀膜：在触摸屏上选择对应蒸发源电源，设置电流，启动蒸发电源。打开蒸发源挡板及样品挡板，根据需要设置样品台旋转速度。

(7)镀膜完成后，关闭蒸发电源按钮，停止抽真空，在自动模式下可点击一键停止，系统自动关闭。在手动模式下关机流程为：关闭分子泵，关闭主阀，待分子泵转速降低至 0 后关闭截止阀，关闭机械泵。约 1 分钟后，可对腔体进行充氮气，取出样品。

(8)镀膜完成后，开启放气阀，打开真空室取出样品(如图 6-35)，之后使用预抽真空泵对真空室进行抽真空后关闭电源，保持真空室处于真空状态。

图 6-35　真空蒸镀后的电池样品

2. 光电转化效率测试

(1)依次打开总电源、数字源表电源和氙灯开关，开机预热 30 min 以上。

(2)戴上手套，用镊子将电池样品膜层向下放入测试夹具中，确认电极端口连接好，轻轻推入氙灯下。

(3)打开软件(Oriel IV Test Station)，点击 RECIPES，点击 EDIT 进行编辑，输入样品有效面积(Sample Area)，选择偏置方向(Bias Direction)，输入最大正、反偏压(Max Reverse Bias、Max Forward Bias)，点击 SAVE 保存参数。

(4)输入样品 ID，点击 MEASURE 自动测试。

(5)点击 Autosave，点击 SAVE，创建数据保存文件夹。

(6)拔下电极插入另外一个测试孔，依次测试三个电池。

(7)测试完成后，关闭测试软件，依次关闭氙灯、数字表电源和总电源。

四、注意事项

1. 前驱液应即配即用，实验分组进行，根据实验进度安排严格按照实验时间节点进行每一步。

2. 实验环境要求干燥洁净，严控温度、湿度，其中温度保持室温，湿度控制在 40%以内，实验者须戴口罩和手套操作。

3. 实验过程中加热台处于持续加热状态，要注意防烫伤。

4. 太阳能光照模拟器和电池转化效率设备测试夹具为易损件，插拔时要注意保护插头连接部位。

五、实验报告要求

1. 简述实验基本原理、薄膜制备过程和采用的材料表征方法。
2. 画出所制备的钙钛矿薄膜电池的结构示意图，标注材料组成。
3. 参照表 6-20 记录制备的电池的光电效率转化数据，并结合小组数据分析讨论。
4. 观察实验现象，结合实验过程，简述影响钙钛矿太阳能薄膜电池光电转化效率的因素。

表 6-20 钙钛矿电池光电转化效率数据记录表

样品编号	开路电压/V	短路电流密度/(mA/cm^2)	填充因子/%	光电转换效率/%	备注
1					
2					
3					
4					
5					
…					

思考题

1. 旋涂光吸收层后为什么要退火？
2. 导电玻璃基片旋涂前进行紫外臭氧清洗的目的是什么？
3. 如何提高钙钛矿太阳能薄膜电池的光电转化效率？

6.5 IZO 透明导电薄膜的制备与霍尔效应测试

透明导电薄膜（TCF）属于电极薄膜，是一种既能导电又在可见光范围内具有高透明率的一种薄膜，是重要的光电信息材料，被广泛应用于光电器件领域。目前应用最广泛的透明导电氧化物（Transparent Conductive Oxide，TCO）主要有 SnO_2、In_2O_3 和 ZnO 基三大体系，并以这 3 种氧化物为主体，通过不同的掺杂结合制备方法来获取具有特定性能的透明导电氧化物薄膜。例如 Sn 掺杂 In_2O_3 得到的 ITO 薄膜具有 85% 以上的透光率和较低的电阻率（10^{-3}～10^{-5} Ω·cm）。为提升薄膜透过率、减小其电阻率、降低制备成本，推动柔性衬底 TCO 薄膜的发展，其他如钼掺 In_2O_3（IMO）、钨掺 In_2O_3（IWO）、钛掺 In_2O_3（InTiO）、锌掺 In_2O_3（IZO）等 TCO 薄膜也吸引了广大研究人员的目光，成为透明导电薄膜领域的研究重点。

透明导电薄膜的制备方法有很多，常见的有脉冲激光沉积法、化学气相沉积法、溶胶-凝胶法、真空蒸发蒸镀法和磁控溅射法等。每种方法都有其优势和不足，比如脉冲激光沉积法是在真空环境中利用高强度脉冲激光束轰击靶材，使其熔融气化沉积到基体表面形成薄膜。该方法可精确控制化学计量，对靶材质量与表面无要求，工艺重复性好，但制备薄膜表面容易有小颗粒形成，薄膜厚度不均，难以制备大面积薄膜。化学气相沉积法是在高温下借助气相作用在基片表面的化学反应生成要求的薄膜。化学气相沉积法制备过程复杂，对基底温度要求较高，限制了基底种类的选择。溶胶-凝胶法是湿化学法，将无机盐或金属醇盐溶于溶剂形成溶胶，水解缩聚生成凝胶，再干燥或热处理形成薄膜，可制备均匀性高的多元组分薄膜；但薄膜在干燥和热处理过程中易龟裂，与基底结合力较弱，易产生杂质残留。真空蒸发镀膜法是以金属或氧化物为源材料通过反应蒸发或直接蒸发沉积各种透明导电膜。真空蒸发镀膜的制备温度较高，不适用于柔性薄膜的制备。磁控溅射法是工业上应用最为广泛的一种薄膜沉积技术，用磁控溅射镀膜技术来研究透明导电氧化物薄膜的制备与性能越来越受到重视。本实验的目的为：

1. 学习磁控溅射法制备透明导电薄膜的过程和薄膜特性测试方法；
2. 学习大型设备高真空磁控镀膜系统的工作原理、操作方法；
3. 深化对透明导电薄膜材料的认识，为光电功能材料的研究及应用奠定实验基础。

一、设备与材料

设备：磁控镀膜系统、霍尔效应测试系统、超声波清洗机、紫外臭氧清洗机等。

材料：IZO（氧化铟锌，Indium Zinc Oxide）靶材、玻璃片、铟粒、丙酮、无水乙醇、镊子、无尘布、氮气、氩气等。

图 6－36 所示为中国沈阳科学仪器公司研制的 JGP450－A 型高真空三靶磁控镀膜系统，设备占地面积（长×宽×高）约 2 m×1.5 m×2 m，由溅射真空腔体、磁控溅射靶、基片水冷加热台、冷却循环系统、仪表控制柜、工作气路和抽气系统（机械泵、分子泵、储气罐、气瓶）、安装机台等组件构成。

真空室结构为圆筒形上升盖式，尺寸为 ϕ450 mm×350 mm；极限真空度$\leqslant 6.0\times10^{-5}$ Pa；样品尺寸为 ϕ2 英寸×6 片或 ϕ4 英寸×1 片；制备的膜厚均匀性$\leqslant\pm3\%$；其中，基片加热公转台组件安装在真空室上盖组件上，转盘上有六个工位中，其中一个工位安装加热炉，其余 5 个工位为水冷却基片台（不通水即为自然冷却基片台），基片加热最高温度 600 ℃±1 ℃，由热电偶闭环反馈控制。在伺服电机＋减速器＋同步带传动机构带动下，实现 0～360°公转（当拆掉加热炉后可连续回转），并通过光栅编码器机构实现基片准确定位，计算机控制公转到位及镀膜过程。基片可加负偏压－200 V。

如图 6－37，磁控溅射靶组件主要包括靶头、可折弯靶支杆、CF100 无氧铜圈密封的靶法兰、齿轮减速异步电动机带动的靶挡板系统和螺旋升降机构等组成。溅射真空室采用多靶溅射结构，靶在下，基片在上，向上溅射成膜。溅射真空室下底盘上有三个靶位，靶材尺寸 ϕ60 mm，厚度 3～5 mm；其中一个可以溅射磁性材料，永磁靶射频（RF）、直流（DC）兼容；靶内有水冷；当直接向上溅射时，靶材表面与基片表面间距离为 40～80 mm 连续可调。每个靶配有单独的屏蔽罩，以避免靶间交叉污染；每个靶配有单独的电动挡板，由计算机控制挡板开合。

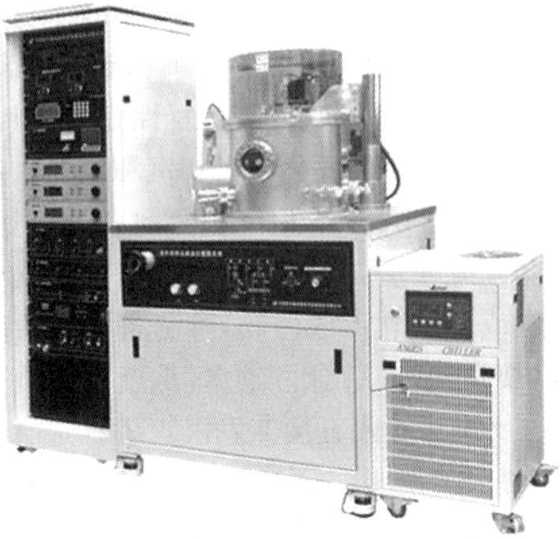

图 6-36　JGP-450A 高真空三靶磁控镀膜系统

图 6-37　靶组件

JGP450-A 型高真空三靶磁控镀膜系统可用于在高真空环境下，充入高纯氩气，采用直流溅射或射频溅射方式制备金属膜、介质膜、半导体膜等各种功能性薄膜，而且又可以较好地溅射铁磁材料（Fe、Co、Ni），制备磁性薄膜。在合适的镀膜工艺条件下，采用微机控制样品转盘和靶挡板，既可以制备单层膜，又可以制备各种多层膜。

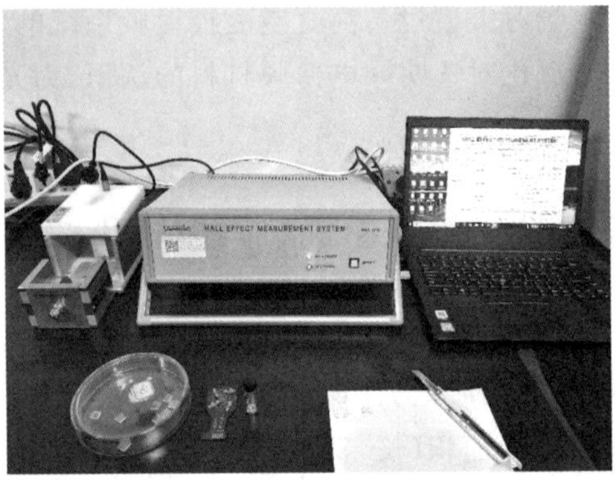

图 6-38　霍尔效应测试系统（HMS-3000）

图 6-38 所示为 HMS 系列霍尔效应测量系统（韩国 Ecopia 公司），是研究半导体器件和半导体材料电学特性必备的设备，可获得多样的测试结果，包括体载流子浓度（Bulk Carrier Concentration）、表面载流子浓度（Sheet Carrier Concentration）、迁移率（Mobility）、电阻率（Resistivity）、霍尔系数（Hall Coefficient）、磁致电阻（Magnetoresistance）、电阻的纵横比率（Vertical/Horizontal ratio of resistance）等等，这些参数是了解半导体材料电学特性必须预先掌握的。

二、实验原理

所谓“溅射”就是用荷能粒子（通常用气体正离子）轰击物体，从而引起物体表面原子从母体中逸出的现象。1852 年英国物理学家格罗夫（William Robert Grove）在研究气体辉光放电管中发现离子对阴极材料的溅射现象，其离子束来源气体为辉光放电产生的等离子体。1877 年美国贝尔实验室及西屋电气公司开始应用溅射原理制备薄膜，直到 1963 年才开始实现溅射镀膜的产业化，随后便出现了三级溅射和磁控溅射，从 19 世纪 80 年代至今，磁控溅射技术已成为一种有效的薄膜沉积方法。

磁控溅射法是在真空溅射室内充入惰性气体，在电场作用下气体放电产生大量高能离子流轰击靶材表面，使原子逸出沉积在基片表面成膜，如图 6-39，阴极靶释放的电子 e 在电场 E 的作用下快速飞向基片，在飞向基片过程中与 Ar 原子发生碰撞，使其电离产生出 Ar^+ 和新的二次电子，新电子飞向基片。Ar^+ 在电场作用下加速飞向阴极靶，并以高能量轰击靶表面，使靶材原子或分子脱离靶材表面飞溅出去，发生溅射。在溅射粒子中，中性的靶原子或分子沉积在基片上形成薄膜。

磁控溅射是在外加电场的两极之间引入一个磁场，产生的二次电子 e1 在加速飞向基片过程中，受到电磁场中洛伦磁力作用，以旋轮线和螺旋线的复合形式在靶表面的等离子体区域内做回旋运动，不断与氩原子发生碰撞，在该区域中电离出大量的 Ar^+ 来轰击靶材，从而实现了高的沉积速率。随着碰撞次数的增加，二次电子的能量消耗殆尽，逐渐远离靶表面，并在电场 E 的作用下最终沉积在基片上。由于该电子的能量很低，传递给基片的能量很小，致使基片温升较低，因此磁控溅射镀膜技术拥有“高速低温”的特点。

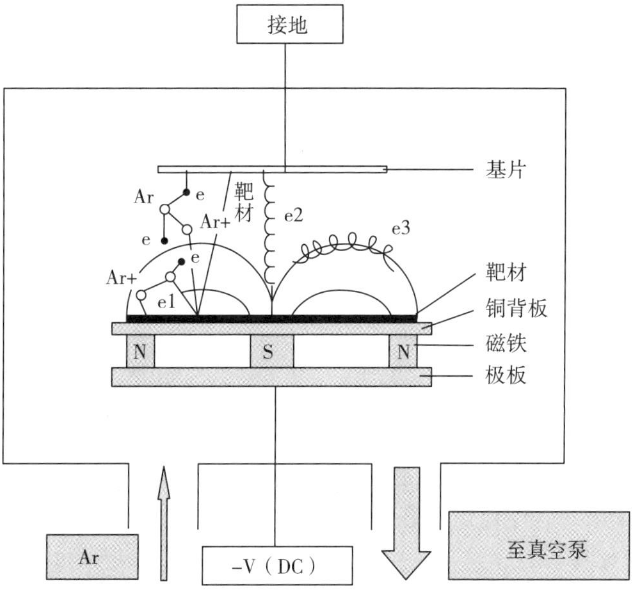

图 6-39　平面圆形靶磁控溅射镀膜的原理图

磁控溅射镀膜主要优点有：(1)可制备膜的种类丰富，可沉积多元复合膜，尤其是高熔点、低蒸汽压的元素和化合物；(2)在溅射的放电气氛中加入氧、氮或其他活性气体，利用反应溅射镀膜法可以方便地获得各种与靶材不同的化合物膜；(3)薄膜与基片结合力强、沉积速率高；(4)溅射镀膜法获得的薄膜的密度高、针孔少、均匀性好，而且薄膜的纯度较高；(5)调控优化磁场与电场的大小可以获得高质量且较为均匀的膜厚，工艺的可重复性好，膜厚可控等。因此磁控溅射法成为薄膜制备的主要技术手段之一。随着工业薄膜制备的需求和表面技术的发展，新型磁控溅射技术如高速溅射(HRMS)、自溅射(SS)和高功率脉冲磁控溅射(HIP-IMS)等成为目前磁控溅射领域新的发展趋势。

三、实验步骤

1. 玻璃基片的清洗

将 10 mm×10 mm 的玻璃基片放置到丙酮、乙醇中超声 20 min；将清洗好的玻璃基片用氮气吹干，并放置到加热台上烘干，然后放置到紫外臭氧清洗机中清洗 15 min，备用。

2. 靶材试样的安装

(1)打开冷水机，打开设备总供电电源，充入氮气，待腔内压强为大气压强时关闭 V4 阀。

(2)安装靶材、样品：将清洗好的玻璃基片放置到磁控溅射镀膜仪的样品台上(如图 6-40)，将 IZO 靶材固定在磁控溅射镀膜仪的阴极上，关闭真空室。

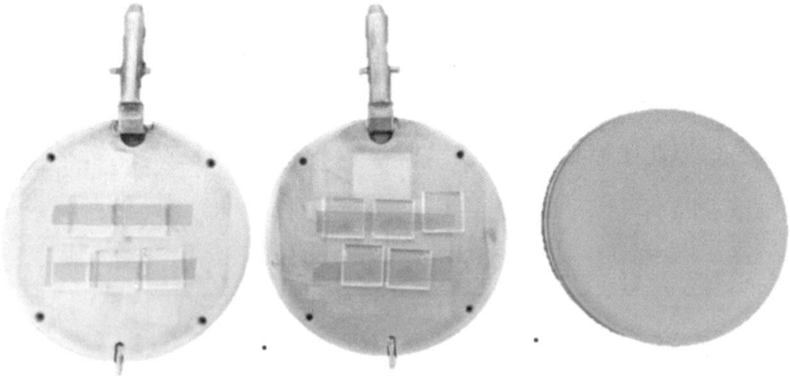

图 6-40 样品台和靶材

(3)抽真空：先打开机械泵开关，待真空计显示数≤20 Pa 时，缓慢关闭 V1 阀，打开电磁阀，打开插板阀，打开分子泵开关，点击运行，对真空室进行抽高真空。

3. 溅射镀膜

(1)通入实验所需气体：当本底真空抽到小于 3×10^{-4} Pa 时，打开流量计，调节氩气流量为 60 sccm，往腔体内充入氩气至 0.3 Pa。

(2)溅射薄膜：打开溅射电源开关进行预热，调节溅射功率至 80 W，点"ON"进行起辉，预溅射 5 min，起辉稳定后，打开挡板进行溅射 20 min；对基片分别采用加热(100 ℃)和不加热两种工艺，进行对比实验。

(3)抽真空：溅射结束后，继续抽真空 15 min 以上。

(4)关机：关闭插板阀，待分子泵转速降到待机状态，关闭分子泵电源，关闭复合真空计，关闭电磁阀，关闭机械泵，关闭供电电源，关闭水箱。

4. 待冷却后取出试样、关机

(1)打开冷水机，打开总供电电源，打开进气阀 V4，待腔内压强为大气压强时关闭 V4 阀。

(2)取出试样：按"升"打开真空室，取出试样，按"降"关闭真空室。

(3)再次对真空室抽真空。

(4)再次关机。

5. 材料表征

采用紫外-可见分光光度法(UV-Vis)测试薄膜各波长段的透过率；采用扫描电镜观察薄膜表面和截面形貌，并测量薄膜的厚度，通过线上、线下方式并结合科研论文学习、总结相关内容。

6. 霍尔效应测试

(1)切割铟颗粒，轻轻按压在薄膜样品的四个边角处，以保证后续接触良好。

(2)将样品放在测试样板上，按方向插入白色夹具上盖板中，再按照“N－N”标志放入磁体包中。

(3)打开 HMS－3000 设备开关，打开 HMS3000V3.51.5 程序，输入样品序号、测试人名称、样品厚度 D、电流强度 I、磁场强度 B 等测试参数。

(4)点击“Go To I/V CURVE”，点击 COM. TEST，点击 MEASURE 检测连接是否正常。

(5)连接正常后，点击“Go To HALL”，点击 COM. TEST，点击 MEASURE，测试结束后界面会弹出“Insert magnet N→S”，按照提示放入磁铁，点击 OK，测试完成后，界面会弹出“Insert magnet S→N”，按照提示放入磁铁，点击 OK。

(6)测试完成后会弹出“Remove magnet”，取出磁体，点击 OK。

(7)测试完成，点击 Save 保存数据。

(8)关闭霍尔设备，关闭电脑，切断电源。

四、注意事项

1. 磁控溅射设备对真空度要求高，不允许用裸手、裸胳膊接触内腔，不允许用棉花、脱脂棉、餐巾纸等擦拭内腔和密封面；可用无尘纸或纱布蘸取无水乙醇将腔体端面和密封圈轻轻擦拭一圈即可，不要反复来回擦。

2. 霍尔测试板四个电极触脚纤细、易损，在操作前先仔细观察触脚结构，应轻轻抬起触脚压在铟金属接触点上。

五、数据记录与处理

参照表 6－21 记录测试数据，简要分析基片加热与否对薄膜特性的影响。

表 6－21　IZO 薄膜霍尔效应测试数据记录表

样品编号	载流子体积浓度 N_b/cm^3	迁移率 μ/(cm^2/V·s)	电阻率 ρ/Ω cm	平均霍尔系数 R_H
1				
2				
3				
4				
5				
…				

思考题

1. 磁控溅射镀膜实验操作时还有哪些注意事项？
2. 分析基底加热对 IZO 薄膜的霍尔效应测试结果的影响。
3. 查阅文献资料，简述透明导电薄膜的研究现状与进展。

6.6 钛酸钡粉体压坯烧结及陶瓷介电性能

功能陶瓷是一类主要利用其非力学性能的材料，通常具有一种或多种特殊功能，如电、磁、光、热、化学、生物等，以及压电、压磁、热电、电光、声光、磁光等耦合功能。这些材料在现代科技中扮演着重要角色，广泛应用于电子、通信、能源、医疗等领域。其中，钛酸钡陶瓷（$BaTiO_3$）是功能陶瓷的典型代表，具有高介电常数、低介电损耗以及优良的铁电、压电和绝缘性能，被应用于制备各种高性能陶瓷元件，如正温度系数热敏电阻（PTC）、多层陶瓷电容器（MLCC）、传感器元件、声呐元件、红外辐射探测元件等。本实验的目的为：

1. 学习钛酸钡陶瓷压坯成形、烧结和电容器制备工艺过程；
2. 掌握钛酸钡陶瓷电容器介电性能测试原理与方法；
3. 深入理解功能陶瓷材料的制备技术对性能调控的影响，以及性能与实际应用之间的关系。

一、设备与材料

压片机、箱式烧结炉、阻抗分析仪或精密 LCR 电桥表；圆形模具、烧舟和承烧板若干、电子天平、游标卡尺、螺旋测微器、研钵等。

钛酸钡陶瓷粉、LiF 粉末、聚乙烯醇、砂纸、导电银浆、棉签、丙酮等。

二、实验原理

钛酸钡陶瓷的优异的介电性能与其微观结构的致密性有着直接的关系。一般来说，陶瓷的微观结构越致密，其介电常数越高，介电损耗也越低。为了满足各种实际应用的需求，人们通过调整组分配方、优化制备工艺有目的地调控钛酸钡陶瓷的各项性能，其中烧结工艺是影响钛酸钡陶瓷致密化程度、显微结构以及最终性能的关键技术。

目前钛酸钡陶瓷的烧结方式主要有无压烧结、高压烧结、微波烧结、毫米波烧结等。瓷坯性质和烧结制度（包括烧结温度、烧结时间、升温速率等）都是影响 $BaTiO_3$ 陶瓷性能的关键因素，就功能陶瓷的烧结而言，高性能陶瓷体的获得主要是从选择预制瓷坯与控制烧结制度这两个方面来考虑的，因此对烧结制度与瓷坯性质的研究就越发重要。

在粉体成形压坯中，颗粒之间结合主要靠机械咬合或塑化剂的黏合，压坯的强度不高。将压坯在一定的温度下进行加热，使颗粒间的机械咬合转变成直接依靠离子键、共价键结合，可以显著地提高材料的强度，这个过程就是烧结。

陶瓷材料的烧结分为三个阶段——升温阶段、保温阶段和降温阶段。

在升温阶段，坯体中往往出现挥发性成分排出、有机黏合剂的分解氧化、液相产生、晶粒重排与长大等微观现象。在操作上，考虑到烧结时挥发成分的排除和烧结炉的寿命，需要在不同阶段制定不同的升温速率。

保温阶段指压坯在升到的最高温度（通常也叫烧结温度）下保持的过程。粉体烧结涉及组成原子、离子或分子的扩散传质过程，是一个热激活过程，温度越高，烧结越快。在实际工程应用上，保温阶段的最高温度的制定既要保证效率又要保证质量。烧结温度与物料的结晶化学特性有关，晶格能大，高温下质点移动困难，不利于烧结。烧结温度与材料的熔点有关系，通常对陶瓷而言是其熔点的 0.7～0.9 倍，对金属而言是其熔点的 0.4～0.7 倍。在烧结时，如果烧结温度太低，没有充分烧结，材料颗粒间的结合不紧密，颗粒间仍然是靠机械力结合，没有发生颗粒的重排、原子传递等过程，造成较多点缺陷，材料不可用。随烧结温度的升高，晶体均匀度和致密性有效提高，晶粒尺寸增大有助于促进畴壁运动，介电性能有所提升。但是，如果烧结温度过高，则可能出现材料颗粒尺寸过大，材料的韧性和强度变差等严重影响材料性能的问题。同时，烧结升温速率过慢同样会造成点缺陷浓度增多，且有液相生成，气孔较多，从而降低介电性能的稳定性、减小介电常数、增大介电损耗。因此适当地提高升温速率有助于提高晶粒尺寸、均匀度和致密性。但是过快的升温速率会出现"过烧现象"，又会导致介电性能下降。

降温阶段是陶瓷材料从最高温度到室温的过程，冷却过程中伴随有液相凝固、析晶、相变等物理化学变化。冷却方式、冷却速度快慢对陶瓷材料最终相的组成、结构和性能等也有很大的影响，所以烧结实验需要精心设计冷却工艺。

综上所述，深入研究并优化钛酸钡陶瓷的制备工艺，尤其是烧结工艺和烧结机制，对于获得性能卓越的钛酸钡陶瓷材料至关重要。本实验通过对钛酸钡陶瓷压坯的成分设计、烧结工艺及介电性能测试的内容介绍，促进学生深入理解钛酸钡陶瓷材料的特性以及烧结工艺对钛酸钡陶瓷微观结构、性能的影响，从而为优化材料性能和拓展其应用范围打下基础。

三、实验步骤

1. 钛酸钡陶瓷粉体成形

钛酸钡陶瓷一般烧结温度需要 1400 ℃左右，本实验通过添加不同含量的 LiF(如选取 2wt%、4wt%、6wt%、8wt%)，以降低钛酸钡坯体的烧结温度，具体实验过程如下：

按 $BaTiO_3$ - $x$wt%LiF(x=2、4、6、8)的形式称取原料(如称取 2 克钛酸钡陶瓷粉体以及 0.04 克的 LiF 粉末)，并加入 0.5wt%的聚乙烯醇(PVA)，研磨混合后压制成型，成形压力为 150 MPa、保压 30 s(所用模具为 ϕ10～15 mm)。

2. 测定压坯尺寸和密度

测量陶瓷坯体质量、直径及厚度，计算陶瓷压坯的密度。

3. 钛酸钡陶瓷压坯烧结

将陶瓷压坯放在坩埚中，在烧结炉中采用空气气氛常压烧结，烧结工艺如图 6 - 41 所示。

(1)升温阶段：首先从室温升至 550 ℃，并保温足够长时间，主要用于排除 PVA，升温速度不宜过快，保温时间不宜过短，否则易使陶瓷内部和表面产生气孔，降低陶瓷的体密度，且对陶瓷的介电性能有不良影响，排胶后可适当加快升温速率。

(2)保温阶段：采用不同烧结温度 T_S(分别为 1000 ℃、1050 ℃、1100 ℃、1150 ℃)，保温 2 小时。

(3)冷却阶段：采用程序控温冷却，冷却速度 10 ℃/min。

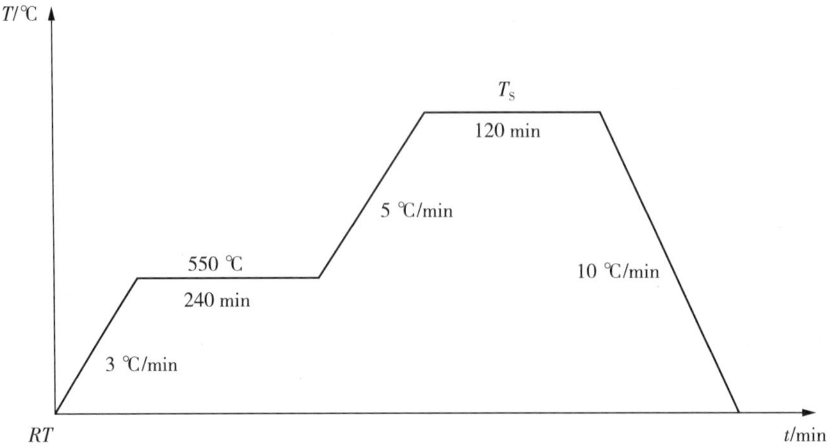

图 6-41 钛酸钡陶瓷坯体烧结工艺

4. 测定烧结后坯体的密度及线收缩率

测量陶瓷坯体烧结后的质量、直径及厚度，计算烧结后陶瓷样品的密度、样品的厚度和直径方向收缩率。

5. 制备钛酸钡陶瓷平行板电容器

烧结好的陶瓷圆片并不能直接作为电容器使用，也不能直接测试其介电性能，需要在陶瓷片两端制备电极构成平行板电容器，如图 6-42。

图 6-42 $BaTiO_3$陶瓷平板电容器截面示意图

(1)用细砂纸对烧结后的样品表面进行打磨、抛光处理，使陶瓷两面平整、光滑。

(2)在陶瓷样品两面涂覆导电银浆，在涂覆过程中，先涂覆其中一面，并进行干燥处理(100 ℃，保温 5～10 min)，待表面干燥后，再涂覆另一面，并干燥。

(3)对样品侧边进行清理，防止电极短路。

(4)将样品放入炉中进行烧银，温度为 550 ℃，保温 0.5 小时，冷却后即可得到平行板状的钛酸钡陶瓷电容器。

6. 介电常数及介电损耗测定

采用 HP4194A 阻抗/增益相位分析仪测试样品，如图 6-43 所示，测试频率范围为 100 Hz～10 MHz。

(1)用万用表检测样品上下两个面是否不导通，否则用细砂纸轻轻打磨，再次检测。

(2)将样品安装在样品台上，并用螺丝紧固确保样品固定。

(3)开机，系统自检就绪后会出现主界面，仪器有两大测试模块：IMPEDANCE GAIN PHASE(阻抗增益相位)和 IMP with Z probe。测试阻抗选择 IMPEDANCE GAIN

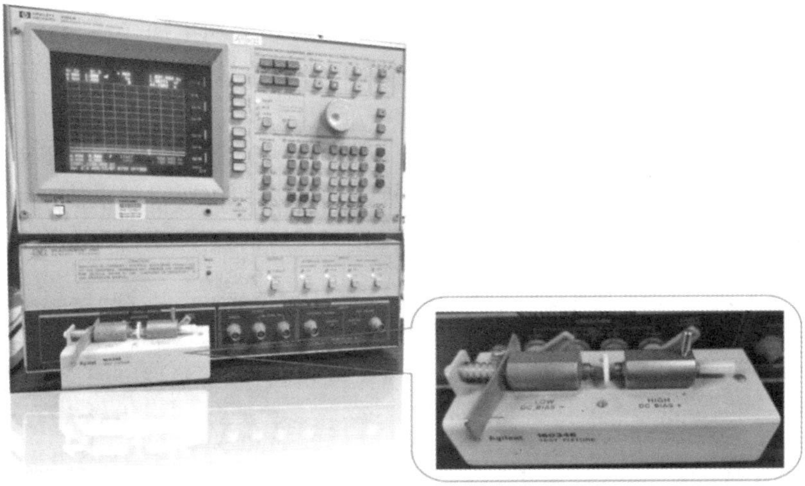

图 6 - 43　HP4194A 阻抗增益相位分析仪

PHASE。(如果开机仪器不显示此界面,或者进入其他功能后想回到主界面,请按下右侧操作台左上方 MENU 菜单中的 A FUNCTION 按钮)。

(3)按下 SOFTKEYS 最上面的按钮进入 IMPEDANCE GAIN PHASE。

(4)通过按下不同的 SOFTKEYS 按钮来选取测试功能。一个界面无法显示全部功能,此时可按下 SOFTKEYS 选择 more 查看其他功能。按下一次 more 后,出现 Cp - *D*(电容-损耗)选项。

(5)按下对应的 SOFTKEYS,进入 Cp - *D* 测试环节。界面上会显示当前频率、当前频率下的电容(黄线)、损耗(蓝线)。此仪器能够同时查看不同频率下的 Cp - *D*,横坐标为频率坐标,F START 和 STOP 分别为当前设置的起始频率和终止频率。

(6)Cp - *D* 模式下,可以在 PARAMETER 模组中使用 START、STOP 设置起始频率和终止频率。按下 START 或 STOP 后,在 ENTRY 界面输入对应的数值和单位。

(7)通过旋钮,可在设定的频率区间内实时读取相应的测试结果(Cp 和 *D*)。

或采用 Agilent E4980A 高精度 LCR 测量表测试,如图 6 - 44 所示,测试频率范围为 20 Hz～2 MHz。

图 6 - 44　Agilent E4980A 精密 LCR 测量表

(1)如前准备样品,并装夹固定样品。

(2)按下电源开关启动设备,电源开关灯由黄色变绿后表明电源接通,系统开始自检,大约 30 s 后完成自检。主界面将显示 1 kHz 频率下的电容值(Cp)和介电损耗(D),在此状态下,记录当前的频率、电容及介电损耗值。

(3)按“Meas Setup”键,进入程序设置界面,如图 6－45,使用光标选定“FREQ”项,通过操作[(INCR＋＋)、(INCR＋)、(DECR－)、(DECR－－)]按钮调整频率值。频率调整完成后,按下“Display Format”按钮返回主界面,并记录调整后的频率、电容及介电损耗值。

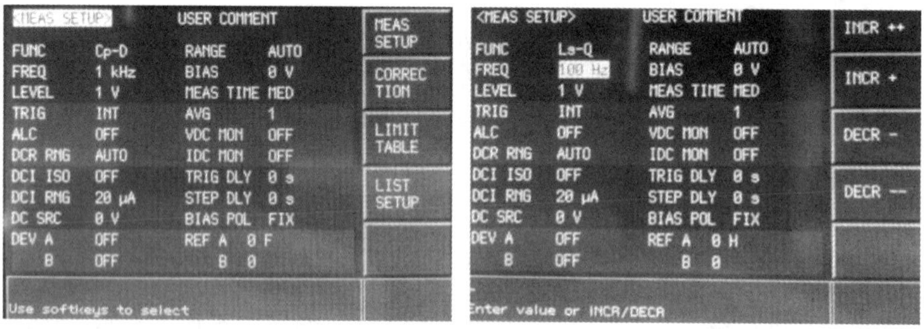

(a)按Meas Setup　　(b)选定FREQ项

图 6－45　程序设置界面

(4)检测完毕关闭测试仪器,取出样品。

四、注意事项

1. 实验烧结总时间较长,必须有人轮流值守,注意观察炉子升温和保温过程。

2. 制备平行板电容器涂银时要尽量保证厚度均匀,银浆黏度较大时可采用丙酮稀释,并注意做好个人安全防护。

五、实验数据与分析

参照表 6－22、表 6－23 记录实验数据,画出相对介电常数与测试频率的关系曲线并简要分析。

表 6－22　不同 LiF 含量、不同烧结温度的钛酸钡陶瓷压坯尺寸与密度

样品编号	样品参数	压坯质量/g	压坯厚度/mm	压坯直径/mm	压坯密度/(g/cm^3)	烧结坯质量/g	烧结坯厚度/mm	烧结坯直径/mm	烧结坯密度/(g/cm^3)	相对密度/%	厚度收缩/%	径向收缩/%
1												
2												
3												
…												

表6-23 钛酸钡陶瓷样品介电性能数据测试

样品编号:________ 厚度(d):________ mm 面积(S):________ mm^2 环境温度:________ ℃

频率 f/Hz	Lgf	电容 C/nF	介电损耗角正切 $\tan\delta \times 10^{-3}$	介电常数 $\varepsilon/(F \cdot m^{-1})$	相对介电常数 ε_r
100					
1000					
5000					
10000					
20000					
100000					
200000					
500000					
1M					
2M					
5M					
10M					

思考题

1. 查阅资料,了解导电银浆的组成及应用。
2. 简述样品中加入 LiF 的作用和对烧结的影响机理?
3. 分析样品烧结温度对材料致密度、介电性能的影响。

参考文献

[1] 黄伯云. 粉末冶金原理[M]. 2版. 北京:冶金工业出版社,1997.

[2] 李其龙,徐伟,张东,等. 高强耐磨铁基粉末冶金轴承材料及其制备方法:201310415059.2[P]. 2013-04-29.

[3] 李其龙,徐伟. 单箱体真空浸油装置及其浸油方法:201410418505.X[P]. 2016-04-08.

[4] Park JH, Bae KT, Kim KJ, et al. Ultra-fast fabrication of tape-cast anode supports for solid oxide fuel cells via resonant acoustic mixing technology[J]. Ceramics International, 2019, 45(9):12154-12161.

[5] Beckel E, Oyler K, Mehta N, et al. Primaryexplosive processing in the resonant acoustic Mixer[J]. Propellants Explosives Pyrotechnics, 2021,46(5):697-704.

[6] Titi HM,Do JL, Howarth AJ, et al. Simple, scalable mechanosynthesis of metal organic frameworks using liquid - assisted resonant acoustic mixing (LA - RAM)[J]. Chemical Science, 2020, 11(29):7578 - 7584.

[7] Vandenberg A, Wille K. Evaluation of resonance acoustic mixing technology using ultra high performance concrete[J]. Construction and Building Materials, 2018,164:716 - 730.

[8] Yalcin D, Rajesh S, White J,et al. Resonant acoustic mixing method to produce lipid - based liquid - crystal nanoparticles[J]. Journal of Physical Chemistry C, 2021,125(19):10653 - 10664.

[9] 李玉萍．实验室气体钢瓶的安全使用与维护[J]. 石油化工安全技术,2006(3):52 - 54+60.

[10] 张爽男,李春鸽,韩曼瑜．谈高校实验室气体钢瓶安全管理方法[J]. 天津化工,2022,36(1):153 - 156.

[11] 程世红,马旭炅,白德成．高校实验室气体钢瓶的安全管理探讨[J]. 实验技术与管理,2012,29(4):216 - 218.

[12] 叶剑新,莎日娜,骆轶姝,等．全面质量管理在高校实验室气体钢瓶安全管理的应用[J]. 实验室研究与探索,2019,38(8):266 - 268.

[13] 张艺林．硅碳棒使用性能研究[J]. 兵器材料科学与工程,2021,44(2):122 - 125.

[14] 王奎,费圣刚,夏昌勇,等．焙烧炉用硅钼棒制作及性能研究解析[J]. 世界有色金属,2017(12):30 - 32.

[15] 贾英全．硅钼棒电炉的设计与制造[J]. 中国陶瓷,2000(5):27 - 28.

[16] 林宗寿．无机非金属材料工学[M].2版．湖北:武汉理工大学出版社,2006.

[17] 岳鹏,孙浩,徐颖．无机非金属材料检测标准手册 胶凝材料卷[M]. 北京:中国标准出版社,2009.

[18] 黄宝圣．太阳能电池的新进展[J]. 化学教育,2002(Z1):7 - 9.

[19] 林源．薄膜太阳能电池的研究与应用进展[J]. 化工新型材料,2018,46(6):57 - 60.

[20] 诸宇飞,方嘉驿,巫陈浩,等．金属基叠层透明导电薄膜研究进展[J]. 科技创新与应用,2023,13(20):45 - 48.

[21] 林剑荣,杜永权,梁瑞斌,等．氧化铟基透明导电薄膜的研究进展[J]. 材料研究与应用,2022,16(3):353 - 361.

[22] 李芬,朱颖,李刘合,等．磁控溅射技术及其发展[J]. 真空电子技术,2011(3):49 - 54.

[23] 王俊,郝赛．磁控溅射技术的原理与发展[J]. 科技创新与应用,2015(2):35.

[24] 段光申,丁春华,姜宏,等．磁控溅射法制备掺杂 ZnO 透明导电薄膜及其研究进展[J]. 材料导报,2016,30(S1):235 - 240.

[25] 廖珺晨,钱芮,陈冬,陈海金,罗国平,朱伟玲．GAZO/Ag/GAZO 透明导电薄膜的磁控溅射制备及光电性能优化[J]. 激光与光电子学进展,2023,60(7):425 - 433.

[26] 陈杰,车明超. 钛酸钡陶瓷制备及介电性能研究[J]. 人工晶体学报,2015,44(12):3628－3633.

[27] 黄林,倪学锋,林浩,等. 高性能钛酸钡陶瓷制备工艺研究进展[J]. 材料导报,2015,29(S1):219－224.

[28] 万淇通,张云飞,张梦雅,等. 烧结温度和升温速率对钛酸钡陶瓷结构及介电性能的影响[J]. 海南师范大学学报(自然科学版),2023,36(4):400－408.

[29] 官钰洁. 烧结温度对钛酸钡陶瓷铁电性能的影响[J]. 陶瓷,2018(3):24－28.

附录:相关标准索引

GB/T 1345—2005 水泥细度检验方法 筛析法

GB/T 1480—2012 金属粉末 干筛分法测定粒度

GB/T 10611—2003 工业用网 标记方法与网孔尺寸系列

GB/T 5330—2003 工业用金属丝编制方孔筛网

GB/T 42342.2—2023 粒度分布 液相离心沉降法 第 2 部分:光电离心法

GB/T 26645.1—2011 粒度分析 液体中立沉降法 第 4 部分:天平法

GB/T 3249—2022 金属及其化合物粉末费氏粒度的测定方法

GB/T 19077—2016/ISO 13320:2009 粒度分布 激光衍射法

GB 150.1—2011 压力容器 第 1 部分:通用要求

GB 150.2—2011 压力容器 第 2 部分:材料

GB 150.3—2011 压力容器 第 3 部分:设计

GB 150.4—2011 压力容器 第 4 部分:制造、检验和验收

GB/T 1479.1—2011 金属粉末松装密度的测定 第一部分 漏斗法

GB/T 1479.2—2011 金属粉末 松装密度的测定 第二部分 斯柯特容量计法

GB/T 1479.3—2017 金属粉末松装密度的测定 第三部分 振动漏斗法

GB/T 1482—2022 金属粉末流动性的测定 标准漏斗法（霍尔流速计）

GB/T 5162—2021 金属粉末 振实密度的测定

GB/T 19587—2017/ISO 9277:2022 气体吸附 BET 法测定固态物质比表面积

GB/T 21650.1—2008/ISO 15901—1:2005 压汞法和气体吸附法测定固体材料孔径分布和孔隙度 第 1 部分:压汞法

GB/T 21650.2—2008/ISO 15901—2:2007 压汞法和气体吸附法测定固体材料孔径分布和孔隙度 第 2 部分:气体吸附法分析介孔和大孔

GB/T 21650.3—2011/ISO 15901—3:2005 压汞法和气体吸附法测定固体材料孔径分布和孔隙度 第 3 部分:气体吸附法分析微孔

ASTM E 1461—13(2022) Standard Test Method for Thermal Diffusivity by the Flash Method(用闪光法测定固体热扩散率的试验方法)

ASTM E 2585—09(2015) Standard Practice for Thermal Diffusivity by the Flash Method(采用闪光法测定热扩散系数的标准实施规程)

ASTM C714—05(2015) Standard Test Method for Thermal Diffusivity of Carbon and Graphite by Thermal Pulse Method(使用热脉冲法测定碳和石墨热扩散率的标准试验方法)

GB/T 22588—2008 闪光法测量热扩散系数或导热系数
GB/T 35807—2018 硫化橡胶 热扩散系数的测定 闪光法
GJB 1201 1A—2021 固体材料高温热扩散率试验方法 第1部分—激光脉冲法
GB/T 4132—2023/ISO 9225:2020 绝热 术语
GB/T 11833—2014 绝热材料稳态传热性质的测定—圆球法
GB/T 10296—2008 绝热层稳态热传递特性的测定—圆管法
GB/T 10294—2008 绝热材料稳态热阻及有关特性的测定 防护平板法
GB/T 10295—2008 绝热材料稳态热阻及有关特性的测定 热流计法
GB/T 3977—2008 颜色的表示方法
ASTM D2196—2018 Standard Test Methods for Rheological Properties of Non-Newtonian Materials by Rotational Viscometer(旋转黏度计对非牛顿材料流变特性的标准测试方法)
GB/T 12573—2008 水泥取样方法
GB/T 176—2017 水泥化学分析方法
GB/T 26566—2011 水泥生料易烧性试验方法
GB/T 7322—2017 耐火材料 耐火度试验方法

SY/T 5651—1993 石油产品运动黏度试验器技术条件
GB/T 265—1988 石油产品运动黏度测定法和动力黏度计算法

GB/T 7144—2016 气瓶颜色标志
GB/T 13004—2016 钢制无缝气瓶定期检验与评定
GB/T 13075—2016 钢制焊接气瓶定期检验与评定
JB/T 3890—2017 碳化硅特种制品 硅碳棒
JC/T 2014—2010 硅钼棒
JC/T 727—2005 水泥标准稠度用水量与凝结时间测定仪
GB/T 1346—2024 水泥标准稠度用水量、凝结时间、安定性检验方法
GB 175—2023 通用硅酸盐水泥
GB/T 200—2017 中热硅酸盐水泥、低热硅酸盐水泥
GB/T 2015—2017 白色硅酸盐水泥
GB/T 13590—2022 钢渣硅酸盐水泥